中 文 通 编 本

世界服饰史

[法] 阿尔贝 · 奥古斯特 · 拉西内 著
薛晓源 主编　　张丹彤 译

Le Costume Historique

图书在版编目 (CIP) 数据

世界服饰史 / (法) 阿尔贝・奥古斯特・拉西内著；薛晓源主编；张丹彤译 . —北京：中央编译出版社，2023.5

ISBN 978-7-5117-4348-0

Ⅰ . ①世… Ⅱ . ①阿… ②薛… ③张… Ⅲ . ①服饰—历史—世界 Ⅳ . ① TS941-091

中国版本图书馆 CIP 数据核字（2023）第 004145 号

世界服饰史

策划统筹 张远航
责任编辑 周孟颖
责任印制 刘　慧
出版发行 中央编译出版社
地　　址 北京市海淀区北四环西路 69 号（100080）
电　　话 （010）55627391（总编室）　（010）55627318（编辑室）
（010）55627320（发行部）　（010）55627377（新技术部）
经　　销 全国新华书店
印　　刷 北京雅昌艺术印刷有限公司
开　　本 889 毫米 × 1194 毫米　1/16
字　　数 610 千字
印　　张 42.25
版　　次 2023 年 5 月第 1 版
印　　次 2023 年 5 月第 1 次印刷
定　　价 298.00 元

新浪微博：@ 中央编译出版社　　**微　　信：**中央编译出版社（ID：cctphome）
淘宝店铺：中央编译出版社直销店（http://shop108367160.taobao.com）（010）55627331

译 序

《世界服饰史》(*Le costume historique*)一书的作者是法国画家和插画家阿尔贝·夏尔·奥古斯特·拉西内(Albert Charles Auguste Racinet,1825—1893),他早年师从其父亲学习绘画和制版,后在巴黎绘画学校(École de Dessin de Paris)进修。他于1840年就开始与其父亲合作,参与画家费迪南·塞雷(Ferdinand Séré,1818—1855)和历史学家夏尔·利奥波德·卢昂德尔(Charles Léopold Louandre,1818—1882)的著作《中世纪服装和室内装饰史》(*Histoire du costume et de l'ameublement au Moyen Âge*)的制版工作。此后,他又以制版师、编辑、印刷匠等不同身份参与了多本以艺术史为主题的书籍出版工作。自1869年至1888年间,他在菲尔曼-迪多出版社(Firmin-Didot Cie)兼任版画师和艺术总监,其间先后主持出版了多套版画著作,如《日本陶瓷》(*La Céramique japonaise*)等,而其中的《多彩装饰》(*L'Ornementpolychrome*)和《世界服饰史》更是使他名留青史的杰作。为了表彰其对艺术史研究与传播的杰出贡献,法国政府于1878年8月5日授予其荣誉军团骑士勋章(Chevalier de la Légion d' honneur)。

《世界服饰史》原著共分六卷,四部分,一千八百多页,前后分二十期,于1876至1888年间以预订的方式在巴黎出版。全书以500幅精美的平版印刷图片(其中300幅彩色,200幅黑白)展示了当时作者所能收集到的世界各地有关服饰的图像资料并加以论述,其内容在时间跨度上上溯原始社会,下至19世纪后半叶;在广度上不仅涵盖各大洲、各民族的服饰,而且还涵盖了神学宗教、人种学、民族学、社会等级、官职行业、建筑、家具、军种、武器、乐器、生活器皿、烟具、交通工具等范畴。尽管此书在内容上宏大而庞杂,但能图文并茂地以世界服饰的产生、发展和演变为主轴,穿越时空,展现和活化了各国、各地区、各民族,在各个历史朝代的不同文化与文明的发展进步,突出了服装服饰的画面,不仅对于专业人士来说不可或缺,对于普通读者而言,通过赏心悦目地读书看画,了解世界人文历史,可谓难得的大涨百科全书式知识之良机。此书自出版以来受到了学界的很高评价,先后被翻译成英文和德文且多次再版,成为研究服饰文化和装饰艺术的经典参考书。

如同作者在总序中的开宗明义,其采用的"服饰"(costume)概念是广义的,不仅包含狭义的服装和饰品,还包括一切与习俗、风尚和成见有关的事物;其目标并不是要组成一部整体的服饰起源和发展历史,而只是沿着历史的主要脉络,展示各个历史片段当中各个民族和国家的服饰特征。

对于当今的读者，在阅览此书之前，有必要首先意识到这部书的出版年代是 19 世纪末期，而任何论著都毫无例外具有其历史局限性。例如书中涉及“人种”的论述，以今日的观点来看就不太合时宜；对于某些族群的称谓，如“爱斯基摩人”，如今早已改称为“因纽特人”，尽管其内涵不尽相同；某些国家或地区的名称或隶属关系也有了变迁，例如书中将马来西亚、菲律宾归于大洋洲；还比如涉及古埃及的某些论述从今天看未必都准确，因为自 19 世纪 20 年代开始，古埃及的圣书文（hiéroglyphe）才被法国语言学家商博良（Jean-Francois Champollion，1790—1832），以及英国科学通才托马斯·杨（Thomas Young，1773—1829），从罗塞塔石碑（Pierre de Rosette）入手逐渐破译成功，自此开启了“埃及学”的时代。从 19 世纪末到 21 世纪初又经过了一百多年的变迁，后人建立在前人基础之上的更加深入的研究，以及现代人所拥有的科技和信息处理手段，使得今人自有应有的理解与分析。

毋庸讳言，某些带有历史局限性的论述丝毫不能抹杀这部经典著作的价值与光彩，尤其是那些精美的插图，为研究各个国家或民族的服饰文化提供了不可多得的历史形象素材。

“时装”是个相对近代的概念，尽管服饰在各个时代都有其流行的元素，然而人类社会从普遍意义上讲，在历史的大部分阶段当中都是由等级社会所组成的，因此服饰的使用也一直是有等级区分的。作为在近代和现代时装领域影响巨大的国家之一，法国从 19 世纪开始才逐渐进入到寻求社会平等的时代，人人才得以自由地选择衣装（自此，不再是“衣装决定人”，而是“人决定衣装”，见第 410 幅插图解说）。这也是欧洲文艺复兴之后以及 18 世纪末法国大革命带来的思想解放（相对于神权和王权的束缚）的后果之一。此后，伴随着工业革命的进步，大批量的成衣生产逐步推动并普及了时尚元素的流行，使服装和服饰的发展进入到现代阶段。这自是后话。

由于原著内容过于庞杂，除某些陈旧的观点以外，许多内容与今日的服饰概念相去甚远，因此为了便于当今读者的阅读体验，本书选择侧重于狭义的服饰概念进行节译，即侧重于与服饰直接有关的内容，而对于宗教、人种、建筑、家具、烟具等领域仅作简要说明。对于篇幅冗长的原文总序，也选择节译其反映服饰历史观的部分，略去过多的引述段落。在翻译的过程中，专有名词一律以商务印书馆的《法语姓名译名手册》和地名手册为准，并且原文用括号附后，如卢昂德尔（Louandre）；对于被使用已久或约定俗成的名字和称谓则遵循惯例，如：该隐（Caïn）、犹八（Jubal）等。需要注意的是，欧洲君主的译名虽然早已约定俗成，但是由于源语言发音的不同，译名也不同，例如法语的“Philippe”通常被译为“菲利普”，然而作为法国国王的名号却被译为“腓力”，西班牙国王的名字又被译为“费利佩”，等等，例子不胜枚举。此外，对于个别难以翻译或者音译也无甚意义的名词直接列出，如：“Abochek”“pschent”等等。最后，为了方便读者阅读和理解，对部分历史旧称或事件以译注的形式加以说明；对于原著中的某些疑点和错误，做了可能而必要的考证和勘误，以期确保史料的真实性、科学性和知识性。

限于译者的学识，在编译的过程中难免会有错误和疏漏，还望方家指正。

张丹彤

总　序

“服饰：相对于历史学家和诗人等人而言，服饰包含对一个国家和一个时代的习俗、风尚和成见的忠实描述，而在绘画领域，其内容涵盖不同时代和不同民族的建筑、家具、武器，尤其是服装上的习俗。”

——节选自《法兰西学院词典》（*Dictionnaire de l'Académie française*）

以上借用于我们先辈的卷首题词，明确地解释了我们为之努力完成的这部著作的特点，以及我们所遵循的，逐步提供展示物之相关细节信息的方法，以便竭尽所能地为每一幅图片赋予专项研究的意义。至于要谈论服饰的整体，只能沿着其主要脉络适度地谈。我们从四面八方收集而成的图集，其图片相互之间相对独立，有的展示了遥远时代的人类，有的展示了当代生活于完全不同条件和不同阶层之中的人群，因而无法依据事实上的继承性做出考量，以组成一部真正整体的服饰历史。假如我们想象，以我们当代文明的高雅，与曾经遍布世界各地，依靠阳光取暖的远古石器和木器时代的物质匮乏相对比，我们就多少可以理解，历史学群体的所有尝试都将是虚幻的。

尽管如此，本书的题材在某些程度上与“历史”，也就是拉丁语中的“historialis”有关，和我们所保留的“historial”（指历史中的某些记载——《法兰西学院词典》）的含义有关，因此需要指明，相对于描写衣装最初起源的著作，本书中丝毫没有伊甸园中那为遮羞而用枝叶围成的原始围裙，也没有因为沿用习俗而披在身上的兽皮和织物，书中只涉及因舒适而制作的服装，以及为了便于人类的必要工作和自卫而制作的服装。一言以蔽之，就是满足于必要性和所有工作的服装。

世界上第一个裁缝不会比《创世纪》中所描述的那非凡的耶和华更高明。耶和华将人类从天堂赶走，驱赶到地上，“地必给你长出荆棘和蒺藜来”，但是并没有完全抛弃他们。虽然耶和华满怀怒火，但最终心软了。在摩西的描述中有这样的段落：“上帝用皮子做衣服给亚当和他的妻子穿。”这些对原始服装的描述似乎完全确认了当今人类学家所挖掘出的冰川时代的服装，如同第 48 幅和第 49 幅版画所展示的带毛皮衣。那些衣装本身不存在了，但没关系，它们的存在并不比用来加工皮子所使用的刮刀或刮板、为了骨针能穿透皮子而使用的钻头或锥子、磨针用的小砂岩打磨器以及切割筋腱用来制线的燧石刀更能说明什么。正因为需要了解衣装，所以我们重视博物馆中收藏的制衣工具。

从人类原生的苦难之中，众多族群在绵延不绝的世纪里，在那晦暗的时代中孕育出了文明。也就是说，当停滞或倒退没有延续，当蛮族四处泛滥的时候，各地孕育出了一些繁荣程度不同的社会。当然，这不是绝对规律，因为在充分的文明和野蛮之间，还有许多族群处于半文明状态。

在此期间，人类似乎想象出了纹身或在皮肤上刻画的方式，以此期望能强化自己的皮肤防护。所有种族的人都在皮肤上纹身，不管是白色人种、黑色人种、黄色人种还是褐色人种。在此特别要指出的是，假如这种皮肤强化在各种气候条件下真能提供一种有效的防护，那么我们就可以推测人类根本不需要衣服了。

此外，在《创世纪》记载的重要进程当中，我们也找不到任何与衣装的进一步发展有关的记载。没有任何过渡，《圣经》中就提及该隐（Caïn）的直系子孙，说他们建立了一些城镇，而其他人还居住在帐篷里；犹八（Jubal）是一切弹琴吹箫之人的祖师；土八该隐（Tubalcaïn）是打造各种铜铁器具的匠人；利百加（Rebecca）拥有她的耳坠和手镯，还有其父亲为她的婚礼准备的华丽衣装；年迈的以色列（Israël）为他亲爱的约瑟（Joseph）制作了彩色袍子。《圣经》中记载的历史进展十分迅速，直接就进入到了法老时代。不过，自从埃及的雕刻代替了芦苇笔书写之后，纪念性建筑物就以其无以伦比的优势替代了所有那些涉及服装和梳妆，且通常是过于简单的文字描述。

荷马的记述也是一样，直接进入到了发达文明之中。我们只提取其中涉及织物的描述。海伦（Hélène）在她的宫中为一件巨大的面纱刺绣，其正反面都反射着金光；赫库芭（Hécube）王后走入一间摆满了珍贵家具且芬芳馥郁的香阁，在仔细查看所有地毯之后，她从中选取了其中最大、最精致的一块，它如同太阳一般洒满金光。

在完全没有任何过渡的情况下，我们就从《创世纪》中所记述的那种如同鲜活传说且令人惊颤难忘的原始苦难，进入到完善的工业时代，进入到繁华和奢华的时代。

人类在各行业中的探索，在实现这些工作当中的创造性，为了替换兽皮衣而专门制毡和织布从而获得的经验，都需要有集体的分工合作，然而这些书籍丝毫没有涉及这些内容。可怜的穴居者面对远古野兽如何自保？被同类野蛮人包围着的野蛮人如何自保？要知道，就像《鲁滨孙漂流记》中所说的那样，在所有凶残的物种当中，与自己同类的物种才是最危险的。整天为果腹而奔波的猎人，如何逐渐找到了手工制造的乐趣？谁能知道呢？或者我们可以想象，当制造出第一把梳子的匠人向别人展示这件必要物件的用法时，人们会多么地激动。没有梳子，人类的头发就不仅不像是个装饰品，而且很可能只带来痛苦？这无法探知的神秘之中会有怎样的戏剧，而神奇的结果是人类到处都组织起来而形成了社会。

古希腊人丝毫不述及他们的前辈，他们自认为发明了一切，而且以他们自己的亚洲神话为自己作证。这倒是方便，而且直接剪断了上溯历史的问题。如今，我们知道人类之间的关联还有另外的深度，怎样的事实构成了我们与原始祖先的纽带，亦将是连接我们与后代的纽带。如今，应该从比以前更高的视角来看待这些事物，而这是一种更加集体性的努力，从总体上描述人类的服装、装扮、饰品和工具。恰巧卡米耶·弗拉马里翁（Camille Flammarion）最新发表于1887年4月30日《费加罗报》上的一篇文章中，在分析人体组织的分子凝聚时提及人类祖先的集体数量，他说："如果所有死去的人复活，那么全球陆地上每平方尺得有五个人，只能站到其他人的肩膀上才行。"还是将处理我们星球问题的责任留给这位卓越的天文学家吧，我们也没有那些计算的本领。但是我们在研究事物时应该持以何种整体的眼光呢，尤其是针对本质上极易腐朽的服饰品，况且还要确保展示出这人类工艺中产量最大的作品。

我们在涉及古代历史的原版书籍当中找不到大学教纲所要求的内容，不过幸好在其它地方能够找到不少（但是我们还是遵照应有的顺序，尽我们所能地复制了那些最古老的历史素材，例如古埃及人、亚述人、古希腊人等等留给我们的图画）。人们如今已经不再将不同的传统相对立，反而是去寻求协调不同传统的本质，经由人类要达到文明而必经的阶段，尽量将它们融汇在一起而形成一种人类整体的进步史。如今，一方面有地质学所提供的数据，另一方面有人类学家的研究成果，都将古代历史的界限，包括那些确定无疑的历史阶段向前推进了许多。对于摩西和荷马都没有记录，但是在中国的考古学中有据可查的那些时代，揭示这些历史是有现实意义的。在他们的记录当中，前后连续不断的事件以一种令人信服的方式被展现出来，使人们很容易排除那些将人描绘得或多或少像神话或者像野兽似的无效杜撰。我们能感觉到，事件的连贯性就是真实性的逻辑保证，没有一个文献在这类事件上浪费时日。以哲学观点来看，任何画卷的价值都无法与实践知识的获得相提并论，无法与人类为自身使用而对材料的征服相提并论；如今，没有什么更好的方法能展示出我们日益扩展的工艺和资源，以至于我们如果不考虑人类为其自身生存和娱乐而做出的创造发明，就不知道如何去设想人类了。

这就像一个童话故事，没有无数劳工的辛勤劳苦，就不会有万众期待的辉煌结果，而人类的技艺以快速而坚定的步伐在不断前进。总之，并不是机械的进步才产生了最美的服装织物，尽管其巨大的生产规模也有其意义。但直到目前为止，还没有任何织物能够与人类纯手工制作相比。例如，法兰西的山羊绒织物相对于旁遮普邦的阿姆利则（Amritsir）那经过清洗和织补的克什米尔披肩；谁又不知道中国的刺绣和日本的织物令所有人都羡慕？还有那美丽的阿朗松蕾丝（Point d’ Alençon），那以细绳为基底，其上织有凸起花卉的花边，超越了花边工业的机械织造品有多远？至于寓言故事《驴皮》（Peaud’ âne）中所想象的驴皮裙，是经由布尔萨（Brousse）女工之手实现的。一个现实是，这些以金银丝和蚕丝交织而成的月光色或阳光色，再根据需要在每一朵花卉中，在每一杈枝叶上织入棉线、大麻线和亚麻线，以天赋情趣，由祖传技艺所指引而完成的手工艺品，使机械师们梦想了许久，却从来没有办法实现。因为这些秀美的织物都有一种显著的家族特点，就像古希腊和古罗马的作者述及亚洲的神奇手工艺品时的描绘，我们可以将其视为是一种人类眼中的古老认知。我们知道这些美丽的产品对古希腊人的吸引力，知道它们是如何征服罗马帝国的。我们还知道，在经过了中世纪初期那黑暗长夜之后，从某种程度上说，人们重新发现了叙利亚。第一批十字军战士被光彩夺目的奢侈织物所震惊，这在欧洲人眼中是太阳之国的标志，而在最远的尽头还有那旭日之国，就像我们如今发现的那样，他们的工艺所产生出的诱惑力，令识货者的眼睛永远得不到满足。然而，正是应该从这个人类工艺和情趣所到达的点，上溯源头至“天朝”（Céleste Empire），因为从许多方面看，那里保留着首创的特征和逐步演进的记忆，而这对所有文明都有着重大意义。

我们对于中国上古时代的考古分析是基于纪尧姆·波捷[1]（Pauthier）译作的简化，其有关中国的学术研究拥有无可争议的权威性。尽管如此，有些传奇还是使我们为难，甚于其对我们的吸引，尤其是在与超自然现象相混杂之时。因此我们只选用其中与我们的主题相关的文本部分，而排除了那些神话人物的具象画。

“盘古”或“混沌”为世间第一个人和第一位帝，是世界的组织者（ordonnateur dumonde），或称为“元始”。他的行动始于天和地的分离，也就是说，始于

[1] 译注：纪尧姆·波捷（Guillaume Pauthier, 1801—1873，中文名卜铁、叟铁，又译纪尧姆·波蒂埃），法国著名的东方学学者和诗人，曾经翻译过《大学》等四书。

129600年前，这又分成十二个部分，称之为“会”，每一个“会”有10800年。在第七“纪”的后期，人类才抛弃了穴居生活。自此，许多的王开始了文明的建立并确立了人类对大自然的征服。在第八“纪”期间，人类穿着草皮衣服，到处都有蛇和野兽，洪水泛滥，人类十分悲惨。随后，人类穿上了兽皮以抵御风寒，他们被称为“身着兽皮之人”（hommes habillés de peaux）。野兽拥有尖牙利爪、犄角和毒液，人类难以抵抗它们的攻击，所以人类逐渐从栖息于树上或地穴中，过渡到建造木屋以自保。第九“纪”的第一位帝“仓颉”发明了中国文字，设立了第一批律法，建立了第一个政府。这个王朝的第七位帝发明了车、铜钱和衡量物体重量的秤。在第十二帝时期，人类的数量还很稀少，到处是森林和野兽；人们学会了用木棍杀死野兽。在第十四帝时期，气候多风，季节混乱。于是帝命“朱襄氏”（Sse-Kouki）制造五弦瑟，以调和世间的生命。在第十五帝时期，河流不畅，疾病频发。于是帝设立了“大武”（ta-vou）之舞，这是一种有利于健康的锻炼。等到了第十六帝时期，人口恢复了增长，到处可闻鸡鸣犬吠；人们可以活到很老，但相互往来不多。

然后有第九“纪”中的“伏羲”（Fou-hi），他首创了国家的官员制度，以龙纪官，管理百姓，并且以龙的名义任命官员。有六名大臣：一人负责书契，一人负责甲历，第三人负责屋庐，第四人负责驱民害，第五人负责治田里，第六人负责植树木和通沟渠。他还发明制作了渔网，豢养了六种家畜：马、牛、鸡、猪、狗和羊。

在孔子也承认其存在的伏羲图画中，这位帝的形象是蛇身牛头，身披树皮或树叶衣服。在他治世初期，人们还处于结绳记事阶段（这种记忆方式形成一种独特的语言，北美古印第安人使用的“贝壳串”是同一个道理）。随后才有了替代结绳的文字，这使得官员能够完成他们的任务，也使百姓能够监督官员的行为。

在伏羲之前，人类的两性关系是混杂的。是他建立了婚姻制度，确定了婚嫁礼仪，使人类社会的首要基础得以建立。自此人类知道了羞耻。伏羲希望女人的服饰与男人不同。一位中国的作者曾说，在伏羲之前，人与兽没什么区别，“他们知道自己的母亲，但是不知道谁是父亲”。婚嫁之礼改变了以前混乱的状态。

伏羲对天文很有研究，他确立了一种历法，不仅确定了一年的长度，而且还将天以度划分，并确立了六十年一甲子这一如今尚在使用的周期。他发明了木制的武器，又利用木材制造了七尺长的琴，以丝为弦，随后又制作了有三十六根弦的瑟。最后，他教授人们渔猎之术，又为渔人们谱了一首歌曲。

此后，在历史的演进中，于公元前3200年左右出现了“神农”帝。他发明了犁并教授人们耕地的方法，他种植五谷，教人以此为食，并教人从海水中取盐的方法。神农设立了公共市场，使全世界的人都能来此交易，货物无所不包。还是他，发明了医学，区分了所有植物的不同特性。精于军事，他写了一本兵书。他以乡间的沃土作曲，用琴瑟伴奏，使人们听到乐曲后能被感化而守住自己的德行。他是第一个丈量土地的人，他立庙以祀上帝。

再经过神农的几个后世朝代，就到了“黄帝”时代，也就是公元前2698年，开启了一段真正有历史记载的时代。我们丝毫不想在这里涉及历史中的政治事件，但是为了展示中国远在上古时代，就拥有了由舜和禹开先河，并且按照一定规则处事的行政制度，因此认为还是有必要最后一次涉足这段历史。舜和禹是那类因智慧出众而得到王位的哲学家帝王。在他们建立的制度中，有一种正式礼节，为此设有一名专门的礼仪官或祭祀官负责监督所有场合中的规定礼仪。一种源远流长、约定俗成的礼仪，逐渐演变成为一种行政上的礼拜仪式，这本身就值得我们观察。在第87号版画中可以看到中国官员的级别标识。至于舜，他在公元前2255年继承了王位；而禹曾经是舜的臣子，随后在舜死后，即公元前2198年继承了王位。这些先帝们在夏天穿大麻制的衣服，在冬天穿兽皮衣。他们的制度是有远见的立法者所创立的，比我们中世纪期间根据不同社会阶层而限制奢华的法令要影响深远。中国在舜的时代存在有奢华吗？尽管很可能，但是当看到当时帝王们的日常简单穿着时又令人十分怀疑。无论如何，奢华的丝绸尚未流行，它的使用要等到公元前 1122 年以后的周朝时期。

对于这个官方礼仪的起源，我们在此借用我们自己曾经在《多彩装饰》（*Ornement polychrome*）第二系列中述及中国官服时的描述，这些官服深受禹的影响，其上的标志性徽章使官服长袍富含诗意。我们并不是有意要借用这段描述，而是为了使我们的专著能够像百科全书一样网罗所有有关饰品和服装的图画，而且在我们的头脑中，它们是同一类东西，是互补的。如下就引用一次那本书中涉及禹和他给所有官服留下的印记。

“中国人自四千多年以来，形成了一个历史性的帝国，其朝代更替并没有怎么改变其强大的统一体，而通过他们的艺术，他们在其自身的特性中找到了一种连接其无数代共同祖先的方法，完整地保留了家族观念，而且没有任何一代人能够丢失祖上的记忆，使之代代相传地描绘出其祖上最值得回顾的历史片段。”

“通过图画唤起人们对其祖先所经历的磨难与艰险的回忆，等于是证明其种族为创立国家而付出的集体努力。同时，将过去的苦难岁月展现在眼前，再现大洪水等灾难所摧毁的人类劳动成果，将可以不断地唤醒和激励所有人心中对祖先的勇敢与智慧的崇拜，鼓励人们为后代的美好生活而付出辛劳和汗水，去与大自然奋争。这是从禹的豪言壮语中所能感受到的。他在勘平高地以通水道并成功治理了大洪水所引发的灾难，使国家今后可免于洪水威胁之后说：‘我为了治理洪灾，完全忘记了自己的家庭。通过我的谨慎和努力，我感动了神灵。我的心永不停歇，我在不断的工作中得到休息。我的苦恼没有了，世界的混乱消失了。南方的大水流入到海里。人们又可以制衣和准备食物，万邦得以和平与永乐。’这位公元前 2200 年的伟大人物，利用直角三角形原理来勘平高地，他走遍千山万水，砍伐树林，使江水重归河床并最终导入大海，有时长度超过五百法里（如“长江”，据说禹所建的河堤和围堰至今尚在）。他的话被仔细地刻在一块石碑之上，馆藏于陕西省西安府（Singanfou）。钱德明神父（Amyot）曾经从那里取得了抄件。我们可以说，自禹以后的每一位中国人的心中都能与之产生共鸣，也就是说，自 3970 年以来，这段言语能使人们团结一心，共建他们不朽的家园。”

让我们回到充满了细节展示的《多彩装饰》那本书，为了使人明白中国人使用了什么方法在官服上，包括在皇帝的衣装上来流传与那些豪言壮语等同的东西。人们将会看到，礼服长袍下缘的水平圆环是如何产生震撼景象的：汹涌的波涛遇到火山的爆发，而火山口喷发出的玄武岩浆与滚石相遇，形成了填满沟壑的砾石而使土地绝收；但同时人们也将看到，这令人悲伤的毁灭场景是如何被人类的力量所征服的。五爪龙代表着帝王，它的介入修复了一切灾难。我们见不到约柜的幻想（mirage de l’ arc d’ alliance[1]），但是有一个标志起到同样的作用，就是那配以饰带的朱槿花（rose de Chine），其本质可能更能触及伤悲之心，预示着尽管有大洪水，但丰收终将重现。这真是应和了禹的那句话“万邦得以和平与永乐”的翻版，好似是纪念那为其祖国鞠躬尽瘁的天才人物的壮举。我们不敢确定，是否还有任何其他一个民族拥有中国官服上的这种意义重大的刺绣图案。

我们在这里所阐述的内容，只是从中国远古的编年史中选取了与建立人类大家庭之历史档案有关的部分；然而，通过虚构的时代划分，通过人类征

[1] 译注：应为“Arched’ alliance”，“约柜”又称“法柜”，圣经中指放置上帝与以色列人所立契约的柜子。契约即十诫法版。

服物质的历史，可以获得一些确定的史实。对于远古时代那晦暗的历史，中国文人们为我们描绘了最全面、最明确的画卷。他们的初始时代已经很久远了，当然那不是为了震惊地质学家。可是我们需要指出，根据某些版本，人类和其最早的文明可以上溯至更久远。阿蒂尔·德·戈比诺（Arthur de Gobineau）在其人种不平等论著中，顽固地相信只有白种人和印度–日耳曼人才拥有创造文明的必要智慧。对于盘古，他认为盘古绝不是世界上的第一个人，首先他不是独自一人，因为他是帝，中国的传说中将他视为创造者，因为他开始处理人类之间的关系问题。盘古传说之地是中国的湖南省，那里的居民是苗族，在中国被视为外族人，处于简单群居状态，是生活在山洞或穴居的野蛮人，如同猴子的后代，追逐野兽，茹毛饮血，或食草和野果。在印度早期的英雄时代之后，中国才被来自于印度人种的移民开化，即刹帝利、雅利安人、白种人，而立法者盘古，“是他们中的一位头领，或者是一个白人种族的拟人化象征，来到中国传播其奇迹，如同另一支脉，同样是来自于印度，在更早的时候到达尼罗河上游传播文明”。

这个版本不属于我们的评价范围，但是我们不能一言不发，因为根据这种说法，人类和文明的历史将要比中国人所给出的数据还要早许多，而那些数据足以使我们获得一个近似值。

我们看到，禹的统治结束于公元前2198年，而那时古希腊人还不存在，不需要上溯至混乱的源头，只要看一下特洛伊战争时期他们处于什么状态即可。在拥有共同祖先和同样语言的族群之间进行的那场骨肉相残的战争，发生于公元前1193至公元前1184年。

在那个时代，古希腊人寻求和平的艺术尚局限于获得生活物资。家具是粗糙的，犁基本上是粗削的。那时没有学校，人们仅有的算数知识只适合于商业上的计算，金银被用于交换，但尚未有成型的钱币。荷马提及的工具有斧子、锛子、曲柄钻、刨子、水平尺，他忽略的工具有锯子、直角尺和圆规，因为它们的使用较少，切割和打磨大理石的艺术尚不为人所知。至于古希腊人的天文学，他们观察最醒目的星宿以便沿海岸航行，但基本上与海岸线保持在可视的距离之内。荷马只述及了大熊星座和小熊星座、昴星团、毕星团、猎户座和天狼星。

没有《伊利亚特》和《奥德赛》的光芒，我们就几乎看不清那个时代的状况。因为自特洛伊战争之后的多个世纪，即公元前12世纪至公元前5世纪其间，古希腊人进入到了光彩夺目的历史时代，然而人们只了解其整体的大概情况，没有任何古希腊的编年史能够提供细节。

对比两个如此不同的社会状态，而其中最简陋的又是相对最滞后的。如此获得的结论颠覆了我们古代史研究的传统顺序。这也是我们想要引出的结论，因为我们认为，从服装饰品在工艺上的真实演变的角度来考量，这个结果对各文明的编年史的可靠性是有用的。

为了结束这个有关时代的问题和各民族的文明年代谁先谁后的问题，这不是从今天起才考虑的问题，古希腊人早就从天朝取经了。约瑟夫·海格（J. Hager）于1805年出版的《中国万神殿——古希腊人曾经知道中国的新证据，古代作家所言的赛里斯人就是中国人》（*Panthéon chinois, avec de nouvelles preuves que la Chine a été connue des Grecs, et que lesSères des auteurs classiques ont été des Chinois*）中举了个微不足道但相当有意义的例子来描绘古希腊人的行动。最古老的中国器具上饰有直线和棱角，程度或简或繁，我们称之为“希腊纹”（grecques），而在中国古代青铜罐上的类似装饰图形无疑确定了其年代早于古希腊。然而对于这些在所有原始民族中都能或多或少找到的纹饰，古希腊人是如何利用的呢？他们将之视为是自己的，并以这种充满优越性的方法，尽管他们自有其优势，再加上他们的想象，将之命名为“门德雷斯纹饰”（méandres，又可称为“回纹饰”），因为在他们的眼中，那些随意扭转的曲折线条与《伊利亚特》中描绘的门德雷斯河

(Méandre)之曲流形象一致。由此，他们将一个并不是他们发明的概念打上了自己优越的烙印，通过实物化，又将其赋予诗意，并与他们的英雄传说关联在一起。这就是他们在艺术史上的通常特点，这很优美，根本不需要传奇，也不需要谎言。在这一点上最后再说一句，按照历史的顺序，我们似乎应该同样关注古埃及人，他们是古希腊艺术的毗邻先辈，尽管我们目前对莎草纸上的记载尚未充分了解。

服饰决定着所有先人的外观，与祖辈们留下的记忆无法分割，属于历史的一部分。对于后代来说，尽管有谚语说“人不可貌相”(l' habit fait le moine)，其真实的含义是指要了解人的内心，但衣装还是区分了古埃及人、古希腊人、古罗马人、中国人、印度人等等。古人们利用各自语言中的术语来表现一个人和其服装，并以奇装异服上的特征来概括。不用上溯更远，拉丁人就有个习惯，在称呼埃及人、希腊人、波斯人、斯基泰人、日耳曼人的时候，通常只提及他们的服饰即可，称呼有时是整体的，有时是确指的，以至于从古罗马的社会分级到个人的特征，所有同一语系的人都能明白无疑。

人的形象与其外貌是不可分的，尤其是特别的穿着。人与其服装是如此紧密地联系在一起，以至于在画家和历史学家眼中，他们是一体的，而尤其是服装，适合于用来归属不同的外貌特征。因为它们虽受千百种环境的影响，但个人却极少有自由不遵守限制。社会人尤其是从属于主体的，他无法逃避其生活环境的影响。在后人们眼中，他的穿戴式样是被迫的，只能跟随主流，如果其服饰超越其时代的规范，就失去了代表性。

社会个体对于支配群体的这种从属性，在欧洲服装自中世纪以来的演变谱系中产生了奇怪的对比；当然这种对比源于对高雅人士之着装的观察，也就是说，对于那些时尚之王或时尚奴隶的观察，借以更好地评价那些连续不断的演变。在大部分情况下，演变总是基于简便性原则，例如，基于服装剪裁的优化，或其它类似原因，这些演变是没有终结的。在时尚领域，心血来潮是短暂的，有时还是逆向的，而进步却是如此之缓慢。因此一成不变的归纳法是不存在的，而且对于这类事物的方方面面，也没有一个能为我们在时间长河中指明方向的指南针。有时似乎是有某种智慧引领着事物的发展，而更多时候，船舵似乎是被掌握在完全荒诞之人的手中。这些人在大多时候都戴着匿名者的面具，使得无人知晓到底是谁在引领大家都遵循的航向。社会人别无选择，只有遵守“应该和大家一样”的绝佳信条。莫里哀建议人们身穿由裁缝制作的衣服，但是裁缝们的新时尚来自于什么？他们又是通过什么来不断地冲击那看似一成不变却又的确在变化的祖传遗产的领地呢？

在14和15世纪时期，妇女身穿“柯特哈蒂裙”(cotte-hardie)，这是一种裙摆拖地、背部系绳、紧贴腰身的长裙，其大斜袖也长至垂地。这种无外露衬衣的长裙与“埃斯科菲翁发饰”(escoffion)，即一种带衬垫的头饰搭配在一起。当这种裙子转变为前系扣，而视线通过那名为“地狱之窗”(fenêtre d'enfer)的长开领能看到暴露出的一部分乳房和胸部时，卫道士们的极度愤怒也没能压制住这种奇装异服，反而是愈演愈烈。差不多一百年后，妇女们穿上了可笑的鼓式裙撑框架，再加上凸起的束胸框架，袖子是膨胀鼓起的，下身穿男式衬裤的改编版，衣领是椭圆形皱领或扇形皱领。17世纪时，裙撑失去了其外貌，变成了“克里亚德”(criarde)衬裙，同时突然出现了18世纪假田园风格，带有巨大圆衬圈的靠手式和贡多拉式裙衬(paniersà coudes et engondoles)，直到玛丽·安托瓦内特(Marie-Antoinette)时代的轻盈衬裙和“复古希腊热”时期的无衬衣透明长裙。

这些演变所产生的多种外形变化比我们想象的要多得多，维奥莱－勒－杜克(Viollet-le-Duc)由此指出，时尚的苛求造成了如此多的受虐者，以至于为了满足那些苛求，似乎人类的身体轮廓有时会被迫改变，而这其中最难的是针对面孔。锥形高帽流行时期，与之相配的前额必须饱满而凸出。那个时期的人物塑像和肖像画都证实了这一点，所有妇女都是前额凸出的。到了额饰流行时期，她们的前额都被扁发带分为两部分，而且自此再也没有被凸显出来。在18世纪，由达芬奇所美化的妇女额头外露，由此使头发成为了一种流行的艺术组合，而将头发置于脑后的方法与14世纪的高雅女士凸出前额的方法完全不同。

至于男性，其时尚的变化是一样的。他们的服装和外貌也经过了同样的演变。谁能想象出一位身穿法式齐膝紧身上衣，下穿短裤，头戴扑粉垂尾假发和灯笼帽，脚踩路易十五式扣带皮鞋的画家，是曾经身穿衬肩灯笼袖以及露出短裤的系带紧身上衣，脚踩长尖头皮鞋，头戴查理五世至查理七世风格的帽子之人的后代？且不说在过渡期间的变化，16世纪的披风演变成了亨利三世式那招摇而卷起的大衣、配有假腹凸的短袖紧身短上衣，加上配有圆弧形发卡的发型、西班牙式无边小帽、无浆软皱领（fraise à la confusion）、紧身短裤和连接长筒袜（grèguesaveclebas d’ attache）；且不说路易十三宫廷中流行的可爱骑士靴，也不谈青年路易十四的紧身短上衣演变成为一种胸衣。

在亨利三世时期，人们利用铅白粉将面孔扑成苍白色，这在当时被视为一种乐趣，再配以黑色的衣服就更加显得突出。这种苍白色又被路易十四时代后期的贵妇们使用的朱红色所取代，也称作西班牙火红色（rouge d’ Espagne），它使周边的颜色都显得发黄。此外，扑粉很招引苍蝇。

在我们复杂的社会以及无数的兴衰与变迁当中，要想确认到底是哪种思潮促动了时尚的变更，有时是令人犹豫的。它总是取决于精英阶层吗？从来就没有来自于社会底层的推动吗？我们的礼节越是精致，时尚就越是取决于社会精英。

陪伴第一次十字军东征将士们的贵族妇女爱上了东方品味。她们归来时带回了撒拉逊人使用的物品，其中有轻质的、弹性的、带有小褶皱的面料，在我们的老教堂中的艺术雕塑上就能看到的这些绉绸，它们紧贴人体躯干直到腰带处放松，贴着盆骨的轮廓垂荡，并随着衬裙的褶皱延伸，充分展现出纯洁的人体美。这些女士们十分大胆，她们当众炫耀的那些衣服，是借鉴于穆斯林闺阁中才穿的某些衣服，难道她们觉得血统高贵的女士们和小姐们回归时沾染了被视为奴隶的亚洲妇女的特征？其实，这个女子卖弄风情的时尚与骑士们的风流献媚交相呼应。这是有关我们社会当中妇女角色的一个激烈转变。从那个时代开始，女子开始了她们真正的地位提升。以前，就像古老的武功歌中所描绘的那样，女人是粗野怒火的目标。古代的武士粗鲁地辱骂她们，打她们嘴巴，抓她们的头发，对她们施加棍棒并用剑威胁她们。突然之间，两性关系发生了巨大的转变，从某种程度上说，女人成为了最值得尊敬的和永远爱慕的目标。武士在她们面前小心谨慎，为了博得她们的欢心甘愿承受最艰难的考验，甘愿冒着生命危险并以其绝对忠诚的代价换取一句暖心的话语、一个微笑、一条女士用过的丝巾。妻子逐渐地脱离了被监护人或者女仆的地位，获得了与其丈夫平等的地位。

保罗·路易（Paul Louis）讲述过有关路易十四宫廷中一位贵妇的逸闻，有一次这位贵妇身穿一种封闭式猎装去聆听布道，讲坛上的传教士提醒她在上帝的居所要保持庄重，并要求她去“穿衣服”。等这位贵妇回来时，她依照宫廷中的装扮风格穿了袒胸露乳的服装。这明确反映出当时上流社会的衣装规矩。尽管这个逸闻有嘲笑的意味，但是我们还是能从中看到对遵守适当礼仪，尊重自古以来适合在教堂中的穿着习俗的正当提醒。至于化妆舞会以及重要典礼上的聚会，贵妇们穿得就像人们常说的那样，像半裸一般。但是谁要是能亲眼见到真正遵守这种规矩的贵族妇女，他就会明白，她的肩膀越是暴露，从某种程度上说，她所面临的潜在危险就越小。保护她的那道看不见的铜墙不是人们所能跨越的。

因此除了服饰本身的真正意义以外，不应该利用它们去表达更多的东西。此外，多变的时尚根本不是用以评价社会特征的最可靠指标。其随意性和自由性的感染力比我们想象的要小许多，依据所谓的民族服装的持久性来看，它们传承了地方习俗，其缓慢的变化与大众服饰的多变完全是两码事。最后，我们重申，与针对这个主题的所有偏见相反，在大众阶层当中，相对于男人们的入时衣装，女人们通常显得不那么热衷于追求新鲜事物，尤其是在农民群体当中，男人们的体面衣装与男人的重要地位紧密关联（参见第413幅版画，有关挪威和瑞典的风俗）。

对于大众服装或民族服装，我们即将停止讨论，问题的本质是需要校正基于群体基本特征的某些数据，其中特别是所谓的高卢人的多变性（mobilité du Gaulois）；这是一个被普遍接受的观点，而且我们自很久以来不断地被灌输这个观点。针对这个问题，我们的论据直接取自于服装。

对于西班牙和法国至今依然在部分使用的伊比利亚人和高卢人的某些旧事物，我们应该认可它们。同时，我们在许多幅有关两国地方性服装的版画中，以特别的顺序做出了阐释。他们的集合在欧洲尚存的统一性当中展示出了一种难能可贵的多样性。我们在此所记录的不过是他人的一些成果。有些疑问尚且比较新，但是随着对此感兴趣之人的不断研究和对那些地区服装之源头的实地考察，这些疑问也在逐渐明朗。一旦涉及服装，问题就宽泛了，遗传性传统经常会变成国家性事物，通过一些意外原因而地方化了。一些散落于各处的历史片段形成了一个个小宝库，当它们被收集到一起时，就成为了珍贵的对照物。目前，为了彰显我们不是为了支持一个先入为主的论据而描绘了一幅奇特的画卷，我们借用著名学者夏尔·卢昂德尔（Ch.Louandre）所述及的有关伊比利亚人和高卢人服装的部分内容，他为费迪南·塞雷（Ferdinand Séré）的《奢华艺术》（*Arts somptuaires*）一书贡献了其发展史。他所提供的结论与我们今日的观点大相径庭。我们可以说，事物的真正意义是时间的产品，从某种角度来说，光辉只能从达到一定成熟度的疑问当中冒出来。《奢华艺术》一书的总序言出版于1857年，而这三十年以来，人们在对不止一个历史事件的评价上取得了非凡的进步，尤其是对于民族服装。还是让博学的考古学者来说话吧。

卢昂德尔首先承认，所有与远古时代的高卢人有关的信息都是晦暗不明的，尤其是在罗马人入侵之后，他们的许多习俗都被破坏了，想要准确了解民族服装的历史源头，就像许多其它问题一样没有答案，否则只能遇到一些假设甚或谎言。但是至少，他还是成功地重组了足够的事物以描绘出一幅有趣且有益的画卷。根据他的工作，如下简述他的观点：征服者文明使然，古罗马人必然将其服饰文化带到高卢地区，而南部的古希腊人聚居区必然身穿希腊服装。

当文明在高卢人中开始诞生之时，可以将之区分为两个族群，伊比利亚人族群和高卢人族群。第一个族群包括阿基坦人（Aquitains）和利古里亚人（Liguriens）；第二个族群包括盖尔人（Galls）或凯尔特人（Celtes）和辛布里人（Kymris）。这两个族群相互之间被深深的敌意所分隔，他们的外貌和服饰都不尽相同。

伊比利亚人或阿基坦人是西班牙人血统，他们身穿粗长羊毛制短外套，脚蹬毛发制靴子。在这朴素的衣装下，他们显得很灰暗，但是却很整洁，如今在波河（Gave）和阿杜尔河（Adour）沿岸的妇女们身上还能见到这种整洁。这些妇女的外形与高卢人不同，有黑而光亮的头发，黑色的眼睛，早在斯特拉波（Strabon）的时代，她们就在头上围着一块像她们的头发和眼睛一样黑的头巾。让·雅克·安培（J. J Ampère）认为那是西班牙花边头巾的起源，并且说："卖弄风情的习俗比人们想象的更久远。"（《十二世纪前的法国文学史》*Histoire littéraire dela France avantle douzième siècle*）

凯尔特人和辛布里人是高卢人的两大分支，占据着自里昂至比利时之间的大片土地，与山南高卢（Galliatogata）有一定距离，他们确有自己的民族服装，其最主要的衣服是长裤。辛布里人的长裤肥大且带褶皱；凯尔特人的长裤又瘦又贴身。这种裤子的名称是“布拉卡”（bracca）或“布拉加”（braga），属于宽松长裤。最初，它们长至脚踝，后来逐渐缩短至小腿，可从中见到短裤的雏形。他们上身穿一种紧身背心，长至大腿中部。除此之外，套一件带条纹的“赛伊”（saie）短大衣，根据瓦龙（Varron）所言，这是用四块方形料子制成的，或者前后都是双层的。带袖或无袖的“sagum virgatum”或“sagula”夹衣被用夹子固定在下颏处。从“赛伊”短大衣上可以看到我国农民的罩衫雏形，谈及高卢服装的大部分古代作家都讲到过这件衣服。在比利时人和他们的邻居那里，“赛伊”短大衣的使用十分普及。在长裤、紧身背心和“赛伊”短大衣之外，还要加上带风帽的披风（bardocucullus）。贝阿恩省（Béarn）和朗德省（Landes）的居民至今还在使用这种服装。中世纪的僧侣风帽和自由民的兜帽有它的痕迹，如今我们的“caban”短大衣的斗篷和化妆舞会上穿的连帽斗篷也有它的痕迹。

在比男装更简单的女装当中，有与长衫和长袍一起使用的系在腰间的围裙，有些部族中还穿戴称作“bidgœ”的皮兜或皮口袋，如今在朗格多克（Languedoc）地区的某些村落中尚能见到，它们的名字也没怎么改变，称作“bouts”或“boulgetes”。

这些常用物件的寿命之长久本身就令人震惊，这本身就证明，至少在服装领域，高卢人并不是人们所想象的那么多变，而古人们对此的偏见也是不公正的。不管是男人还是女人，高卢人与他们的民族服装紧密地联系在一起，他们的族群，不管是散布于希腊、色雷斯（Thrace），还是亚洲，都在这些遥远的国度中保留了他们的服饰特点。蒂托·李维（Tite-Live）说：“高卢人在亚洲与最温和的民族混杂在一起，他们保留了在高卢时的一切。他们保留了战士的外形，保留了他们的流动性和他们的红头发。”

因此，认真探究服饰领域就会发现，不仅罗马人借鉴了高卢人的“braie”长裤、带风帽的披风“bardocuculle”和“caracalle”长袍，且不算木底皮面套鞋“galoches”，其名字本身就说明与高卢有关，而且尽管罗马人的血腥入侵给高卢所有地区带来了拉丁长袍和罗马人的服饰，其最终结果却是长袍消失了，而许多古老的民族服饰却在我们当中一直传承下来，如今在许多省份，比如：奥弗涅（Auvergne）地区，尤其是在老阿莫里克[1]（Armorique）地区，也就是说在凯尔特人和辛布里人的地区，尚能辨认出许多服饰的源头。随着时间的推移和其它因素的影响，这些地区的平民服饰在细节上承受了一些改变，只是通过某些偶然的机会，我们才见到一些不确定的阐述。

让我们回到卢昂德尔的结论，他认为在高卢独立时期，前述的高卢人服饰，不管是男式还是女式，均未受到很大的改变。此外，他写道：“对于高卢人这个易变而热爱新鲜事物的民族来说，这个事实可能会令人惊讶，其主要原因是由于技艺上的欠缺，因为为了织造新织物，就需要发明新型织机、新型工具，而显而易见的是，当技艺停滞不前时，时尚也一样。”不再继续讲我们的这位学者朋友的观点和断言了。

在所有的历史服饰当中，传统性服饰具有重要的角色。它们是人类相互关联的最佳表达，至少是组成社会基础关系的一个指标。因此在我们的图集当中，考虑到平民服饰的传统性属性，广泛收录了其代表物品。

我们收录的欧洲时尚的年代表止于19世纪初期，即长裤在优雅男士的服装中被最终接受的时代。这个年代表是一个别致的组合，它对照了君主政体

[1] 译注：真名叙尔皮斯-纪尧姆·舍瓦利耶（Sulpice-Guillaume Chevalier, 1804—1866），保罗·加瓦尔尼（Paul Gavarni）是其笔名，法国著名的素描、水彩和石版画画家。

最后时期的服饰，也混杂着1805年的流行时尚，形成了某种刻度表，德比古（Philibert-Louis Debucourt，1755—1832，以风俗画著名）以此描述了一幅时代的秀美画卷，同时也通过服装来区别出不同社会地位的人、手工业者的职业和富人的装扮。随着时代的进步，那些具有微妙的阶层属性的外表区分在世俗服装中逐渐淡化了。原则上，在日常穿着上没有保留等级区别，然而这种结果只是在几次不成功的尝试之后才成为决定性的，尤其是圣西门主义者（Saint-simoniens）曾经设想了一种色彩鲜艳的服装，使他们的门徒之间容易识别，从而能够相互帮助，以便随时唤起他们对兄弟情谊的需要。

在龚古尔兄弟（MM. de Goncourt）为加瓦尔尼（Gavarni）所写的生动逼真的传记当中，这位大师在经历过一段以奇装异服为炫耀的纨绔生活之后说："啊！您没见过曾经在手套上戴戒指的我。"他用这句话表达了当时穿着上的品位规则，这是他要严肃对待的问题。龚古尔兄弟接着说道："有一天，在伦敦的沃德（Ward）家中的餐厅里，……进行着一场星期日前的聊天，讨论着英伦艺术家和文学家之间所有能够想象的问题，……这些先生们在世博会（1851）的时候，想要试着掀起一场服装上的革命，觉得这是抛弃现代欧洲中那些丑陋衣装的有利时机。有人带来了一顶他自己发明的帽子，并推崇其高雅；另有人带来了自认为既美丽又舒适的一套衣服。在这些激情澎湃的革命家当中，加瓦尔尼取得了发言权。他说在一个平等的社会中，服装上的区分不应该在于服装本身，而是在于如何穿戴；不应在于衣料的奢华，而应在于穿着者的品味；在这难以言表的情景中，在男士礼服的世界中，出众的男士就显现出来了。凭借加瓦尔尼的话，欧洲人继续穿着黑衣服，戴着大礼帽。"

大师用完美的法语所表达出的定义不仅是独到的，更是灵验的，它源于对自本世纪初以来现实习俗的观察结果。它解释了一个明显的现象，并点明了服装标准化的基本原因。可以想见，这种清醒的观点促进了预制成衣产业的发展，而大众阶层的衣装自此进入到了优雅的领域，当然肯定不是最高雅的，但至少是占据了一个重要地位，以至于米舍莱（Michelet）将着装师、裁缝和鞋匠当中的许多人称之为"艺术家"，他们的成就、完美的技艺和优美的个人作品都令人欣赏，但是从这个时代开始，他们的数量也大大地下降了。大部分巧匠祖传下来的艺术特点都默默地转变了，假如需要将一个新的贵族头衔授予现代着装师，大概就得到工程师的路径上去寻找了。如今的服装业是建立在定理的基础之上的。某位菲利普·拉图尔（Philippe Latour）将人脚的尺寸浓缩为几个数学公式，机器以他的公式精确地生产鞋子，而在销售这些鞋子的商店中，总能找到各人适合的尺寸。

如今，时尚是什么？它依然是充满魅力的。我们的年轻人做体操训练，上击剑课，做志愿服务，这种无拘无束的趋势在几年前尚不存在；年轻人显得更惬意，也更男性化。男礼服有些贴身，长裤有些紧，皮鞋有点尖，可这皮鞋可以像路易十二时代那样做成鸭嘴状；不久前，裤脚还是象脚状，太难看了！这是昨日的时尚。至于女士们，也是同样，没有什么能比流行时尚更能使她们富有魅力了。她们肯定不缺少趋势的起起落落。没有什么能比灯笼袖（gigots）、心形礼服（robes à coeur）、克里诺林裙衬（crinolines）、撑边女帽（chapeaux en cabriolets）等等的复现更能激发快乐，前天或仅仅昨天的事物为更年轻的人们提供了一个新的景象，同时也引发出对那些曾经穿过这些昙花一现的时装之人的怀念。这是无法抗拒的，所有人都为此疯笑。我们等着下一个时髦的来临吧，以此见证当今的时尚曾经存在过。

作为结语，如同安布鲁瓦兹·菲尔曼－迪多[1]

[1] 译注：Ambroise Firmin-Didot（1790—1876），法国印刷商、出版商、艺术品收藏家、古希腊研究学者。

（M. Ambroise Firmin-Didot）所指出的那样，这套图集的特点就是浓缩。在心满意足地审核了我们所指导的所有内容之后，我们想要说明，尤其是针对服装图例而言，为了将大量图例收集在一起，这些图画都不得不按照非同寻常的比例进行了缩小，但是其质量是以前过度缩小图例的出版物所无法比拟的。有一个原因很容易解释。朴素而清晰的线条足以使雷韦伊[1]（Réveil）在安格尔[2]（Ingres）的眼皮底下实现对其画作的雕刻，他的画线条流畅、确切，我们都愿意称之为“构图基调”（leverbe du dessin），大师以此确保艺术的纯正，也是我们实现平版印刷所有程序的基础（利用普通放大镜就很容易在版画上看出来）。我们所有的彩色图画都是直接取自于各种材质的原版模型，有油画、版画和照片，通过翻版的方法，一丝不苟地达到逼真效果。例如，取自照片的肖像画在机械缩小的情况下保留了其人种学资料的价值。

这些最近才出现的方法，使我们能够以非同寻常的手段来借鉴艺术大师们的作品，他们在各自时代留下的图画中为我们描绘了活灵活现的衣装。从某种程度上说，它们是鲜活的，并且还描绘了其适合穿戴的场合，尤其是涉及家居服装和家具。我们至今还远远不能与他们相比。

在展示这部著作的特点的同时，我们也为爱好者和勤学之人提供了最全面的图例汇总。我们并不想让大家关注作者的功劳，那将是不合时宜的，也是不恰当的。我们所使用的方法并不是我们自己发明的，我们作品的质量和丰富性都得益于这些方法。我们只想以某种方式在公众面前证明，对于一部值得欣赏的著作，其卓越性直接取决于各种资源，而这些资源是我们的前人所无法拥有的。

在最终署名之前，我们想要向国内外的预订者们表示感谢，虽然我们没有与他们直接见面的荣幸，只能通过我们的作品来结识他们，但是在出版期间，我们就得到了他们的认可、支持和赞赏的信件，这是我们所能获得的最大的和最令人欣怡的奖励！

但是我们心中还有一个需要做的公开感谢，我们要在此简明地将之表达出来，以避免那种所谓的相互祝贺，因为我们知道，我们的出版商也在为这本书准备一个前言。我们祝愿那些作品成本同本书一样昂贵的所有作者，能够幸运地遇到这样好的出版商。他们不仅留给我们完全的独立自主，而且出于对本书的喜爱，在面临成本增长时毫不退缩。他们以简介的形式与公众订下契约，在不增加开销的情况下为我们的作品扩容。这就是由阿尔弗雷德·菲尔曼－迪多[3]先生（Alfred Firmin-Didot）和其合伙人埃德蒙·马吉梅尔先生（Edmond Magimel）所管理的、历史悠久而又令人尊敬的菲尔曼－迪多出版社。他们值得我们特别的感谢。

最后，我们还要感谢安德烈·瓦扬先生（André Vaillant），作为我们的秘书和朋友，他是我们这部书在成书过程中所需要的主要读者。对于汇聚了来自于世界各地，不论是古代还是现代的各式各样资料，这有多么大的阅读量！

奥古斯特·拉西内（Auguste Racinet）

1887年6月

[1] 译注：Étienne Achille Réveil（1800—1851），法国雕刻师。

[2] 译注：Jean Auguste Dominique Ingres（1780—1867），法国新古典主义画家，其画风线条工整，轮廓确切，色彩明晰，构图严谨，对后来许多画家如德加、雷诺阿，以及毕加索都有影响。

[3] 译注：Alfred Firmin-Didot（1828—1913），是 Ambroise Firmin-Didot 的儿子，印刷商，出版商。费尔曼－迪多家族自18世纪以来一直在出版领域耕耘。

版画梗概及分类表

第一部分　版画 1—59

古典时代，自原始时代至公元 5 世纪西罗马帝国的衰亡，包括蛮族大入侵时代，又称“民族大迁徙时期”。

版画名称	版画号码
埃及人	1—9
亚述人和希伯来人	10—13
弗里吉亚人、波斯人、帕尔特人（Parthe，又译帕提亚人或安息人）	14
希腊人	15—28
伊特鲁里亚人和希腊-罗马人	29—33
罗马人	34—46
鞋类	47
凯尔特人或高卢人、斯拉夫人或萨尔马提亚人（Sarmate）、日耳曼人或条顿人等，直到撒利克法兰克人，木器和石器时代	48—59

第二部分　版画 60 —180

19 世纪以前欧洲之外的世界以及古代文明综述。

版画名称	版画号码
大洋洲 黑人和棕色人：南亚土著人（Alfourous）、巴布亚人、澳大利亚人； 黄色人和褐色人：马来人和马来-波利尼西亚人	60—66
非洲中部和南部 黑人部族：几内亚人、塞内冈比亚人、苏丹人、阿比西尼亚人（Abyssinienne）、阿班图人（Abantou）或卡菲尔人（Cafre）； 黄色人部族：霍屯督人（Hottentots）和布须曼人（Boschjesmans）	67—75

（续表）

版画名称	版画号码
美洲 巴西、巴拉圭、智利、图库曼(Tucuman)、新墨西哥、索诺拉、科罗拉多州、堪萨斯州、内布拉斯加州、俄勒冈州、上加利福尼亚； 巴西和布宜诺斯艾利斯州的黑人，即源于非洲的米纳斯人（Minas）； 源于西班牙人和混血的智利人； 墨西哥征服者和混血人	76—82
美洲和亚洲——爱斯基摩人	83—84
亚洲——中国人	85—93
亚洲——日本人	94—106
亚洲——烟具，中国和日本等	107
亚洲——印度周边和印度人	108—131
亚洲——僧伽罗人和马来人	132—134
亚洲——发型、头巾	135—136
亚洲——波斯人	137—143
亚洲——烟具，突厥斯坦、波斯、印度等	144
亚洲——穆斯林祈祷，东方式的致意	145—146
亚洲——基督徒、僧侣和教士	147
亚洲——叙利亚——旅行鞍具	148
北非——鞍具和交通工具	149
北非 阿尔及利亚、突尼斯、埃及； 卡比尔人、阿拉伯人和摩尔人	150—168
土耳其亚洲部分 君士坦丁堡人、亚美尼亚人、库尔德人、希腊人、土库曼人、比提尼亚人（Bithyniens）、叙利亚人、德鲁兹人（Druses）、贝都因人等	169—180

第三部分　版画 181—410

中世纪至 19 世纪初的欧洲服饰。

版画名称	版画号码
拜占庭人、阿比尼西亚人、法兰克拜占庭人	181—183
欧洲——5 至 15 世纪以及部分 16 世纪	184—254
欧洲——16 世纪以及部分 17 世纪	255—311
欧洲——17 世纪以及部分 18 世纪	312—365
欧洲——18 世纪以及部分 19 世纪	366—407
欧洲——19 世纪	408—410

第四部分　版画 411—500

19 世纪末以前的欧洲传统服饰。

版画名称	版画号码
瑞典、挪威、冰岛、拉普兰	411—418
荷兰	419—424
苏格兰	425—427
英格兰	428—431
德意志、蒂罗尔（Tyrol）、波西米亚	432—433
瑞士	434—436
通用物品——烟具	437
俄罗斯欧洲部分和亚洲部分	438—448
波兰	449—457
匈牙利、克罗地亚、保加利亚、罗马尼亚、摩尔多瓦、瓦拉几亚（Valachie）、希腊	458—464
意大利	465—468
西班牙	469—481
葡萄牙	482—483
法国	484—500

剪裁和模板说明

以下内容涵盖服装主要部件的剪裁和形状、民族服装，以及欧洲时尚的简单对比。

注意：随附十二张表格中的部件标号按照1—250号的顺序排列。

Waret del.

Imp. Firmin Didot et Cie. Paris.

TAB. I.

Nos 1 à 16.

第1套模板

第 1 套模板

古希腊人和伊特鲁里亚人飘逸的服装、披风及不同配件。 标准的弗里吉亚式、波斯式、叙利亚式、达西亚式（Dace）、拜占庭式披风，以及 18 世纪的修道士长袍。

部件标号	说 明	版画关联
No.1	披肩（Chloène）	
No.2	武士披肩	第 15 号版画 No.16
No.3	男式披肩	第 16 号版画 No.14; 第 17 号版画 No.1
No.4	克拉米斯短披风（Chlamyde）	第 17 号版画 No.6
No.5	半圆形披风（Pallium），达西亚式和皇家拜占庭式披风；第一个直径 2.80 米；第二个直径 3.24 米	
No.6	分体式裙（Anabolehemidiploïdion）	第 19 号版画 No.9—11
No.7	佩普洛斯（Peplos），折叠穿戴的女式罩袍	第 20 号版画 No.8
No.8	双披肩式长裙（Anabolediploïdion）	第 20 号版画 No.11
No.9	披风	
No.10	穿分体式花边裙的妇女（那不勒斯博物馆，Herculanum 赫库兰尼姆古城青铜像）	
No.11	穿披风的古希腊哲学家形象	
No.12	法洛斯式希顿（Xystis 或 Khitonopharos 或 chiton），女式长裙	第 20 号版画 No.1、4
No.13	神殿中的伊西斯身穿弗里吉亚式披风。这种超长的半圆形披风与修道士长袍一样在其颈部有一个开口。披风直径约 3 米	
No.14	叙利亚和波斯式长方形披风；第一个长 1.28 米，高 1.24 米，第二个长 1 米或 0.75 米，高 0.5 米	
No.15	法洛斯（Pharos）	第 17 号版画 No.3、6、7
No.16	伊特鲁里亚铜像上的披风	

17
18
19
20
21
22
23
24
25
Waret del.
Imp. Firmin Didot et Cie Paris
TAB. II.
Nos 17 à 25.

第 2 套模板

第 2 套模板

大衣套装——希腊式、罗马式、亚述式、叙利亚式和阿拉伯式剪裁。

部件标号	说　明	版画关联
No.17	贝都因人穿戴的古阿拉伯大衣，长 2.40 米	
No.18	亚述和巴比伦祭司专用大衣，长 3.30 米，裹在身上并用一条腰带固定。这件斜裁的衣服，其斜边落于腿部，并在边缘折叠	
No.19	托加圆袍（Togafusa 或 rotonda），带有双层折裥标示，按照一名立姿男人的比例，长约 4.20 米	
No.20	长袍款式，4.80 米 × 3.50 米	
No.21	长袍款式，长 4.50 米	
No.22	中等尺寸的月牙形或半圆形长袍，以伊特鲁里亚铜像展示	
No.23	披风款式	
No.24	金字塔形大衣，长 1.30 米，叙利亚式	
No.25	托加长袍（Togarestricta），伊特鲁里亚铜像所展示的长袍	

26
27
28
29
30
31
32
33
34
35
36
37
38
39
40
41
Waret del.
Imp. Firmin Didot et Cie. Paris
TAB. III.
Nos 26 à 41.

第3套模板

第 3 套模板

长衫和长裙——希腊式、伊特鲁里亚式、罗马式、米底式、波斯式、弗里吉亚式、帕尔特式、达西亚式、阿拉伯式，以及欧洲中世纪初期的款式。

部件标号	说　明	版画关联
No.26	埃塞尔比亚长衫，于上臂处开口，长 1.50 米	
No.27	古希腊女式长衫，古爱奥尼亚式，长 1.75 米	
No.29	Tunica manicata 或 manuleata，古罗马女式长衣，由位于胸部下方的扣带或裙带固定的爱奥尼亚式长裙	
No.29	米底式长衫，长 1.50 米，与前者类似，只是在下部有些扩展，或者在领口处少许加宽，就能得到达西亚式长衫。例如，上宽 0.80 米，下宽 1.20 米，长 1.60 米；而对于阿拉伯式，长 1.44 米，上宽 0.60 米	
No.30	基于类似原理和形状的短衫或长裙，帕尔特式，长 0.94 米。在公元一千年时期，这类服装的领口在欧洲通常被裁剪成方形。它们的尺寸约为长 1 米，宽 0.50 米	
No.31	Tunicula，由束带固定的短衫	
No.32	Indutus，由斜挎肩带固定的连衣裙	
No.33	Supparus 或 Supparum，罗马人穿用的上装，长 0.95 米	
No.33	Recta，拉丁人所称的直裙，希腊人称为直筒裙，也就是说是由一块面料制作而成的，就像长筒袜一样；它贴身并凸显腰身，却并不需要腰带。帕尔特式直裙长 1.44 米	
No.35	Tunicelles，显露腰身的筒裙，弗里吉亚式和吕底亚式长 0.90 米；波斯式长 0.98 米；达西亚式长 1.07 米	
No.36	Aube，在被作为圣职专用的服饰之前，这种带袖长衣曾被各类人群穿戴。此处所展示的是圣托马斯·贝克特（Saint Thomas Becket）的长衫形状，其古典式袖子与长衫相接。这件白色长衣的下摆宽度为 2.10 米	
No.37	Tunique talaire，裹脚长裙，腰部系带	
No.38	斯托拉（Stola），古罗马妇女穿的长外衣，由两条束带固定，加上飘带可成为长摆礼服	第 40 号版画
No.39	裹脚长裙，由两条斯托拉式束带固定	
No.40	伊特鲁里亚长裙，带东方式袖和领，长 1.42 米	
No.41	女天主教信徒穿的无束腰长衫，罗马地下墓穴壁画	

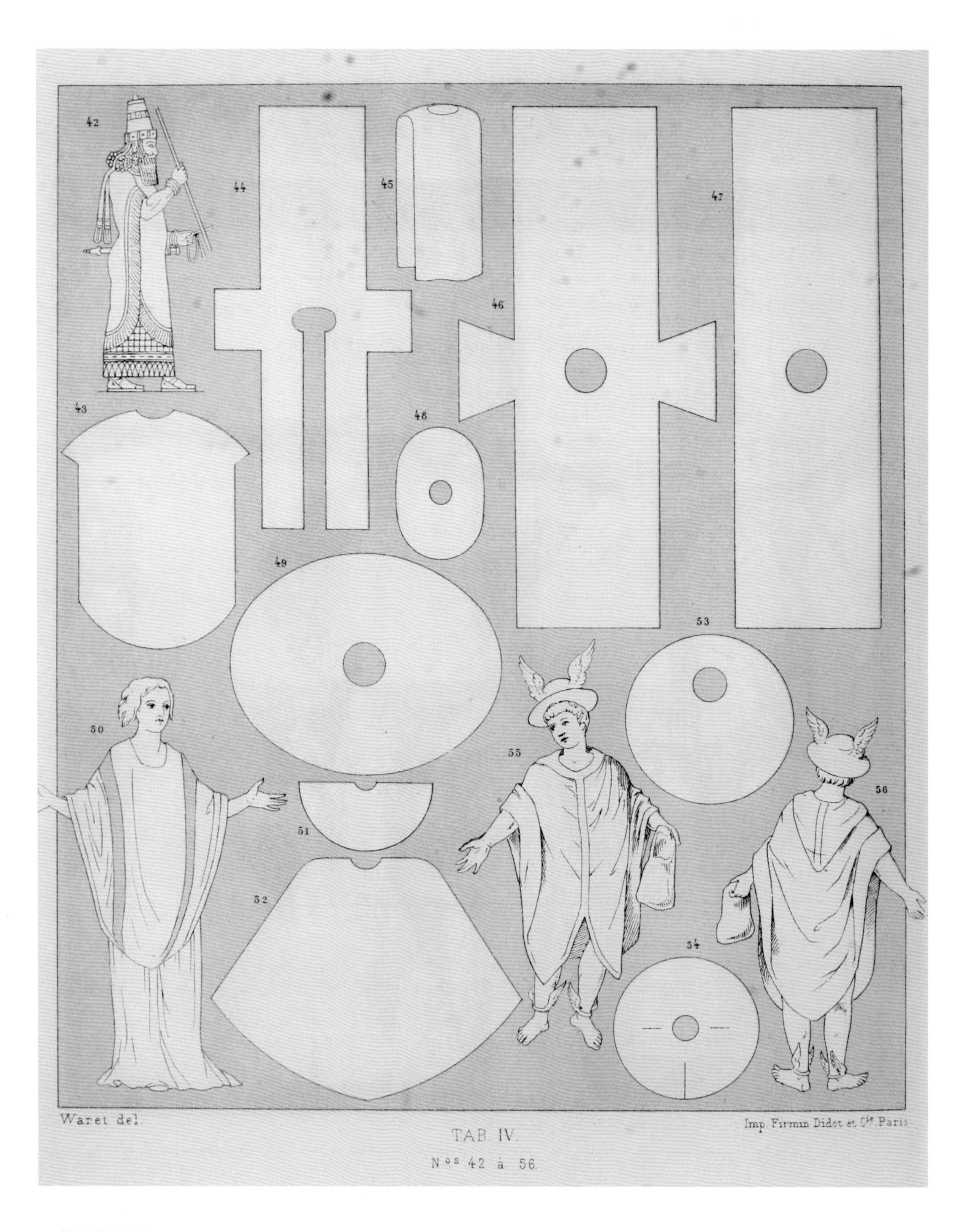
42
43
44
45
46
47
48
49
50
51
52
53
54
55
56
Waret del.
Imp. Firmin Didot et Cie. Paris.
TAB. IV.
Nos 42 à 56.

第 4 套模板

第 4 套模板

如同闭合式罩衫那般穿戴的披风和长裙、斗篷和肩领。这类服装的模板，除了半圆形大衣以外，都由达尔马提亚无袖长袍演变而来。

部件标号	说　明	版画关联
No.42	亚述人，身着皇家披风的巴比伦君主	
No.43	披风的剪裁，长 1 米	
No.44	希伯来大祭司的以弗得法衣（Éphod），这款服装也被称作卡夫坦（cafetan），配以一条展开长度 3.20 米的襟带	
No.45	达尔马提亚无袖长袍原型	
No.46、47	带袖或无袖的卡拉西里斯（calasiris 或 kalasiris），古埃及祭司长袍。这件服装在两侧缝合，保留手臂处开口；这件罩衫的展开长度为 2.20 米	
No.48	11 世纪的椭圆形祭披，根据圆形披风演变而成，便于手臂活动	
No.49	椭圆形且长短相反的斗篷，古埃及风格，其翻折的最长长度为 1.20 米	
No.50	天主教女信徒身穿带有饰带的贝努拉（Penula），约公元 3 世纪	
No.51	开口披风，展示了所有在领口处开口的披风或半圆形斗篷的原理，以及与本系列中无开口的 No.5 的不同之处。多少有所改变的半圆形是所有斗篷、披风和短披风的模板基础。18 世纪修道士们所穿的普通斗篷，通常是开领口的正规半圆形，其直径约为 3.10 米	
No.52	贝努拉式，长 1.10 米	
No.53	披风式样的圆肩领，其头部开口是偏心的，直径 0.70 米，属于卡帕多细亚（Cappadoce）叙利亚人的穿着	
No.54	13 世纪的圆斗篷，两侧有手臂开口	
No.55、56	Phainolé，古罗马人和古希腊人的旅行斗篷，带风帽的斗篷	

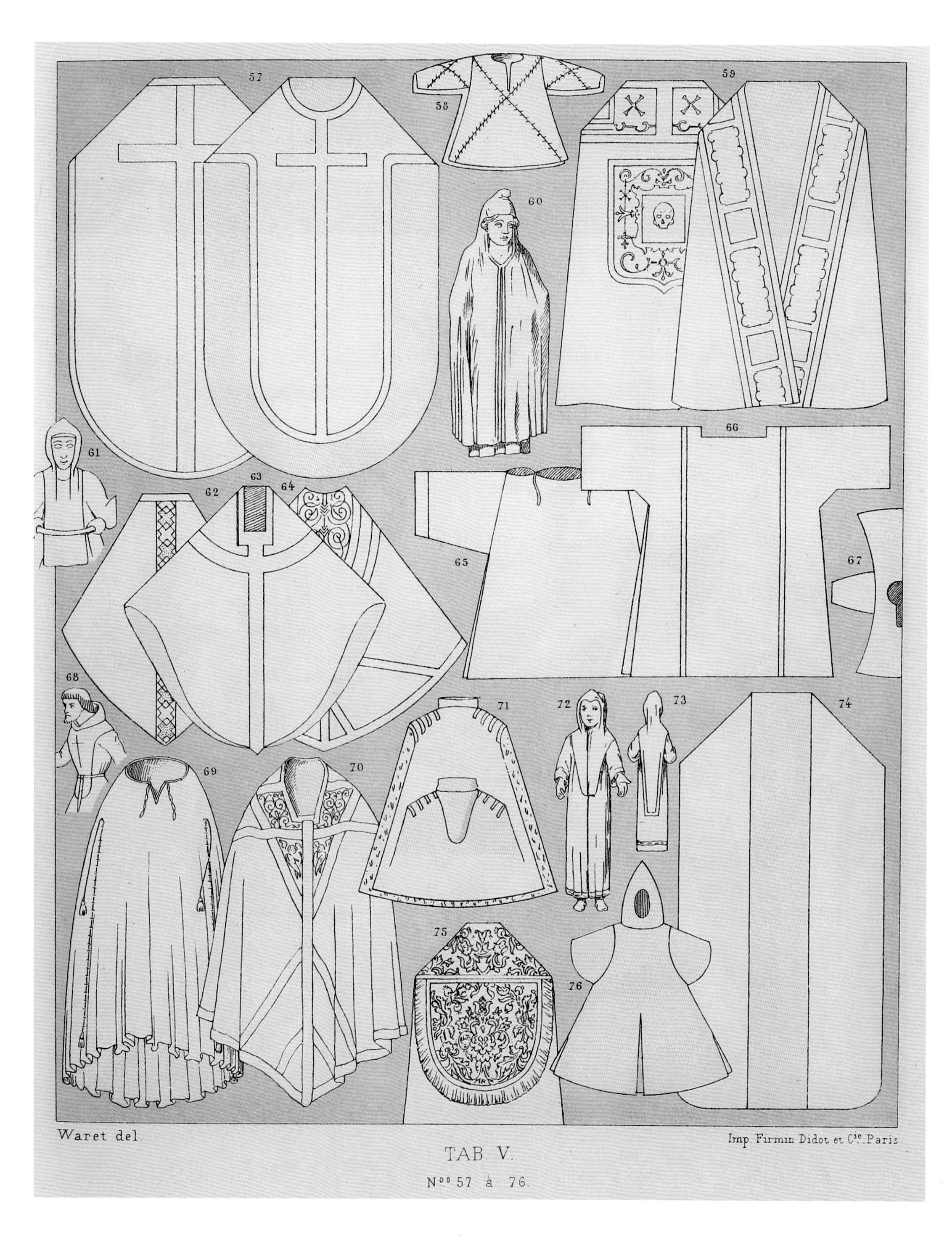
57
58
59
60
61
62
63
64
65
66
67
68
69
70
71
72
73
74
75
76
Waret del.
Imp. Firmin Didot et Cie. Paris.
TAB. V.
N.os 57 à 76.

第 5 套模板

第 5 套模板

软祭披和直祭披，带袖或无袖的达尔马提亚长袍、肩衣、带风帽的斗篷和假风帽。

部件标号	说　明	版画关联
No.57	直祭披的前后襟。15 世纪风格，混合了无袖达尔马提亚长袍和贝努拉披风遮挡手臂的部分，服装前部收窄以便于行动，同时也有所缩短以便于迈步，后襟长度 1.50 米	
No.58、67	15 世纪的中袖战袍，属于达尔马提亚风格，但是其前部没有任何部分是缝合的。这是传令官所穿的一种上衣，其剪裁由 No.67 展示	
No.59	16 世纪的无袖长袍的前后襟。教士们在仪式队列中穿用，常常被称作法衣，并不具有斗篷上的风帽	
No.60	Lacerna，罗马人用作法衣的风帽大斗篷，高卢人的 bardocuculle 斗篷	
No.61、68	Cuculles 或 scapulaires，中世纪修道士所穿的肩衣。No.61 是圣本笃（Saint Benoît）在修道院中的穿戴	
No.62、63、64、69、70	带有贝努拉特征的软祭披。 No.62 是香槟省的布里耶农（Brienon）教堂中的一件软祭披的背图，属于 14 世纪的祭服； No.63 展示了同样风格的另一件祭披的前图，长 1.38 米； No.64 展示了保存于森斯（Sens）大教堂的托马斯 · 贝克特（Thomas Becket）的软祭披背图，属于 12 世纪，其领部的装饰显示出了法衣的风帽遗迹； No.69 是一件圆祭披，含有外露的拉绳，以随意收紧领口，这是一件加洛林王朝时代的祭披，来自于美因茨（Mayence）教堂； No.70 展示的是 No.64 这件软祭披的前图，由此就能看出这件软祭披穿在身上的整体效果	
No.65、66	达尔马提亚式带袖长袍，13、14、15 世纪的祭服。带有两条竖带的 No.66 使人想起古罗马式服装的条带，而裁剪成方形的领口则是最古老的。这件达尔马提亚长袍长 1 米	
No.71	14、15 世纪的宽上衣，世俗式样；带有风帽的达尔马提亚无袖式系列，从这件服装的背图上就能看出来	
No.72、73	伊特鲁里亚铜像上的肩衣；前后加长的窄小斗篷，带有风帽	
No.74、75	直祭披背图，自下按照直线剪裁，边角略微变圆，13 世纪风格，如今还在使用，中间的装饰宽条是古代风格的饰带。根据 18 世纪初的一件原型，No.75 带有至今在祭披领口上常见的附加装饰；这块平整的面料，或者称其为假风帽，带有法衣的遗迹	
No.76	Esclavine，带风帽的宽袖短外套，12—14 世纪，长 1.50 米	

79
77
78
80
81
82
83
84
85
86
87
88
89
90
91
92
93
94
95
96
97
98
99
100
101
102
Waret del.
Imp. Firmin Didot et Cie Paris
TAB. VI.
N°s 77 à 102.

第 6 套模板

第 6 套模板

布里奥（bliauts）和鲜兹（chainses）、披肩帽（aumusses）和头罩（chaperons）、宽松长裤（braies）和紧身长裤（chausses）、长袍（gonelle）、连帽僧衣（cagoule）、半圆披肩（manteld' honneur）等。

部件标号	说　明	版画关联
No.77、81	13 世纪的布里奥长袍	
No.78	11 世纪的布里奥，保存于慕尼黑博物馆	
No.79	鲜兹，用于圣职的又称为白长衣。这件衣服在中世纪时被称为内衣长袍（robe-linge），起衬衫的作用，穿在布里奥的里面。这件细线织物以丝线凸花纹镶边，长 1.30 米，加洛林王朝时代风格。它是维也纳皇家宝藏之一，属于查理大帝（Charlemagne）的衣物	
No.80	12 世纪的丝织布里奥，与鲜兹一样长 1.30 米，其领口类似，穿上之后向一边闭合	
No.82、91	翻起的头罩，像鸭舌帽一般；No.82 有一个鸡冠造型，是 1310 年的时尚风格	
No.83	女式披肩帽，风帽翻领以扣子连接，12 世纪	
No.84、94	法政牧师的披肩帽，风帽夹层填充，在头部两边凸起，12 世纪的样品。No.94 所展示的披肩帽，戴在一位 14 世纪的法政牧师头上，如披风一样一直覆盖到腰部；这种服装直到 15 世纪还在穿戴	
No.85	14 世纪的世俗披肩帽或肩衣，男女都使用	
No.86	连帽僧衣，修道院服装，属于连帽长袍系列中的大氅，混合了肩衣和斗篷，穿在道袍（froc）的外面。这件连帽僧衣属于 11 世纪；风帽的尖顶向前弯曲，如图所示	
No.87	13 世纪的男式披肩帽，以扣子闭合	
No.88	带有倒置漏斗式尖角的披肩帽。这是一个 12 世纪的头罩，在旁边可以看到其展开的样子。这个尖角向后折倒，加长尖角长度或与人的高度相等，或至腰间	
No.89、100	风帽小披肩，高卢斗篷和宽袖长外套（houppelande）；大氅、短上衣和开袖短外套（hoqueton）；第一个样本属于 12 世纪，第二个属于 14 世纪	
No.90、97	农民穿戴的布里奥和鲜兹，比罩衫长的鲜兹可由露出的下摆看出来，No.96 也一样。No.90 在播种麦子，No.97 是一个牧羊人，都是 12 世纪的风格	
No.92	12 和 13 世纪的半圆披肩，其剪裁与罗马帝国的宽长袍一样，半圆弓形式，与本系列介绍中的 No.19 类似。半圆披肩是加毛皮衬里的	
No.93	14 世纪的低筒靴，其加长的鞋尖长度中等	

（续表）

部件标号	说　明	版画关联
No.95	13 世纪的风帽	
No.96	身穿长袍的牧羊人。这件衣服与带风帽的贝努拉一样，12 世纪末期	
No.98、101、102	正在拉弓的猎人单穿鲜兹。其紧身裤袜的高度使我们能明白为什么当身穿两件长衣的时候，衬衫丝毫不被放在裤袜里面，只有在穿短裤时才可以。紧身长裤通常都是无脚裤袜，可穿到任意的高度。 10 世纪和 11 世纪的诺曼底风格宽松长裤，其剪裁在 No.101 中能看到，至少在 No.102 中同一风格的短裤展示了其用途	
No.99	12 世纪末期的士兵身穿布里奥，很可能穿着短裤而看不到鲜兹	

103
104
105
106
107
103
108
107
109
110
111
112
112
113
115
116
117
119
121
114
120
118
Waret del.
Imp. Firmin Didot et Cie, Paris
TAB. VII
Nos 103 à 121.

第7套模板

第 7 套模板

蒙古长袍的剪裁，土耳其式费雷兹长袍（ferez）和波兰式卡夫坦长袍（cafetan）。鞑靼靴子和帽子，礼拜服装和装饰，希腊-拜占庭风格的珍珠丝织品，这些物件都属于俄罗斯的历史。

部件标号	说 明	版画关联
No.103、107、108、110、111、113、116、117、119、120、121	这些部件给出了曾被莫斯科主教尼孔（Nikon）所使用的衣装整体和细节，他曾经是 17 世纪初的一位重要人物。即图中立像。 No.103 展示了这位主教的大氅式长袍的展开图，基于蒙古式长袍的原理，从上至下对开，但在胸襟处用钮扣相连。衣服两边的放射形以波斯织料制作的布幅而成，其细节图给出了完全是东方风格的橄榄形钮扣形状。这件大氅是开袖并下垂的，手臂可以随意穿过其间；No.116 给出的是其侧影图。 No.107 是穿在大氅里面稍收紧一些的长袍展开图，与其外套一样长；尼孔曾经在夏天穿简装，戴黄帽时只穿它。No.110 黄帽与我们的主教帽形状类似。这件衣服从上至下以钮扣相连，袖口直至手腕处闭合，它也是用波斯织料制作的；其小领有沙拉芬（sarafan）长裙风格。No.107 所展示的橄榄形钮扣同样是东方风格的。 此衣装的风帽是独立的，图 No.119 和 No.120 分别展示了其正反面，其两边下坠的宽带是这个帽子的主要特征之一，此外，帽子前部饰以刺绣，顶饰上还镶嵌有一个珐琅质希腊式十字架，这绝对是这类物品中最漂亮的之一。 风帽上的挂件使用了 2 种装饰方法，或长或短，或宽或窄。有时织物上以一系列的乌银片镶嵌，并以珍珠镶边，就像是一块铰链式挂件，见图 No.114；有时就像尼孔的风帽，以金线和丝绸为底，镶满了珍珠和各色宝石。 图 No.113 展示了希腊 - 拜占庭式珍珠绣品的主要特征，其上的文字和图像轮廓是用小珍珠绣成的。这是一种形态别致的软式珠宝。尼孔的这件风帽是用白色丝绸制成的，尽管自 1589 年起，这位主教就有佩戴黑色风帽的特权，而其他的显贵只能佩戴白色的。 No.111 鞑靼式靴子，靴筒短并在跟部以半月形钉了铁掌，见图 No.121。它和图 No.117 所展示的皮帽，都是尼孔在世俗场合的穿戴	
No.104、106	活领，如同宽项圈一样，与图 No.114 中主教所佩戴的具有同样特征。它们都是以珍珠和各色宝石点缀，有时也带有金属片，像前面讲过的一样。这两件都是皇家饰品，很可能在皇帝——希腊正教牧首的肩膀上有特别的礼拜含义	
No.105	14 世纪，巴西勒（Basile）大主教的风帽，其风格可以上溯至 10 世纪。它以白丝绸制成，混有闪光波纹，带有两个前置挂件和一个后置挂件，长度类似	
No.109	莫斯科公国沙皇鲍里斯·戈东诺夫（Boris Godounow）穿过的费雷兹长袍展开图，1598 年	第 439 号版画 No.15
No.112	11 世纪末 12 世纪初尼塞塔（Nicetas）主教的祭披。图中包括正反面，同时其两面的褶裥用钮扣和搭扣固定。钮扣是铃铛形状的铜扣；我们可以看到其正面和侧面的效果	
No.114、115	菲拉雷特（Philarète）主教的风帽，前视图和后视图（17 世纪）。我们不再复述条带的装饰，这里特别的地方在于其后方下垂至背部处有一个带有边饰的金属片作为点缀。风帽前面有一个以珍珠刺绣的鹰饰。颈圈式的宽领与图 No.104 和 No.106 一样，此外在正前方还有一块珐琅质画片，绘有十字架	
No.118	哥萨克人布列史卡（Brechka）的卡夫坦长袍展开图，服装的两边被同时展示，例图之一显示了人们有时用一条腰带来固定此长袍，长袍带有波兰风格	第 438 号版画 No.2、5

TAB. VIII.

N.os 122 à 130.

第 8 套模板

第 8 套模板

中国的袄、汗褂、马褂和披肩；日本武士的大氅。

部件标号	说　明	版画关联
No.123	侧边开襟的长袄。这一件以五爪龙装饰，曾是皇帝或皇族成员的穿着	
No.129	这件衣服从属于同一套服装，与上一件一起被拍摄，也保留着同样的尺寸比例。No.129 是汗褂，对襟全开的短上衣；它是穿在短衬衫之外，长袍之内的衣服	
No.128	另一件皇袄的上部，改变的视角使人更容易理解袖子以及披肩领的位置。这是一件紧紧围绕着颈部的配件，用连接的搭扣固定在衣服上	
No.130	马褂，这是穿在系腰长袍外面的氅衣，它更短一些，并在两侧开口，其前面的开口是直线的，在领口处用钮扣系住，中部由一条垂挂的饰带打结。这件是女装，根据习俗和礼仪，展开的宽大袖子遮盖住手。开衩的披肩上有刺绣。最后，这件配有粉色织花的雅致服装上还有一块丝织图案，上绣人物，位于补服的位置，也就是官服的前胸部位	
No.122、124、125、126、127	这一系列展示的是日本服装，No.124 是一种大衣的后视图，其上装饰着一个宽翼的特别物种，这是带刀武士的一种大氅，军队中最高级别的军官穿戴这种大氅。这种特别的大氅，由于其刺绣和花边丰富，成为了一件华丽的服饰。这件服装没有被我们收集到版画图册中，我们不知道将其放到哪里合适，因此为了弥补这个缺憾将其在此以三种不同的视角展示出其主要模板，因为其国家属性值得我们的关注。 No.125 以半图的形式展示了这种大氅的剪裁原理，而 No.122 和 No.127 展示它们是前开襟，其两侧由位于胸部的丝带连接，但是分得很开，以便于刀不离身的武士们双手所持的长刀柄能够穿过；同样，按照习惯交叉佩戴的两把佩刀的另一端也由后部的缺口穿出，见图 No.124 和 No.126。宽大的襟翼丝毫不像普通的袖笼，它的用处很特别，当其收在手臂上时就像是宽大的袖子，当需要拔刀相斗之时可以将其甩到后面。在 No.122 和 No.127 的例子中，很显然为了便于保持襟翼处于身体的前面，在襟翼的夹层当中有一个小假袖似的通道，使得前臂可以自由穿过。No.122 中的人右手持铁扇，这是军官的象征，左手在襟翼的夹层中抬至胸前。由于篇幅的限制，在我们无法添加于此的其它的例子当中，这些襟翼的系统被一些绳扣所补充，绳扣数目不定，以不同的距离处于假袖的两边，如此可以调节假袖口的开放大小，尽管如此，假袖口依然是很宽大的。 这件为我们提供了重要参考的华丽服装，值得我们多讲几句。在织花的黑色缎子上，翼龙、丝绸和金丝、珐琅彩眼睛和飞翘的胡须共同组成了最华丽的立体造型。一组垂挂着金花和金叶的黄丝线在服装中心中形成华贵的流苏，点缀着白色金边的出雨国（Dewa）纹章，另有其它金色图案，以随意的花纹为底。最后，一组网状的金色流苏点缀着这件大氅的下部	

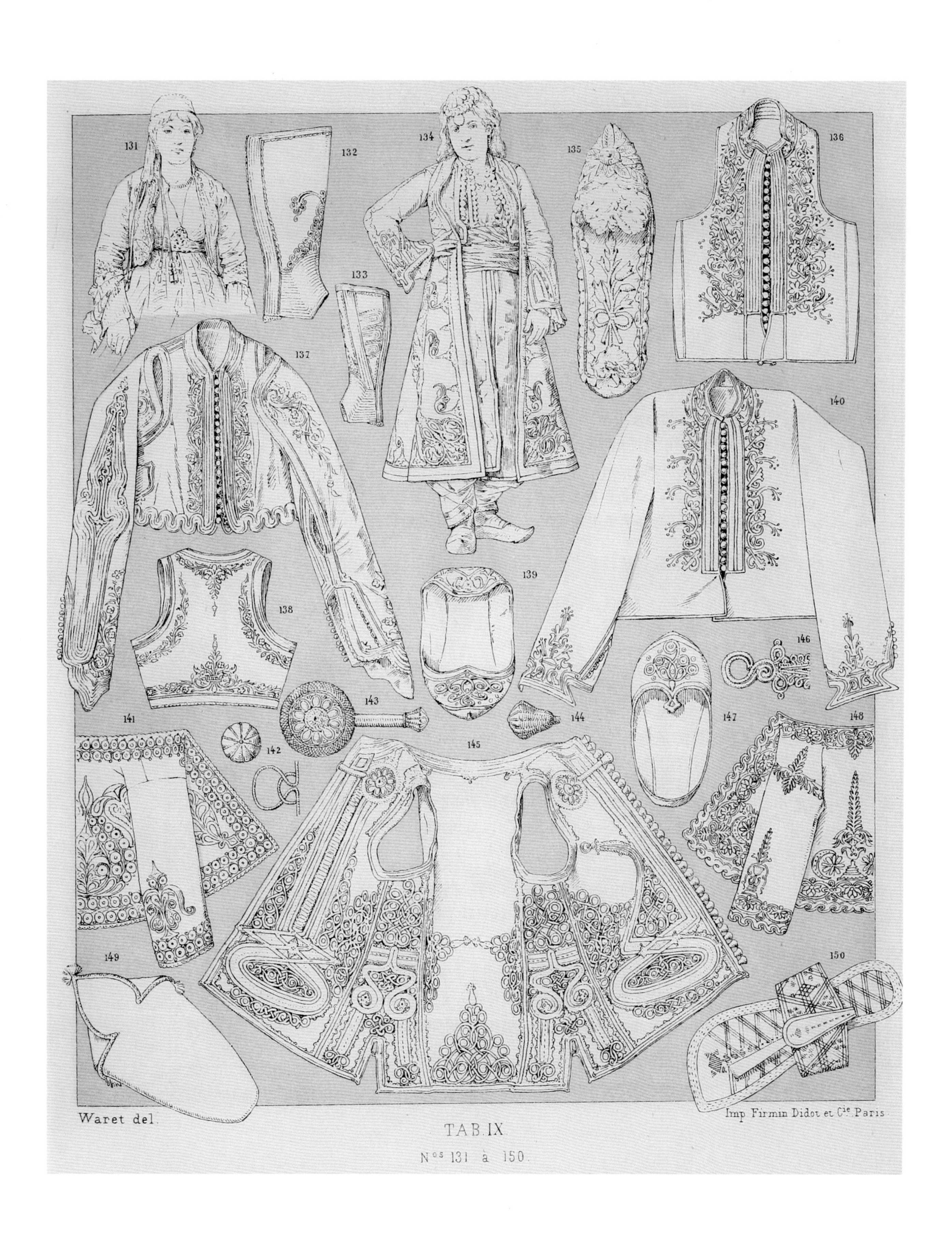
131
132
133
134
135
136
137
138
139
140
141
142
143
144
145
146
147
148
149
150
Waret del.
Imp. Firmin Didot et Cie Paris.
TAB. IX.
Nos 131 à 150.

第9套模板

第 9 套模板

现代东方流行服装与鞋类。

部件标号	说　明	版画关联
No.131、141、148	萨尔塔（Salta），前襟从不合上的短上衣，穿在其它衣服之外；其袖子多少有些短，显露出直到手部的衬衫袖子，或者在某些地方，其展开成袖套。这种服装在东方到处可见，女式的很雅致，配饰奢华。穿着简装萨尔塔的工人在工作时将其脱下。No.131 展示了一名身穿萨尔塔的黎巴嫩女天主教徒，前襟很开。No.141 和 No.148 展示的是特拉布宗（Trébizonde，又译特拉比松）女式萨尔塔，见 180 号版画 No.11。这些无领短装是丝绒质的，上有刺绣和花边，刺绣的图案带有印度-波斯风格	第 180 号版画 No.11
No.132、143、144、145、146	同一件服装的两个部分放大图。No.145 是切尔克斯（circassienne）上装，一种无袖马甲，其两侧在胯部开衩，库尔德斯坦（Kurdistan）妇女将其穿在卡夫坦的外面。这一件用蓝呢绒制成，上缀许多饰条和金饰带；钮扣（见 No.144）的形状似洋甘菊花苞，而 No.143 的肋形胸饰就是其开放的形状。No.132 是假绑腿状的护胫，与服装的装饰风格配套；我们可以看到其圆形绦带镶边的细节特征，单条或双条盘绕，也能看到其放射状绦带边饰	
No.133	来自特拉布宗的假绑腿状护胫	
No.134	带袖裾巴（Djubbé），一名阿尔巴尼亚穆斯林妇女身穿此衣，看似一件开襟氅衣，以镶金刺绣的天鹅绒制成	
No.135	女式奢华皮鞋，其内底与鞋面都有刺绣，鞋头饰有丝花，脚部大部分裸露	
No.136、140	无袖马甲，塞萨洛尼基（Salonique，又译作萨洛尼卡、塞萨洛尼卡、萨罗尼加，旧译作帖撒罗尼迦或忒萨洛尼卡）的杰里科（Yelek）和敏坦（mintan），从其袖口的形状特征就能看出来，与第 464 号版画 No.1 所身穿的类似。铃铛形钮扣和刺绣呢绒料子	第 464 号版画 No.1
No.137、138、142	阿尔巴尼亚（Arnaout，奥斯曼帝国对为其服务的阿尔巴尼亚人的称谓）式上衣和夹衣背视图以及细节；这里不做细述，见 464 号版画 No.7，可以看到其袖子的使用，上部开口，可以显露内衣。No.142 给出了带有边饰的钮扣和丝绳结扣的特征	第 464 号版画 No.7
No.139、147、149	土耳其式拖鞋；第一个式样的踵部折叠；第二个踵部竖起用于都市生活；这些都是锈金饰天鹅绒女鞋。No.149 是一只摩洛哥皮制拖鞋，这只鞋不像另外两只，没有尖头，属于阿拉伯男鞋风格	
No.150	女式木屐，属于赤脚穿的凉鞋。这类鞋在君士坦丁堡和巴格达都很流行，女士们将实芯木底镶嵌上螺钿、蚌壳、银丝或锡丝，其中也门的阿拉伯人和汉志（Hedjaz）人只穿纳达斯（nadass），采用两条皮制绳索将鞋底与赤脚固定在一起，一条横穿，另一条更细的竖向穿过第一条，并在大脚趾和第二个脚趾间穿过	

关于第 1 至第 9 套模板的备注

后续三套模板将会改变展示原则，在此之前，为了保留历史变迁与物品本身的关系，例如“长袍”（robe）这个词，早在 14 和 15 世纪之时，涵盖一整套服装的所有部件，或者说与今日的“服装”（costume）是同一个意思，通常不是单指一件衣服，而是一整套衣服；因此在专门讲到欧洲的流行款式之前，针对前述模板中出现的单件衣服的剪裁和式样，我们认为有必要做些补充说明。

我们所能够确认的古代服装基本上都属于宽大肥硕的类型，根据古希腊人和古罗马人的使用习惯，它们尤其都有配件的特征。古人们通常不仅穿着各种袍子，根据需要可一件套一件，也穿固定于身的衣服，它们其实构成了衣装的基础。此外，还有专门为个人隐私使用而制作的穿着，直接贴身，组成隐私服装，而对于这些细节，我们并不太清楚。我们知道有胸带（bandelette），收编在我们的图集当中，以正在穿戴的希腊妇女展示（第 19 号版画，No.1 和 No.2），但是对于似乎是男女都穿在里面的衬裤（caleçon），我们却不知详情。在庞贝古城的灰烬中，由于火山灰变成了坚固的灰浆，我们得以从可怜的遇难者身上取下二十多个石膏模型，其一属于一名大概 14 岁左右的女孩，她的衣服似乎在跌倒时被掀了起来，由此我们得以看到古罗马妇女通常穿着的衬裤是由一种细腻的织物制成的。这是古希腊最古老的习俗之一。荷马描写了尤利西斯（Ulysse）威胁那可耻的杂种忒耳西忒斯（Thersite），说要对其裸击，也就是说在剥去其衣服、斗篷、长袍和内衣之后鞭笞他。古希腊人明确区分贴身穿的安度玛塔（endumata）和穿在内衣之上的贝里布玛塔（periblemata），在这个主要区别之外又包含了许多细分。作为古希腊人的模仿者，古罗马人也一样，他们的裁缝分为两类，分别代表着不同的技艺。狭义的裁缝“braccarii”与缝制旧服装的“sarcinatores”，名称来自于卡图卢斯（Catullus）为他们命名的“sarcinulœ”。

但是，尽管缺少这些补充性服饰的确定信息令人遗憾，可毕竟那些宽大服饰的确是壁画和雕像中的主要元素，通过一块简单衣料的不同变换，或是成为其初稿的参照对象，或是成为肢体运动的一部分，都为这些艺术作品提供了取之不尽用之不竭的想象源泉。或在于雅致，或在于朴素的无穷变换，决定了服装的特征。这些变换在传统的设计当中一直保留了部分个人爱好的自由，以及艺术家们的永恒魅力。我们只能通过观看穿在身上的服装来了解不同的款式，但是事先足够了解服装的剪裁原理就更好。正是为了满足这种基本需要，我们才汇集了这些研究，而这个专门图集的第一部分（可能是最实用的部分），是归功于我们的前辈的。为了更好地将其利用，我们需要根据提供者的权威性，区分一下这些材料的价值。维勒曼（Willemin）对于古希腊服装的研究，获得了法兰西学会（Institut de France，又译法兰西学院）的联署证明，其作品成为了艺术学院教材中的绝佳必备品（Vade-mecum）。只需提及维奥莱 - 勒 - 杜克的大名，就能知道这位博学者手绘的那些精美画图的价值。至于纽伦堡的历史画画家卡尔 · 科勒先生（Carl Kœhler 或 Karl Köhler）的著作[1]，我们从中借鉴了许多，其影响

[1]《民族服装与剪裁》（*Die Trachten der VölKer in BildundSchnitt*），1871, Carl Kœhler。

我们就不在此赘述了。他的这本用德语写作的书籍值得人们的重视，可能应该获得比现今更多的知名度。如果这本价格便宜的书提供了实在的助益，我们将会对于通过引用其中的语句而引起读者的关注而感到荣幸。对于剪裁和模板，我们丝毫没有向基舍拉（Quicherat）请教，在其卓越的《法兰西服装史》（*Histoiredu costume en France*）一书中，只收录了孤立的服装展示，保留了其整体的特征，而没有揭示剪裁的分解；这也是我们对于来自中国、日本和东方的那部分服装所采取的方法，由于得益于影像的帮助，而且那些服装的剪裁通常都比较简单，因此影像就足以帮助我们理解。我们用以丰富这第一部分内容的个人贡献，在于根据古代和异国的艺术品文物，或者直接根据中世纪的手稿，以及根据国家属性或至少是地区属性的服装影像材料来提供穿衣的图示。

关于欧洲服装时尚的整体思考

我们已经在上文宣告，这个汇编模板最后一部分的展示方法会有些改变（第 10、11 和 12 套模板涉及欧洲服装时尚），也就是说，不再是那类或多或少肥大的衣物，而是涉及通常比较合身的服装，而且随着历史的进程，这类服装的变化越来越多，我们无法给出真正的形态细节。所有研究欧洲中世纪习俗的历史学家都指出了一个自 14 世纪以来的事实特征，即服装上持续增长的细节部位，不断地展现出形态上的革新。在这种演变当中，应该停止在哪个时代来解析出真正的典型呢？即便我们成功分解了这类服装的整体，并找到不同部位的真实剪裁模板，这种工作又有什么用途呢？答案已经由一位作家给出了，而他的放弃就是一个忠告。

维奥莱－勒－杜克在其《法兰西家具汇编》（*Dictionnaire dumobilier français*）一书中论及长袍一章时论点宽泛，引入了许多人物插图，但是在其阐释中却没有任何一个模板。这就是他对长袍“Robe(reube，roube)”一词的定义：“这个词指的是一整套服饰，从衬衣到上装，从贝里松（peliçon）皮衬衣到外套，但是在有些情况下，也指这些穿着中的一件，只针对长服。裁缝被称作是‘长袍裁剪人’（coupeurs de robe），他们为人们提供由几件服饰组合在一起的整套服装，包含衬衣（chemise）、裙子（jupe）、围裙（cotte）、布里奥（bliaut）、皮衬衣、短上衣（surcot）、外套（manteau）。衬衣是指‘内衣裙袍’（robe-linge）等。”如同他所说过的，这就是我们今天所使用的称谓“服装”（costume）。一位女士使人做一套服装，包含长裙、上衣、帽子、鞋、长筒袜、手套，还有内衣。想要知道以依照历史模型来复制服装为职业的“来料加工者”（façonniers）的态度吗？以下是这些巧匠们的观点：“我们从来都不使用旧服装的裁剪，只要见到顾客的身段图样，我们就依照自己的方式裁剪，如此不仅更简单，而且经过学校培养的现代剪裁工比过去仅依靠个人经验的手工艺人的技艺更好。”不管这是否是偏见，反正过去得到过关注的裁剪都是如此，而且在时尚领域，事物很快就会变成过时的。

我们因此放弃了自 14 和 15 世纪以来所组成服装的个别部件，坚持不懈地追随欧洲时装本身在演变中所遵循的主要线条，尽管时有追本溯源的企图。例如欧洲女式服装中特殊的裙衬与过去妇女穿着的联系甚微，这一事实在一部发展通史当中应当有所记载。欧洲人曾经背离了某些自然规律，在某种程度上说是修改了人体本身，而且似乎在某些情况下也不无道理。因为哪怕所有人都一致确认紧身褡（corset）的滥用所带来的缺点，却没有人能够取消它。可是对于中跟鞋却完全不同，我们认识一些医生，他们依据他们的解剖知识，尤其是妇女的解剖模型，完全赞成其使用。

所有人都知道，欧洲人的脚被他们的鞋弄得变形了，正如夏尔·布朗克（Charles Blanc）在其《服饰艺术》（*l'Art de la parure*）一书中所言，“一场梳妆经由鞋而完结”，在解释某些身段姿态之前先要审视鞋的本质，由此才能识别出流行于我们时尚当中的一些矫揉造作规律。

我们在这里提醒一下，我们的部件图 No.151、152 和 153 所展示的是艺术家们认为符合自然规律的均衡人体。人自然直立，身体笔直并有腿肚；根据博物学家的说法，区别于猴子之处是人的足跟在行进和静止中都支撑着身体。根据达芬奇、阿尔布雷希特·丢勒（Albert Durer）以及为我们提供了一张展示图的让·古尚（Jean Cousin）的概念，当妇女以双足相近平踩在地的姿势站立时，有一个明显的腹部向前突出的趋势，其身体的后部趋近于直线。

身体在慢行时会有所晃动，这也是女体韵律之优雅之一，但是在这种慢行中，其腹部会更加趋向前突。古希腊人完全了解这些自然规律和人体均衡的概念，因此 No.131、133 所展示的尽管有一种高贵的表现，但还是令人感到是过时的，看着就像是 15 世纪的女士，而 No.154、156、161 和 164 所展示的身段就是另外一种人体均衡的表达，与古希腊人类似的站姿，双足平踏于地。

我们先放下那些古老的服装，只取其中之一的身段来追踪时尚流行的效果，通过观察欧洲女性类似蛹变的发展，其目前的身段很可能是受到传承自前辈的鞋跟的影响。以下粗略概括一个并不古老且真正革新的历史进程，因为它不会早于 13 世纪，那个时代的人只穿低跟鞋（见 No.173，男鞋）。起初使用的是前低后高的坡跟式鞋底，如图 No.155 所示类型的拖鞋或无跟皮鞋，脚掌与鞋底全面接触；威尼斯人发明了牛蹄式鞋底（见 No.156、157、162、163，补充见足穿这类拖鞋的贵妇 No.159、193、194）。从中不难发现那受到时代潮流启发而想要获得威仪的欲望，使得无论是否加高，平脚站立的贵妇身段总产生一种身体前倾的压力，上半身向后靠，肩膀收缩，腰身的曲线和发型在侧影形成的整体弧线效果中起到了辅助作用。这种遵循上述自然规律的身段，在 15 世纪时期，曾有过一种我们可以认为是至美的表达，就是加上了人工腹凸，米什莱说这种想象出来的时尚流行了四十年，我们认为这是最保守的估计；我们将其上溯到百年战争（1337—1453，英法百年战争）末期，人们说，怀孕或至少是怀孕的姿态，可以修复法兰西的不幸，而丢勒所绘的德意志贵妇（No.161）就不必为此担忧了。观看这些贵妇图，从她们的身条侧影的外轮廓来看都成弓形，我们的第 10 套模板展示出随后时代的妇女那挺拔而垂直的立面，头戴冲天帽（monte-au-ciel），前行时所有裙褶甩向后面，这就是 No.169 和 170 型制的鞋所造成的直接后果，其高跟迫使足趾要承担身体的重量。所有这些接连不断的变化，包括图 No.168 所示 19 世纪末期的贵妇身段，都提供了可靠的样本，我们可以在这些身段的演变中归纳其原理转变的所有后果。根据时代的品位，“多余”（surplus）仅仅是一些自我炫耀的外在品性，以我们的图录中所讲述的细节，足以覆盖全部。

我们在最后一部分模板中加入了当今的时尚模型，它们实质上与历史的脉搏是相关联的。夏尔·布朗克在 1875 年曾写道：“女士们的服饰变成了一个引领世界的快速移动的图画。我们今天还能看到她们，有时穿着像男孩子，脚踩着驱使其前倾的高跟鞋，迈着敏捷的步伐向前冲，吞噬了空间并加快了生活节奏。”在我们看来，这位杰出的艺术评论家和美学教授更应该指出，我们的女士们并没有加快步伐（这并不时尚），事实是她们获得了一种哪怕是在其静止状态也更加灵活的身段，就像图 No.184 中所示的正在系手套扣子的年轻姑娘，这与让·古尚所绘的图 No.152 中正在行进的女士一样，解除了前行的障碍，尽管两幅图中一静一动，但是她们身体的侧影几乎是同一个线条，应当承认，这种款式很巧妙也很有品位，此外，这很符合女先驱们所追寻的结果，她们常常与当代人一样，想要获得这种潇洒的神态，而精巧的高跟鞋一定有其位置。

我们的图录中所包含的用于时尚的资料都来自于可靠的来源，其中大部分要归功于权威的大师。在这类题材方面，必须保证真实性才能是有用的，因此在我们的全部图录中，没有任何夸张和漫画的位置，这是显而易见和不言而喻的。

151
152
153
154
155
156
157
158
159
160
161
162
163
164
165
166
167
168
169
170
171
172
173
174
175
176
177
178
179
180
181
182
183
184
Waret del.
TAB. X.
N°s 151 à 184.
Imp. Firmin Didot et Cie Paris

第 10 套模板

第 10 套模板

欧洲时装——鞋类

部件标号	说　明	版画关联
No.151、153	古希腊陶罐上的图案	
No.152	取自让 · 古尚《美术解剖图》（*Livre de Pourtraicture*）	
No.154	博绍特（Bochott）的画，15 世纪，法兰克福博物馆	
No.155	15 世纪末期手稿摘录	
No.156、157、162、163	女式牛蹄形威尼斯木屐的正面和侧影，16 世纪	
No.158	梅克尼姆（Israël von Meckenem）的画，15 世纪	
No.159	亚历克斯·法布里（Alex Fabri）的蚀刻版画，帕多瓦（Padoue），16 世纪	
No.160	勃艮第公爵菲利普三世（Philippe le Bon）正在接受一本赠书	
No.161	阿尔布雷希特·丢勒（Albert Durer）的画，取自《死亡喜剧》（*La comédie de la mort*）	
No.164	那不勒斯国王勒内（Roi René）的比武仪式，15 世纪手稿	
No.165、166	皮鞋和高帮皮鞋，15 世纪	
No.167、169、174、176	鞋样取自修鞋匠的徽章，古代行会徽章： No.167，热克斯（Gex），古式样； No.169，沙隆（Châlons），17 世纪，女式皮鞋的完美式样； No.174，南特（Nantes），19 世纪男式皮鞋； No.176，布里萨克（Brisac），17 世纪带扣皮鞋	
No.168	贵妇，1694 年雕刻画	
No.170	女式高帮皮鞋，17 世纪	
No.171	华托（Watteau）的蚀刻版画	
No.172	女式拖鞋，17—18 世纪	
No.173	自由民皮鞋，16 世纪	
No.175	吉耶纳（Guyenne）总督，肖尔纳公爵（Duc de Chaulnes），17 世纪	
No.177	宫廷皮鞋，路易十四时代	
No.178	弗朗索瓦·布歇（F. Boucher）的画	
No.179	女式拖鞋，18 世纪	
No.180	贵妇，1784—1785，小华托（华托之子）绘画	
No.181	跳小步舞的贵妇，路易十五时代，雕版画	
No.182	国王大弟（Monsieur）的皮鞋，17 世纪	
No.183	贵妇皮鞋，路易十六时代	
No.184	年轻女士，1887 年	

185
186
187
188
189
190
191
192
193
194
195
196
197
198
199
200
201
202
203
Waret del.
TAB. XI.
N.os 185 à 203.
Imp. Firmin Didot et Cie. Paris.

第 11 套模板

第 11 套模板

束腹类

部件标号	说　明	版画关联
No.185	铁制束腹裙撑“Busto”，裙撑以丝绒包裹；16 世纪威尼斯风格	
No.186	开衫女公爵式前视图。含肩带和燕尾的束腹，前系扣	
No.187、188、191	法式前开襟紧身衣，加裙撑的束腹，实芯裙撑和横向矫正裙撑，肩带和燕尾。No.187 半裙撑；No.188 实芯裙撑；No.191 是板条，成对使用，插在紧身束腹的前开襟两侧内，两端带环，用以拉紧束腹	
No.189	绣花丰富的束腹前视图，17 世纪	
No.190	镶嵌珍珠和宝石的金银护胸，16 世纪初	
No.192	尖角向前，带有裙撑的束腹，16 世纪	
No.193、194	足踏厚底木屐（No.156、157、162、163）的威尼斯贵妇，她们的裙撑向前坠，形成了假凸腹（参见有关这些贵妇的版画 289 号），16 世纪末	
No.195	荷兰贵妇，美第奇式束身短上衣	
No.196、197	被束腹拱起的身材，1493 年	
No.198	查理七世(Charles VII)的妻子，王后玛丽德安茹(Marie d’Anjou)正在接受一本赠书。这展示了另一个被束腹扭曲了腰身的例子	
No.199	王后玛丽·安托瓦内特 (Mariev Antoinette) 的女官	
No.200	沃德蒙的玛格丽特(Marguerite de Vaudemont)，1581 年，茹瓦耶瑟(Joyeuse)的婚礼，卢浮宫	
No.201	17 世纪末的贵妇	
No.202	取自《时尚画报》(*la Mode illustrée*)，1887 年 2 月	
No.203	钢条制束腹甲	

TAB. XII.

Nos 204 à 250.

第 12 套模板

第 12 套模板

宫廷衣袍——裁剪和套装

部件标号	说　明	版画关联
No.204—219	No.204 前视图；No.217 后视图；No.205—206 口袋盖；No.207 左加强衬垫；No.208 右加强衬垫；No.209—210 其它的衬垫；No.211 加在面料和衬里之间的锁边硬衬，用以加固领子上的扣子和扣眼；No.212 袖子下部；No.213 袖子上部；No.214 袖口；No.215 领口；No.216 一对口袋；No.218 左衬垫，No.219 右衬垫，用于连接后褶	
No.220—226	上衣或背心 No.220—226；No.220 前视图；No.221 后视图；No.222—223 口袋盖；No.224—225 左衬垫和右衬垫；No.226 后领衬垫	
No.228—235	短裤。No.228 前视图；No.229 后视图；No.230 腰带；No.231 中扣带；No.232 后带扣、扣环、扣带、止动扣针；No.233 带扣眼的袜带；No.234 扣模；No.235 展示如何用布料包裹木质扣模来制作扣子	
No.236	着装的男士，路易十五初期	
No.237—238	马甲。No.237 丝绒制作，上绣丰富彩色图案和金丝；No.238 白缎制作，绣花并在口袋处点缀有烟盒盖形状的圆形徽章	
No.239—240	路易十六时代下摆下翻的服装	
No.241	1792 年的服装	
No.242	一位步行中的“难以置信”[1]的“囚徒式”领带	
No.243	1816 年服装的领口	
No.244—249	No.244 半前襟的剪裁；No.245 半后襟的剪裁；No.246 袖子；No.247 靴子；No.248 长袍整体；No.249，1784 年的名人，律师勒科舒瓦[2]（M. Lecauchois）身穿长袍	
No.250	通过这件 1887 年的律师长袍，可以看到与上图的区别	

[1] 译注：法国督政府时期流行的一种由大恐怖造成的奇特而荒诞的时装潮流。“难以置信”（Incroyables）主要指男士，而“绝妙女士”（Merveilleuses）主要复古古希腊和古罗马风格。

[2] 译注：Pierre Noel Lecauchois，1740—1788，法国诺曼底法院律师。

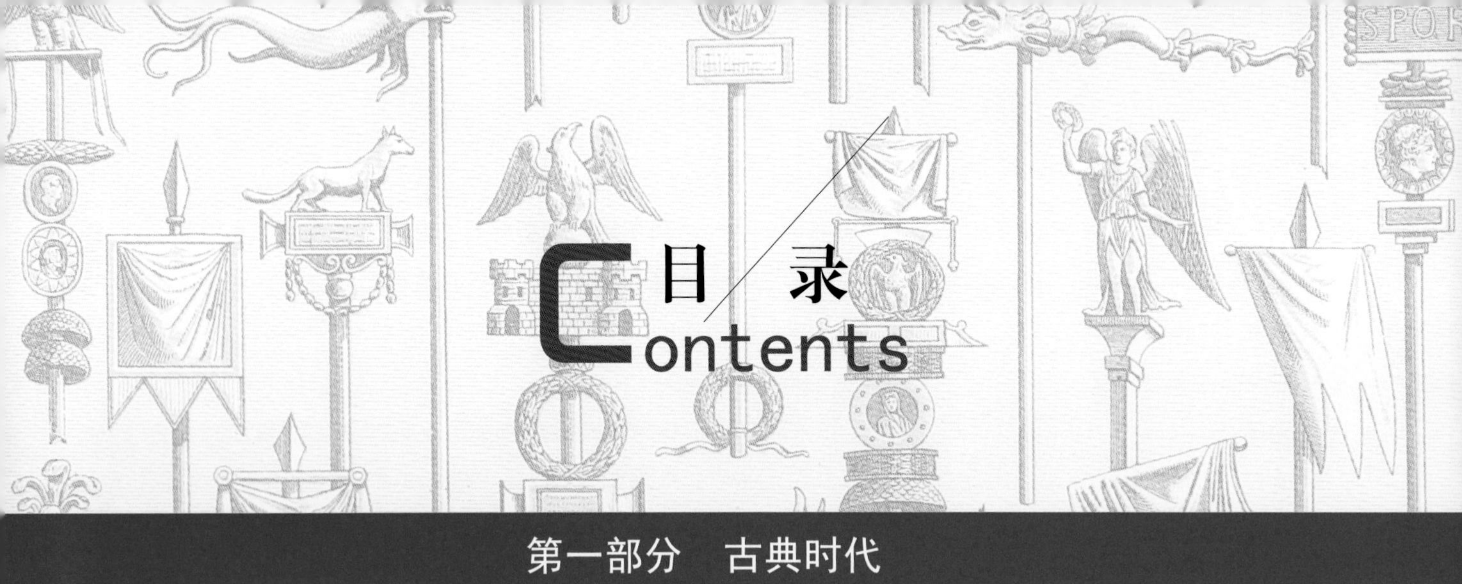

第一部分　古典时代

埃及人（1—9）

亚述人和希伯来人（10—13）

弗里吉亚人、波斯人、帕尔特人（14）

古希腊人（15—28）

伊特鲁里亚人和希腊-罗马人（29—33）

罗马人（34—46）

古代鞋类（47）

凯尔特人或高卢人、斯拉夫人或萨尔马提亚人、日耳曼人或条顿人等，直到撒利克法兰克人，木器和石器时代（48—59）

第二部分　19 世纪以前欧洲之外的世界

大洋洲（60—66）

非洲中部和南部（67—75）

美 洲（76—84）

亚 洲（85—148）

北非（149—168）

土耳其亚洲部分（169—180）

第三部分　中世纪至 19 世纪初的欧洲服饰

拜占庭（181—183）

欧洲——5 至 15 世纪以及部分 16 世纪（184—254）

欧洲——16 世纪以及部分 17 世纪（255—311）

欧洲——17 世纪以及部分 18 世纪（312—365）

欧洲——18 世纪以及部分 19 世纪（366—407）

欧洲——19 世纪（408—410）

第四部分　19 世纪末以前的欧洲传统服饰

瑞典、挪威、冰岛、拉普兰（411—418）

荷　兰（419—424）

苏格兰（425—427）

英格兰（428—431）

德意志（432—433）

瑞 士（434—436）

通用物品（437）

俄罗斯（438—448）

波 兰（449—457）

匈牙利、克罗地亚、保加利亚、罗马尼亚、摩尔多瓦、瓦拉几亚、希腊（458—464）

意大利（465—468）

西班牙（469—481）

葡萄牙（482—483）

法 国（484—500）

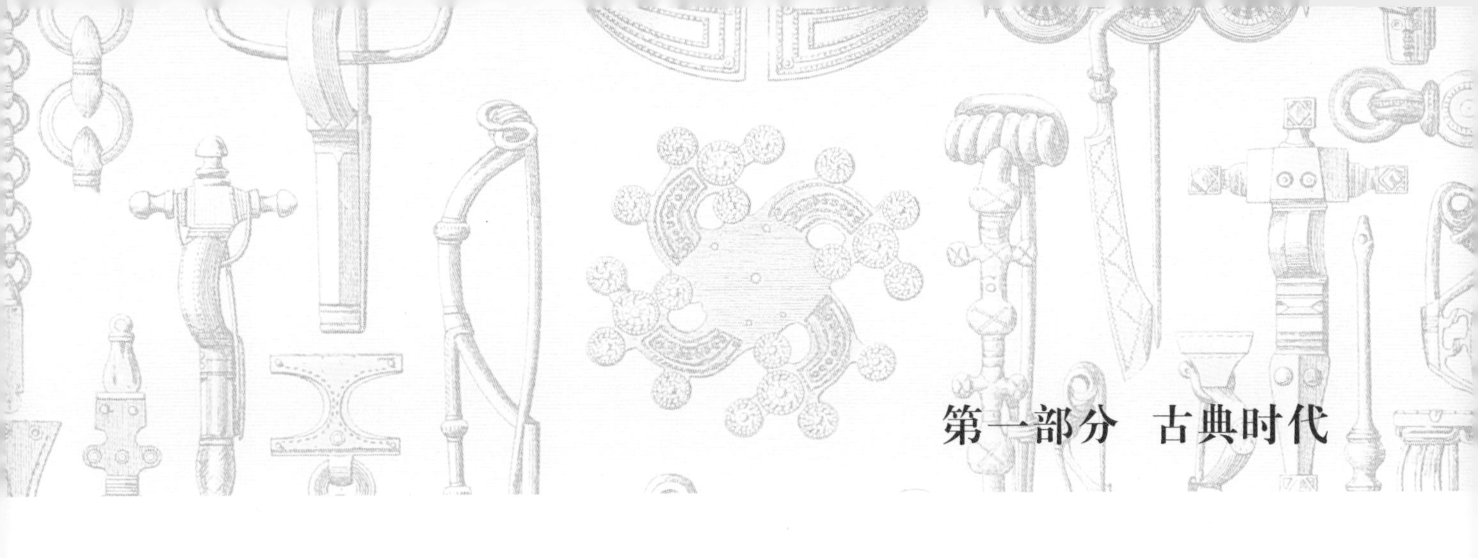

第一部分 古典时代

古典时代，自原始时代至公元5世纪西罗马帝国的衰亡，包括蛮族大入侵时代，又称“民族大迁徙时期”。

版画名称	版画号码
埃及人	1—9
亚述人和希伯来人	10—13
弗里吉亚人、波斯人、帕尔特人（Parthe，又译帕提亚人或安息人）	14
希腊人	15—28
伊特鲁里亚人和希腊-罗马人	29—33
罗马人	34—46
鞋类	47
凯尔特人或高卢人、斯拉夫人或萨尔马提亚人（Sarmate）、日耳曼人或条顿人等，直到撒利克法兰克人，木器和石器时代	48—59

埃及人（1–9）

1. 军事器材、头饰和服装

战争场面局部，取自古代上埃及地区的底比伊德（Thébaïde）的绘画。战车上的国王是拉美西斯二世（Ramsès leGrand）又被称为“Meïamoun”，我们还知道他在历史中的名字是辛努塞尔特[1]（Sésostris，公元前 14 世纪）。他属于第十九王朝。

尚武的国王们亲自指挥征战，有时是远征。他们登上战车，从头武装到脚，由侍卫和主要的军官守护，他们向敌人射箭或用战斧攻击。一只驯化的狮子被用来参加战斗，通常跟在国王战车的后面或者跑在前面。拉美西斯头戴一个点缀着眼镜蛇冠饰、镶嵌着贵金属或珍贵材料的头盔，头后悬挂着宽条带；他身穿一件长长的青铜鳞甲，鳞甲片被重叠缝制在贴身皮衣上。他的左腕被用于射箭的金属护腕包裹着；他带着一个六排的项链，前缀一块珐琅质胸牌。据普里斯·达韦纳先生（M. Prisse d' Avesnes）所言，法老们和精兵们的弓似乎是青铜制的；希伯来人从古埃及人那里学到了这种武器的使用，《约伯记》（Job）记载了同时期的阿拉伯人也使用这种武器。箭头是用青铜或者铁制的。

典型的古埃及战车驾两匹战马，两轮，在车后开门。车舆两侧的隔板通常并不是实芯的，但是包裹着许多坚实的皮带。青铜的使用在当时的器皿上和武器上已经很普遍，很可能这辆轮辋带间隔装饰的精美战车就是用这种金属制造的。 当时受到充分开采的富铜矿有阿拉伯半岛的马加拉（El-Magara）和 Sabout et Kadin（疑为 Serabit el-Khadim，位于西奈半岛，古埃及时期产铜和绿松石）。战车旁绑着战斗时使用的箭筒以及弓袋、长马鞭和短马鞭的鞭袋。

跃进的战马是如今在栋古拉（Dongolah，位于今苏丹）尚存的优良品种。所罗门王（Salomon）曾经从埃及丰富的种马群中获得战马。通常情况下，有一名战士位于他的左边，一名车夫负责驾车，但在这里，只有这位君主自己，缰绳拴在他的身体上，就如同我们随后将看到的古罗马危险的角斗场上驾驶驷马两轮战车的样子。战马被马衔和紧绷的缰绳严格地控制着，处于马的肩颈部位的那个圆盘状物体承担着这种控制。这些战马佩戴着有流苏的马络头，穿过耳朵直到颈部一半处；带流苏球的鞍褥一头系在马的胸部但并不包裹其胸部，另一头覆盖至马的臀部，彩色的鞍褥是巴比伦风格的针织品，或

[1] 译注：原文有误，拉美西斯二世是古埃及第十九王朝的第三个法老，公元前 1304—公元前 1213 年；而辛努塞尔特之名取自古希腊文，曾经有四位法老用此名，辛努塞尔特一世、辛努塞尔特二世、辛努塞尔特三世和辛努塞尔特四世，都属于第十二和第十三王朝的法老。

是古人所说的针画品。这些马的马尾在它们刚出生时就被戴上了一个尾环装饰，它们都没有佩戴马腹带。

尽管有一些古埃及远征军的量化记载，但是在他们所有的壁画和浅浮雕中总是找不到有关骑兵部队的整体表现，无论是描绘其海战的，还是描绘日常生活的，我们因此得出结论：古埃及军队中并没有真正的骑兵部队。大部分军队是由重步兵或轻步兵组成的。他们在进军时，大量的由军官乘坐的快速战车围绕在步兵阵营的前后左右。驴被用作畜力运送物资。

我们就不再描述 No.2 战车和战马了。这辆战车与拉美西斯的差不多，区别在于车舆两侧的隔板是实芯的；它也配备着装长箭的箭筒和装其它武器的袋子。马匹的配置一样，但其头上有奢华的羽毛装饰；缰绳从马身侧的圆环中穿过。这匹马承载着一面军旗。每个部队都有其军旗，用旗杆高高地竖起来，以便每个人都能看到。徽章借鉴其宗教信仰，体现在头饰中和人形神的象征中；他们以象征神的禽兽头代以人头，比如雀鹰头、狮头，有时也以其整体表现，比如鹮（ibis）和豺（chacal）。这辆战车上的徽章很可能是属于皇家的旗帜，它白底，上绘一只秃鹫抓着象征胜利的棕榈枝。在所有表现战争的画卷中，秃鹫和雀鹰的确是君主权利的象征，国王不管是在战车上还是站在地上，他的头顶上总是盘绕着胜利之秃鹫。这面半圆形旗帜的下部横挂着一排对称着色的齿状织物。朗西先生（Lanci）认为，古埃及人在他们的旗子上所选择的颜色象征着人与天、地的关系，红色代表人，另外两种颜色代表天和地。跟随战车的士兵 No.3 属于重步兵，他们配备有一面可以保护从腰部至头部的盾牌，右手持矛，左手持短斧；白色的罩袍在腰部用绳带系紧，绳带两端垂落；头部裸露，脚穿称作“tabtebs”的一种凉鞋，用棕榈叶编织并用绳子系带，前端具有保护大脚趾的作用，类似我们的布鞋。盾牌的特别之处在于拥有一个视孔，使士兵能在受保护的情况下观察敌人。这些排列紧凑的步兵组成了军队的主力，他们根据鼓声或者号声来移动队形。我们知道古埃及的军人身份是世袭的，他们属于一个被禁止操持其它职业的特殊阶层。这些精兵当中有一名黑人，证明这个阶层的组成丝毫没有种族排斥的思想，而作为国家中数量巨大的军人阶层，他们也拥有许多特权。

No.1：烧香的古埃及人。出自底比斯（今名卢克索 Luxor）哈布陵庙（Medinet-Habou）的浅浮雕。

No.2、3：“Abo-chek”的军事浅浮雕，第十九王朝。

No.4：拉美西斯二世（Ramsès Meïamoun）与赫梯人（Khétas）（原文注：les Scheto，les Bactriens，即斯基泰人和巴克特里亚人）在奥龙特斯（Oronte）河畔的战斗局部。出自底比斯的拉美西姆（Ramesseion）陵庙。[当今的历史版本是：卡迭石战役是拉美西斯二世与赫梯人（Hittites）为争夺叙利亚地区的统治权而发生的战役，战场在奥龙斯特河边的卡迭石（Qadesh）。双方均未取得决定性胜利。]

No.5—11：散发或结辫的不同头饰，金属制的、皮制的或编织品的，有几个人戴着皇家的眼镜蛇冠饰。出自底比斯不同建筑上的浅浮雕细节。

EGYPTIAN
EGYPTIEN
AEGYPTISCH
1
2
3
4
5
6
7
8
9
10
11
Vallet lith.
Imp. Firmin Didot Cie Paris

1. 军事器材、头饰和服装

2. 古埃及和亚洲的战车、武器、不同种族

埃及战车是两驾双人乘坐的，一名精兵操持弓箭、标枪和战斧，另一名副手负责持缰和操持他们两人共用的盾牌。在描绘卡迭石战役（Kadesh）的画卷中，冲在前线的古埃及战车就是如此表现的；在那场战役中，拉美西斯二世与数量众多的来自于叙利亚北方的赫梯人和迦南人（Chananéens）进行了战斗，他们又被古埃及人称作是“Khétas”（赫梯人），和“谢托之祸”（la plaie de Schéto，古埃及人对斯基泰人的蔑称），此外与赫梯人一起的还有来自阿拉德（Arad）、密细亚（Mysie）和贝达斯（Pédase）的人，因此他们的联军包含了叙利亚人（syrienne）、特洛伊人（troyenne）和巴克特里亚人（bactrienne），他们一共拥有两千五百辆战车，都是由一名车夫和两名战士驾驭，其中一名战士负责盾牌。亚洲的战车与埃及战车一样，都是从车后开门，但是它们的形状有区别；它们的车厢比埃及战车更简单，更粗糙，既不配备箭筒也不配备弓袋。其中车厢类似方塔的是亚述式战车，我们可以在尼尼微（Ninive）的浅浮雕上看到；另一些车厢形似环形护板，在两侧逐渐下降，保护性较差，无法与埃及式战车相比，此外为了加快车速，车厢略微向前倾斜，踏板安装在车轴和马匹之间，以至于在驱车快跑的时候，战士们似乎像骑在马上一样。亚洲战马的披挂与埃及战马属于同一个类型，但是没那么奢华。不过，除马的大鞍褥和头饰以外，叙利亚战马在前胸配置有一块很宽的胸饰，似乎是起防护作用的项圈。(No.1、2、4、5、8、9 和 10，亚洲式；No.3、6、7 和 11，埃及式）

No.6 埃及战车上的披甲武士身穿亚麻制甲胄，在一侧相连并以背带固定。他头后部的头发剃得精光，余下的头发结在一起并垂于一侧。留一个弯曲的粗辫子并垂于一侧是皇家亲王的常用发型；尽管那时的古埃及人都或多或少是剃光头和剃光下颌的，或许如希罗多德（Hérodote）和狄奥多罗斯（Diodore）所言，按照当时的习俗，为了病愈中的孩子，那些驾驭战车的精兵拥有保留一簇象征敬神的头发的特权，剃下的头发等于祭献同等重量的黄金或白银。

古埃及人将人分成四类，在伊斯坦布尔的壁画上能够看到。最优秀的埃及人（Retou），黑人（Nahsi），亚洲人（Aâmou）和白皮肤的北方人（Nord）。在拉美西斯二世的图画中能看到，No.20 是拉美西斯二世持斧砍向一名埃塞俄比亚黑人“库施国的劣种”（lamauvaise race de Kousch）战俘；No.13 画的是巨人比例的拉美西斯三世正在处决一批手被绑缚在一起的战俘，这批战俘是不同种族的

外国人。拉美西斯二世在其初期与他的父亲联合在一起，虽然拥有极高的特权，但并不总是带着法老的标志。在这里，他只有简单的克拉弗（claft）头饰，穿着带条纹的卡拉西里斯（calasiris），也是国家军服；只有他前额上闪亮的眼镜蛇冠饰显示着其君主的身份。No.13 的拉美西斯三世头戴青铜头盔，身穿保护其肩膀、上臂顶端和前胸的甲胄，上绘象征胜利的雀鹰翅膀图案，腰系带条纹的卡拉西里斯，佩挂箭筒的绳子绕过身体，系在前面，他手持弯弓和短斧，手腕上戴着箭手用的金属护臂。

古埃及人的种族与当今努比亚（Nubie）的种族完全类似，他们通常都高大、消瘦、肩膀宽厚、胸肌发达、手臂有力、手掌细长、胯部不够发达、腿干瘦、脚掌细长且由于经常赤脚走路而扁平，头部相对于身体通常显得过于强壮，额头略低、方形，鼻子短圆，大眼，圆脸，唇厚但不外翻。马思佩罗（Maspero）总结说，如同北非农民一样，古埃及人自亚洲穿过苏伊士海峡来此，属于原生闪族人种（proto-sémitiques）。在图中所能看到的典型有 No.12，注意他的厚嘴唇和染得鲜红的头发，戴着头领的羽毛，一条宽肩带，耳戴大耳环；这与现代的探险家们所遇到的一样。

No.14 和 15 是战斧，其青铜质斧头嵌在斧柄一端的榫孔中，由牛筋条或是皮条牢牢地固定住，斧基与斧柄紧密相连。这种装配是石斧常用的方式，如今在旧世界中还在使用。

No.16 合欢木制弯曲短棍，即阿巴代人（Abasdehs）和比查理人（Bycharys）所谓的“lissan”。在古埃及，这件钝器主要由步兵使用，弓箭手和轻装部队也会配备。这件大头棒上刻着一个象形文字，代表着一位女王：“Hok-Amou”，即“阿蒙的女仆”之意。

No.17 和 18 带有象形文字的硬木制手杖和手杖局部。手杖全长大约 1.50 米，手杖的上端配有一个通常是角状的凸起，起支撑拇指的作用。普里斯·达韦纳说：这类手杖似乎是一种职能的象征或是统领的标志，摩西自古埃及人的习俗中借鉴了许多，他授予每一个犹太部族一根刻有他们部族名字的手杖。

No.24 匕首，其刀刃上带有凹槽，如同东方大马士革刀那样。刀柄以动物角和象牙制成，带有用以插入拇指和食指的双环，以防止匕首脱手。青铜制刀刃淬火坚硬，连锉刀都难以留下痕迹。

No.21、22、23、25 和 26 金属箭头和木杆标枪头，有青铜制的和骨制的。用于打猎的灯芯草箭，其箭头是由燧石制成的。

No.19 亚洲人。

2. 古埃及和亚洲的战车、武器、不同种族

3. 古埃及服饰

埃及上古时代的艺术遗迹并不能讲述其历史，但是那些已知的王朝编年史足以证明其文明可上溯至很久以前。我们确信，早在公元前 2054 年，亚伯拉罕（Abraham）和萨拉（Sara）就来到了文明兴盛的下埃及。至于现存的遗迹，它们的年代并不能使我们确认其上所绘的服饰和习俗的起始日期。创建了辉煌的第十八王朝的图特摩斯一世（Thotmès I）之前的古埃及人会是什么样子的呢？假如在辛努塞尔特（Sésostris，原文注：Ramsès II；译注：原注有误，见第一幅版画说明）之后一千年，我们看到他们的服饰与一千年前的差不多，我们是否就能假设它们在辛努塞尔特之前的一千年前也是一样的呢？如果可以如此假设，那么按照这种亘古不变的规律能够上溯到什么时代呢？比如，图中演奏曼陀拉的女士肯定比基督时代要早 16 至 17 个世纪，但是否就能下结论说人们很早以前不这样编结辫子，或是不佩戴手镯呢？谁敢如此下结论？对于其它主题不也是一样吗？

古埃及浅浮雕和绘画上的象形文字艺术，其成规和简要性对于研究生活中的服饰常常构成一种难以忽视的障碍，然而博学的旅行家的探究目光经常还能从某些地方习俗当中观察到服装或服饰的许多细节之处。

古埃及人的头饰适合于气候炎热的国度，那里炙热的阳光可以造成无法治愈的头痛，因此这件必需品逐渐成为了头饰的基础，有时是唯一的头饰。大量的样本展示出妇女们的头上只戴有普通的宽松头饰克拉弗和一条很窄的头带。这件男女通用的头饰，通常包含一个用厚布料制成的能遮住头部的软帽，在前额处系紧，头带向后垂落至肩，有时遮住耳朵，有时不遮（No.1—5、8、17、21）。他们也使用一种更简单的软帽，类似西班牙人的发网（No.9、11、12），可带或不带头绳。其它的（No.13、14、16、18）是一些紧贴头皮直到前额的软帽，它们将所有的头发都包裹起来。No.15 展示的是一顶只遮盖了头前部的无边软帽，其后部的头发很可能是假发，与软帽一起组成头饰的整体。No.20 展示的风帽式软帽，其帽尖后垂，与发辫完全分离。

古埃及人很爱护他们的头发，他们将其编成无数螺旋状发芯或是细辫（No.7）；他们将其分编成几行，紧密而有序地排列，或是借用其它头发或材料而编成一个大辫子（No.10、12）。如此的发型需要花费大量的时间，因此人们运用假发来充当帽子一般使用。这些假发的使用很常见，穷人们以羊毛来制作他们的假发，而富人们使用真的头发来制作假发。大不列颠博物馆和柏林博物馆藏有真品。

No.19 图中的头发平直而下垂，展示出古埃及妇女的头发不长，并被平直地剪掉。No.22 展示了一件高雅的头饰，它有许多变种，有雀鹰、珠鸡等等。

古埃及人在全身涂油以保持皮肤的弹性。这个习俗在努比亚和几乎整个非洲都能见到。妇女们将眼皮染色以显得眼睛更大，为此她们有两种色调的化妆水：绿色和黑色。对比而言，古罗马人使用锑矿，而东方人使用眉墨。此外，梳妆还需要补充其它的打扮：先用乌木针或者象牙针画眼圈，随后在脸颊涂上白色和红色，再用蓝色勾勒额头上的血管，用胭脂红涂抹嘴唇，最后用指甲花将手指染成橘红色，就像更晚以后莫卧儿妇女的手指一样。

白色是服装中最常用的颜色，从灰白到亮白有许多的色调。彩色的衣装早在远古时代就已经常见了。软帽是带条纹或刺绣的，用棉、麻和羊毛编织。至于东方广泛流行的臂环和腿环，可以看到其可上溯很远至古埃及人，他们既好高雅，又习惯于裸腿，因此这就成了与项链一样的奢侈品。他们用金子、珊瑚、珍珠、玛瑙、玉髓、缟玛瑙和肉红玉髓制作首饰，也用镶嵌金丝的钢制作，大部分都以珐琅工艺点缀，并镶嵌宝石等等。

No.7 是一位正在演奏曼陀拉的女子，她用拨子来使一个长筒鼓产生回响。她佩戴有六排玻璃珠项链，每个前臂都有两个手环；她身上唯一的长裙垂至地面，轻轻地遮挡着其身体，其透明度就像古印度人制作的一种薄纱。古埃及人也制造这种薄纱，或是其来自亚洲？这两种假设都可以接受。这件第十八王朝的图画来自于底比斯的陵墓。

No.10 展示的是拉美西斯二世，第十九王朝的法老，其皇冠上的眼镜蛇冠饰是皇家的标志，蛇即现代埃及人称作为“hadjieh”的蛇。披肩式的项链称作“oskh”（底比斯）。

No.1—5，来自于奈赫贝特的埃勒提亚女神浅浮雕，其色彩是尝试修复后的效果，随后图中的色彩同样如此。

No.6 和 12，来自于伊斯纳(Esneh)，又名“Latopolis”(古希腊名)；No.8、9、11、13—18、21、22，来自于菲莱岛(île de Philæ)；No.19 和 20 来自于底比斯。

3. 古埃及服饰

4. 古埃及和努比亚的圣事图、神和女神、法老和女王

对于上溯如此久远的服装和饰品，没有什么能比古埃及雕像和壁画所提供的证据更确凿的了。他们的图画教条受法律或至少是习俗所限，艺术家没有任何发挥的余地。它们始终如一地复制和再现所有细节，足以确认所展示的远古时代的事物与我们所见的完全一致；观察古埃及的奥林匹斯之人形诸神，他们的形象不仅与描绘了他们的人一样，而且与历代崇拜他们的人也一样。在我们通过拉美西斯的遗迹所了解到的那身材苗条挺拔的人种之前，古埃及人曾经是矮胖的，身材更圆，完全是闪族人的形象。马里耶特（Mariette）影像集中的图片展示了第三王朝之前的古埃及人肖像，也就是说是古埃及王国真正建立之初的肖像，依据曼涅托（Manéthon）的记述，是在公元前 5318 年。

这些孟菲斯王朝（memphites）的历史，金字塔以及几乎所有传说的创建者们，他们已经是如此的古老，然而只是相对而言，因为其王国的形成早已如古人所说的经历了无数年（柏拉图说有上万年），而根据当代大部分学者最保守的估算，至少经历了三、四千年。

“Shesou—Hor”即荷鲁斯（Horus）的仆人（或“荷鲁斯的追随者”），是在史前时代赶走了黑人而定居于尼罗河畔的原闪米特人（proto-sèmites）。这些半野蛮的亚洲人中的许多部族各自建立了小国，各有自己的宗教信仰和律法。人们认为正是这几代人创造了大部分神的名字和几乎所有的信条；也是他们创立了最初的民事律法，发现了对人的生活和娱乐有用的艺术，发明了纸和文字，以及设立了古埃及的几乎一切制度。我们必须要指出这些久远的渊源，因为这些资料的古老性本身就足以激发人们去一探究竟。

我们提请大家注意，古埃及诸神的表现有三种形象，每一种形象都包含三重性：（1）纯粹是人的形象，但有特殊的属性；（2）拥有人的身体和神性动物的头；（3）代表神所赋予的特殊属性的神性动物。在拥有人面的神的图画中，每个神的特征都在其头上表现出来，尤其是头饰。

脸和鼻子有时被染成诸神专有的颜色。当我们观察 No.2 女王克莱奥帕特拉（Cléopâtre）所佩戴的神圣饰品之时，可以就此推断，首领们的皮肤装扮颜色在仪式上带有特殊的、当地神祇的标志。古埃及妇女使用爪哇和巴达维亚等地妇女也同样使用的藏红花来染黄脸部、上身和所有裸露的部位。指甲花色（橙黄或橙红）不只是用于手和脚，而是用于全身，如同波斯、印度和摩尔妇女一样，我们在 No.1 和 3 法老图中能看到，他们是希腊人。靛蓝色

和绿色被用于人类的皮肤之上，它们也是印度诸神的颜色。

法老——太阳之子，是神降身于地的化身（No.1和3），在这里像太阳一样红，并不总是以荷鲁斯或者旭日（soleil levant）来代表。当我们看到古埃及的每个州郡或省都供奉一组三联神，而这些不同神祇组成了等级不同的序列，并且每个神都各有单独的寺庙；我们不禁认为，在古埃及的君主从南至北，从东到西的巡视中，将自己皮肤的颜色染成当地神祇的颜色应该是一个好的策略。君主在公开的宗教仪式上的神圣装扮的颜色，决定了其皮肤应该染的颜色。阿蒙拉（Ammon-Ra）无所不在，克奴姆（Cnouphis）和沙提（Saté）在象岛（Eléphantine）、阿斯旺（Syène）和埃德富（Beghi）处于统治地位，他们在他们的主管托特（Thoth）的帮助下，将统治权扩展到努比亚全境，而托特的领地在 Ghebel-Adheh 和 Dakkek。每个城市各有其守护神。欧西里斯（Osiris）是丹铎（Dandour）之主；伊西斯（Isis）是菲莱（Philœ）的女王；哈索尔（Hathor）是阿布辛拜勒（Ibsamboul，现代拼法 AbuSimbel）之神；曼杜利斯（Malouli）是卡拉布萨（Kalabschi）之神；亚图姆（Toum）是赫利奥波利斯（Héliopolis）之神；阿蒙（Ammon）是底比斯（Thèbes）之神；普塔（Phtah）很早就是孟菲斯（Memphis）的主神。这些神经过亲属关系被相互关联，组成三联神（triades）的形式，在他们专属的寺庙中也能见到其他的神，此外，还有一些供奉两组三联神的庙宇。

No.1：托勒密 · 费拉德尔甫斯（Ptolémée Philadelphe），哈索尔神庙，托勒密八世（Temple d' Athor Évergète II，“Évergète II”是托勒密八世的别号，词意为“施惠者二世”），菲莱岛。

这位法老头戴带有皇家眼镜蛇冠饰的青铜头盔或高冠，头盔的后部有一条长绳垂至足跟，其上通常挂坠着最高级神阿蒙拉的王冠。他身穿名为“申提”(schenti) 的刺绣缠腰裙，其饰品有一条宽项圈，上臂带臂环，腰系一种围裙，似乎是皮制的，并且向前凸出成尖角状，这个附件由绳子固定在其腰上，绳头下垂在围裙上，它大概是被一个类似 18 世纪的篮子式灯芯草框架支撑着，或是被类似裙衬的金属条支撑着。项圈是雄性的象征，就像造物神阿蒙项上的一样，而这专属于帝王佩戴的围裙，可能与项圈的意义相关联。

没有什么比这位异族法老的画像更能雄辩地证明古埃及文化不可动摇的坚韧性了，因为他的朝代仅仅开始于公元前 305 年，而且他不仅没有改变国家的体制，而且还穿戴上当地传统的皇家服饰，以古老的法律和习俗执政，并受同一些神祇的保护。

托勒密家族是祖籍马其顿的希腊人，他们是继亚历山大大帝统治埃及之后的继任者，建立了古埃及第三十二王朝。

No.2：克莱奥帕特拉，来源同上。

这位克莱奥帕特拉是托勒密王朝中，自托勒密五世的妻子至克莱奥帕特拉六世的六位克莱奥帕特拉女王中的一个，最后一位最著名，是恺撒和安东尼的朋友，与其两个兄弟托勒密十四世和托勒密十五世共同执政，随后又与她的儿子恺撒里昂（Césarion）一起执政（原文有误，著名的“埃及艳后”是克莱奥帕特拉七世，她先后嫁给她的兄弟托勒密十三世和托勒密十四世，后又与恺撒生有一子恺撒里昂，与安东尼生有二子一女）。

由带有眼镜蛇冠饰的头带束紧的结辫发型，也可能是假发，眼镜蛇冠饰不仅是皇家的标识，也是女神发型的通常装束。在其象形文字中，眼镜蛇冠饰被用来表示“女神”一词。

如同阿蒙拉家族头上所带的两只又长又直的羽毛是最高君主权威的特别标识。太阳和公羊角作为头饰的补充，预示着创造的能量，其象形文字也象征和表达出这是一种神圣的发型。其身上的长裙由腰带和一对肩带在裸露的上身固定。

这条长裙自腰部至大腿都紧贴身体，似乎更多是为了显示出体型而不是为了遮掩。衣料上的条纹指引着长裙的展开观感，显示出如同现代妇女所使用的一种策略，即将裙子的上部用绳带牵引至绶带的位置，与假发的使用相配合。我们怀疑古埃及妇女也使用这种策略（参见其变种 No.5）。

一条宽项圈，上臂的臂环和手腕的手环，脚踝上的踝环组成了其它的饰品。顶环十字饰（Tau sacré）是神圣的生命之符。

No.3：托勒密 · 费拉德尔甫斯，菲莱岛，伊西斯神庙。

他头戴双冠（pschent）：即一顶战盔和一顶带鸵鸟羽毛的高帽，是皇权的象征。向前卷伸的 S 形称为“连锁螺线”（lituus），是统治北方的标志。蛇冠在其前额闪耀；头冠上的长飘带垂至背后。其身上唯一的服装是带条纹的“申提”。颈上戴宽项圈，上下臂都戴有臂环，左手持顶环十字饰，右手持称为“nekhekh”的连枷鞭，或者叫双节鞭，是君权和护卫的标志，以及称为“pedum”的弯钩，指挥权的象征。与 No.3 图一样，这个托勒密画像也是染成红色的。

No.4：欧西里斯（Osiris），此图画来自于阿蒙霍特普二世（AménophisII，前 1427—前 1400 左右在位）建立的一座神庙，位于努比亚的卡拉布萨。

欧西里斯是冥王（Amenthi），即地狱之王，曾是最知名的神“Ounnovré”，即完美之主的意思；而杀害他的凶手赛特（Set）代表着邪恶。传说中欧西里斯是所有死亡的象征，包括人的死亡和太阳的消失。他的形象是身体像木乃伊一样被外壳包裹起来，手持“pedum”弯钩和连枷鞭。他的皮肤是绿色的，有时是黑色的；头戴侧翼饰有鸵鸟羽毛的高帽叫做“atew”。

No.5：姆特（Mouth），图像来自努比亚。

在古埃及三联神一家的组合中，象征女性和母亲的姆特是阿蒙拉的妻子，阿蒙拉象征男性和父亲，他们唯一的儿子是孔斯（Khons）。

姆特在这里头戴双冠，包括头盔、高帽和“连锁螺线”。头上还有埃及式风帽“klaft”，点缀着珍珠鸡的羽毛，额头上戴有眼镜蛇额饰。

她的裙子上没有克莱奥帕特拉那种裙子上的肩带，但是它更紧身尤其是更长。这件紧身服如此贴身，几乎妨碍其行走。如果我们假设，古埃及妇女丝毫没有改变这种类似当今的着装方式，那么姆特的裙子就给出了一个迷人的样本。因为为了允许双腿迈开步伐，哪怕是小步走，如同古埃及妇女手持手杖的样子，也必须使裙摆有足够的弹性。

这支饰有荷花的手杖是专门供女神使用的权杖，并不存在纯粹的皇家权杖。古埃及作为权力和身份象征的权杖长度通常不少于五法尺高。杖头通常是花型，而且基本无纹饰。杖身以金合欢木制作，其上刻着所有者的名字。

No.6：阿努凯特（Anouké），其专有的颜色和女神专用的权杖（菲莱岛大神庙）。

这位女神属于努比亚的三联神之一，即库努牡（noum）、萨提特（Sati）和阿努凯特。在一个带有其画像的椭圆形铭文（或王名圈）中，她被视为“象岛之圣母”。

她有时头戴羽毛冠，有时头戴白色头冠。商博良（Champollion）曾经将她与维斯塔（Vesta）相对比，像护佑女神一样展开双翼。

此处展示的饰品很粗糙，似乎这位身着羽毛的女神的项圈和臂环上没有任何珠宝饰品。

No.7：女神像（菲莱岛伊西斯大神庙）。

头戴高帽，其前后带有一对公羊角；一条单吊带与裙带相连。

No.8：奈菲尔塔利（Nowré-Ari，现代拼法 Nefertari）女王半身像，拉美西斯二世之妻。

在她下令建造于阿布辛拜勒的小神庙中，标示有她的称谓“皇后”（royale épouse）和“皇母”（royale mère），按照皮埃雷（PaulPierret，曾任卢浮宫博物馆古埃及馆馆长）的说法，她的女儿被乱伦的拉美西斯二世娶为妻子。

这幅图片是一件神圣装束的局部。埃及式风帽“klaft”由鸟羽装饰，眼镜蛇头冠上的公羊角中带有太阳的标志。她自身的皇家血统为拉美西斯家族的新王朝带来了继承权，也巩固了他们的王位，同时也给古埃及带来了最精美的风格。她的相对偏高的耳朵位置显示了她的血统。依照习俗，她的眼睛被眉墨描绘得扩大了许多；耳环就是简单的圆环；项圈如同肩披一样围绕着好几圈，其佩戴由置于肩部的“美纳特”（Menat）作为配重来保持平衡。她的上身穿着著名的透明衣料，与印度最精细的薄绸不相上下。

No.9：第二十王朝的创建者，拉美西斯三世（Ramsès III）的旗帜。拉美西斯二世之后一百年，公元前 1279 年（当今认为拉美西斯三世大致生卒年份为公元前 1219 年至约公元前 1155 年）。

这面军旗有一个重要的历史意义。拉美西斯三世手持它战胜了自一个半世纪以来不断侵入和骚扰古埃及并通常成群地在非洲沿岸登录的亚洲人。为了抵御入侵尼罗河谷的东方移民，这面军旗是联合所有抵抗族群的标志。他们成功地迫使入侵者转向地中海西部，并在沿途建立了腓尼基人殖民地：台伯河（Tibre）河口北部的泰尔人（Tyrséniens）；撒丁岛（Sardaigne）的撒丁人；还有海岸另一边停留在叙利亚的腓力斯人（Philisti）。

这面军旗的旗头是拟人化的古埃及头像，其上可以看到风帽由帽带束紧。“klaft”风帽上向上张开的双臂在古埃及象形文字中象征着“高度”“颂扬”“愉悦”。在阿布辛拜勒的神庙中，作为战胜者的拉美西斯三世的画像旁总有这面军旗，同样，在这位法老以战斧屠杀亚洲俘虏的画像中，这面军旗也不离他左右。

No.10：荷鲁斯半身像，卡拉布萨神庙。

下埃及的许多州郡都崇拜这位神祇，他象征着神灵的永恒，而且他以“Horœris”之名，又代表着神的先存性。太阳死后，又以荷鲁斯的形态重生，他是欧西里斯之子、旭日，是善之复仇者。法老的登基就是荷鲁斯的升起，就是旭日。

No.11：“Moui”半身像，菲莱岛大神庙。

“Moui”或“Meus”，是托特（Thoth）的众多变身之一，埃及的赫尔墨斯（Hermès），鹮首，象征心灵和智慧，其“klaft”条纹风帽上的羽毛应该就是鹮羽。

No.12：阿蒙拉（Ammon-Ra），菲莱岛大神庙。

“Ammon”的词义是“隐藏”“神秘”，他是世界的创造者和生育者；“Ra”是太阳的名字，是古埃及全国尊奉的神祇。自第十一王朝，也就是说自底比斯的兴起之初，即公元前 3762 年（今认为第十一王朝时期约为公元前 2133 年至公元前 1991 年），阿蒙拉成为了底比斯的主神。古希腊人将其视为等同于宙斯（Zeus）。

王冠顶上的圆盘以及两只直竖的羽毛是这位神祇的特征。在所有的建筑物上，他的身体都被绘成蓝色。他的杠杆头权杖（瓦斯权杖）象征生命，生命之符顶环十字饰象征神命。画像中神的上半身穿着一件紧身胸衣，就像一件嵌套的盔甲。如同在男性神 No.10、11、14 所见到的一样，他们的下巴处都有一个类似于胡须辫的附属物，我们认为那是假胡子。“申提”条纹裙是其最后一件穿着。

No.13：曼杜利斯（Malouli）的半身像，卡拉布萨神庙。

这位神祇与其父亲荷鲁斯，以及荷鲁斯的母亲和妻子伊西斯，共同组成了神祇系统中最后的三联神，而这个系统由阿蒙（Ammon）、姆特（Mouth）和孔斯（Khons）组成起始的三联神。这位卡拉布萨的主神在其身上集中了古埃及两位大神的主要特征：阿蒙拉和太阳神凯布利（Phé 或 Phri）。这位塔尔米（Talmis，古希腊语之卡拉布萨）之主也被古希腊人称为“Mandou-li”。他头戴“klaft”条纹风帽和红色高帽，其上的圆盘是黄色的，而这位神本身也被涂成黄色，与圆盘代表的光芒颜色一致。

No.14：努恩或库努牡（Cneph，Chnouphis，Ch-noumis，Noum ouKhnoum），菲莱岛大神庙门廊。

这也是一位太阳神，其颜色和阿蒙的形象属于努比亚人，尤其是尼罗河瀑布地区崇拜的特征。他最常用的称号是“神与人的创造者”（fabricateur des dieux etdes hommes）。以这个角色，他在一个陶轮上制造了一个人形，或者说一个神秘的蛋，传言人类和整个大自然就从中诞生了。他只戴了一个“klaft”条纹风帽，身穿两条肩带的紧身衣和条纹“申提”裙。他系有最高首领的束带，戴有项圈和臂环，手持顶环十字饰和生命之杯。

这些神祇都坐在盖有毛毯并配备踏板的王座之上。

4. 古埃及和努比亚的圣事图、神和女神、法老和女王

5. 古埃及家具——床、长沙发和宝座

三四千年前的古埃及家具样本是无法找到的，除了在某些建筑物墙上留下的图画以外，这个国家特殊的居住环境使得丝毫线索也没能留下。我们在这里复制的图画来自于底比斯的拉美西斯四世（Ramsès IV）陵墓，他是埃及第二十王朝的法老之一，始于公元前1279年，终于公元前1101年（今划分第二十王朝的时期为公元前1189年至公元前1077年）。

古埃及人有用于晚上睡觉的床和日间休息的床，也就是一种不同尺寸的长沙发；对于进餐，他们不使用床，没有接受那种亚洲人的习惯。从No.5和7可以很清楚地看到夜用寝具。它很直，有时带有轻微的曲线以迎合人体的弯曲，四条床腿都以四足动物装饰；它比较高，需要使用带有几个台阶的脚凳。床的框架是木制或金属制的；床底用绳网固定在床框之上，绳网厚而紧，略带弹性，如今在卢浮宫博物馆尚能见到一块古代的碎片，这种方式至今也一直在使用。此外，在床的框架上还有一块或高或低的移动脚板，用以阻挡床垫的滑动。床垫不太厚，在头部翘起，一个床罩经由脚板的一端覆盖在床垫上。移动床头架被充当枕头使用，名叫“ouol”，在下一幅版画中将能够见到。这是一种被所有阶层都使用的硬支撑物，富人们使用贵重的材料来制作它们。卢浮宫博物馆中就有一件象牙制作的“ouol”。有用东方大理石制作的，脚带有凹槽，或者是简单的型制，上刻象形文字，有时染成蓝色，刻有主人的名字和身份；也有用珍贵木材制作的。当地的所有木材都可以被使用，有埃及无花果木、合欢木、红荆木等等。最贫穷的人只能睡在席子上，可以使用石制的或熟土制的“ouol”。气候可以解释这种硬枕的使用，睡觉者头部附近的空气随意流动，减少了产生热的接触面，这对于气候炎热的国度来说是很重要的。如今在努比亚和阿比西尼亚[1]（Abyssinie）还能见到埃及式硬头枕，同样在日本、中国、美洲和大洋洲中的几个地方也能找到同类的硬枕。其半圆而宽的形状，是因为古埃及人有尽量长久保留他们那复杂发型的习俗，他们没有办法每天都重新编织那些发辫和发环圈；“ouol”可以使睡觉者的头部不滑动，从而保护发型不被破坏。根据希罗多德的记述，古埃及人睡在蚊帐当中，这在气候炎热的国家是必须的。很有可能那个很高的移动脚板的用途是为了支撑蚊帐。

日间休息用床的上面有一块绘有太阳状圆盘的

[1] 译注：埃塞俄比亚的前身。

金属镜子，在No.3、4和6中可以见到，它们上面都配有靠枕或者它们的床垫都比夜寝床的床垫要厚，它们略微倾斜，带有扶手，没有床罩。夜寝床的床腿都只是粗略的四足动物形状，而对于日间用床，四足动物的身体基本都被勾勒出来了：除了四足，还有头和尾，厚床垫作为动物的身体。总之，动物的整体组成了家具的形状，或狮子，或公羊，或豺，或鬣狗，或猴子，或公牛，或狮身人面，等等。

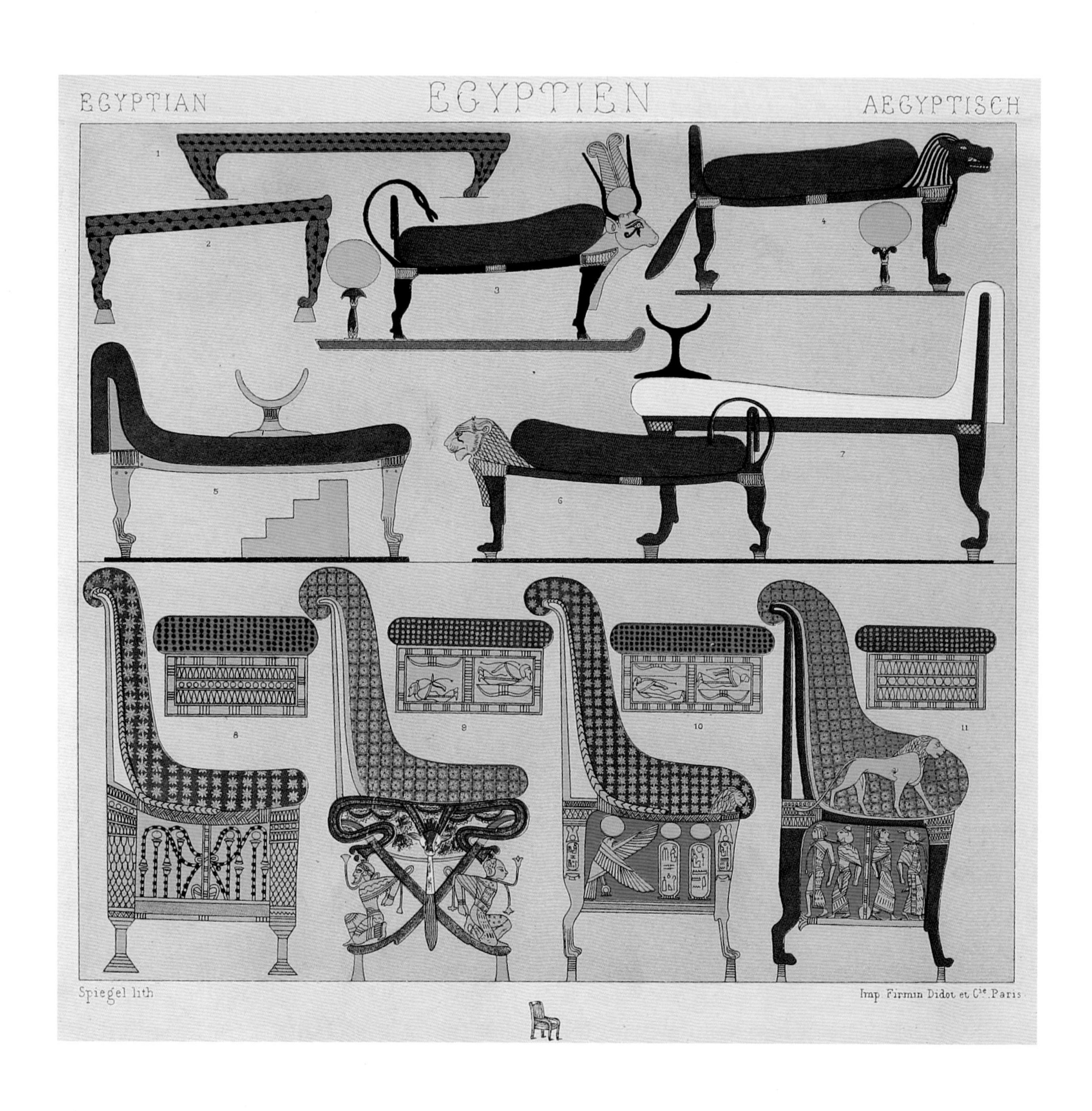

5. 古埃及家具——床、长沙发和宝座

6. 家用器具、物品、大竖琴

No.1：香料盒，其造型中的容器水罐由一名奴隶单手支撑，奴隶的另一只手提着一个口袋（常见的造型，影射从被埃及战胜的部族处获取的战利品）。凸出的水罐随着一个设置在底部的轴承的转动而开启。盒子是檀香木制的，染色并烫金。

No.2：常规椭圆形祭礼用品，这是一件承装香水的勺子，图案包含在水中游动的鱼儿和水草，勺柄呈荷花枝状，一端开花，一端以天鹅头颈结尾。这件物品标有皇家的名字，并被置于一个普通的框架上。

No.3：承装香水用的大理石祭礼勺。

No.4：乌木祭礼勺，这件高雅的作品是一个埃塞俄比亚裸体女人造型，其发型精致，佩戴有宽项圈和窄腰带，首饰烫金。当代的埃及舞女、努比亚舞女和黑人舞女似乎都佩戴用皮革和玻璃珠装饰的腰带。

No.5：简单的梳子。

No.6、9、11、12、14—16、19、21 和 24：用于梳妆的不同材质和不同形状的罐子。这些小物件通常是承装香脂或者发乳之类物品的。

No.7：蹲坐人像罐的两面，这是用来承装锑的容器，也就是东方人用作眼影的锑粉类物质。如今还能见到在外眼角涂抹眼影的风尚。

No.8：角制火罐，虽然在这件物品上没有见到象形文字，但是它似乎是古埃及早期的物品，它是与其他物品一起在孟菲斯被找到的。它的上部应该装有一个皮制的套管并带有一个阀门以在抽空空气之后密封火罐。在当今的阿拉伯理发师那里尚能见到这类火罐。

No.9：这个物件展示了某些罐子颈部的闭合机关，与当今使用的磨砂口瓶完全是同一个原理，通过 No.9、12 和 14，可以看到用于挂在身上的小罐。

No.10：抛光的金属镜子，象牙制手柄。

No.13 和 22：分格的梳妆盒及盒盖，盒盖通过两道沟槽以及由突出的按钮控制的一种插销与盒子闭合。

No.17：珐琅质小物件，似乎是属于某些游戏的，因为它们的形状和大小相似，只有颜色不同，其上或绘有图画，或有雕刻。

No.18：香料盒残片。

No.20：“ouol”床头枕，这种木制床头枕如今在尼罗河沿岸尚在使用；许多古老民族使用类似的头枕，比如在日本、美洲和大洋洲的几个岛屿上。

No.23：杉木制小盒子，它承装了一枚刻有“AmauNoph II”（疑为是阿蒙霍特普二世“Amenhotep II”，又名“AmeNophis II”）之名的金戒指，并以最高神阿蒙拉之子的名义，当然这只是一个荣誉称号。

No.25：人像残片，其发型值得关注。

No.26和27：弹竖琴的祭司，按照规矩，这些祭司都剃了光头并且全身除毛。根据希罗多德所述，他们每三天就要进行这种处理。这个规矩要求祭司拥有纯洁的身体，如此才能与神沟通并操持圣事。他们的衣服也必须纯洁，因此他们只穿麻制的长袍。这种衣服既薄又轻，而且颜色发白，很适合那里所有的季节，也容易清理。埃及祭司与犹太教士一样，皮肤上或衣服上的任何一只死虫子都会带来严惩。大竖琴与如今的竖琴有很大的不同，它们没有中间的支撑，因此我们毫不怀疑其琴弦的张力肯定不够完美。已知最大的埃及竖琴有六尺半高。这里展示的两个竖琴，其一有十一根弦，另一个有十三根弦。卢浮宫藏有保存完好的三角形竖琴，有二十一根弦。这些竖琴的图案取自拉美西斯四世之墓。

6. 家用器具、物品、大竖琴

7. 家用容器

粗陶罐、安瓿瓶、头顶篮、珐琅瓶、双耳尖底瓮、香盒等等。这些瓶瓶罐罐组成了古人最丰富和最漂亮的陈设。

7. 家用容器

8. 交通工具——皇家轿子和船

8. 交通工具——皇家轿子和船

No.1、5和6：皇家轿子，其中带华盖的被称作“naos”，即小中堂的意思；另一个带有遮阳伞；第三个没有遮盖物。三幅图中的君主都戴着军用头盔；No.1和6是双冠头盔“pschent”，象征皇权；No.5是扇贝形头盔。

No.2：这个轿子较小，是日常使用的，如同一个带靠背的椅子。

No.3和4：古代游船，其设计吃水很浅，便于在容易搁浅的水域航行。

9. 古代的一座富家庭院内部

9. 古代的一座富家庭院内部

亚述人和希伯来人（10–13）

10. 亚述人——服装、家具及杂物

亚洲的文明诞生于底格里斯河和幼发拉底河流域，曾经孕育了璀璨的尼尼微帝国和古巴比伦帝国。他们的古迹许久不为人知，如今却声名远扬，至少与古埃及文明一样。在古希腊人统治这个地区之前，还曾有腓尼基人（Phéniciens）和整个小亚细亚的文明，也包括希伯来人的文明，如今人们越发明显地看出，整个欧洲的文明也溯源至此。亚述人所留下的深刻的古老艺术痕迹，在所有的古希腊和伊特鲁里亚（Étrurie，今属意大利托斯卡纳地区）遗迹中，在雕像和各种罐饰图画中都能辨认出来，不仅确认了希腊艺术的真正根源，也确认了欧洲文明的起点。

我们在此认为有必要强调一点对于艺术家们来说很重要的一般事实：所有事实使人们推测亚述文明在古代与埃及文明长期对立，并且成为了希伯来人的典范；当代学者在圣经中的许多地方都找到了证据，尽管有的含义隐晦不明，但也有来自于尼尼微的物证。希伯来人与腓尼基人和亚述人都有来往，他们的语言与亚述人的语言几乎同源，他们的政体相同。希罗多德说，这些长期屈服于巴比伦帝国的民族，不久后加入了薛西斯（Xerxès）的军队，从他们的战胜者那里借鉴一切，尤其是艺术，而摩西曾经禁止他们以及穆罕默德的信徒学习艺术。

No.1：一件展示亚述巴尼拔王（Assour-akh-bal，另一拼法为“Assourbanipal”）的浅浮雕局部，也就是希腊人称之为萨尔达尼拔（Sardanapale）的亚述王。他半躺在一张餐床之上，而王后坐在一个高脚椅状的王座之上，王座不深，配有坐席和垫脚凳。国王身穿短袖上装，类似紧身短上衣。头上缠着一条镶嵌珠宝的头带，长带穗垂于后背；他戴有手环和耳环；一条边角饰有流苏的毛皮被子盖在国王的下半身；其头发和胡子以亚洲人的方式被仔细地分开，先知但以理（prophète Daniel）在谈及尼布甲尼撒王（Nabuchodonosor）时说：“他的头发就像是去除了杂质的羊毛”。亚述人对自己的头发和胡须十分爱惜，将它们染得乌黑发亮，喷上香水，织以金丝或撒上金粉。阴柔的君主还会在脸上涂色扑粉。

几个身穿流苏边长袍，头戴简单束发带的奴隶，以一定的节奏挥动着蝇拂。王后和国王一样，头戴镶嵌珠宝的头带，但是没有长带穗。女人们的发型与男人们的类似，但是体积小一些。

举至嘴边的酒杯似乎显示着他们正在进行祭酒。盆状的三脚桌是用来承装酒水和祭品的，在其后的希腊人和罗马人那里也能见到类似的三脚桌。这些喜爱享乐的亚述人使用许多珍贵的香料，他们不仅用其来香薰全身，还在宴会上舞动香匣以香薰周围的空间，并向客人们的衣服上洒香水。他们使用大概十五种香料，有藏红花、肉桂、甘松香、葫芦巴、百合等等，统统装在金罐当中。当客人们离开时都

会被赠予花冠。

家具的造型是典型的亚述设计风格，值得注意的是，餐床的靠背翻卷过来形成桌子。这些家具都雕工精细，并以动物形象装饰，反映了亚述工匠的手艺水平。它们都镶嵌着象牙、螺钿和贵金属等。此后的罗马人就热衷于这些亚洲式的奢华。

No.2：如同前述的三脚桌祭台。No.8 和 9 分别展示了一个矮桌和一个带有坐垫和垫脚的高凳。这也是一件国王的用品。

No.3 和 4 分别是一把长剑和一个箭袋；No.10 是一把系在腰上的军用匕首。

No.5—7：普通士兵的发型和胡须与其长官的基本一致。他们有时会将俘虏的头发和胡须刮去，这是最严重的侮辱。琉善（Lucien de Samosate，公元 120—180）曾经说：“他们的头上和手腕上都有向叙利亚女神致敬的纹身。”

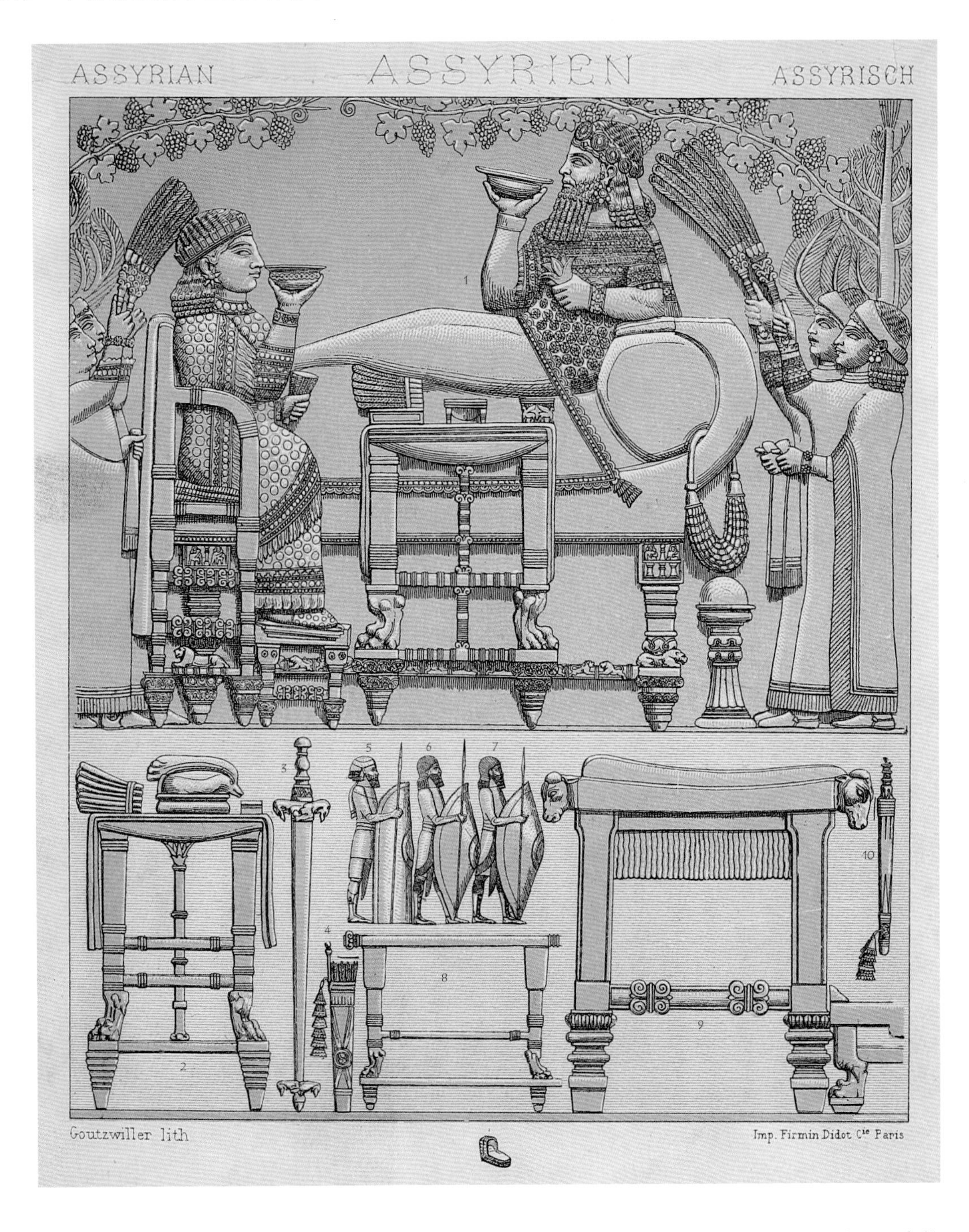

10. 亚述人——服装、家具及杂物

11—12. 亚述人——军队、皇家仪仗和狩猎

11—12. 亚述人——军队、皇家仪仗和狩猎

亚述的雕塑主题从来都没有关于当时社会等级划分的展示，而战争、狩猎以及宗教的场景，总是以国王为中心。

这里展示的历史遗迹，证明波斯人在征服已然吞并亚述的米底王国之后，也吸收了米底人的习俗。希罗多德和斯特拉波都说他们的穿着和发型类似。

No.1：围猎。国王以及他的两个随从。他们都没有马鞍，国王的马背上垫着厚毯，而随从的马背上只有兽皮。

No.2：三驾马车，与No.10类似。国王立于车前，头戴锥形冠和王冠，一手持弓，一手持箭，两名宦官手持宦官杖紧随其后，其中一人手持国王权杖，另一人为国王打着遮阳伞。他们总是很容易被辨认出来，因为没有胡须，面孔阴柔和圆润。

No.3：国王正在献祭，三名宦官紧随其后。色诺芬（Xénophon，古希腊哲学家、军事家、文史学家，前427—前355）说："公牛是献给朱庇特（Jupiter）的，马是献给太阳神的。"

No.4和5：似乎是来进献礼物的外国人。他们的鞋头翻卷，型制与土耳其和波斯现今仍在使用的型制相仿。

No.6：头戴锥形冠和王冠的国王。

No.7和8：手持国王权杖和弓的宦官。紧随其后的No.8是带双翼的神，在亚述的雕塑中常见，其属性尚不为人知。

No.9和10：猎狮和虎的马车。No.10尤其像埃及的战车。

13. 希伯来人——神职服装

普通祭司的服装由四部分组成：短衬裤（michnasaïm）、丘尼卡祭服（chethoneth）、腰带（abnet）和高帽（migbaah）。丘尼卡祭服的构造比较特别，很可能是小方格子的，带袖，贴身，长至脚踝。它是一整件衣服，从双肩的开口穿入并系带固定。有些拉比认为袖子是单独织造后缝上去的。腰带有三指到四指宽，长三十二肘尺（coudées，约等于0.5米），在腰上缠绕二至三圈，最后在身前系扣，末端垂至脚面。当祭司做祭礼时会将腰带的末端甩至左肩之上。

除了这些服装以外，大祭司还要再穿上：(1)一件紫色无袖的外袍（meil），比丘尼卡祭服还要宽大，只在头颈和胳膊处开口，下摆悬挂着颜色不一的石榴状饰物和金铃，因此在其进出圣所之时会有铃音相伴。(2)一件以亚麻布、金线、绛红色线、紫色线和深红色线编织而成的以弗得法衣（éphod）。它由两部分组成，一块挂于前胸，一块挂于后背，在肩膀处以两个肩带或者搭扣相连，每一部分都镶嵌着一块宝石，其上刻着犹太十二个支派的名字，按照出生先后顺序，六个在左边，六个在右边。法衣的边缘由一条绳带交叉固定。(3)胸章(hoschen)，与法衣相同的材质，像个袋子一样被用金环和紫色的绳子与法衣的前襟相连接，双层，方形，长宽均有一掌，其上十二颗种类不同的宝石镶嵌于金底之上，每三个一排，上刻十二个支派的名字。这与古埃及大祭司所佩戴的饰物相似。(4)一条包金头巾（misnépheth），与国王和显贵人士所佩戴的一样，也就是摩西所说的“圣冠”（le diadème saint）。

希伯来祭司从来不穿凉鞋。虽然希罗多德说古埃及祭司穿凉鞋，但是在所有关于祭礼的雕像上，他们都是赤脚的。

希伯来人留着自然的长发，而祭司每隔十五天剪一次头发，以符合祭礼所需。

No.13和14：大祭司的以弗得法衣和胸章。

No.1、2、11和12：大祭司的头饰。

No.10：大祭司的外袍。

No.3—7：大祭司外袍上的石榴状饰物和金铃。

No.13、14、16和17：利未人（lévites）的服装。他们在穿圣装时首先要穿的就是这种亚麻衬裤。

No.19：紧身长服（koutonets）。

No.15—17：腰带。

HEBRAIE
HEBRAIQUE
HEBRAISCH
1
2
3
4
5
6
7
8
9
10
11
12
13
14
15
16
17
18
19
20
21
Waret del.
Imp. Firmin Didot et Cie. Paris.
GK

13. 希伯来人——神职服装

弗里吉亚人、波斯人、帕尔特人（14）

14. 波斯和小亚细亚的服装、家具、弗里吉亚软帽、女战士

奥古斯都（Auguste）时代的拉丁诗人对帕尔特人、波斯人和米底人不做区分，在他们眼中，这些先后成为占领者和被占领者的族群是拥有同样习俗的一个民族。

No.1、23、24：女战士并不总是以袒露右胸，手持双刃斧的形象示人，她们也不总是带着皮制头盔。

No.2：蝇拂。

No.3：女性服装残片。

No.4 和 13：御座。

No.5 和 6：帕尔特人。偏女性化的发型模仿自米底人和波斯人。翻卷的王冠是弗里吉亚式的。

No.7：弗里吉亚人或更像是亚美尼亚人。

No.8：帕里斯（Pâris）画像，出自赫库兰尼姆古城（Herculanum，与庞贝古城一起，于公元 79 年被维苏威火山爆发所造成的火山灰掩埋，1738 年被发掘）。

No.9：亚美尼亚锥形冠及弓箭。

No.10 和 19：波斯人。

No.11 和 25：主教冠和弗吉尼亚软帽。

No.12：亚美尼亚国王提格兰（Tigrane）。

No.14：锥形冠和帕尔特人的普通武器——弓箭。

No.15：鞋。

No.16：锥形冠。

No.17：罗马帝国后期时代的波斯国王。

No.18：弗里吉亚式头饰。

No.20：帕尔塔玛斯帕特（Parthamaspare）帕尔特国王（或安息国王）。

No.21：弗吉尼亚牧羊人。

No.22：亚美尼亚俘虏。

No.26：巴尔米拉青年（palmyrénien）。

No.27：巴克斯（Bacchus）。

14. 波斯和小亚细亚的服装、家具、弗里吉亚软帽、女战士

古希腊人（15–28）

15. 军装

研究古希腊的军装面临着一个困难，古希腊人在瓶饰上几乎总是仔细地描绘神和英雄人物，而由于那时的艺术家们偏爱展示裸体和面孔，因此在他们的作品中，尽管展示了部分军官的铠甲，却没有通用的整体军装的展示。但是幸好，军官的铠甲相对于士兵的装备而言通常更加精致和华贵，也更容易保存至今，而它们的功用与士兵的没有太大区别。因此，考虑到不同年龄的军人所使用的武器材质，考虑到生产的进步和战争的特点以及当时的军事和战术习俗，尽管我们没有掌握绝对的细节，依然还是能够推测出那个时代的军装的整体外观。

的确，荷马时代的希腊人已经拥有了镶嵌金银的精美青铜武器以及极少的铁具，但是那时的希腊人其实离野蛮状态并不太遥远，他们通常以皮制护甲为防护，以大头棒做进攻武器。甚至在他们的联盟部族当中，有些勇士拒绝使用除大头棒以外的武器，宁愿使用大头棒来击碎敌人的护甲，也不愿意使用刀剑类武器。这些原始勇士身穿各种兽皮，将兽鼻顶在头顶，兽足结于胸前，其余部分披在身后，形象怪诞，再加手持大头棒，足以给敌人造成恐怖的印象。

出于同样的目的，头盔也是如此设计的，除了减缓打击所造成的伤害以外，其上还竖起了可以活动的鬃毛，并将其染成耀眼的红色、黑色或者像阿喀琉斯的头盔上所佩戴的金色。在这些花招以外，似乎还有一个用来欺骗敌人的套路就是蜷缩在盾牌之后，以掩盖自己的真实身材。头盔上带有视孔的伪装凸出前脸，使我们想起了新喀里多尼亚人（Néo-Calédonien）的计谋，他们将一张人脸挂在头上，并将自己的脸和真正目光隐藏在长发和黑色长毛之中。

通常，在混乱的战场之中，对于单打独斗的战士而言，那些持有同样武器的人，不管是战车上的还是步行的，都会想尽一切办法来使敌人气馁并击中对方。战斗是残酷的，他们只会为获得奴隶或者索要赎金才留下俘虏的命。不过，他们还是尊重死人的。将赫克特(Hector，特洛伊王子，帕里斯的哥哥，被阿喀琉斯所杀）的尸体拖在战车后，并拒绝交还其残躯的做法只是个别情况。通常，敌我双方会暂时停战，以找回并掩埋各自的阵亡者。

士兵们没有薪资，而是靠剥夺死人财物和抢劫。一座被攻占的城市将会被焚毁。战利品都上交给军队首领，由他进行分配。战俘除留作奴隶的以外都被处死。

在古希腊的英雄时代，他们的军队还是以步兵为主，所谓的骑兵似乎只是在战车之上，虽然应该也有骑马的，但是在公元前 743 年麦西尼（Messène）

战争之前都没有确切的历史记载。只是很久之后，到了罗马人的时代，才有了重骑兵和轻骑兵的区别。古希腊的军队极有可能与古埃及的军队类似，由步兵和战车组成，其战斗序列大概也差不多。也就是说，战车排列于前后左右四方，中间是重步兵；轻型部队列于阵前，用于冲锋和临时支援遭受威胁的方位。

军队的指挥主要靠高喊、号声、击打盾牌声，或者身体的姿势、手持剑或长矛的手势来传达。在混战当中，或者由于距离遥远，他们就使用木质或含有沥青的材料来点火传递信号。这就是那个时代的“电报”系统。

旗号升起（或是固定在长矛上的盾牌、头盔或护甲）是进攻的信号；降下是撤退的信号。行军的时候，步兵们统一将长矛竖起靠在右肩，并高唱“潘之赞歌”（Pœan，潘是希腊神话中的牧神）以协调步伐；笛声是向敌人前进的信号；长矛垂直竖起是谈判的信号。

他们从不夜战，这种大家都默认的成规似乎与某些迷信的恐惧有关。

军人们随身携带几天的干粮，装在一种两头窄中间粗的柳条篓当中：其中有咸肉、奶酪、橄榄、洋葱等食物。

古希腊人没有整体的军装制服规定，各个城邦有各自的制服。我们只掌握部分信息，比如：斯巴达士兵身穿紫红色衣服，以掩饰流血的伤口。他们早期的头盔只是一种半圆的毡帽，因不足以防护箭矢而在后期进行了改良。马其顿人尽管装备比较沉重，但是丝毫不放弃他们防护效果并不佳的皮制头盔。

每个人都在自己的武器上标有个人的标记，此外还有他家乡的象征徽章。雅典人在其盾牌上画一只猫头鹰；迈锡尼（Mycènes）人画一头狮子；阿尔戈斯（Argos）人画一匹狼；马其顿人和色萨利人（Thessaliens）画一匹马；西西里人（Siciliens）画交叉三角形“Triquetra”，象征着西西里的三个海岬；科林斯人（Corinthe）画飞马；爱奥尼亚人（Ionien）画一条提洛岛（Délos）之蛇。所有斯巴达人的盾牌上部都有拉姆达“Λ”标识，下部有卡帕“K”标识。总体来说，所有人的盾牌上都有自己所属城邦的首字母。对于军事长官来说比较随意，色诺芬曾经装备着一面阿尔戈斯盾牌、一套雅典盔甲、一顶彼俄提亚（Béotie）头盔等等。

No.1：带护鼻和护耳的头盔。

No.2：轻装骑兵，身披克拉米斯短披风。战马的身上除了马衔以外几乎没有马具，马蹄也未上铁。

No.3：身穿星点无袖长衣的俄瑞斯忒斯（Oreste，希腊神话中阿伽门农之子）。

No.4：弓箭手，属于轻装游击部队，配备有轻盾、投掷标枪、弓箭、弹弓，甚至投掷尖石，主要用于骚扰敌人。

No.5：此英雄身穿绗缝亚麻布制护甲，外以金属片加固。

No.6 和 17：头盔的护耳掀起，其以一种合页固定，也起帽带的作用。

No.7：弗里吉亚式头盔。

No.9 和 11：古式木制剑和剑鞘。

No.16：身披三角形披肩“chlœne”的猎人。

No.18：重装步兵。重兵方阵由这些士兵组成，配有一根十二至十五法尺的长矛、佩短剑和厚盾，但是身上不穿金属甲胄，因为太耗费体力。图中戴有羽冠和金属甲胄的应该是名军官。

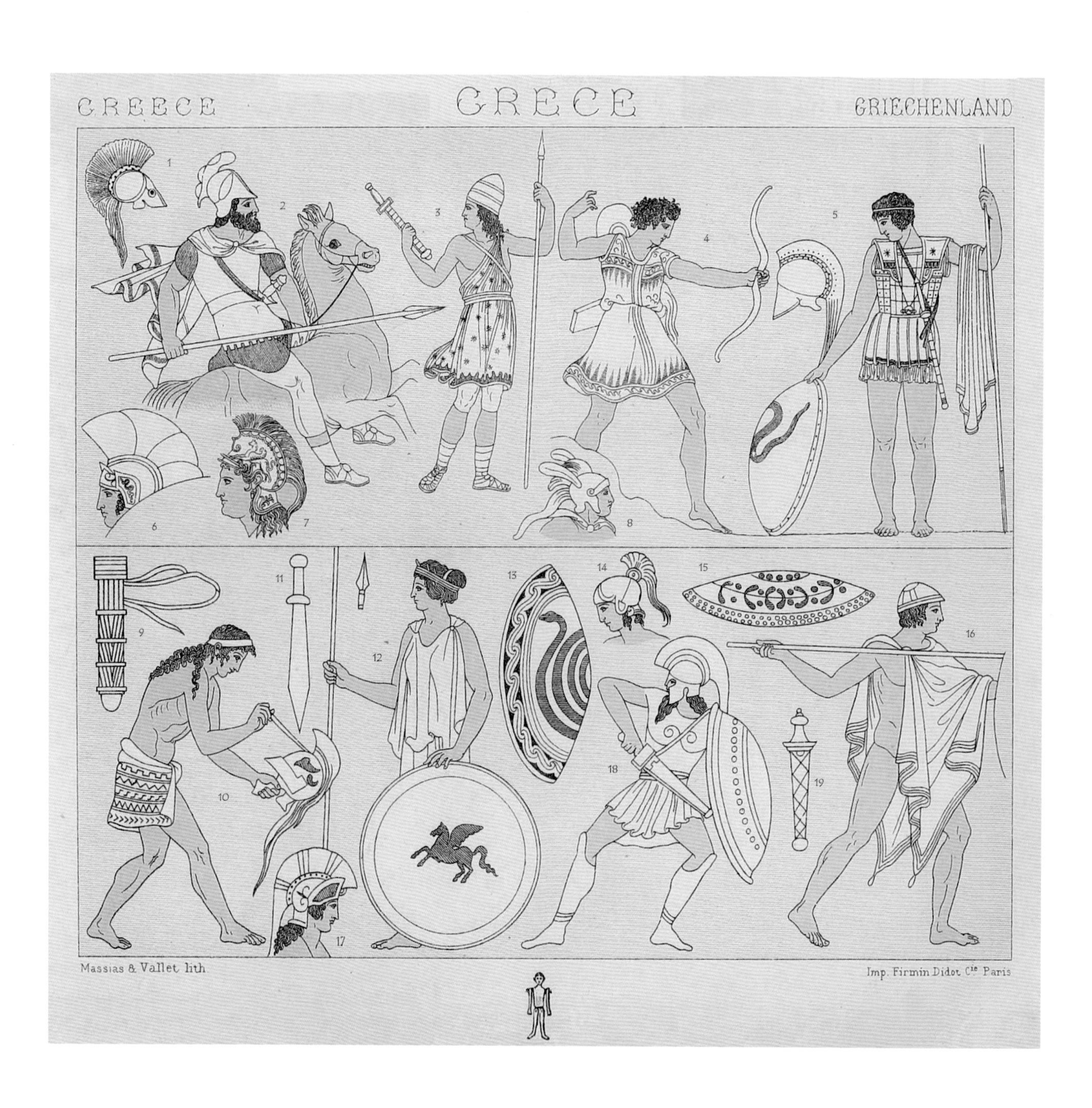
GREECE
GRECE
GRIECHENLAND
1
2
3
4
5
6
7
8
9
10
11
12
13
14
15
16
17
18
19
Massias & Vallet lith.
Imp. Firmin Didot Cie Paris

15. 军装

16. 军装、武器、战车、马具

No.1—6 和 12：希腊头盔。这几顶头盔都饰有鬃毛，没有羽毛，同时也都配有护颈。其中的No.1、4、5、6 和 12 是圆帽式的，而 No.2 和 3 配有彼俄提亚式固定面甲。

No.7—10：No.7 很轻便，只能上一个人，是用来赛跑的；No.9 是游行马车；No.8 和 10 是战车。

No.11、13 和 18：马笼头。

No.14：身穿行军服的希腊士兵。

No.15：全副武装的军官。他的那面挂有旗子的盾牌，可以用来插在长矛上发出战斗信号。他手持石块准备投掷，说明他仅是处于挑衅状态。

No.16：椭圆形豁口盾牌“Pelta”。木制或柳条编制，属于轻步兵使用的。

No.17：希腊重装步兵。其高高的盔顶冠饰属于伊特鲁里亚式。

16. 军装、武器、战车、马具

17. 服装、头盔

No.1 和 6:“Chloène” 披肩或克拉米斯短披风，其型制最早来自于色萨利（Thessalie）和马其顿，后在全希腊流行。

No.2：身穿“Pallium” 半圆形披风的妇女。

No.3：身穿“Podère” 罩袍的男人。

No.4：身穿“Strophion” 和“Zona” 两种外饰腰带的妇女。

No.5：身穿“Catastictos” 或“Zodiote” 的妇女，即一种多彩的仿豹纹斑点长裙。

No.7：身穿“Pallium” 半圆形披风的男人，即荷马史诗中的神和英雄所穿的法洛斯。

No.8、10、12、13、16 和 18：荷马史诗中的头盔。

No.11 和 22：出土于庞贝古城的青铜头盔。

No.14、17、19 和 21：形状各异的希腊头盔。

No.15：奥古斯都的一件战利品，出土于卡比托利欧山（Capitole）。

No.20:“墨涅拉俄斯”（Ménélas，希腊神话中的斯巴达国王）头盔。其面甲是活动的。

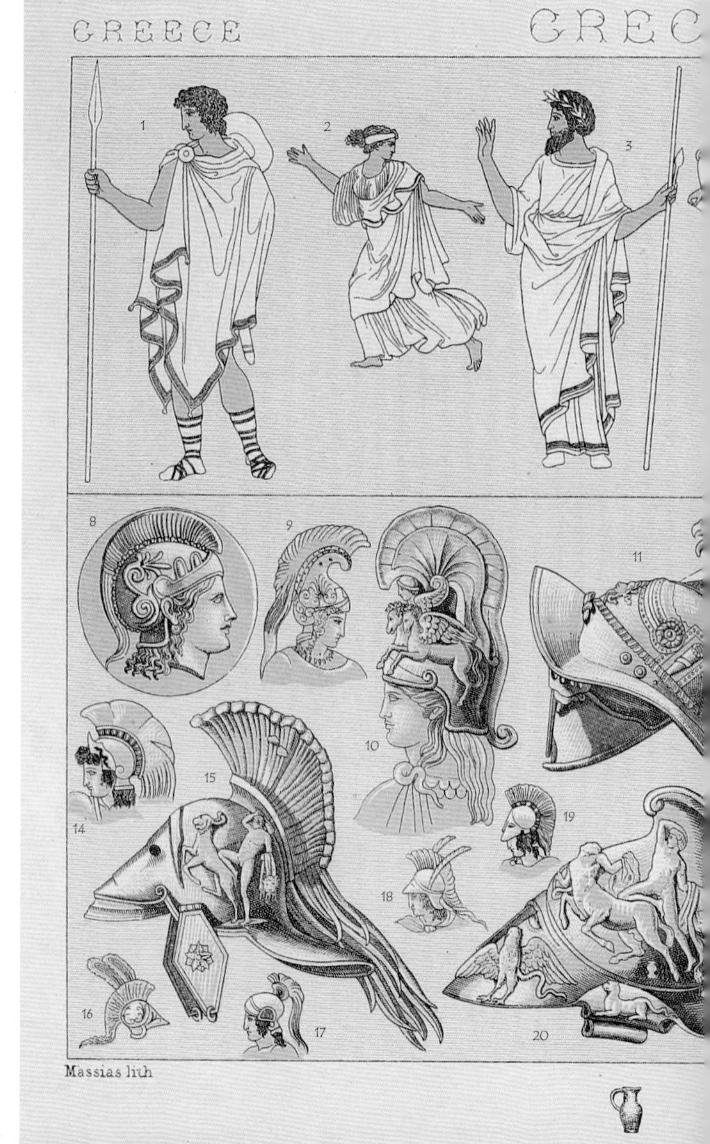

17. 服装、头盔

18. 女士用品、梳妆

在讲述古希腊妇女的梳妆之前，我们必须首先了解一下她们对身体的护理。除了每日的洗浴以外，她们还普遍在全身涂油或油膏。

梳妆的程序是先在一种常用的立脚盆中注入清水，如同 No.1、2 和 16 所示，随后再加入香水或膏剂。香水作为化妆品在古希腊已经相当普遍，各地都有生产，有伊利亚（Élis）或基齐库斯（Cyzique）的鸳尾花，法塞利斯（Phasélis）或那不勒斯（Naples）和卡普阿（Capoue）的玫瑰，奇里乞亚（Cilicie）和罗德岛（Rhodes）的藏红花，大数（Tarse）的甘松香，塞浦路斯和亚大米田（Adramyttium）的葡萄叶提取物，科斯岛（Cos）的墨角兰和苹果香水等等。

No.16、1 和 2、19 和 20，展示了梳妆的三个步骤。首先站立着洗头发，洗净昨日的铅华，随后染发、描眉。她们之所以仔细养护自己的头发，是因为古人认为头发除了装扮作用以外还附着有某种命运。情人之间也会用一缕头发作为爱情的信物。在 1878 年的世博会上展出的许多雕像上都有色彩的痕迹，证明铅红色是当时女士染发的流行色。

No.1 和 2，展示的是头发晾干之后的自然状态，可以进行烫发了。女仆在向洗浴水中加入一种新的膏剂，右臂上有烙痕或者画痕的夫人手中持有一面凸镜，或是一种皂角制品。

No.19 和 20，展示的是向头发上涂油的过程。

再下一步是更衣，服装的型制与英雄时代的类似。与亚洲有了接触之后，希腊人的服饰逐渐变得奢华了，尤其是在薛西斯（Xerxès，薛西斯一世，前 519—前 465，波斯国王）入侵之后。

No.9、11、12、13、18，是系在衣服外的带子或是发带。一共有三种带子，“strophion”是镶嵌有宝石的金带，系在女子的胸部之上；“zona”既宽又扁，系在腹部；第三种“anamaskhalister”不太常用，穿过腋下，系在肩头。

No.4、5 和 21：手持梳妆镜。

No.21：首饰盒。

No.6、7、8、10、14、15 和 22：古希腊和古罗马贵妇使用的掌扇“flabellum”。

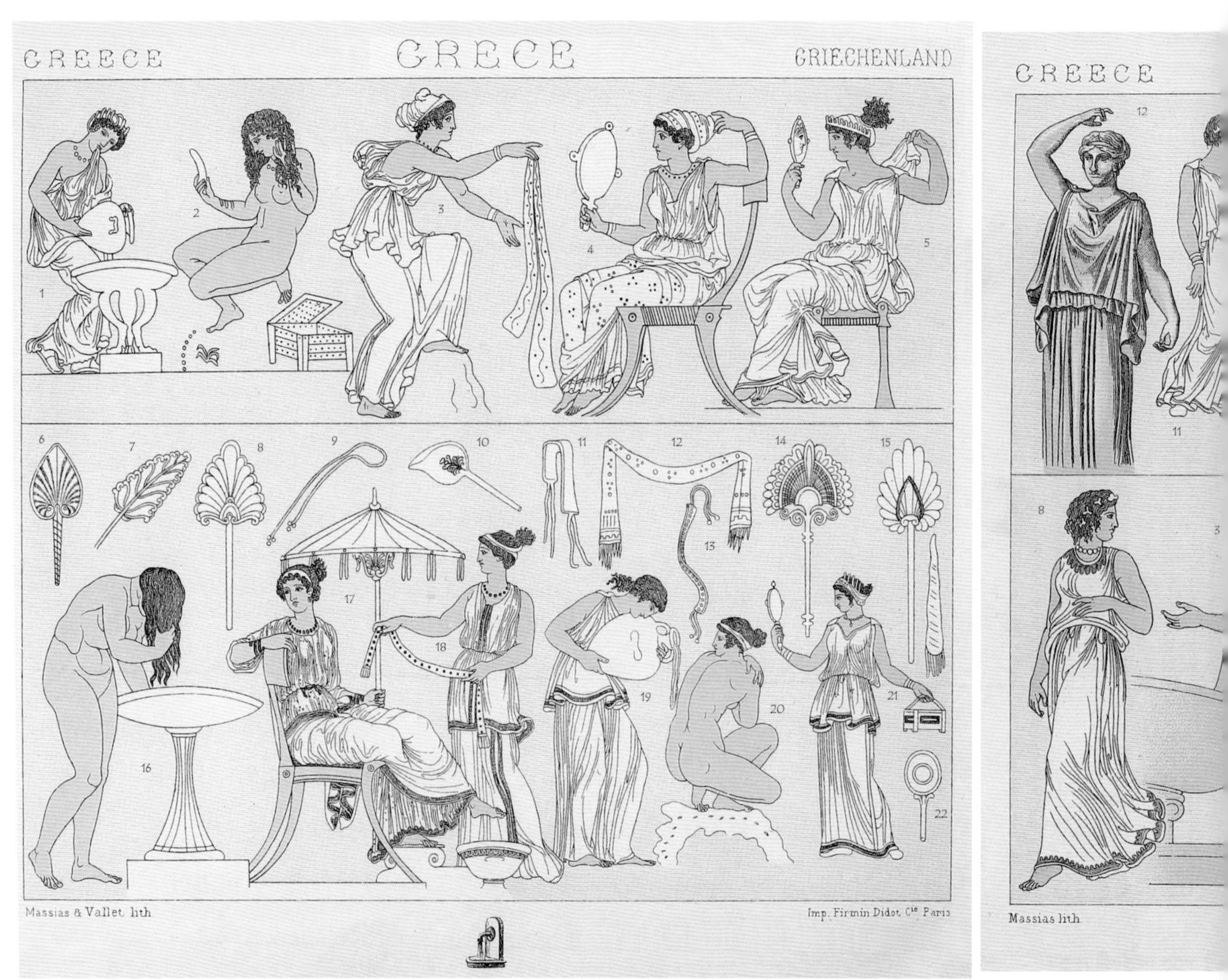

18. 女士用品、梳妆

古希腊妇女所穿的衣服都不是前开襟的，也丝毫体现不出她们的身材，除非系上腰带才能略有显现；这些服装也没有剪裁版型。最基本的服装就是希顿（chitôn），即亚麻或羊毛制的袍子。

在清洗了身体，固定了发型之后，希腊妇女会在身上洒香水，随后穿上在亚里士多德时代称之为“apodesme”的胸带，见图 No.1 和 2。通常情况下，她们会在紧身衬衣之外戴“strophion”胸带，见图 No.3 和 4。

袍子（tunique）有许多种：

第一类如 No.5，窄袖无腰带长袍为爱奥尼亚式（ionienne），源自亚洲。这是一种全封闭式的罩袍，只在头部开口，袖子可长可短，可宽可窄。

第二类如 No.6—8：无袖短袍，同样只在头部开口。

第三类垂褶式袍子，在肩部用别针相扣，形式多样，有长有短。

No.9 和 10：“palla” 礼服袍是用一整块长方形料子制作的，经过折叠后在上半身形成双层式样。

No.11 和 12：简化的“palla”。

No.13：羊毛制多利亚式（dorienne）长裙。

20. 女装

长期以来，人们一直混淆了“palla”与“pallium”，而将它们统称为“péplon”。拉丁人还用“tunico-pallium”来指称“palla”，因为其综合了长衣和披风的双重特点。然而“pallium”是穿在最外面的衣服，而我们在许多图中看到，“palla”除了在双肩处固定外，人的臂膀是裸露的，它主要是女用的服装。No.1、4、6 和 14 展示了其几种不同的变种。

No.8 是“chlamydion”，即“chlamyde”的缩减版。

No.7 和 11 展示了身穿“Chloène”披肩的女性。它们通常是用保暖材质制造的，可以用来遮风挡雨，或以它充当床单或被单使用。

No.2、7 和 11 是两性都可以穿的“tunica talaris”长袍，宽大的袖子可长可短，以亚麻制造，据说是从爱奥尼亚流行到雅典的。

No.9：多利亚式长裙“poderedorienne”。这件裙子是用透明材质的衣料制成的，其上缀有刺绣图案，因此又被称为“paryphès”。同样刺绣的轻披肩即为法洛斯（pharos），是富人穿的。

No.6：小披风。

No.12：无袖长裙，在体侧开襟。

No.15：简化版希顿。

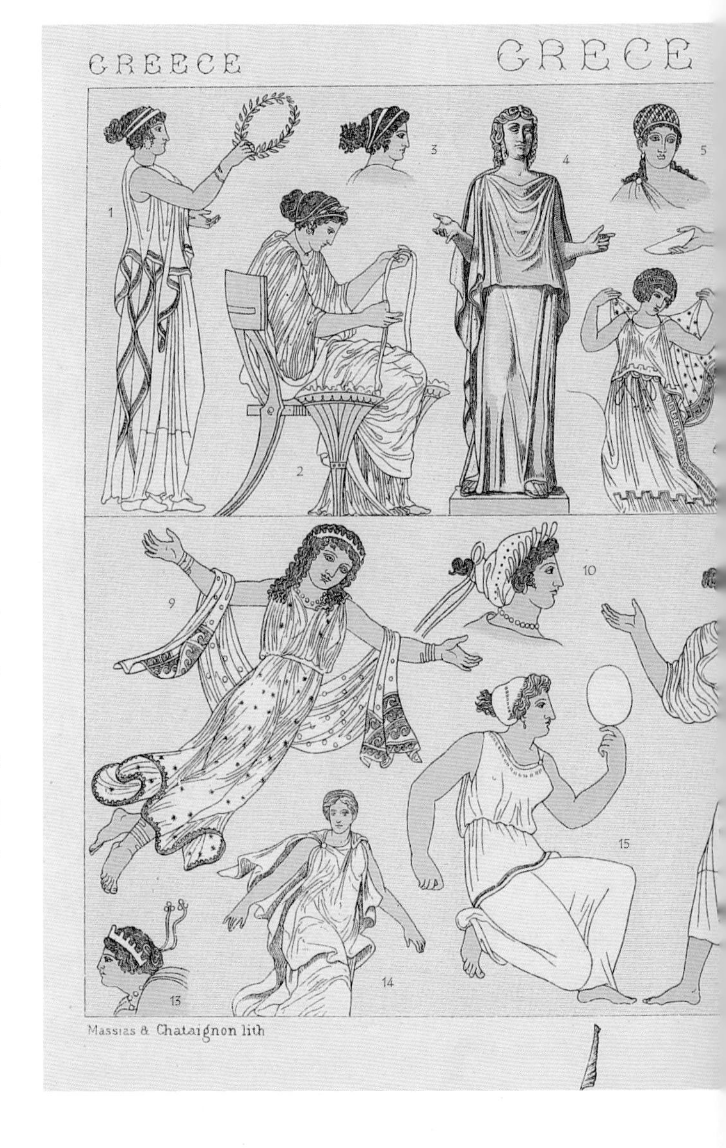

20. 女装

21. 古代发型

古希腊妇女在发型上有多种花样，除了在悲伤和服丧期间会将头发剪得很短以外，她们通常都保留着浓密的头发。各色的头巾、头带、黄金、宝石、花朵和香水都是她们用来点缀发型的东西，她们也染发、烫发或戴假发。

青年男女保留自己的头发直至青春期结束，随后将其献给神祇。通常，未婚女子将头发在额头分开并在头顶结发髻；而已婚妇女是在头后结发髻或结辫子。

No.2：由头带固定的发型，其头发是烫过的。

No.14 是原始的束发带图样，而 No.4、6、8、17、21、22、23 展示的是同时戴前后两条束发带的式样。No.13、25 和 26 展示的是在做发型之前为了保持头发整洁而使用的膀胱制发囊“vesica”。

No.20：男女通用的尖顶圆软帽“mitella”，与“vesica”发囊不同。

No.16：囊袋式风帽。

No.9：用来遮阳挡雨的佩塔索斯（pétase）毡帽。

No.5：带有盘头辫的发型，称作“hypospeiron et speira”。

No.24：此发饰如今在希腊乡村尚能见到。农妇没有财力使用西昆金币（sequins）来做头饰，只能以德拉马克银币（drachmes）来代替。

No.12：这顶冠冕发饰与王冠类似，不总是用金属制作的。

No.27、28：头巾。

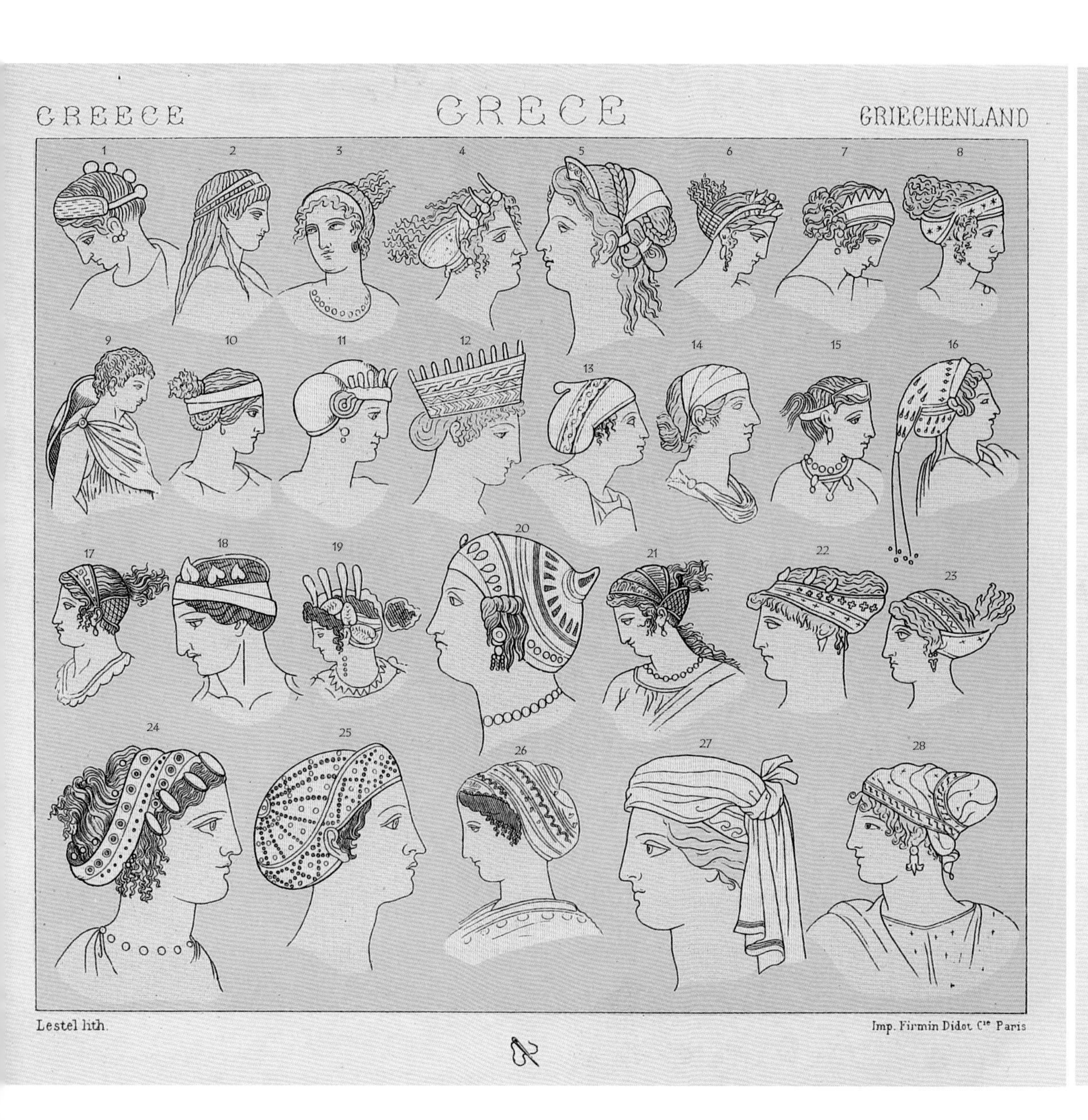
GREECE
GRECE
GRIECHENLAND
Lestel lith.
Imp. Firmin Didot Cie Paris

GREECE
Massias lith.

21. 古代发型

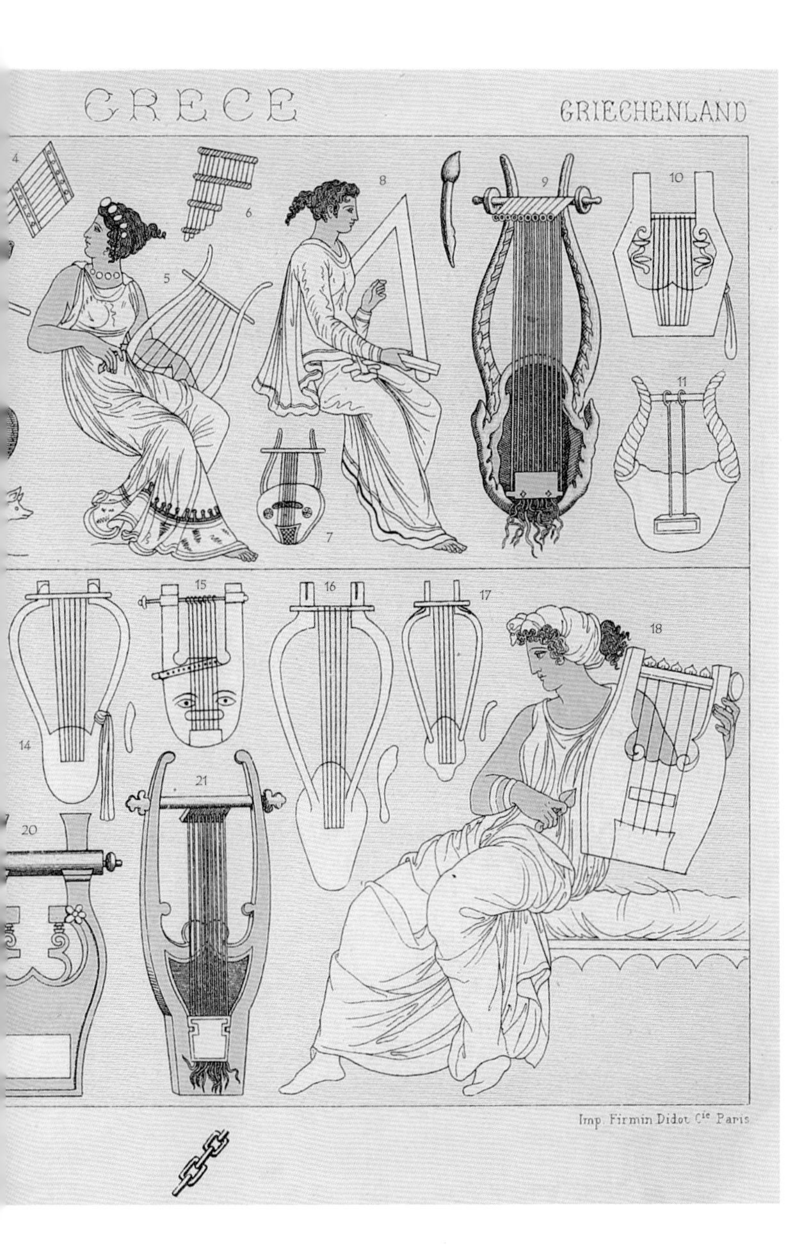

No.1：里拉竖琴及其共鸣板。

No.2：边走边吹双管笛的流浪音乐家和舞蹈家，就像中世纪的行吟诗人一样，他们以竖琴伴奏，传承着自编自演的诗歌。

No.3：齐特琴。

No.4 和 6：牧神潘发明的排箫，通常有七根芦管，但是图中的分别有八根和十一根管。

No.5：原始的鲁特诗琴。

No.7：里拉竖琴。

No.8：三角琴或竖琴都属于三角琴系列。

No.9：形状特殊的里拉竖琴，取自于赫库兰尼姆古城的壁画。

No.10：里拉竖琴。

No.11：二弦里拉竖琴。

No.12：正在收紧竖琴琴弦的女人。

No.13、18：女琴师。

No.14：里拉竖琴。

No.15—17：里拉竖琴和拨子。

No.19—21：不同式样的竖琴。

22. 乐器

23. 餐饮和宴会的家具、器皿

古希腊人的正餐只在晚上举行，而且必须事先以一部分酒肉向神祇献上祭礼。第一个祭礼是献给维斯塔女神的（Vesta，希腊神话中的灶神）。宾主们围坐在长方形木制桌案的两边，地位高的人配有垫脚，尊位处于桌案的其中一头；习俗要求必须净手和净面才能入席。古希腊人直接用手抓取食物进食，桌上只有一只汤勺和一只酒舀。在那个时代，人们沐浴后斜靠在餐床上吃饭。晚餐通常包含三道菜：（1）蔬菜、菜花、牡蛎、鸡蛋和蜜酒；（2）禽类、野味、鱼；（3）甜点和水果。

餐床来自于东方，但是没人知道具体是什么时候它们才被引入到希腊。我们所能确定的是，早在亚里士多德的时代就已经被广泛使用了。通常，家中安置三张餐床，分别位于长方形餐桌的三个方位，每张餐床最多可以坐三至五人。这就是古罗马人的餐厅之名“triclinium”的由来。宾客们斜坐于餐床之上，之间由靠垫间隔。

妇女们通常只在节日才被允许参加宴会。所有人都穿白色的衣服，因为白色被认为是代表快乐和喜悦的颜色。

在上第三道菜即甜点的时候，他们会引入乐师、舞女或小丑来增添娱乐气氛。

No.1：双耳酒樽。

No.2：坎达罗斯双耳酒杯（Kantharos）。

No.3：头戴常春藤冠，一手持大口酒杯，一手持来通角杯（rhytons）。早期的角杯是用动物角制作的，后来逐渐有了各种材质制作的。

No.4：手持盛有蜂巢的托盘和坎达罗斯双耳酒杯的希腊女人。

No.5：饮水罐。

No.6：双柄高脚宽口杯“Kylix”。

No.7：单柄酒罐“Capis”。

No.8：汲水瓶“Hydria”。

No.9：宽口杯。

No.10：餐床。

No.11—14：来通角杯，通常角尖处是开口的，可从下开口喝。

No.15、16：餐床上的男女。

No.17：女士们的宴会和娱乐“Acroama”。

No.18：储物瓶。

No.19：钱袋。

No.20、21：玻璃杯。

No.22：面包篮。

23. 餐饮和宴会的家具、器皿

24. 塔纳格拉和小亚细亚的小塑像

No.1：身穿白色希顿，外披蓝色佩普洛斯（Peplos）或希玛纯（Himation）罩袍的年轻女子。

塔纳格拉（Tanagra，希腊古城）陶俑展现的都是日常生活，而且大部分都是女陶俑。它们都属于陪葬品。这些陶俑身穿的衣服基本上以希顿或长衬裙为主。这是一种内衣，已婚妇女的款式更宽大些，而未婚女子的更贴身些。这也是妇女们在家中穿的衣服，为了外出，她们会再披上一件希玛纯罩袍。希玛纯是个统称，其包含佩普洛斯和卡利普特拉（calyptra）披肩纱，但无论何种材质，它们都是矩形的。

No.2：外披粉色希玛纯的塔纳格拉妇女。

No.3：身披粉色蓝边佩普洛斯的塔纳格拉女孩。

No.4：足踏红底黄皮鞋，身穿希玛纯的塔纳格拉女孩，其头戴的是色萨利式尖顶圆帽（causia）。

No.5：身穿佩普洛斯的女孩。

No.6：身披蓝色披风，裸露半身的塔纳格拉女孩。

No.7：头戴冠饰的塔纳格拉女孩。

No.8：拥抱在一起的两个女孩。

No.9：坐在椅子上，身披希玛纯的女孩。

No.10：头戴软帽，身披希顿和希玛纯的女孩。

No.11：塞浦路斯女神残片。

No.12：坐在岩石上，裸胸身披希玛纯的女孩。

No.13：身穿无袖希顿的彼俄提亚女孩。

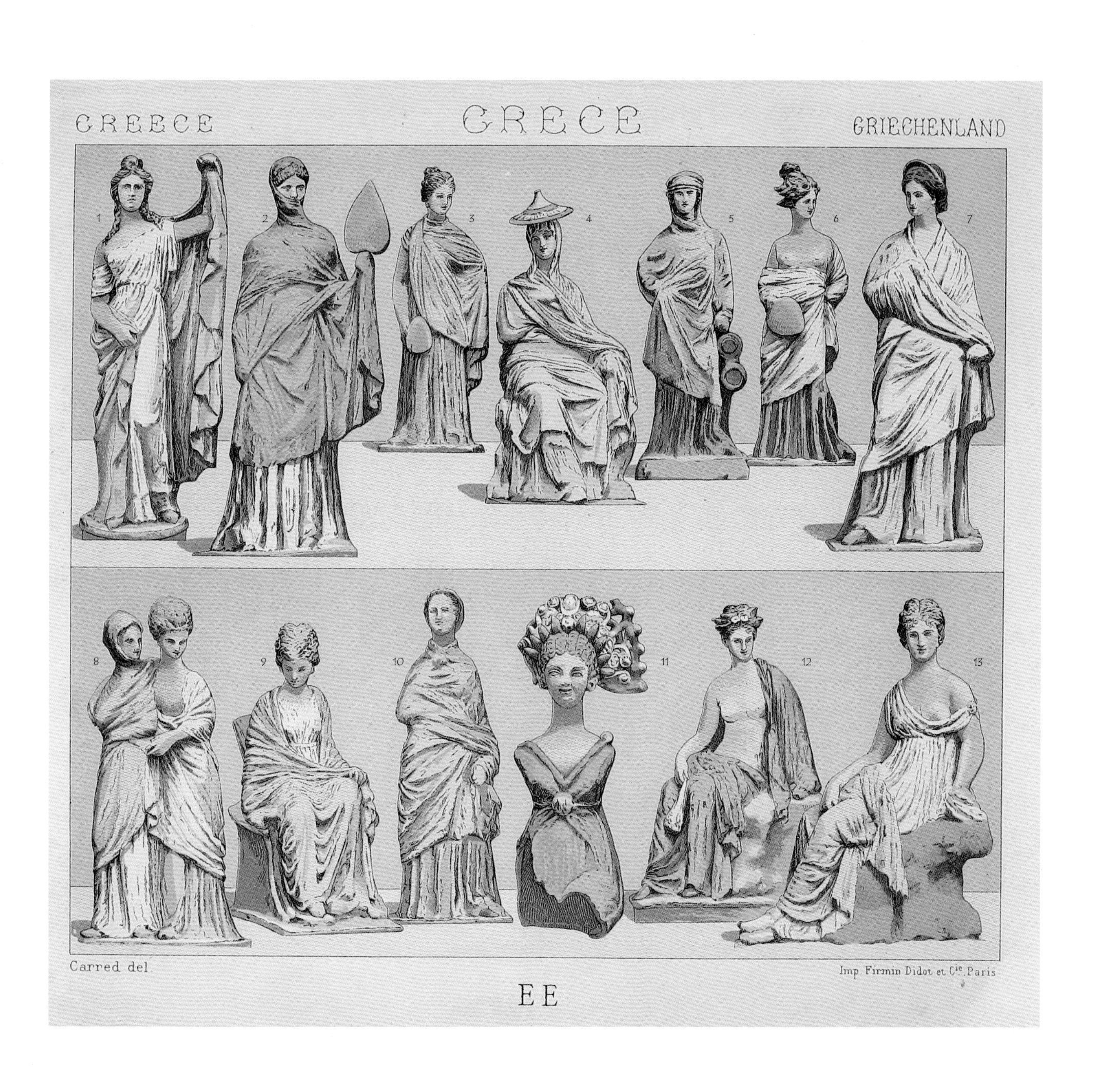

24. 塔纳格拉和小亚细亚的小塑像

25—26. 军官和士兵、重装步兵、轻步兵、骑兵、方阵兵等

No.18：战士，No.6和15展示的是其武器的细节。这是一名军官，其胸甲和肩甲是由皮绳连接的青铜甲片所组成，下坠皮条；胸甲的内衬是羊毛制短袖上衣，以避免妨碍手臂的动作；No.26是其佩剑，象牙制剑柄；青铜护胫；No.6是尖头铁斧；圆形凸顶盾牌是由双层木板制成，外蒙一层青铜皮，No.48、32和12展示了其手持方式；军官的头盔是英雄时代的风格，No.5和55也是同一类型。

No.10：重装步兵。青铜头盔及护颈，青铜甲胄及盾牌。希腊短剑属于攻击武器，青铜柄，铁刃，以肩带悬挂于胯部；No.29失去冠羽意味着战败。

No.1和16：当战士失去盾牌时，以披风裹在左臂上当做盾牌使用。

No.21和22：展示了重装步兵的步伐。双足跳起的步兵或是为了跳过一个障碍物，或是以自己的重装压制敌人的方式。

No.50、34和49：轻步兵及其细节。希腊轻步兵是指手持“pelta”轻盾的士兵，他们身上不穿甲胄，只有毡制和皮制的防护服。

No.23、35和36：骑兵及其细节。古希腊人既没有马镫，也没有马鞍。骑兵身穿紧身皮甲，配以青铜护心镜；羊毛贴身上装有许多褶子，用以增加衣服的弹性。No.36展示了其鞋上的马刺。

No.39、28和38：方阵兵及其细节。头戴密涅瓦头盔，身穿青铜鳞甲，手持铁头长矛。

No.46和48：胜利的士兵。其长矛尖上挑着战败者的甲胄和腰带。

No.41、43和44：弓箭手。身穿皮甲，配有青铜护臂、护指和铁斧。

No.19：雅典娜，源自德累斯顿的塑像。

No.17：阿尔忒弥斯，又名赫库兰尼姆的狄安娜（Diane d’ Herculanum）。罗马人的狄安娜女神等同于古希腊人的阿尔忒弥斯女神。

No.40：用来搏斗的“cœstus”皮手套。

No.25和37：民用饰物，托勒密王朝时代的仿埃及饰品。

25—26. 军官和士兵、重装步兵、轻步兵、骑兵、方阵兵等

27—28. 雅典的富人庭院复原图（公元前 5 世纪）

复原图中的庭院风格属于希波战争（公元前 499 年至公元前 449 年）之后，伯罗奔尼撒战争（公元前 431 年至公元前 404 年）之前的那个时代。这是雅典的黄金时期，在伯里克利（Périclès，前 495—前 429）的领导下，雅典的文化艺术、建筑等都达到了一个顶峰。

相对于集会广场、角斗场和竞技场等公共建筑设施的气派，最富有的私人住宅从外观看也显得不太起眼，但是其奢华都藏于内部。

复原图中所展示的多立克柱式[1] 已然与爱奥尼亚柱式一起达到了其最优美的阶段，因为早期的多立克柱式更矮一些，其立柱的高度大约只是其直径的四倍多。

[1] 译注：爱奥尼亚柱式的特点是比较纤细秀美，又被称为女性柱，有柱基，柱身有 24 条凹槽，柱头有一对向下的涡卷装饰，其高度与直径之比为 8 ～ 9：1。

27—28. 雅典的富人庭院复原图（公元前 5 世纪）

伊特鲁里亚人和希腊-罗马人（29－33）

29. 军装、战车

No.1 和 5：亚马逊女战士。

No.2 和 3：阿喀琉斯；由奥托墨冬（Automédon）驾驭的战车以及蹬车的帕特罗克洛斯（Patrocle）。

No.4：珀尔修斯（Persée）。

No.6：伊里斯（Iris），众神的信使。

No.7、9、11 和 12：墨涅拉俄斯（Ménélas）；海伦（Hélène）；女孩。

No.8：吹双管笛的乐师。

No.10：墨丘利，众神的使者。

No.13：竞技场馆长。

No.14：头戴色雷斯尖顶帽的战士。

No.15：驷马战车。

No.16 和 18：男子发型。

No.17：冠羽优美的头盔。

No.19：头戴佩塔索斯宽边软帽的农民。

No.20：伊特鲁里亚战士。

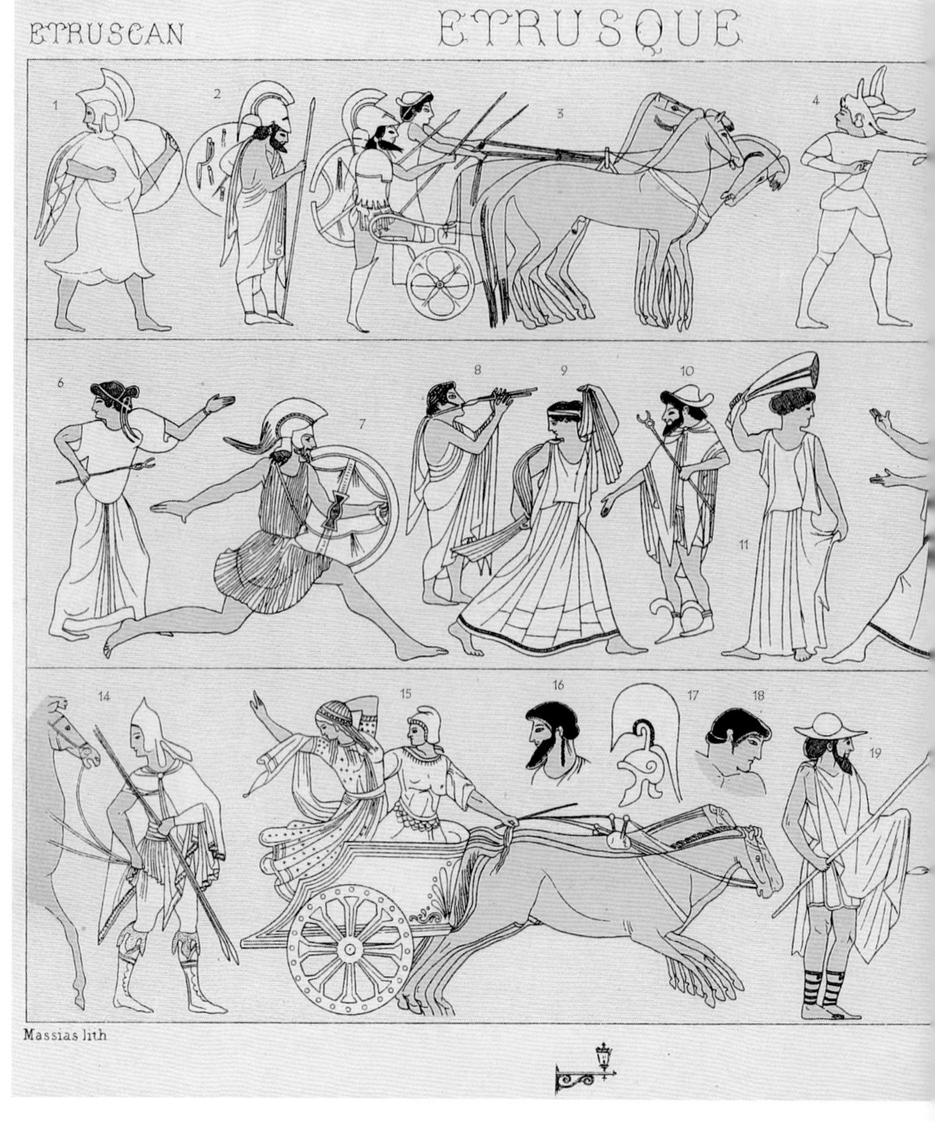

29. 军装、战车

30. 伊特鲁里亚

No.1：陶制驷马战车，抢夺海伦的场面。

No.2：缪斯女神（Muses）之一。

No.3—7：朱诺（Junon），伏尔甘（Vulcain），维纳斯（Vénus），玛尔斯（Mars），狄安娜（Diane）。

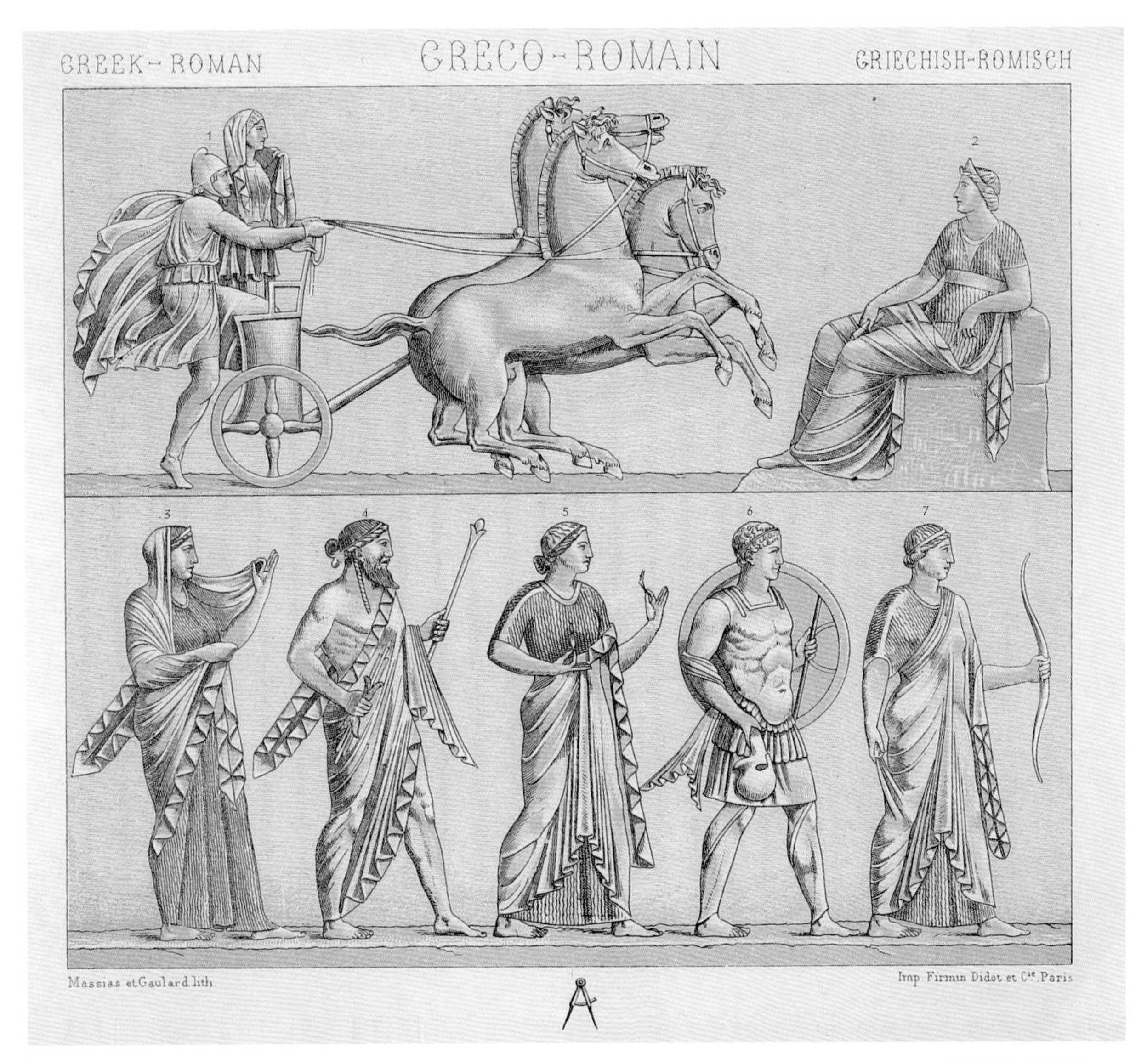

30. 伊特鲁里亚

31. 金银器、首饰

在古代，私人首饰既被视为装饰品又被视为护身符。

我们的博物馆中所收藏的大部分首饰都要么是陪葬品，要么是死者生前珍爱的物品。出于经济原因，许多陪葬品是用很薄的金属甚或陶器镀金而成的。

No.6：金制伊特鲁里亚陪葬冠饰。对于古希腊人和罗马人来说，金叶冠饰既是贵族妇女的饰物，也是授予军人军功表彰的奖品，当然也有给儿童戴的。最常见的叶片形状有蚕豆叶、橄榄叶、葡萄叶和桂树叶，也有时用它们组成一个金花环。此件为桂树叶片。

No.9、10、11、16、20、21、25、26、34：项链。“bulle”布拉项坠是圆形中空的，里面可以装入护身符。在古罗马人中，贵族出身的青年男子佩戴金制布拉项坠直至成年，也就是说十三至十四岁左右，他就可以穿托加（toga）外袍了；出身更低级的人只能佩戴皮制布拉项坠。项圈（torques）是男性饰物，参见No.57和68，这也是一种军功奖励。No.10是金制伊特鲁里亚式陪葬品。

No.27、33、38、40、43、46—51、54：耳坠。

No.8、32、37、42、44、53、59、60、67：指环。

No.35、39、57、64、65、68、71、76：手镯。

No.3、4、13、14、15、17、18、23、24、28、29、31：衿针。

No.5、12、19、22、41、63、69、72、74：发卡。

No.1、2、58、62、66、73：别针、皮带扣。

No.7、30、55、56、61、70、75、77：零部件。

GREEK-ROMAN
GRECO-ROMAIN
GRIECHISH-ROMISCH
Spiegel lith.
Imp. Firmin Didot et Cie. Paris

31. 金银器、首饰

32. 座椅

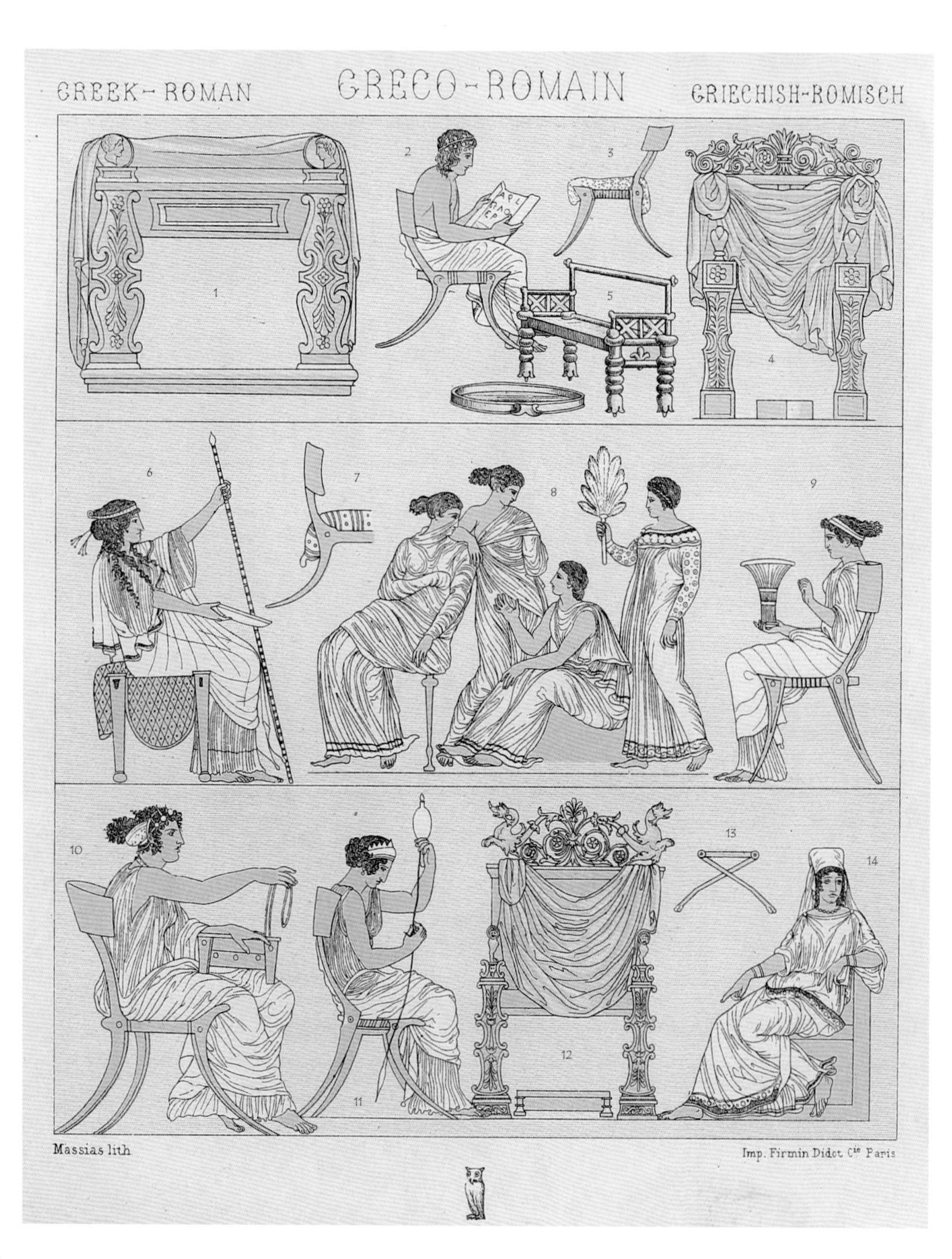

No.1：“Bisellium”，既无靠背又无扶手，但有坐垫的凳子，是古罗马人为地位尊贵之人，尤其是祭司所准备的坐凳，其型制来源于古希腊。

No.2、3、7、9、10和11：“Klismos”或“Clismos”，靠背椅。

No.4和12：宝座。对于古希腊人来说，不是只有国王才能拥有宝座，富贵之人都可以拥有它。

No.5：长椅。

No.6：身着爱奥尼亚服饰的朱诺坐于四脚凳上。

No.8：一组坐于矮凳的妇女。

No.13：“Diphros”，折叠凳。

No.14：直背椅。

32. 座椅

33. 庞贝式宅院

“多姆斯”（Domus）宅院是独家的住宅。“因苏拉”（Insula）是多个家庭共享的住宅。

33. 庞贝式宅院

罗马人（34–46）

34. 军团士兵

我们找不到古罗马共和时代的遗迹，只有帝国时代的服饰有迹可循。通过蒂托·李维（Tite-Live，前 59—17，古罗马历史学家）的著作，我们知道塞尔维乌斯·图利乌斯（Servius Tullius，？—前 534，罗马王政时代第六位君主）曾经为他的士兵配备了一顶头盔、一面盾牌、信号旗、青铜兵器和靴子。尽管当代的学者从中识别出了青铜时代的标志，但是我们还是不知道其演变过程。

加入古罗马军团的人必须首先是罗马公民。军团士兵的年龄自 17 岁至 46 岁。年轻人在没有宣誓之前不能参加战斗，也没有配备武器，身上只穿“campestre”短裤。

军团士兵的标准配置是：

羊毛制“subarmale”，即长至膝盖的长袍，或“tunicula”，即长至胯部的短袍；

“bracœ”“feminalia”或“femoralia”，即长至腿肚的紧身裤；

“caliga”，即皮制凉鞋；

“lorica”，即带有金属片的甲胄；

“cingulum”，即皮带；

“cassis”，即金属头盔；

“focale”，即领带；

“scutum”，即方形盾牌，或“pelta”椭圆形盾牌；

“gladius”，即双刃剑，挂在肩带上；

“clunaculum”，即匕首；

“hasta”，即标枪；

“sagum”，即羊毛披肩；

将军身披“paludamentum”战袍；

军官不佩戴肩带，他们的佩剑挂在腰带上。

军旗手手持军团的象征，鹰标旗。

ROMAN
ROMAIN
ROMISCH
Massias lith
Imp. Firmin Didot. Cie Paris

34. 军团士兵

35. 军旗

鹰，作为古罗马军团的军旗标志，是在马略（Gaius Marius，前 157—前 86，古罗马军事统帅和政治家，七次成为执政官，于前 107 年对罗马军队进行了重大改革）改革之后才确立的；而此前，军旗上的象征物曾经多种多样，有野猪、马、牛头怪、牝狼，等等。每个军团都有其专门的鹰旗，虽然每个军团中有几名旗手，但是只有主旗手“aquilifer”才能持鹰旗。鹰标是金、银或铜制的，大小如同一只鸽子，形象通常是展翅在闪电形标枪之上。在鹰标的下面，会点缀有不同的金属饰物，有圆雕饰、皇帝的半身像、军功章等，因此军旗相当沉重。

除了鹰标以外，每个军团盾牌上的标志也有区别。

每个军团有十个“cohorte”，即步兵大队，每个大队又分为三个“manipule”，即支队，都各有其标识（参见图 No.1、3、4、5、32、35）。这些军旗与鹰标军团旗一起被称为“signum”，即步兵军旗。步兵军旗的主色为红色。

“vexillum”是专属于骑兵的军旗，由一块长方形织物组成，上绣军团的名字、标志，以及百人队的编号。有时，“vexillum”军旗之上也会装饰有鹰标（见 No.7）。骑兵军旗的主色为蓝色。

“draco”龙旗起初是蛮族即达西亚人、斯基泰人和帕尔特人的旗帜，它们在图拉真（Trajan，53—117，战功卓著的罗马帝国皇帝）时期被引入到罗马军团当中，并逐渐成为了大队的队旗。龙旗由两部分组成：龙头由金属制成，银质或银质镀金；龙身由织物制造，染成紫红色。现代龙骑兵的称谓来源即可上溯至此龙旗标志。

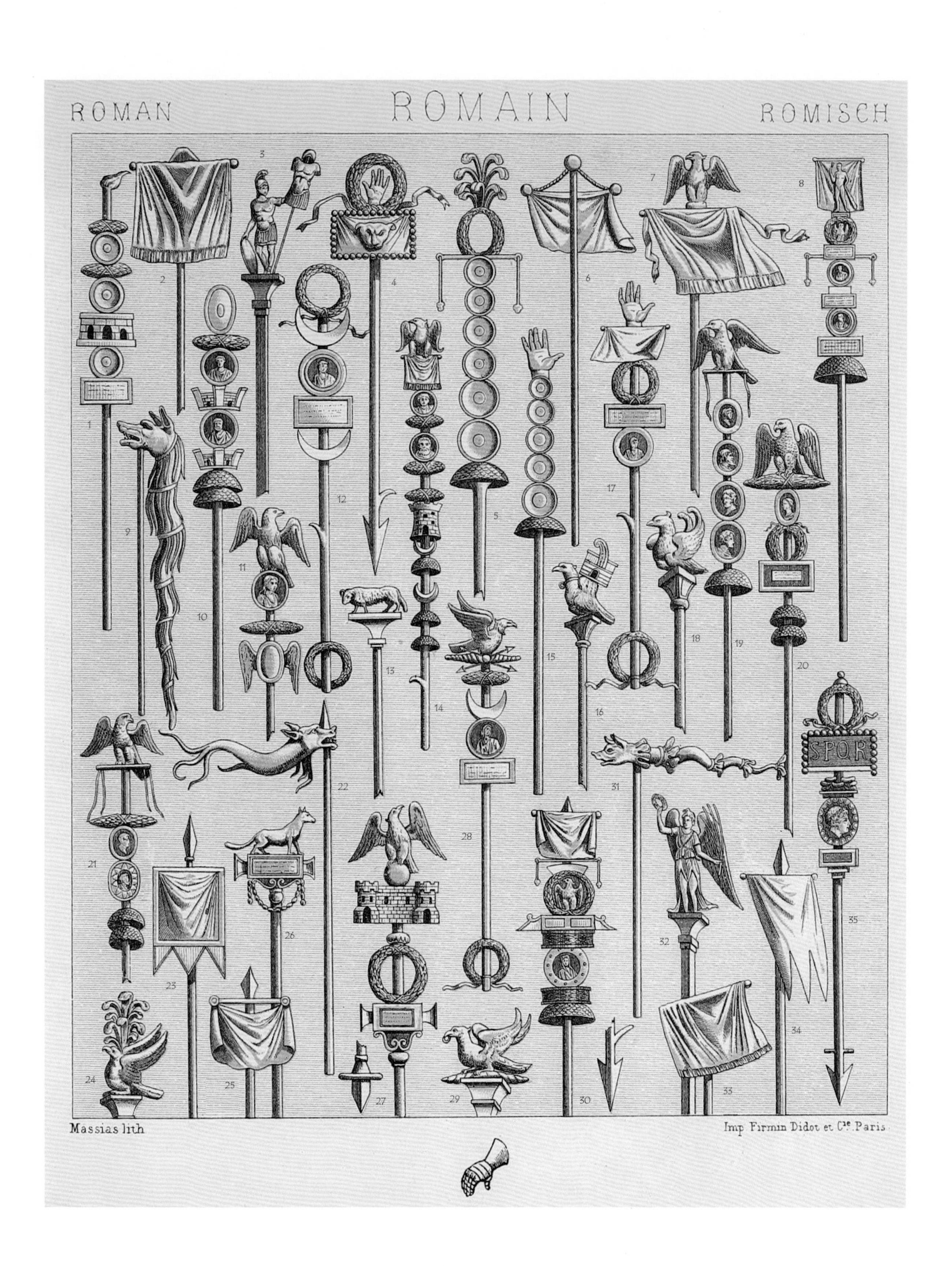
ROMAN
ROMAIN
ROMISCH
SPQR
Massias lith
Imp. Firmin Didot et Cie. Paris

35. 军旗

36—37. 共和国时代以来的军装和武器

No.1：古罗马士兵致敬的方式。

No.24："triaire" 或 "triarii"，即后备兵（又名三线兵）。此称谓要么是来自于其被安置的战斗序列，即第三线。他们重装配备，位列于青年兵（hastati）和壮年兵（principes）之后；要么是来自于其兵源，即罗马公民中的三个等级中的精兵。在共和国的后期，这种区分逐渐被取消，代之以大队的编制。

No.2 和 13：军团鹰标。为了区分不同的军团，它们的鹰标形态各有不同。

No.9 和 22：全副行囊的军团士兵，每个士兵自带炊具。马略改革后军团以大队划分，不再区分青年兵、壮年兵和后备兵。

No.33：帝国东方省份的军团士兵。

No.21：骑兵及装备。

No.8：百夫长，领导一个支队，地位仅次于千夫长。

No.10：莱茵军团的千夫长。一个军团通常有六名千夫长，受军团长指挥。

No.23：安敦宁王朝时代的恺撒大帝。在共和国时代，"大帝"（imperator）是给将军的称谓，而"恺撒大帝"（César imperator）是给皇帝的称谓。

No.30：旗手。自马略改革之后，每个大队都有一名旗手。

No.34：骑兵队旗手。

No.11：角斗士中的一类。这类角斗士早期都是高卢人，他们的主要对手是重装斗士（No.17）和网斗士（No.32）。

No.12：色雷斯式武装斗士，角斗士中的一类，手持"Sica"逆刃弯刀。

No.5、20 和 28：罗马女神像。

No.31：荷鲁斯铜像，约公元 350 年。

36—37. 共和国时代以来的军装和武器

38. 宗教仪式——祭祀

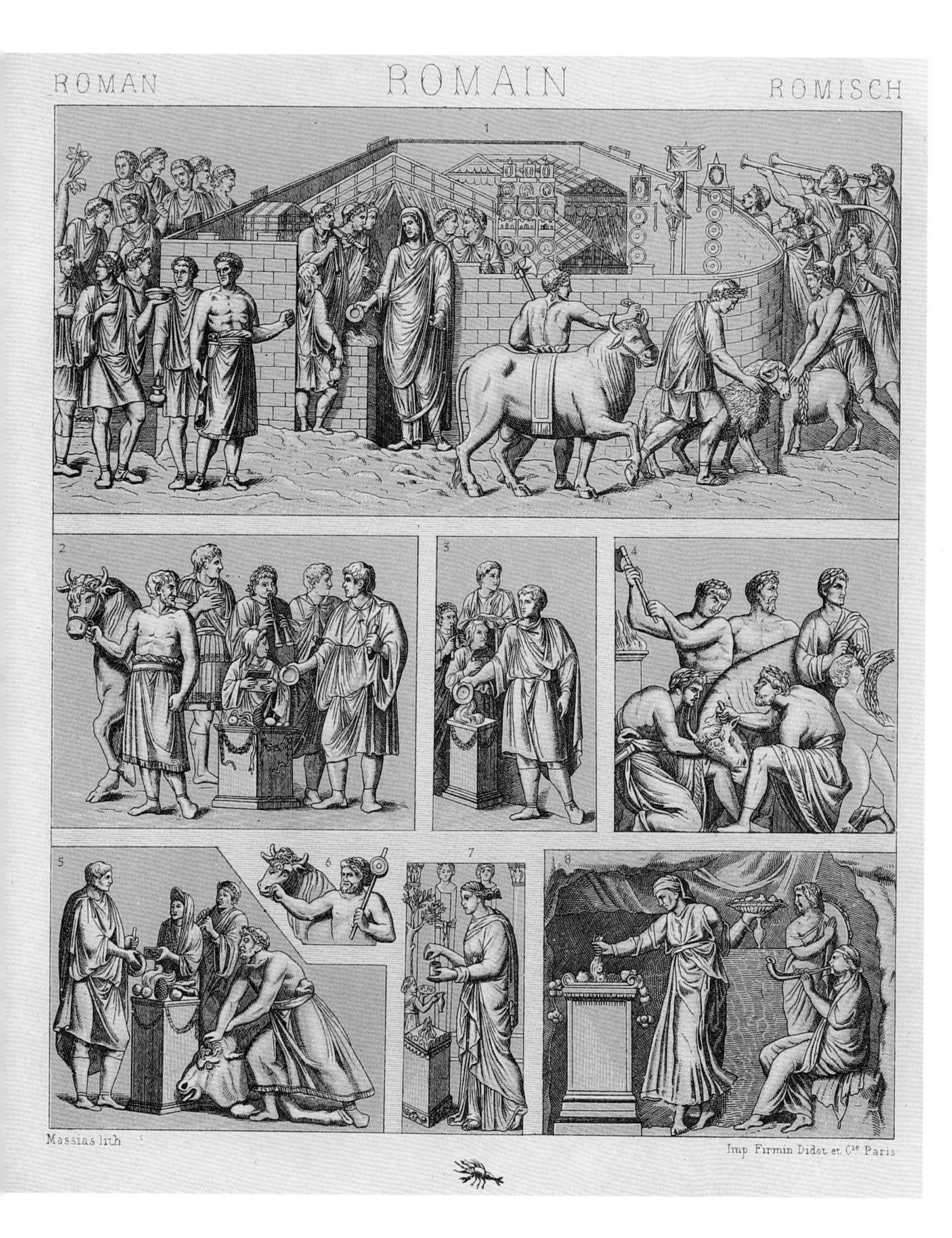

38. 宗教仪式——祭祀

No.1：献给战神玛尔斯以净化大地的祭祀。人们在牺牲三只雄性动物：公猪、公羊和公牛之前，先带领它们围着祭祀地点绕三圈。皇帝以主教的身份将一碗酒洒在祭台之火中，卡米卢斯（Camillius，约公元前 5 世纪至 4 世纪，著名的古罗马政治家和将领，被誉为罗马的第二位建立者）手持酒壶。

No.2：献给地母神库伯勒（Cybèle）的祭礼，牺牲品有一头公牛和水果。还是皇帝主持祭礼，卡米卢斯手持香盒。

No.3：图拉真皇帝在献祭。

No.4：宰杀牺牲品。

No.5：献给海神尼普顿（Neptune）的祭礼。与献给冥王普路托（Pluton）的一样，牺牲公牛是黑色的。

No.6：手持大锤的屠宰手。

No.7：献给商业神和众神使者墨丘利的祭礼，无牺牲品。

No.8：献给库伯勒或酒神巴克斯的祭礼。

39. 祭祀器具

A、B、C：三脚盆。以青铜、大理石或贵金属制作而成，型制来自于德尔斐神庙皮提亚女祭司（Pythie）的神圣三脚架。

D、E：香盒，通常以青铜制造。

F：香炉。

G：祭礼酒壶。

H：更加古老的祭礼酒壶。

I：圣水壶。

J、K、L、M、N、O：带柄或无柄的平底碗，用于盛放祭酒或者祭血。

P：占卜用鸡笼。

Q：长柄勺，用于取酒。

R：占卜棒。

S：洒水刷。

T：圆锤，用于屠宰牛牲。

U：宰牲刀。

V：铜斧。

X：割喉刀。

Y：叉及刮刀等。

Z：圆柄铁刃刀，其功能可能类似于屠夫的磨刀锉棒。

ZZ：小银勺。

39. 祭祀器具

40. 公民服装

古罗马的服装总是很庄严和庄重，尤其是带褶的长服，如托加长袍（toge）。女士们穿戴的帕拉长袍(palla)也是带褶的。托加长袍是公民专属的服装，没有罗马公民权的人无权穿它。白色托加长袍是高等级人士穿戴的，而手工业者和穷人则穿暗色和深色的托加；皇帝的托加是紫红色的。

早期的托加与古希腊的“pallium”披风类似，但是无搭扣固定。斯托拉（stola）是典型的罗马女式长裙，由一条胸带和一条腰带固定，并在两条带子之间形成多重无规则的小褶皱。

40. 公民服装

No.1：平民的装束，帕拉长袍的尺寸相对并不宽大，褶皱也不多。

No.3：身穿托加长袍，头戴花冠的皇帝。

No.4：出身高贵的年轻女子，可见到斯托拉长裙和帕拉长袍的搭配。

No.7：一件大理石雕像的展示图，处于坐姿的贵妇身披宽大的帕拉长袍。

No.8：身披帕拉长袍的浦狄喀提亚（Pudicitia，古罗马执掌贞洁的神祇）。

No.9：身披宽大帕拉长袍的卡利俄佩（Calliope，古希腊神话中掌管英雄史诗的缪斯，九位缪斯中的最年长者）。

No.12：身披帕拉的女预言师。

希腊式发型：No.1、2、8、9、20、21、22。
罗马式发型：No.3—7、10—19、23。

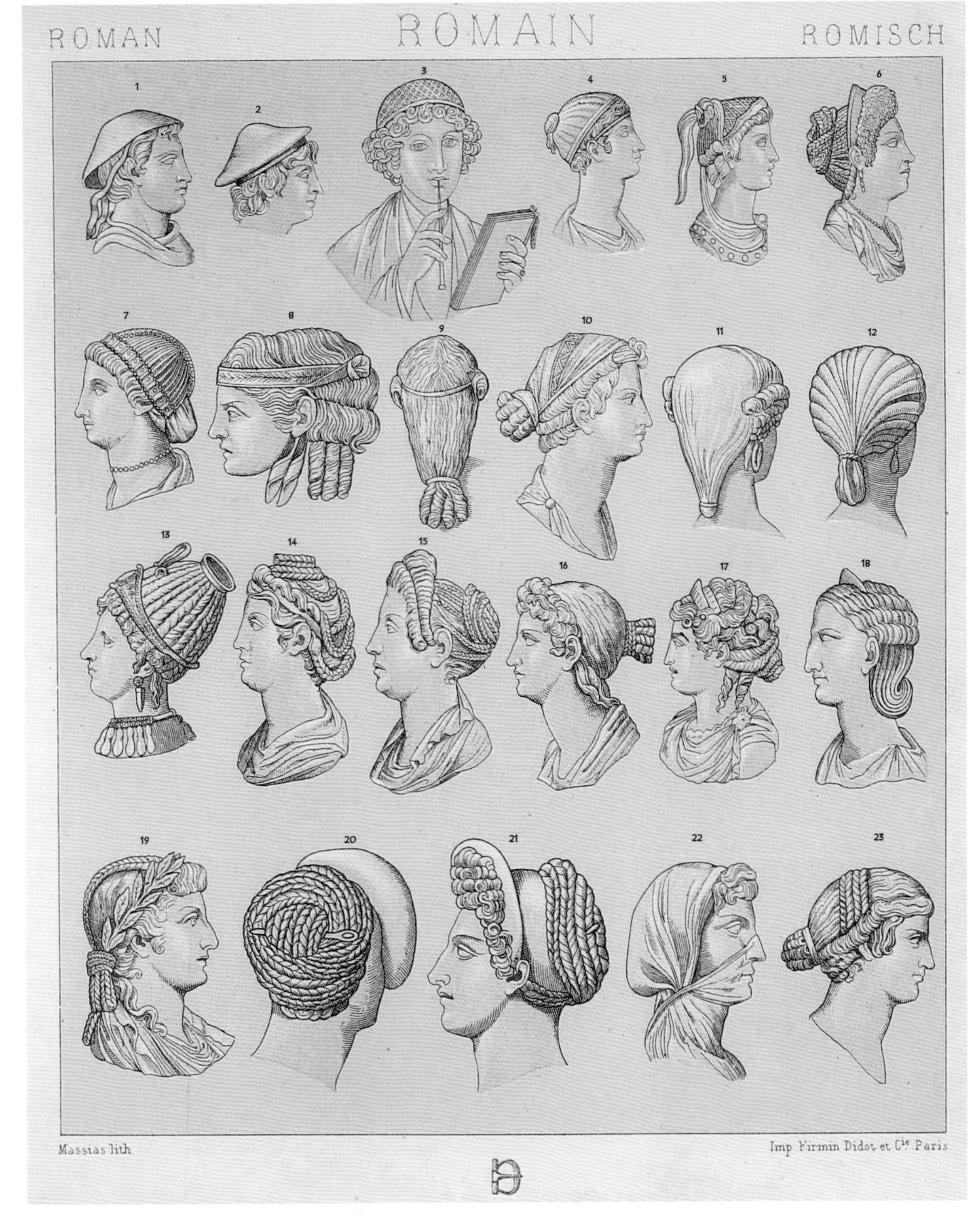

41. 发型

42. 护身符

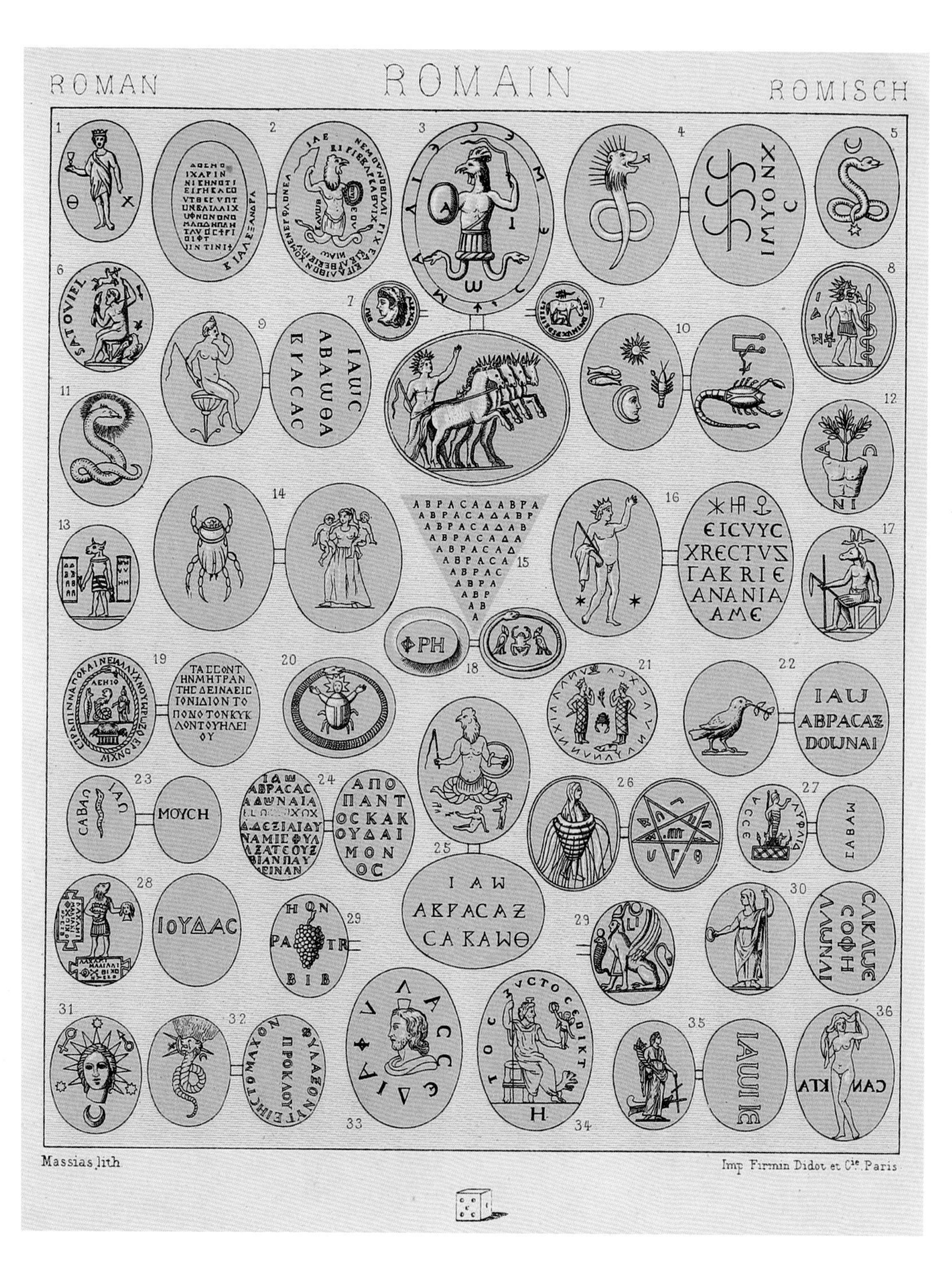

这些护身符可以被分成七类：

(1) 鸡头护身石。鸡头代表太阳，因为鸡是司晨的动物；鞭子是驱使马匹的物件。——No.2、3 和 25。

(2) 狮头或狮身符，有时是密特拉（Mithra，古印度 - 伊朗神祇）。——No.4、8、28 和 32。

(3) 塞拉比斯（Sérapis，埃及神祇）符。——No.5、11、14、23、33 和 34。

(4) 带有阿努比斯（Anubis，埃及神祇）、甲虫、蛇、斯芬克斯和猴子的护身符。——No.17、18、20 和 29。

(5) 带有人像的护身符。 ——No.1、6、9、12、21、26、27、30、35 和 36。

(6) 有铭文无图像的，以及希伯来文的护身符。 ——No.7、13、15、16、19、22、24 和 31。

(7) 奇怪的护身石。——No.10。

42. 护身符

43. 乐器

管乐器

No.1：笛子。

No.2：骨笛。

No.3："Tibiagingrina"，在腓尼基和埃及使用的芦苇制小笛子。

No.4：小铜号。

No.6："Tibia longa"，长笛。

No.7："Tibia pares"，双笛。

No.8：无名笛子。

No.9："Tibia conjunctœ"，单口双笛。

No.10："Tibia impares"，不对称双笛。

No.11：笛子或小号。

No.12：贝壳制小号。

No.13：直号。

No.15："Tibia obliqua"，类似巴松管的斜笛。

No.16：不分叉的笛子。

No.17：圆号，用于打猎和战场。

No.18：大圆号。

No.19："Tibia utricularis"，希腊风笛。

No.20：风笛与九管排笛的组合，带有一个风箱。

No.22：大号。

No.24：笛或号。

弦乐器

No.14 和 38：单弦。

No.26：三弦三角乐器。

No.27：七弦竖琴。

No.28：两弦吉他。

No.32：三十五弦三角乐器。

No.33：古代齐特琴，与现代的吉他类似。

No.36：竖琴。

打击乐器

No.5：钹。

No.21：铃铛。

No.29：铃铛。

No.23：等腰三角铁。

No.25、30 和 31：手鼓。

No.34：铜鼓。

No.37：响板。

ROMAN
ROMAIN
ROMISCH
1
2
3
4
5
6
7
8
9
10
11
12
13
14
15
16
17
18
19
20
21
22
23
24
25
26
27
28
29
30
31
32
33
34
35
36
37
38
Massias lith
Imp. Firmin Didot et Cie. Paris.

43. 乐器

No.1、2、3：大理石制行政官座椅。

No.4：1868 年于庞贝古城出土的床。

No.5：庞贝古城出土的保险箱。

No.6—9：钥匙和挂锁。

No.10 和 11：四脚桌和橱柜。

No.12：熟土制食物篮。

44. 家具

45. 沐浴

45. 沐浴

罗马自恺撒时代开始建造公共浴场，到阿格里帕（Agrippa， 前 12 年，古罗马政治家和军事家，渥大维的密友、女婿和大臣）执政时期就有了至少八百处公共浴场。

私人浴场只是在规模上比公共浴场要小，但也是由一系列浴室所组成：冷水浴池、温水浴池、蒸汽浴室、热水浴池。

No.1：提图斯温泉浴场壁画。

No.2：塞内卡（Sénèque，约前 4 年—65 年，古罗马哲学家）死于浴盆中的大理石雕像。

No.3、4、6、7：刮刀，铁制或青铜制。

No.8：砖砌浴池。

No.5 和 9：拔毛镊子。

No.10、11 和 13：香水瓶。

No.14：热水浴室。

46. 一座宫殿的内部复原图

古代鞋类（47）

47. 古希腊款式和古罗马款式

No.1 和 23：罗马皇帝的鞋。

No.2 和 11：古埃及拖鞋。

No.3：狄安娜女神的凉鞋。卢浮宫。

No.4：雅典娜女神的凉鞋。卢浮宫。

No.5：“Ocrea”靴子。

No.6 和 6bis：罗马鞋型灯。

No.7：教宗奥诺雷一世（Honoré Ier）的礼拜凉鞋。

No.8：教宗西尔维斯特一世（Sylvestre Ier）的礼拜凉鞋。

No.9、10、19 和 40：古希腊军鞋。

No.12：恺撒雕像局部。卢浮宫。

No.13：古罗马军鞋。

No.14：古希腊鞋。

No.15：古代高卢鞋。

No.16、28 和 35：查理大帝的礼鞋。

No.17：教宗玛尔定一世（Martin Ier）的礼拜凉鞋。

No.18：马尔库斯 · 奥列里乌斯皇帝（Marc-Aurèle）雕像局部。卢浮宫。

No.20 和 21：“Caliga”皮凉鞋。

No.22：匈人（Huns）鞋。

47. 古希腊款式和古罗马款式

凯尔特人或高卢人、斯拉夫人或萨尔马提亚人、日耳曼人或条顿人等，直到撒利克法兰克人，木器和石器时代（48–59）

48—49. 欧洲蛮族，即希腊-拉丁文化圈以外族裔的原始服装

石器时代——燧石时期

克罗马依人（Cro-Magnon，智人的一支，头骨发现于法国西南部克罗马依石窟，1868 年）。

No.5 和 8：莫斯特时期（moustiérien）和马格德林时期（magdalénéen），法国多尔多涅省。

No.7：索留特雷时期（solutréen），法国索恩-卢瓦尔省（Saône-et-Loire）。

No.8、9、11：马格德林时期的部落首领，佩戴猛犸象牙匕首和鹿角权杖。

新石器时代

No.1、4、6：支石墓时期（dolmens）。

No.2：滨湖时期（stations lacustres），瑞士。

No.3："坟冢"时代（Tumuli）。

青铜时代和铁器时代

No.30、35—39、41—44：青铜时代的战士及装备。

No.22：法国马恩省（Marne）的出土文物。

No.31—33 和 40：坟冢时代的首领，法国马恩省的出土文物。

No.25 和 27:坟冢时代的士兵及出土的文物。

No.26、28、29 和 34：依据奥地利哈尔斯塔特（Hallstadt）出土文物的复原图，与高卢时代同期。

各种青铜武器

No.23、24：高卢护甲。

No.12：凯尔特战斧。

No.17、19：凯尔特斧。

No.13：高卢匕首。

No.20：高卢-希腊式剑柄。

No.16、18：墨洛温王朝时期（mérovingien）的士兵的双钩标枪和标枪。

48—49. 欧洲蛮族，即希腊-拉丁文化圈以外族裔的原始服装

50. 斯堪的纳维亚——武器、工具、器皿及服装

石器时代

No.1：燧石打磨斧头。

No.2：燧石枪头。

No.3：砂岩抛光石。

No.4：燧石锯。

No.6：燧石刀。

No.7：燧石斧。

No.8、12 和 13：闪长岩斧。

No.9 和 11：燧石刮刀正反面。

No.10：燧石刀。

No.14、18：燧石凿。

No.15、20、21：石斧。

No.19：燧石箭头。

No.27：燧石工具。

No.30：燧石刮刀。

No.33：黏土罐。

No.35：骨制鱼钩。

No.36：支石墓。

No.38：琥珀珠。

青铜器时代

No.5：青铜匕首。

No.16、25、29：凯尔特斧。

No.17、24、26：青铜剑。

No.22：标枪头。

No.23：日德兰半岛（Jutland）出土的女性服装。

No.32：青铜吊罐。

No.39：瑞典石冢。

铁器时代

No.28：青铜浅浮雕。

No.31：公元 4 世纪的斯堪的纳维亚战士。

No.34：黏土罐。

No.37：日德兰半岛出土的橡木船。

50. 斯堪的纳维亚——武器、工具、器皿及服装

51. 凯尔特人——青铜时代的斯堪的纳维亚装饰

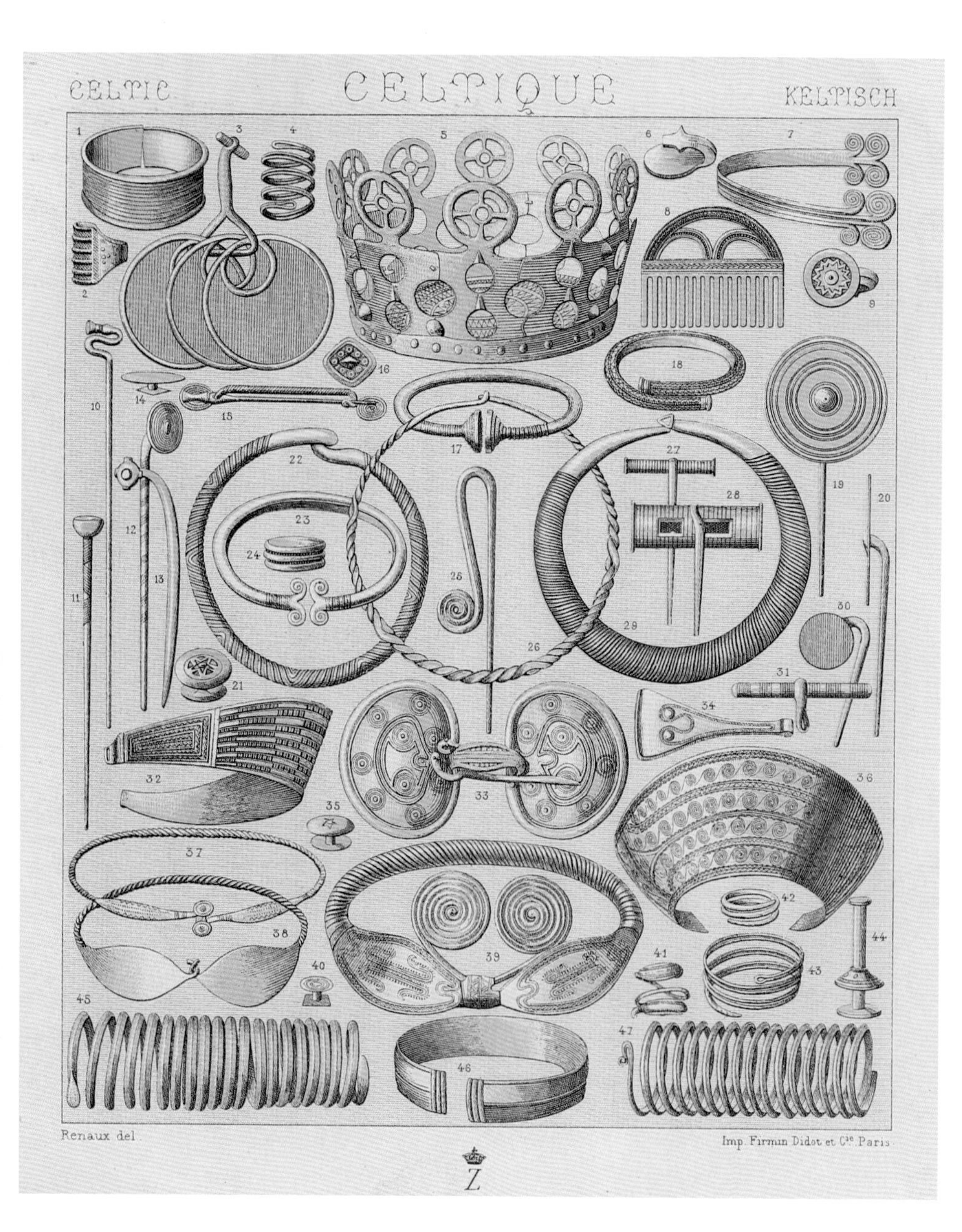

冠冕：No.7 金制；No.32 和 36 青铜制。

青铜项圈：No.22、26、29、37—39。

手镯：青铜制 No.1、18、43、45—47；金制 No.17、23。

金指环：No.2、4、24、41、42。

青铜胸针：No.15、33。

青铜别针：No.10、11—13、19、20、25、27、28、30。

青铜钮扣：No.6、9、14、21、31、35、40 和 44。

青铜梳子：No.8。

其它物件：No.3，马匹饰物局部；No.5，木罐底部的青铜饰物；No.16，剑柄球饰。

51. 凯尔特人——青铜时代的斯堪的纳维亚装饰

52. 凯尔特人——日常物件

No.1 和 3：盎格鲁撒克逊式胸针。

No.4—6、8—17、20—22、24、25：盎格鲁撒克逊式胸针及耳环。

No.2：一件出土于爱尔兰卡舍尔（Cashel）的圣龛铁盖，12 世纪。

No.7：盎格鲁撒克逊式搭扣。

No.18 和 19：俄罗斯出土的青铜胸针。

No.26：瑞典的青铜胸针。

No.23 和 27 ：英格兰约克郡（Yorkshire）出土的银别针。

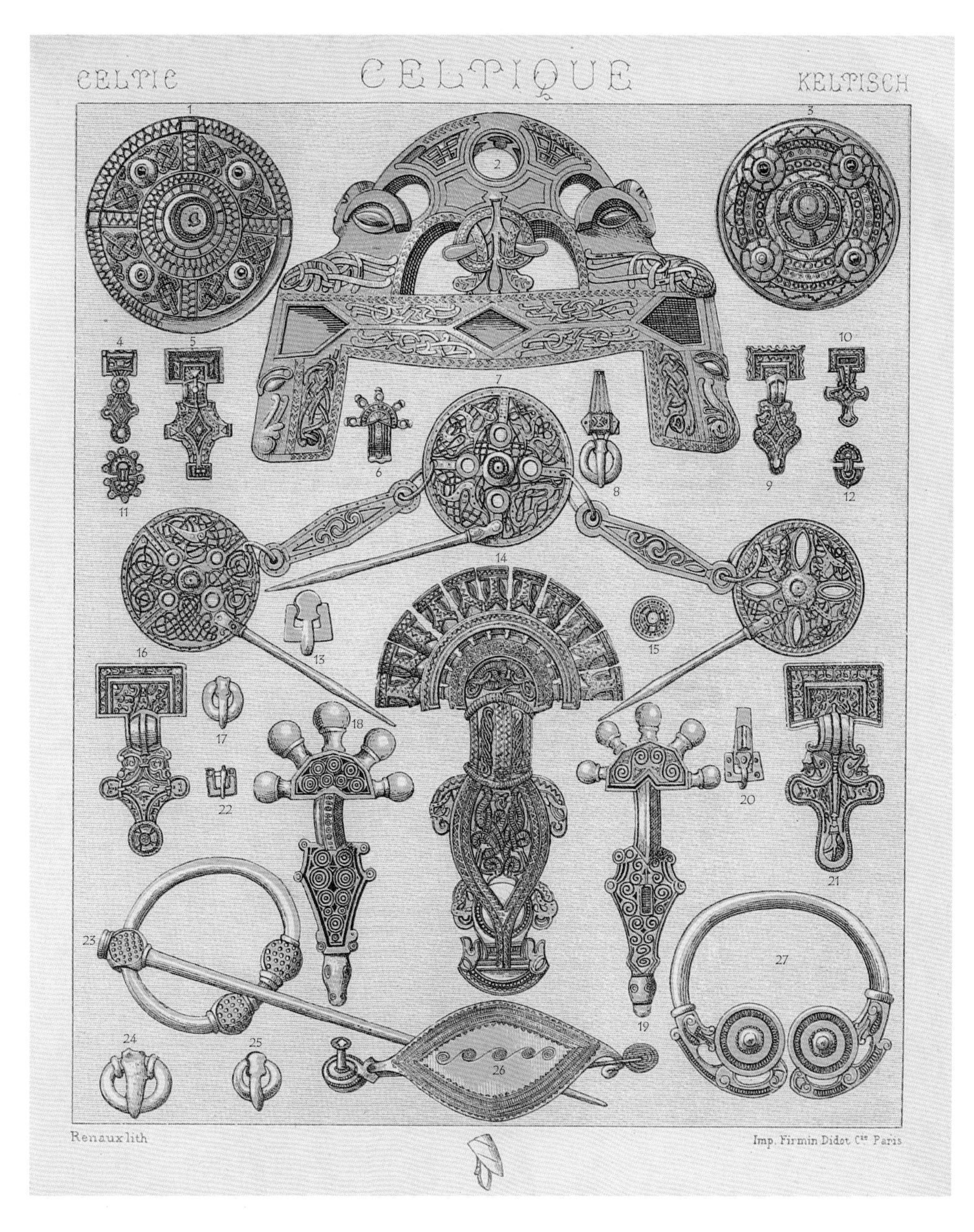

52. 凯尔特人——日常物件

53. 凯尔特——斯堪的纳维亚——首饰

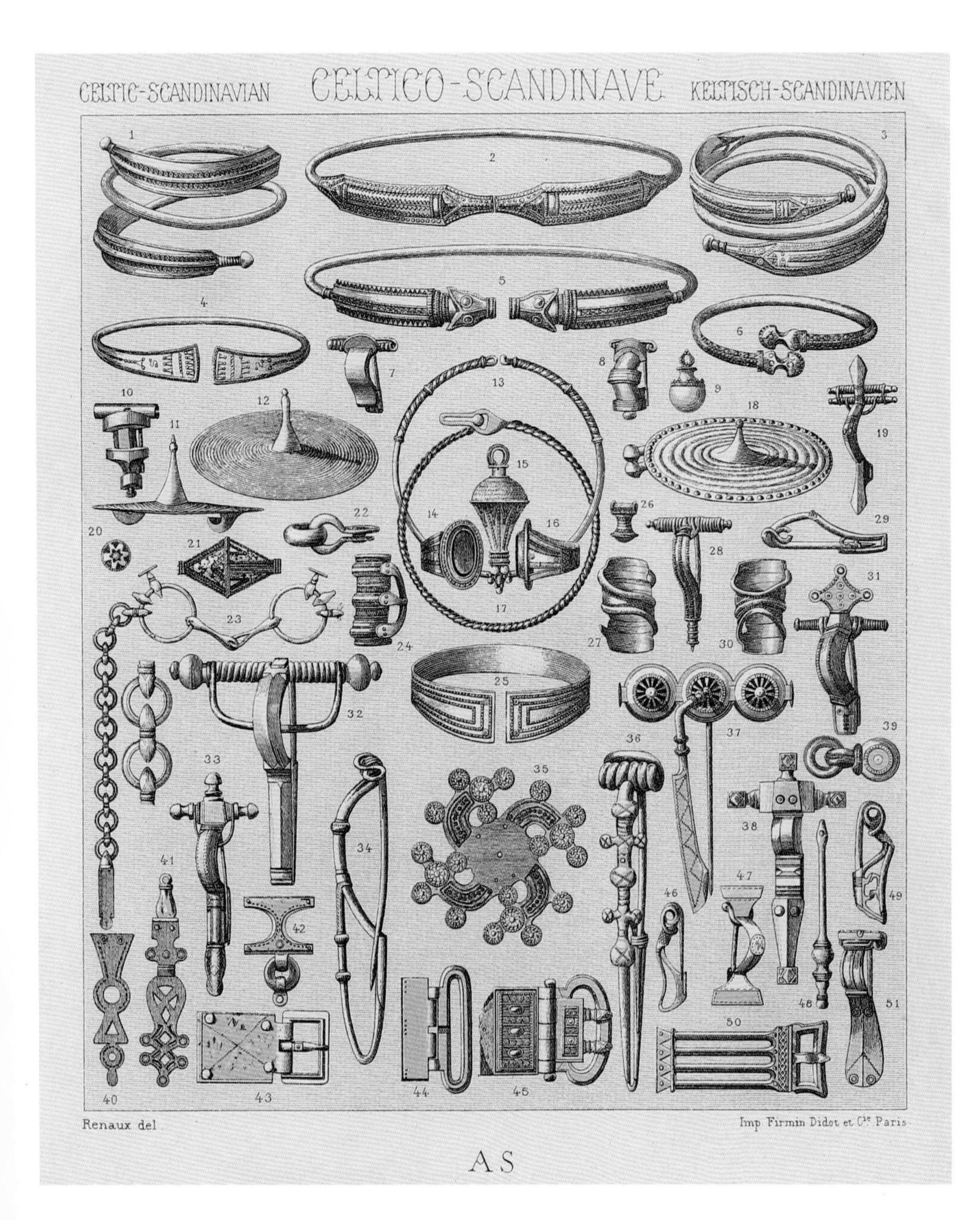

53. 凯尔特——斯堪的纳维亚——首饰

金制冠冕：No.2、4、5。

金制项链：No.13、17。

手镯：金制 No.1 和 3；银制 No.25；青铜制 No.6。

金制垂饰：No.9、15、20 和 26、21。

金指环：No.14 和 16、24 和 30、27。

胸针：银镀金 No.28、35 和 37；青铜制 No.7、8 和 10、11、12 和 18、19、31—33、38、46、47、49 和 51；铁制 No.29、34 和 36。

带扣：青铜制 No.43—45；青铜镀银 No.45。

青铜带饰：No.42。

青铜马衔：No.23。

青铜带环：No.22 和 39。

青铜绳扣：No.40、41 和 48。

54. 凯尔特——斯堪的纳维亚——武器和饰品

铁器时代早期

No.11 和 13、39 和 43：铁制矛尖。

No.24、36：铁盾凸。

No.25、28：青铜马刺。

No.29：铁剑。

铁器时代中期

No.9 ：银镀金胸针。

No.12：青铜胸针，哥得兰岛（Gotland）。

No.17：银饰带。

No.19：铁制矛尖。

No.20：铁盾凸。

No.21：青铜带饰。

No.22：银制剑护手。

No.23 和 34：铁剑及剑柄头。

No.27、45 和 46：金制剑鞘口。

No.33：金制剑柄头。

No.35：金银制剑柄头。

No.41 和 42：银制剑护手。

No.44：铁剑柄。

铁器时代晚期

No.1：青铜牌。

No.2—5、7、10、14 和 15、30：青铜别针。

No.6、31：铁制矛尖。

No.8：铁制箭头。

No.16 和 18：金勺。

No.26：铁马镫。

No.32、37、38 和 40：铁剑，青铜剑鞘。

54. 凯尔特——斯堪的纳维亚——武器和饰品

56—57. 高卢人——罗马帝国占领前的高卢居民、士兵

高卢人主要是盖尔人和辛布里人的后裔，他们的部族之间总是争斗不断，从未形成一个国家，也从未团结一致对付他们共同的敌人——日耳曼人。自公元前58年起，尤利乌斯·恺撒策动了高卢战争，征服了高卢地区。

随后，恺撒将高卢分成三部分：一部分由比利时人居住；一部分由阿基坦人居住；第三部分由所谓的凯尔特人居住，用拉丁语即“Galli”，也就是高卢人。

No.1、2：青铜徽章上的男性首领肖像。

No.3：身穿“赛伊”披肩的战士复原图。

No.7：耕农复原图。

No.10、16：战士复原图。

No.11：头戴弗里吉亚帽的武装农夫复原图。

No.9、12—14：农民，身穿“bardocuculle”风帽披肩。

No.21：手持军旗的步兵。

No.22、23：骑兵复原图。

No.33、39：武装士兵复原图。

No.34：手持“carnyx”军号的士兵。

No.35：手持军旗的首领复原图。

No.15、17—20、24—29、31：取自徽章上的图案。

No.4—6、8：高卢妇女。

No.36、30、38、40：墨洛温王朝时期的法兰克首领和他的武器。

No.37、32：法兰克士兵和他的武器。

56—57. 高卢人——罗马帝国占领前的高卢居民、士兵

No.1、3、28、34：青铜物件。

No.8和16：青铜项圈。

No.7：青铜搭扣。

No.9、20、29：青铜圆饰坠。

No.26、30：青铜手镯。

No.17、32：青铜别针。

No.2、4—6、22：青铜胸针。

No.12、19：青铜军用腰带扣。

No.13、14：银制军用腰带扣。

No.10、11：指环和别针。

No.15、18：青铜搭扣。

No.27、31：青铜衿针。

No.35、24：青铜环扣。

No.21：镶嵌彩色玻璃或宝石的大环扣。

No.33：鹰形青铜胸章。

No.24、25：布列塔尼刺绣。

58. 高卢人——首饰

59. 大不列颠人——德鲁伊时代（Druidiques）

No.1：身穿罗马式服装的布列塔尼妇女。

No.2：比利时布列塔尼人。

No.3：锡利群岛(Cassitérides，名称来自于希腊语，因被古希腊人误认为是产锡的地方，由此命名）的男人。

No.4 和 5：法官。

No.6 和 7：罗马时代的布列塔尼女祭司。

No.8：波罗地西海岸国家的军服。

No.9 和 10：身穿冬服的爱尔兰男女。

No.11：骑马的布列塔尼战士。

No.12：罗马化的布列塔尼人。

No.13：克里多尼亚人(Calédonien)。

59. 大不列颠人——德鲁伊时代（Druidiques）

第二部分　19 世纪以前欧洲之外的世界

欧洲之外的世界，大洋洲、非洲、美洲和亚洲，古代文明综述。

版画名称	版画号码
大洋洲 黑人和棕色人：南亚土著人（Alfourous）、巴布亚人、澳大利亚人； 黄色人和褐色人：马来人和马来-波利尼西亚人	60—66
非洲中部和南部 黑人部族：几内亚人、塞内冈比亚人、苏丹人、阿比西尼亚人（Abyssinienne）、阿班图人（Abantou）或卡菲尔人（Cafre）； 黄色人部族：霍屯督人（Hottentots）和布须曼人（Boschjesmans）	67—75
美洲 巴西、巴拉圭、智利、图库曼（Tucuman）、新墨西哥、索诺拉、科罗拉多州、堪萨斯州、内布拉斯加州、俄勒冈州、上加利福尼亚； 巴西和布宜诺斯艾利斯州的黑人，即源于非洲的米纳斯人（Minas）； 源于西班牙人和混血的智利人； 墨西哥征服者和混血人	76—82
美洲和亚洲——爱斯基摩人	83—84
亚洲——中国人	85—93
亚洲——日本人	94—106
亚洲——烟具，中国和日本等	107
亚洲——印度周边和印度人	108—131
亚洲——僧伽罗人和马来人	132—134
亚洲——发型、头巾	135—136
亚洲——波斯人	137—143
亚洲——烟具，突厥斯坦、波斯、印度等	144

（续表）

大洋州（60—66）

60—61. 大洋洲——南亚土著人、巴布亚人和澳大利亚人

黎恩济（Louis Domeny de Rienzi, 1789—1843, 法国旅行家）曾经将大洋洲众多岛屿上的居民分成四个人种，随后，人们又将其归纳为三个主要人种：马来人，南亚褐色人种（Alfourous），巴布亚人；而澳大利亚人是前三个人种的混血人种。

No.3 和 18：新喀里多尼亚的美拉尼西亚人（Kanaques）。

No.12：斐济人（Vitien）。

No.19 和 20：新赫布里底（Nouvelles-Hébrides）的土著。

No.9 和 5：所罗门群岛中的马基拉岛（San Christobal，Archipel des Salomon）土著阿罗斯人（Arossien）。

No.11：阿德默勒尔蒂群岛（îles de l' Amirauté）的土著。

No.1、15 和 17：巴布亚人。

No.8 和 10：澳大利亚人。

No.2、4 和 16：马克萨斯群岛（îles Marquises）的土著，身穿战袍的努库西瓦岛（Nouka-Hivien）首领。

60—61. 大洋洲——南亚土著人、巴布亚人和澳大利亚人

62. 大洋洲——自然状态——波利尼西亚和美拉尼西亚

No.1、3、5—9、13—15、17—20：巴布亚人，美拉尼西亚（Mélanésie）。

No.2、4、10—12、16：斐济人，波利尼西亚（Polynésie）。

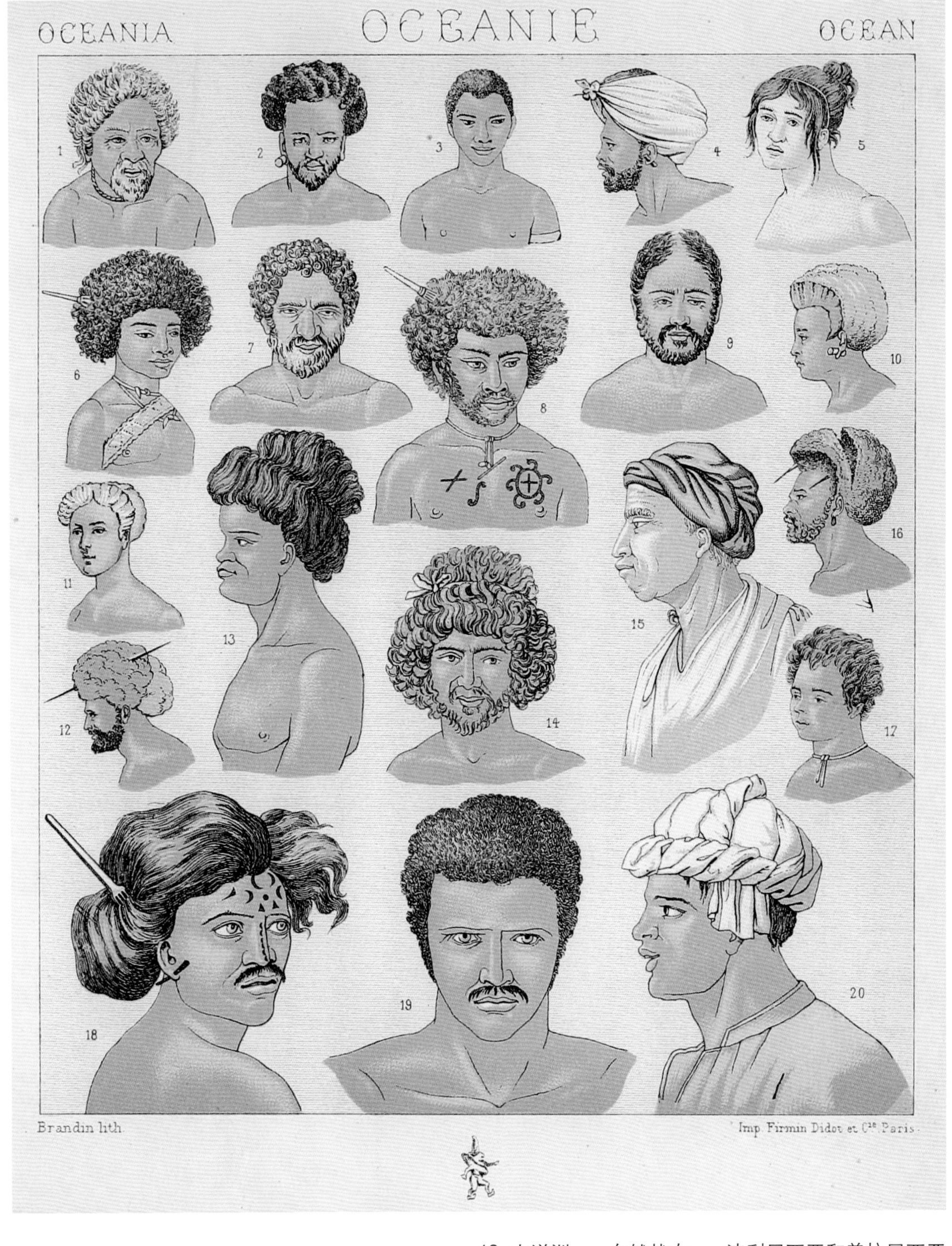

62. 大洋洲——自然状态——波利尼西亚和美拉尼西亚

63—64. 大洋洲——服装和饰品、武器和器皿、习俗

马来西亚

No.1 和 9：马来西亚爪哇人。

No.16：婆罗洲的马来人。

达雅族（Daya）

No.15：新加坡的耶昆族（Jakuns）武士，属于达雅族一支。

No.2、19：全副武装的婆罗洲土著。

No.23、24：狩猎装的婆罗洲土著。

No.38、39：达雅族妇女。

No.5、7：婆罗洲的克伦族人（Karens）。

No.27：婆罗洲的帕西人（Parsi）。

No.18：罗地岛（île Rotti）妇女。

No.30：比萨扬族（Bissaya）矛兵。

密克罗尼西亚，美拉尼西亚

No.6 和 8：男式和女式草帽。

No.28：投石器。

No.32：棕榈鞋。

No.40：石锤。

No.14：露兜树叶（Vacoua）编织的尖顶帽。

No.3、17、20：巴布亚新几内亚的奢华帽子。

No.31：鼓。

No.33：箭筒。

No.36：矛尖。

波利尼西亚

No.12：夏威夷岛的国王护卫。

No.11、13、21：首领的头盔。

No.25：儿童携带的驱蝇拂。

No.22、34：家用器皿。

No.29：当地唯一的农耕用具“oho”。

No.26：夏威夷的舞女。

No.4、35 和 37：巴布亚人。

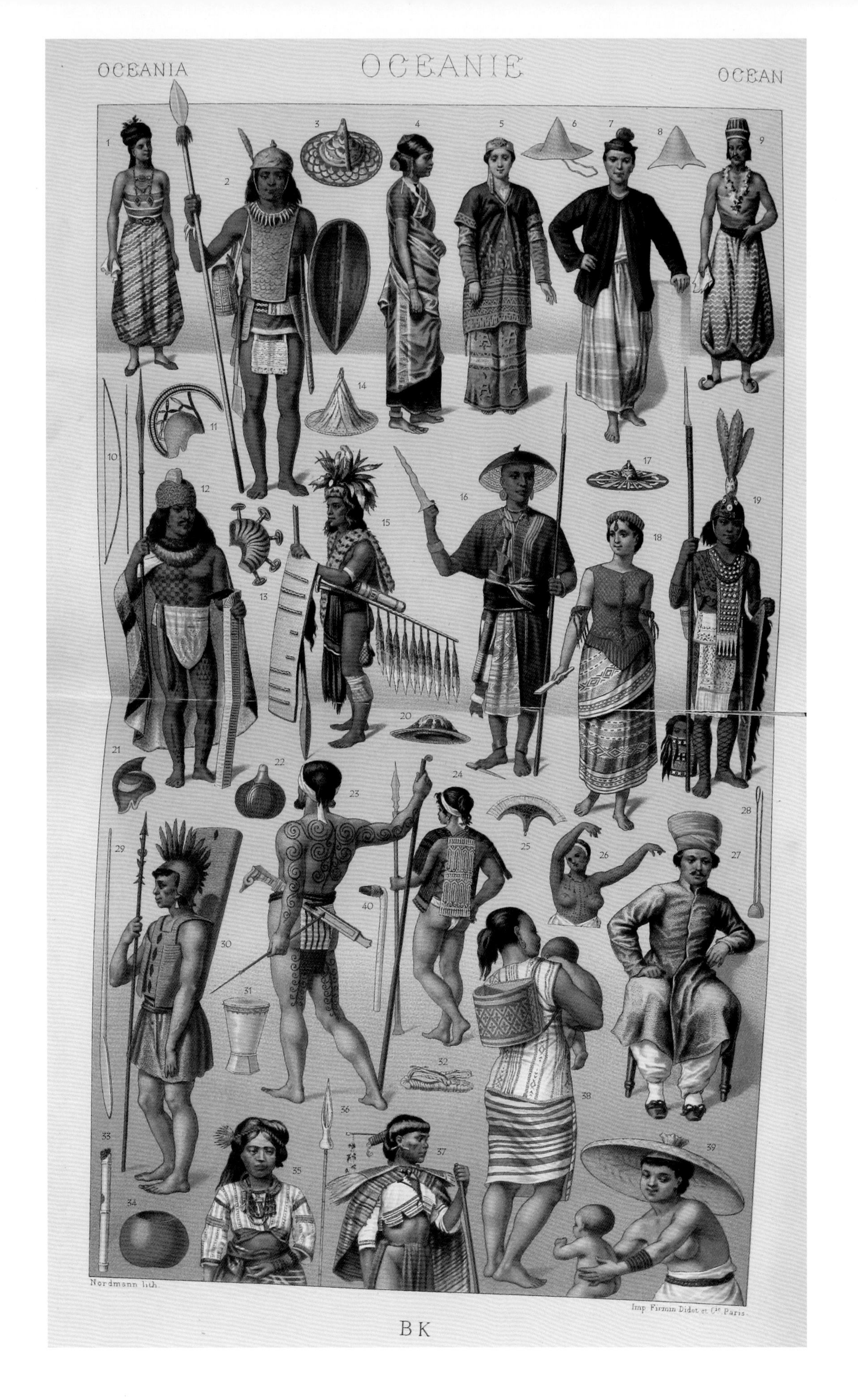

63—64. 大洋洲——服装和饰品、武器和器皿、习俗

65. 大洋洲——西里伯斯岛[1]（Iles Célèbes）土著

No.1：通达诺（Tondano）身穿礼服的“Alfour”[2]人。

No.2—10：哥伦打洛（Gorontalo）的服装。

No.11：通达诺的民兵。

65. 大洋洲——西里伯斯岛（Iles Célèbes）土著

[1] 译注：今苏拉威西岛（印尼语：Sulawesi）。

[2] 译注：名称来自于蒂多雷语“halefuru”，今指马鲁古群岛（Maluku）的土著。

66. 大洋洲——武器和饰品

马来西亚

No.8 和 11：木柄波刃短剑。

No.1 和 3：象牙柄短剑和剑鞘。

No.2 和 4：银鞘玛瑙柄短剑。

No.6 和 7：象牙柄银鞘短剑。

婆罗洲

No.9 和 10："kampilan" 式断头刀。

苏门答腊

No.12 和 13："Klewang" 式砍刀。

摩鹿加群岛（Iles Moluques）

No.5：椰木勺。

No.21：特尔纳特岛（Ternate）苏丹的草帽。

No.26："Olinama" 岛民的头饰。

西里伯斯岛

No.34 和 35：腰带局部。

No.41：椰树纤维制护甲。

菲律宾群岛

No.33：克里奥尔式（créole）拖鞋。

No.39：草鞋。

密克罗尼西亚

加洛林群岛（Iles Carolines）

No.16 和 32：由蝙蝠下颌骨串成的项链。

No.17—19：由珊瑚圈和贝壳片串成的项链。

No.30：贝壳装饰的腰带局部。

美拉尼西亚

所罗门群岛

No.24：战士的圆顶帽。

No.27：项坠。

No.36：耳坠。

No.38：乌木耳坠。

No.40：项坠。

波利尼西亚

努库西瓦岛（Nouka-hiva），马克萨斯群岛（Iles Marquises）

No.20：木制烟斗。

No.31：月牙形头饰。

No.25：露兜树叶编织的帽子。

三明治群岛（Iles Sandwich）

No.22、28、29：夏威夷首领头盔。

大溪地群岛（Iles Taïti）

No.14：纹身刺梳。

巴布亚（Terre des Papous）

No.23：果壳制帽子。

No.15：梳子。

汤加塔布岛（Tongatabou）

No.37：梳子。

OCEANIA
OCEANIE
OCEAN
Schmidt lith
Imp. Firmin Didot et Cie. Paris
BV

66. 大洋洲——武器和饰品

非洲中部和南部（67–75）

67–68. 非洲黑人

黑人组成了非洲人的大部分，但除了肤色以外，他们之间还有很大不同。为了区分这些种族，民族志学家将他们分成了几个典型族系：几内亚人（Guinéenne），塞内冈比亚人（Sénégambienne），苏丹人（Soudanienne），阿比西尼亚人（Abyssinienne）和阿班图人（Abantous）或卡菲尔人（Cafres）。

几内亚湾

No.20：手持燧石猎枪的土著。

塞内加尔人

No.2—5：瓦罗王国（Oualo）的沃洛夫人（Wolof）首领及其武器。

No.9：富拉人（Peul）首领。

加蓬人

No.23—25：帕乌因（pahouin）武士及其武器。

No.1、6、8、14：姆彭戈伟（Mpongwe）妇女。

No.21：巴喀来人（Bakalais）巫师。

尼罗河上游的部族

No.11—13：贝尔塔人（Berta）及其武器。

No.10、16—18：奥罗莫人（Galla）首领及其武器。

阿比西尼亚人

No.7：阿比西尼亚人首领。

卡菲尔人

No.15、19：巴苏陀族人（Bassoutos）及其大头棒。

No.22：祖鲁人（Zoulou）。

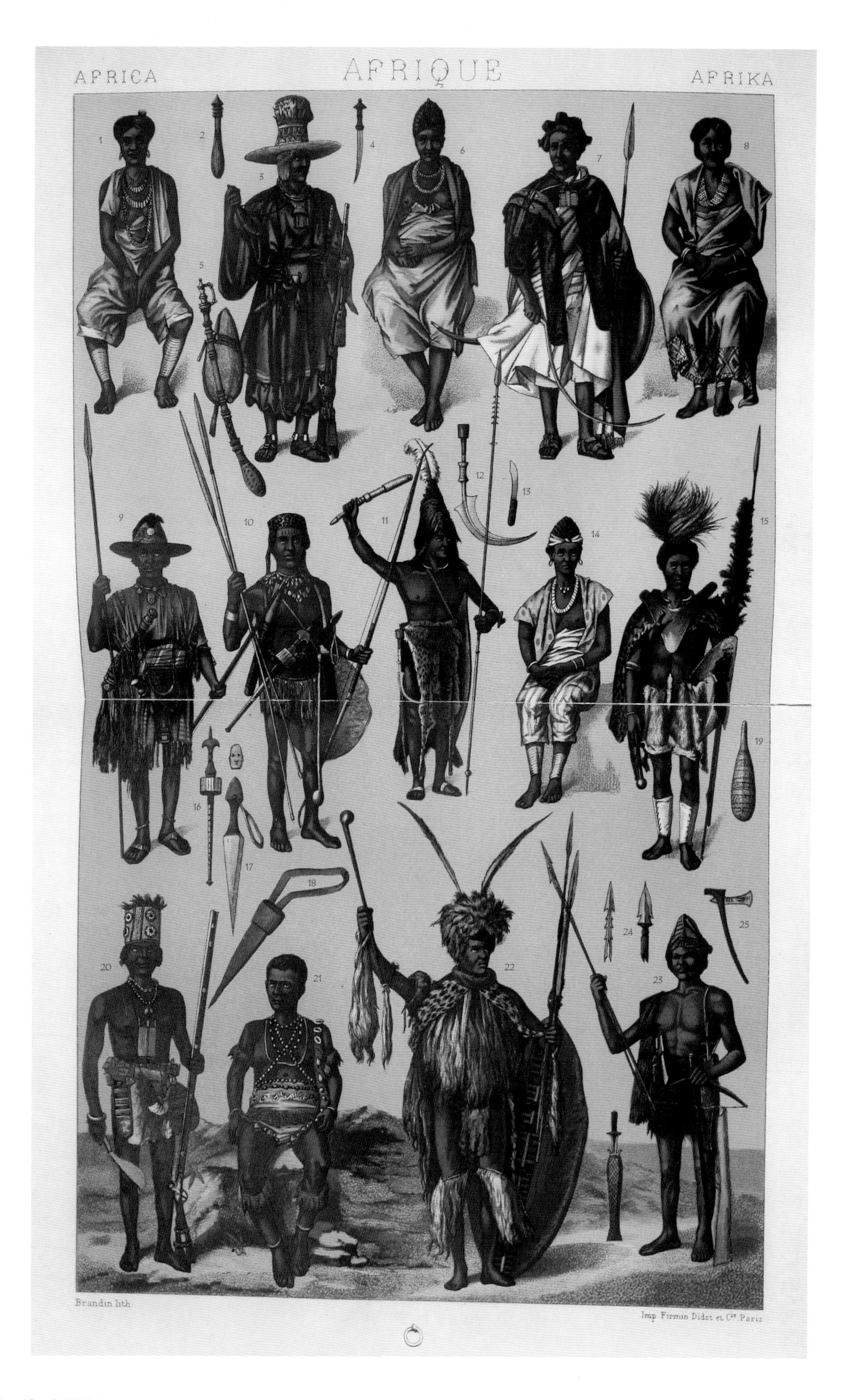
AFRICA
AFRIQUE
AFRIKA
Brandin lith
Imp. Firmin Didot et Cie. Paris

67—68. 非洲黑人

69. 努比亚人——武器、器皿、帐篷

努比亚就是古埃及人所称的“黄金之国”。

No.1：直刀。

No.2：剑。

No.3：瓶子。

No.4：护身符。

No.5：河马皮盾牌。

No.6：骆驼鞍。

No.7：阳伞。

No.8：帐篷。

No.9：杂物。

No.10 和 14：柏柏尔人，其外貌与古埃及人十分相近。

69. 努比亚人——武器、器皿、帐篷

70. 廷巴克图土著——尼罗河上游的土著

70. 廷巴克图土著——尼罗河上游的土著

No.1 和 4：廷巴克图（Tombouctou）黑人。

No.2 和 3：希卢克人（Chillouks）。

No.5：希尔人(Chir)。

No.6 和 7：赞德人（Niams-Niams）。

No.8 和 9：巴兹人（Bazy 或 Bary）。

71. 非洲南部——卡菲尔人

No.1、4：博茨瓦纳人。

No.2：巴苏陀族人（Ba-souto）。

No.3：科萨人。

No.5：恩德贝莱人（Matabhélé）。

No.6、7：祖鲁族人（Amazoulous）。

No.8：博茨瓦纳妇女。

No.9：恩德贝莱妇女。

No.10：科萨妇女。

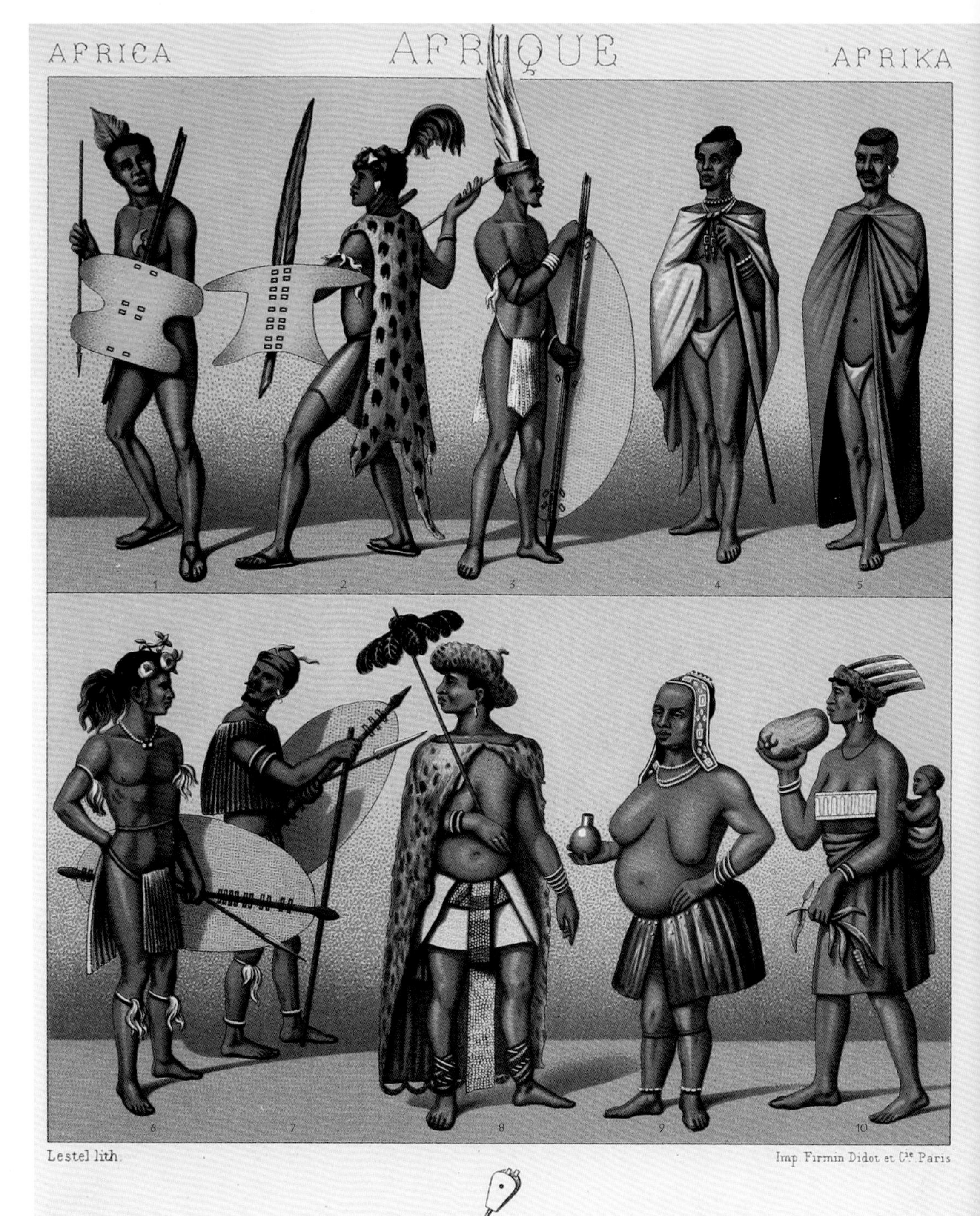

71. 非洲南部——卡菲尔人

72. 塞内加尔服装

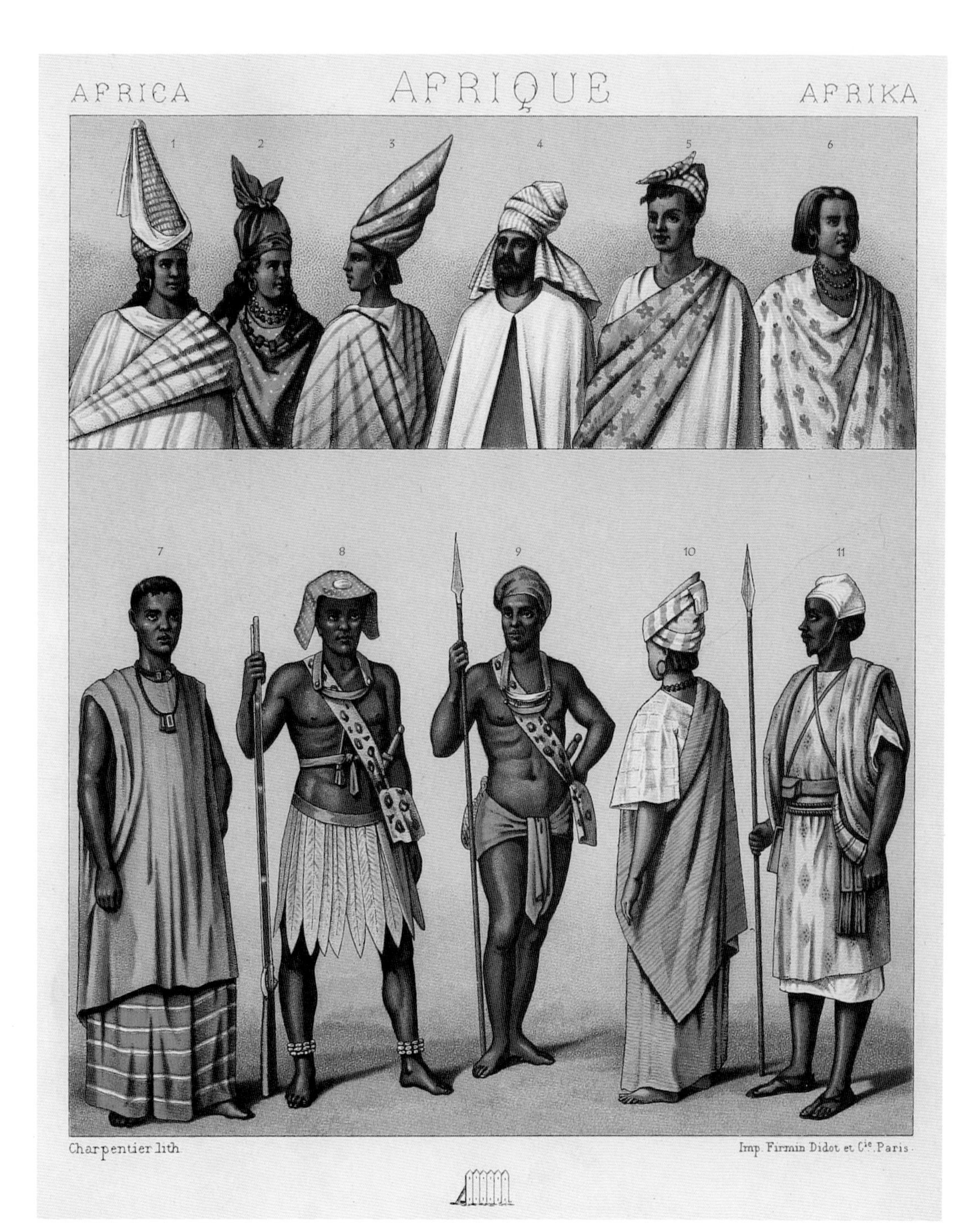

72. 塞内加尔服装

No.1—3：塞内加尔人。

No.4：塞内加尔的摩尔人（Maure）。摩尔人的称谓来自于葡萄牙人对所有西撒哈拉混居着柏柏尔人和阿拉伯人的穆斯林游牧部族的统称。

No.5 和 6：身穿棉质长服的黑人。

No.7：身穿“boubou”长袍的黑人。

No.8、9：胡椒海岸（Côte des Graines，几内亚湾的旧称）的武士“Tiedos”。

No.10：塞内加尔妇女。

No.11：武士。

No.1：玩双棍武器的祖鲁人。

No.2、3、6：卡菲尔妇女。

No.4：纳塔（Natal）的祖鲁酋长。

No.5、7：博茨瓦纳男女。

No.8—10：霍屯督人（Hottentots）。

No.11：莎拉·巴特曼，著名的布须曼族（Boschjesmans）妇女，1815 年在巴黎以“霍屯督的维纳斯”的名义被展览。

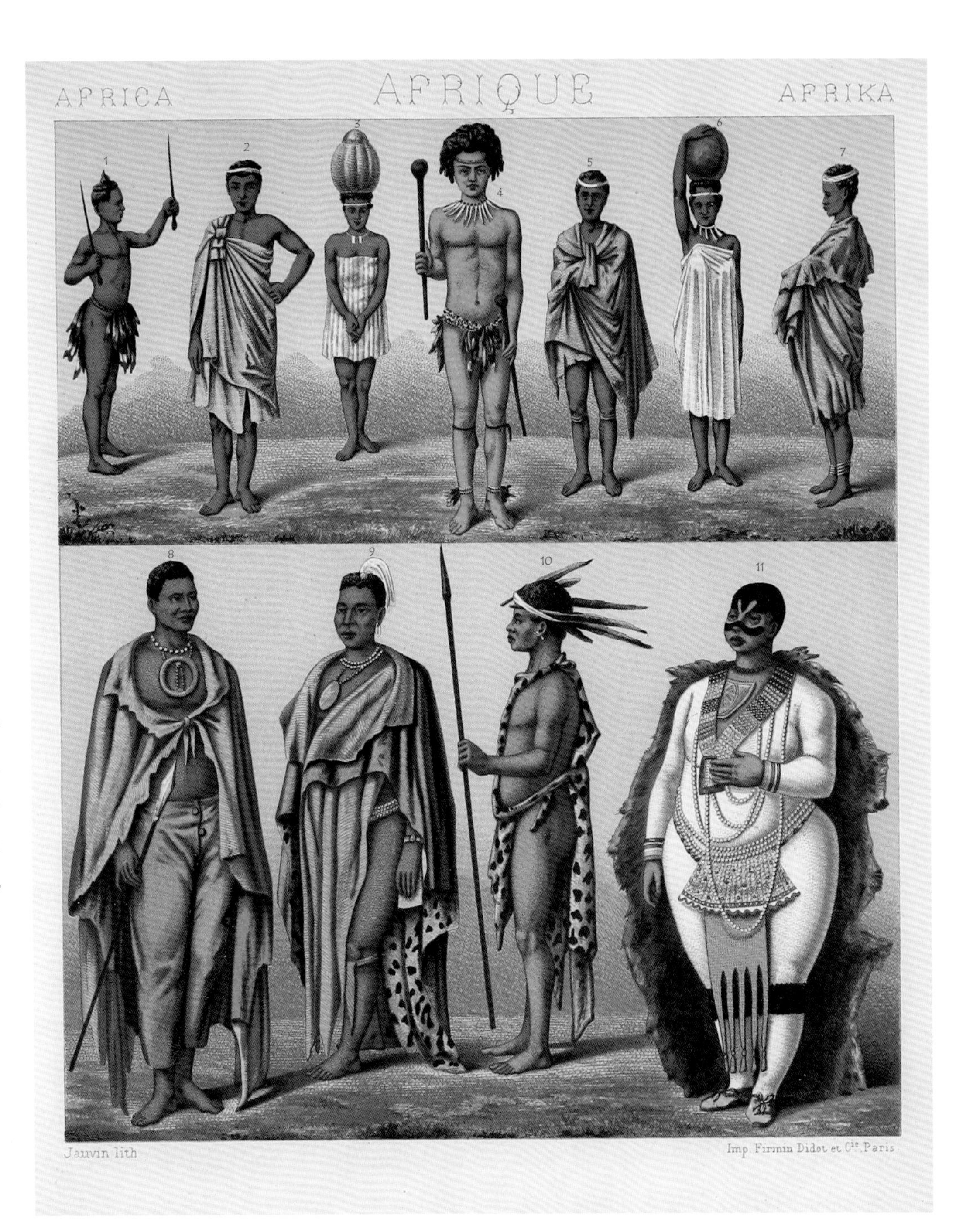

73. 南非部族——霍屯督人、卡菲尔人和博茨瓦纳人

74. 烟具

No.1：卡比利亚式烟斗，长 1.40 米。

No.2：卡比利亚银制烟斗，长 0.65 米。

No.3、13、26、28、38、40、46、52、53：土质烟斗锅，加蓬。

No.4、5：土质烟斗锅，塞内加尔。

No.6：对接土质烟斗，加蓬。

No.7：羊骨制烟斗，阿尔及利亚。

No.8、41、54：土质烟斗，加蓬。

No.9、39：木制烟斗锅，阿尔及利亚。

No.10：钢制烟斗，加蓬。

No.11：木制烟斗锅，阿尔及利亚。

No.12、45：木制烟斗，阿尔及利亚。

No.14：霍屯督人的石质烟斗。

No.15：木制烟斗，塞内加尔。

No.16：石质烟斗，阿尔及利亚。

No.17：木制烟斗锅，中非。

No.18：土质烟斗，马达加斯加。

No.19：羊骨制烟斗，塞内加尔。

No.20：木制阿尔及利亚烟斗。

No.21、25：木制烟斗，加蓬。

No.22：阿让海岸（Côte d' Ajan，今索马里东海岸地区的旧称）铁锅木杆烟斗。

No.23：红海沿岸地区的木制烟斗。

No.24：阿尔及利亚烟斗。

No.27：霍屯督人的角制土锅烟斗。

No.29：钢管木制烟斗，塞内加尔。

No.30：长杆烟斗，加蓬。

No.31：木制烟斗。

No.32：双锅烟斗，阿尔及利亚。

No.33：蛇皮杆烟斗，尼罗河上游。

No.34：雪茄烟斗，加蓬。

No.35：索马里烟斗。

No.36：木制烟斗。

No.37：索马里铁锅烟斗。

No.42：阿比西尼亚竹杆烟斗。

No.43：一位土耳其帕夏（pacha，对奥斯曼帝国各省总督的称谓）的铜制镀金银烟盒。

No.44：木制烟袋，塞内加尔。

No.47：石质拐弯烟斗。

No.48：四长杆烟斗，塞内加尔。

No.49：双锅烟斗，加蓬。

No.50：国王“Nembao”的烟斗，刚果。

No.51：木制烟斗锅，阿尔及利亚。

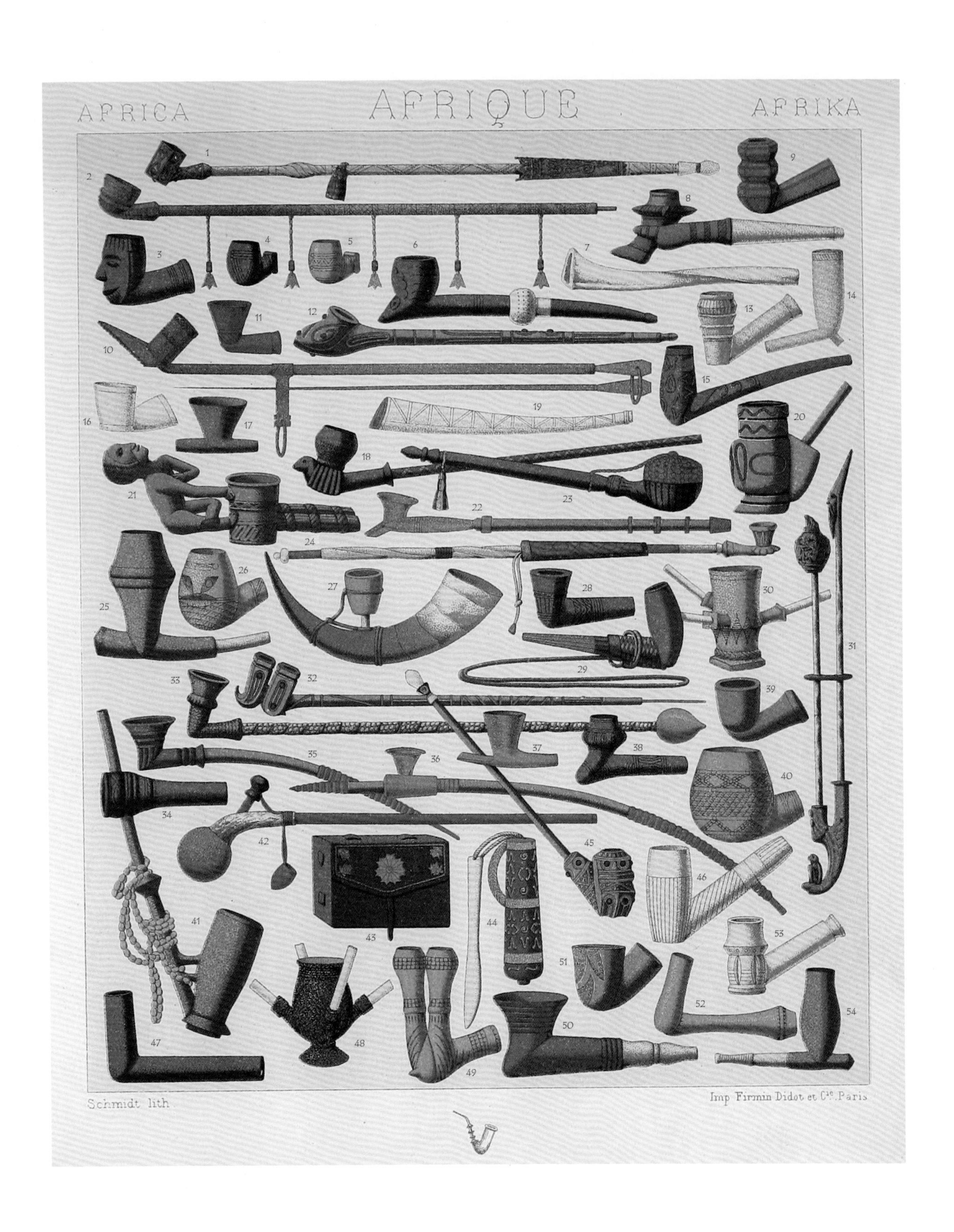
AFRICA
AFRIQUE
AFRIKA
Schmidt lith.
Imp Firmin Didot et Cie Paris

74. 烟具

75. 中非地区的烟具

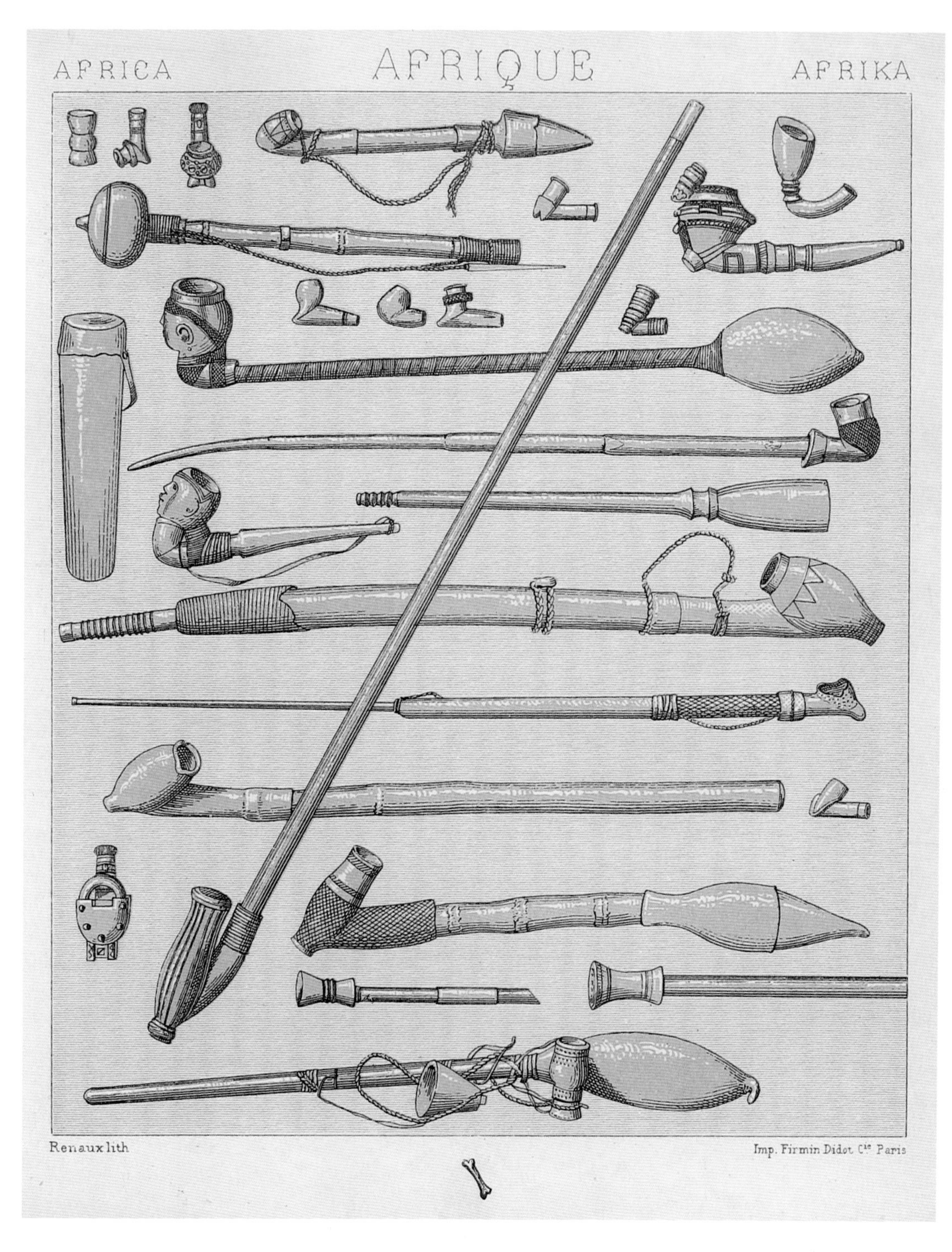

大英博物馆的展品。

75. 中非地区的烟具

美 洲（76—84）

76. 巴西和巴拉圭的土著

美洲的巴西-瓜拉尼人可被分成三个族群：瓜拉尼人（Guaranis），加勒比人（Caraïbes）和博托库多人（Botocudos，葡萄牙语称谓，特指他们下唇和耳朵插上圆形木片的特征。又被称为亚摩尔人 Aimorés）。

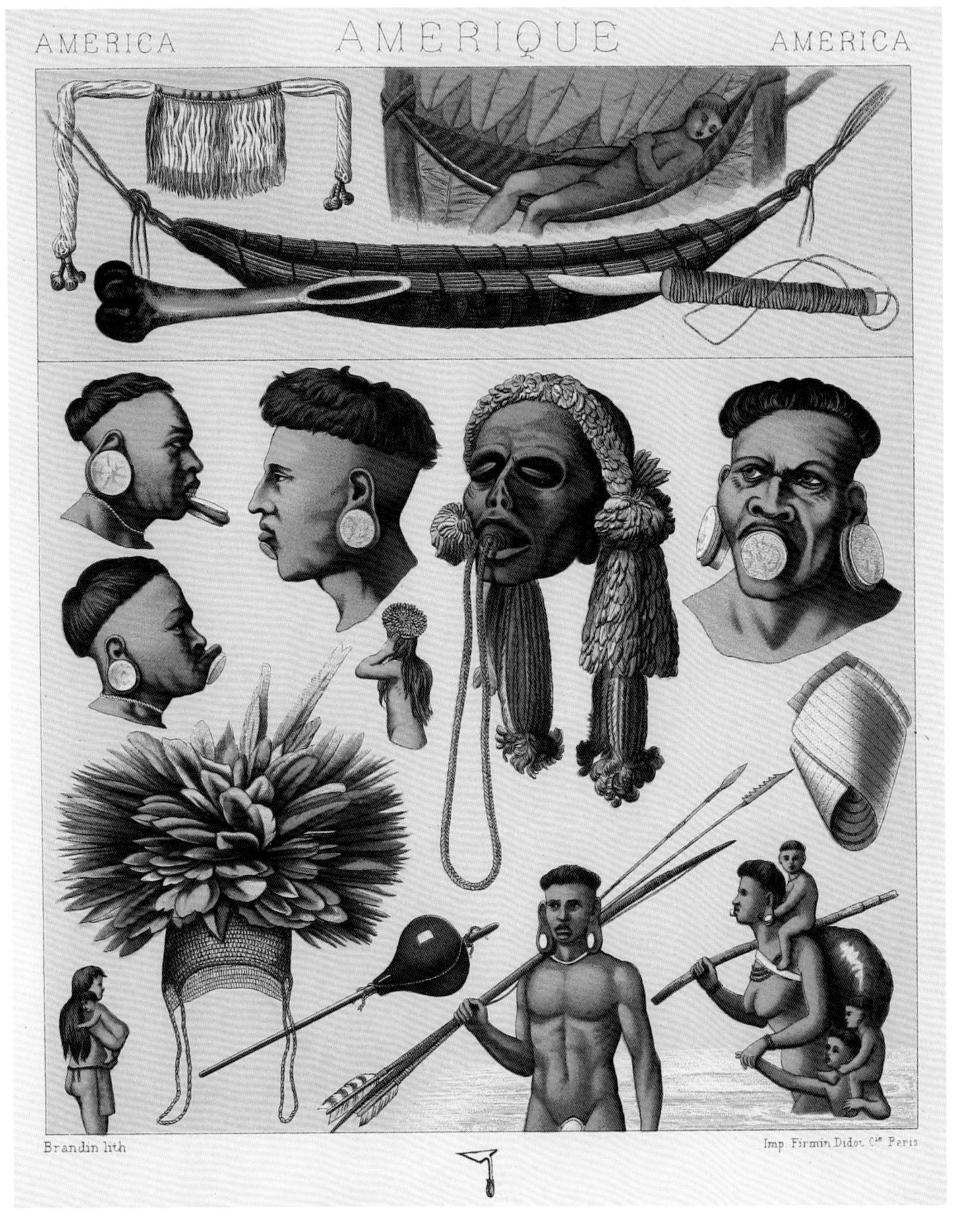

76. 巴西和巴拉圭的土著

77. 巴西、智利印第安人、布宜诺斯艾利斯

77. 巴西、智利印第安人、布宜诺斯艾利斯

No.1 和 6：巴西的黑人穆斯林。

No.2、3、7—16：智利印第安人；No.7—16 马普切人（Araucaniennes，西班牙语称谓）。

No.4、5：布宜诺斯艾利斯的高乔牧人（Gauchos）。

78. 智利人——民族服装

庞乔披风（Poncho）在智利是所有人都穿的服装。由一块长方形布料制成，中间开领口。其最早来源于印第安人，用羊驼毛织成，也被当做被子使用。

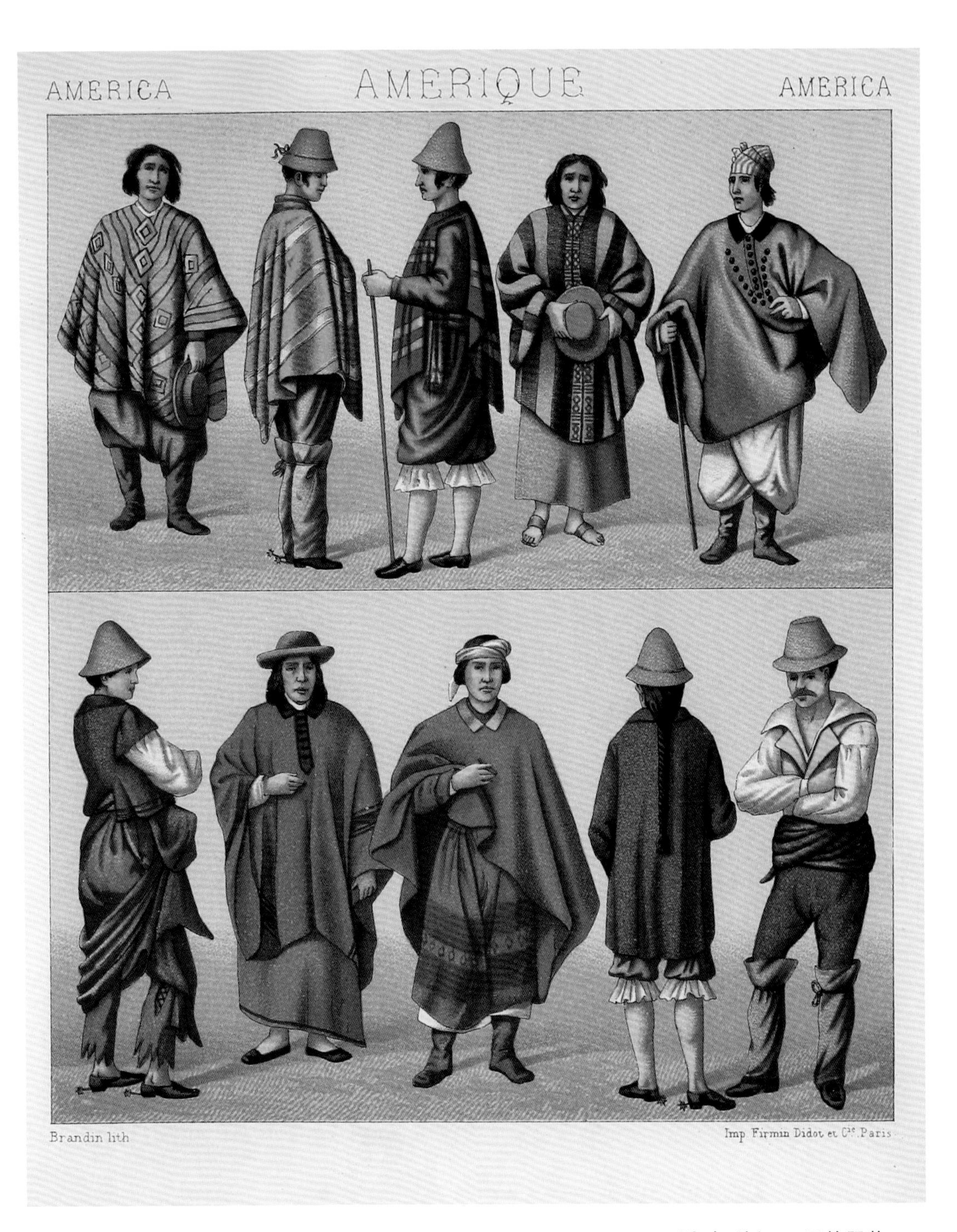

78. 智利人——民族服装

79. 墨西哥人——土著、西班牙征服者、混血

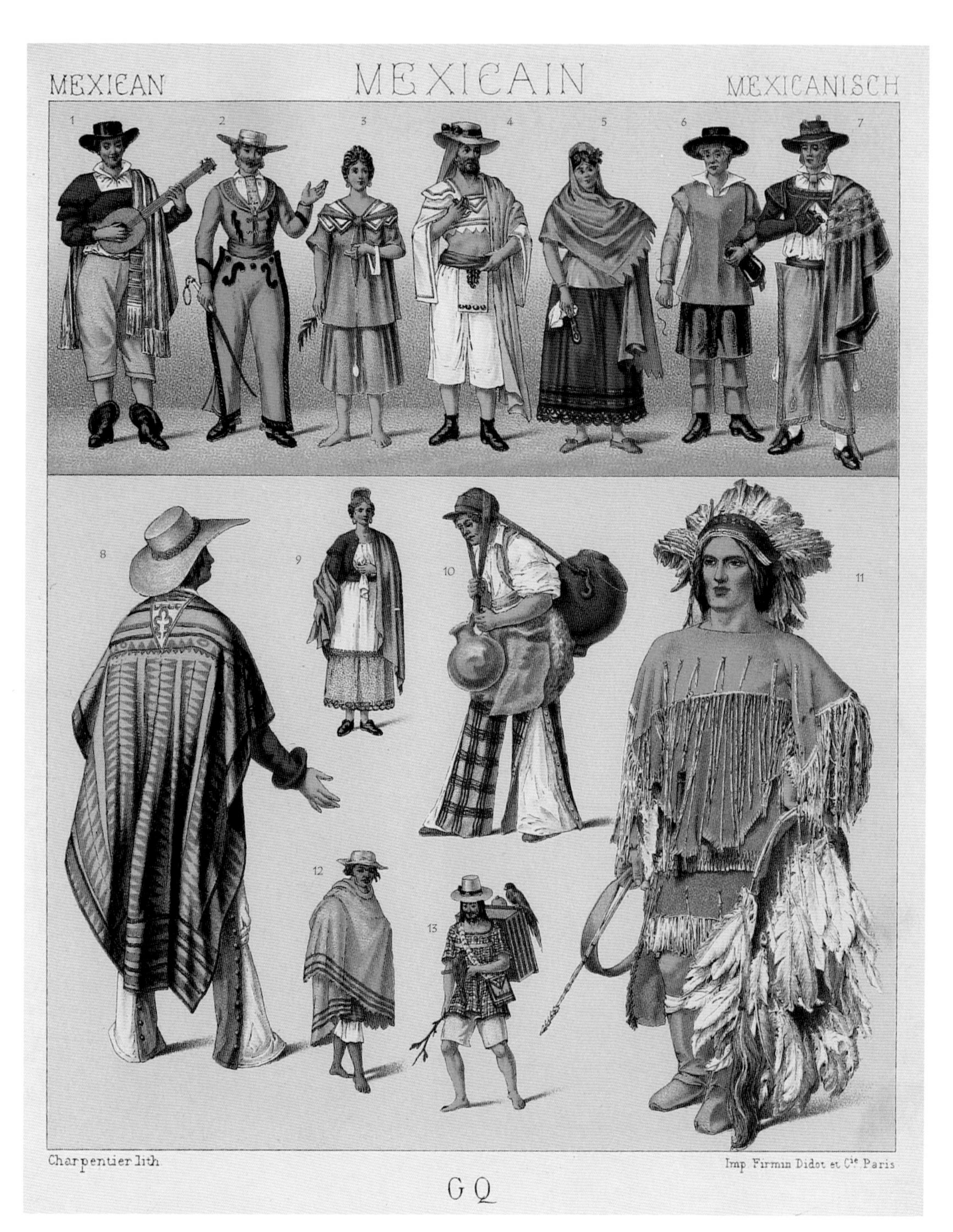

79. 墨西哥人——土著、西班牙征服者、混血

土著

No.11：利潘人（Lipan）头领；利潘人是阿帕切部族（Apache）的一个分支。

No.12：身披"Sarape"斗篷的印第安人；"Sarape"斗篷类似庞乔披风，但没有开口。

征服者

No.1—4、7—9：富有的墨西哥人。

混血

No.5、6、10、13：No.5 混血妇女，No.6 鞋匠，No.10 担水工，No.13 鹦鹉贩子。

80. 北美印第安人——密西西比河与科罗拉多河盆地

红 番(Peau-Rouge)

No.1—3：尤特人（Yutes 或 Utah）首领。

No.4：年轻苏族人（Sioux），首领的儿子。

No.5：苏族首领。

No.6：杨克顿（Yanctons）的苏族首领。

No.7：庞卡（Ponkas）首领。

No.8：明尼苏达（Minisoufaux）首领。

No.9：苏族首领“Sisistas”。

80. 北美印第安人——密西西比河与科罗拉多河盆地

81. 红番——堪萨斯州和内布拉斯加州

No.1：基奥瓦人（jowas）酋长“Cvaton-Schaway”。

No.2：基奥瓦人酋长“Tokee”。

No.3：基奥瓦人酋长“Nahgawab”。

No.4：基奥瓦人酋长服装。

No.5：基奥瓦人酋长“Tarakee”。

No.6：奥拓密苏里酋长“Wakenkoke”，内布拉斯加州。

No.7：“狐狸”部落酋长“Kiloskuk”。

No.8：新墨西哥的典型红番人。

No.9：萨克斯人（Sacs）酋长。

No.10：堪萨部落酋长。

81. 红番——堪萨斯州和内布拉斯加州

82. 俄勒冈和上加利福尼亚的提拉穆克人[1]（Killimus）

No.1、2：加利福尼亚北部的提拉穆克人。

No.3—8：俄勒冈的提拉穆克人。

82. 俄勒冈和上加利福尼亚的提拉穆克人 (Killimus)

[1] 译注：即 Tillamooks，北美原住民的一支。

83—84. 爱斯基摩——服装、家用器具、渔猎工具

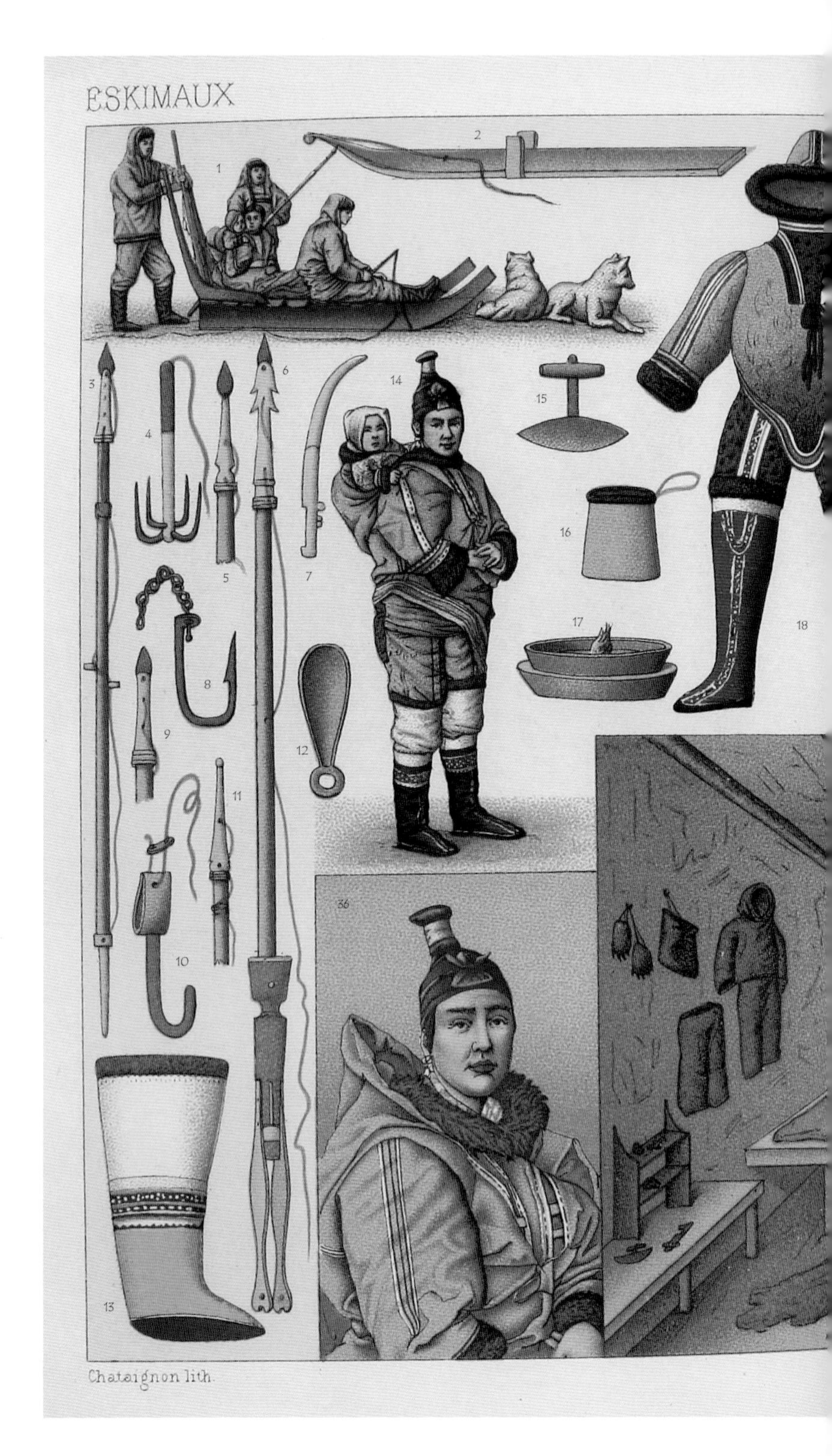

No.1：狗拉雪橇。

No.2：滑雪板。

No.3：铁尖海象骨投枪。

No.4：四齿铁钩

No.5、9、11、34：投枪头。

No.6：重型投枪。

No.7、30：海象骨刀。

No.8：鲨鱼钩。

No.10：铁钩。

No.12：木勺。

No.13：海豹皮制女式靴子。

No.14：爱斯基摩妇女。

No.15：十字柄铁刀。

No.16：海豹皮袋。

No.17：石制油灯。

No.18：女式海豹皮制服装。

No.19、20：海豹皮制猎囊。

No.21：海豹皮制矮凳，熊皮垫。

No.22：女式短上衣。

No.23：男式海豹皮制服装。

No.24：铁制木柄水勺。

No.25：独木舟。

No.26：海象骨制挂钩。

No.27：海豹皮制狗嘴套。

No.28：海象骨制烟盒。

No.29：手持投枪和长矛的渔夫。

No.31：叉枪，海象骨制叉刺。

No.32：木桨。

No.33：三倒钩叉枪。

No.35：海豹皮靴。

No.36：爱斯基摩妇女，“Juliana-Judith-Margarita Okabak”，22 岁。

No.37：居室内部。

No.38：母亲和其 2 岁的孩子。

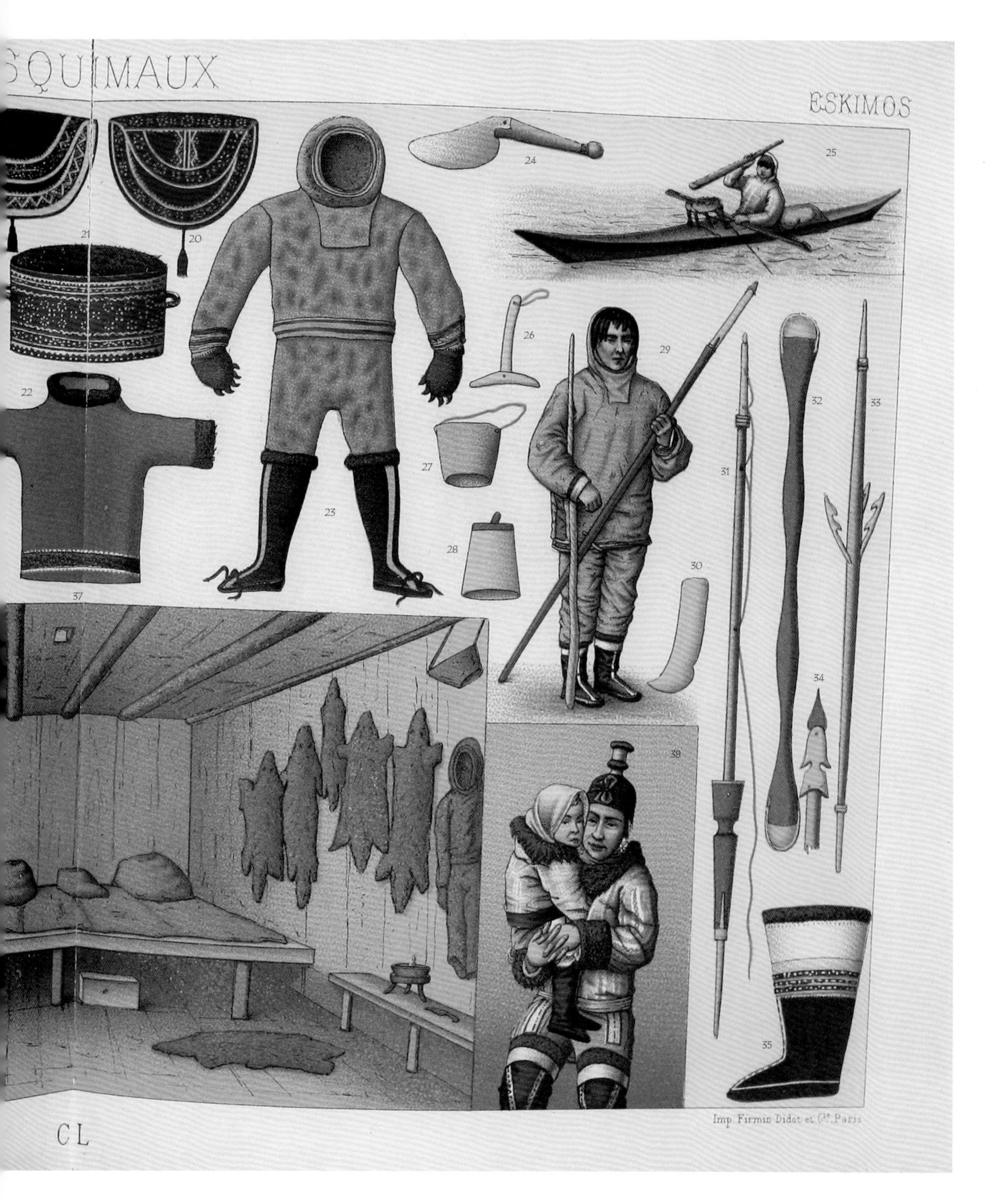

83—84. 爱斯基摩——服装、家用器具、渔猎工具

亚 洲（85–148）

85. 中国——皇族——礼服

85. 中国——皇族——礼服

No.1：身着常服的皇族公主。柠檬黄色和五爪龙都是皇家专属的特权。

No.2：公主的侍女。

No.3：身着补服的官员；只有三品以上的官员才有权利穿戴绣有三爪或四爪的蟒袍。

No.4：身着礼服的皇后。

No.5：皇后的侍女。

No.6：身着礼服的官员。

No.7：身着礼服的皇帝。

86. 中国——皇后和嫔妃

No.1：手持凤凰权杖的皇后。

No.2、3：二品嫔妃和她的侍女。

No.4：长袍细节。

86. 中国——皇后和嫔妃

87. 中国——官员的服饰、贵妇

87. 中国——官员的服饰、贵妇

No.3—6，取自收藏于巴黎国家图书馆版画室中的蒲呱（Pu-Qûa）作品。

No.1、2，取自于同一个版画室中的中国画师作品。竹竿轿子是轿子中最轻便的；骡子在中国既是坐骑又是驮运畜力。

No.3：身着夏季便服的官员。

No.4：身着礼服的一品官员。

No.5：身着礼服的满族贵妇，未裹足。

No.6：身着便服的中国贵妇，裹足。

88. 中国——服装

在欧洲，研究各个种族的哲学史以及文明的发展与停滞的所有学者，都以在中国历史中的精彩发现为证，承认中国古人具有一种特别的聪明才智，以至于为他们的种族带来了某种无能，或者说是一种能力上的失衡，这就是他们的科学现状之所以简陋且迷失在繁文缛节当中的原因。他们缺少灵感、理想和感情，转而使他们追求欲望上的考究，并在某种程度上产生了一个僵化于自私当中的社会。

我们在此无意去探求其原因的科学道理，但是认为展示其中的一个明显后果是有意义的，那就是这个国家中妇女的状况。描绘一幅中国女子的草图也能帮助阐明为什么我们在所有的图画中所见到的都是外貌温柔、安详，身材纤弱并裹脚的女子的原因。

在整个亚洲，女子普遍处于奴隶地位，尤其是在中国人当中。在他们那里，女子被保持在童贞状态。女子的地位被认为是低于男人的，她不能参与任何职业，只能被家庭供养着，关在家中从事针线、餐厨工作，并且单独进食。她是其父兄和丈夫的财产，没有公民身份。她的婚姻完全不由自己做主，甚至不知道其未婚夫的名字。结婚之后，富贵之家会将她安置在最幽深的内室，她可以种花、养狗、养鸟、看皮影戏等。她们的脚在幼年时期就被伤残了，每天都被裹住，而脚的大小就像商品一样被品评，因为她们可以被买卖。中国女子没有任何嫁妆，而是由夫家提供钱和聘礼，价格通过媒人与夫家议定。尽管中国的法律当中并没有认可多妻制，但在实际当中却是很流行。夫人与妾室的不同在于夫人享有名号，没有合法的原因不能被休妻；而妾室必须服从夫人，而且可以被家主随意处置。寡妇再婚是会被公众蔑视的，法律甚至禁止官员的寡妇再婚。

中国人十分欣赏女子的纤弱体态和由裹脚而造成步履蹒跚，甚至将她们的步态比作是微风拂柳。探寻这个奇怪习俗的原因超出了本书的主题，我们只是知道满族女子和皇族女子并不裹足。但是我们从中可以看出某种女子自愿祭献的意味，这是一种臣服于丈夫的标志，使其丈夫充分享有婚姻专制的好处。

No.1：已婚妇女。

No.2：婚服。

No.5 和 9：高官。

No.3、4、6—8：独轮车是普通百姓的交通工具，其图画是根据照片复制的。图中普通百姓与达官显贵的服饰区别对比明显。

ASIA
ASIE
ASIEN
Urrabietta lith.
Imp. Firmin Didot et Cie. Paris

88. 中国——服装

No.1：鞋、扇子和耳坠。

No.2：女仆。

No.3：钮扣商贩。

No.4：主妇。

No.5：南方省份的妇女。

No.6、7：官员和官妇。

No.8—17：不同妇女的形象。

89—90. 中国——满汉服装

CHINA
CHINE
CHINA
8
9
10
11
12
13
14
15
16
17
Nordmann lith
Imp Firmin Didot et Cie Paris

89—90. 中国——满汉服装

91. 中国——发饰、朝珠

No.1：护身符。

No.2 和 7：卦，竹制占卜用具。

No.3 和 6：附带假辫子的无边软帽。

No.4、8、9、17、25、29、36、39、41：首饰图案。

No.5：夏季的草编凉帽。

No.10：蒙古式无边软帽。

No.11：冬季的毡制暖帽。

No.12：皇后的帽饰。

No.13 和 15：钢制别针。

No.14、21、42：金制别针。

No.16：耳坠。

No.18：玉如意。

No.19：胸针式首饰。

No.20：绒领。

No.22：带花边的手环。

No.23：珊瑚顶珠。

No.24：金制珐琅别针。

No.26：礼帽顶珠。

No.27：朝珠。

No.28：官员的铜制腰带扣。

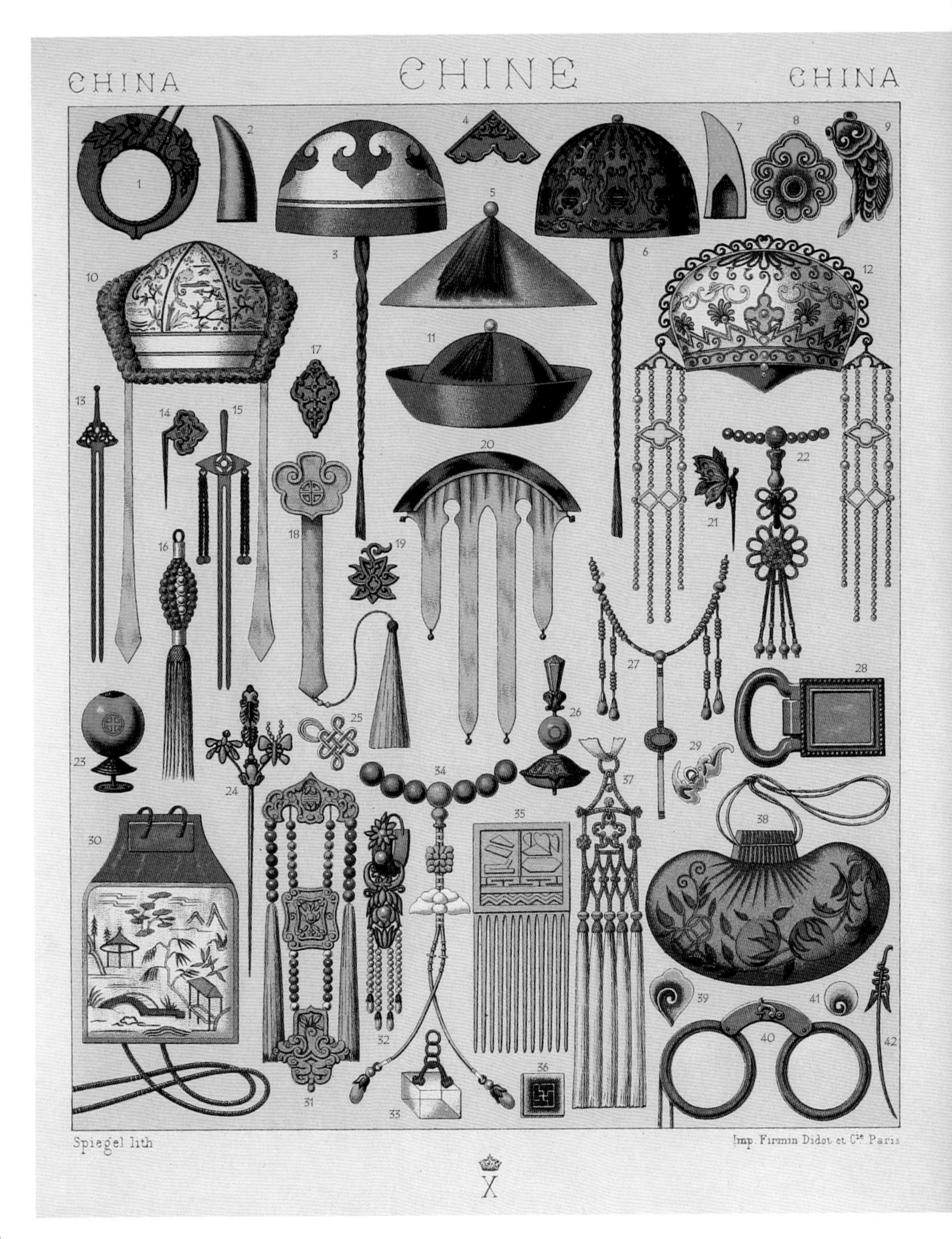

91. 中国——发饰、朝珠

No.30、38：丝质女用锦囊。

No.31：木制挂件。

No.32：金制珐琅耳坠。

No.33：水晶饰物。

No.34：木制念珠。

No.35：木梳。

No.37：玉佩挂件。

No.40：可折叠夹鼻眼镜。

92—93. 中国——富人的葬礼

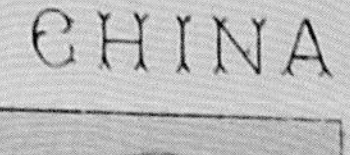

世界上没有哪个民族能比中国人更崇敬逝者了，他们的葬礼尤其隆重。我们可以将送葬游行看作是其习俗中最重要的礼仪之一。

插图来自于杜赫德神父（P.duHalde）的《中华帝国全志》（*Description géographique et historique de l'empire de Chine*，1735）。

92—93. 中国——富人的葬礼

94—95. 日本——军装——弓箭手

插图来自于日本，所绘内容为弓箭手的整套着装分解过程。

94—95. 日本——军装——弓箭手

96—97. 日本——原住民和征服者

No.1：长柄铁刀。

No.2 和 3：阿伊努人（Ainos），日本北海道原住民。

No.4：大名领主。

No.5、19、20：日本刀，刀鞘和刀套。

No.6 和 25：苦力。

No.7—10：将军及其武器细节。

No.11、12、23、24：日本链甲。

No.13：军官。

No.14：武士。

No.15 和 29：矛头铁套。

No.16—18：背着令旗的军官。

No.21：背着令旗的贵族。

No.22：弓箭手。

No.26：铜角铁头盔。

No.27：日本刀配件。

No.28：贵族。

No.30：北海道的消防员。

No.31—32：击剑服。

No.33—35：护胫锁子甲。

96—97. 日本——原住民和征服者

98. 日本——手工艺人和苦力

木匠、苦力。

98. 日本——手工艺人和苦力

99. 日本——不同身份的日本人

99. 日本——不同身份的日本人

日本人就像印度人一样将人按照种姓分类，除了极少例外，每个人都不能脱离他出身的社会等级。

等级共分九种：大名、贵族、僧侣和武士是前四个等级，有权佩戴两把刀；文人，包括医生是一级，有权佩戴一把刀；商人、手工业者、农民、苦力和水手是最低的几个等级，都无权佩刀。此外，还有等级外的乞丐等。

No.1：役人（Yakounine），警察。

No.2和3：大君(taikoun)和他的女仆。

No.4：出行的妇人。

No.5：役人。

No.6：医生。

No.7：自由民。

No.8：神道进香者。

No.9：无业贵族。

图中除轿夫身份低贱以外，其他人都属于中等公民。

100. 日本——平民服装、交通工具

101. 日本——女装

女式和服都配有丝质宽腰带，在腰上缠两圈，其带结的位置会表明其婚姻状态。按照习俗，日本妇女身穿和服时不佩戴任何首饰。

101. 日本——女装

No.1和2：化缘的和尚。

No.3—5：日本妇女。

No.9和10：瓷人。

人力车在日本才出现不久。

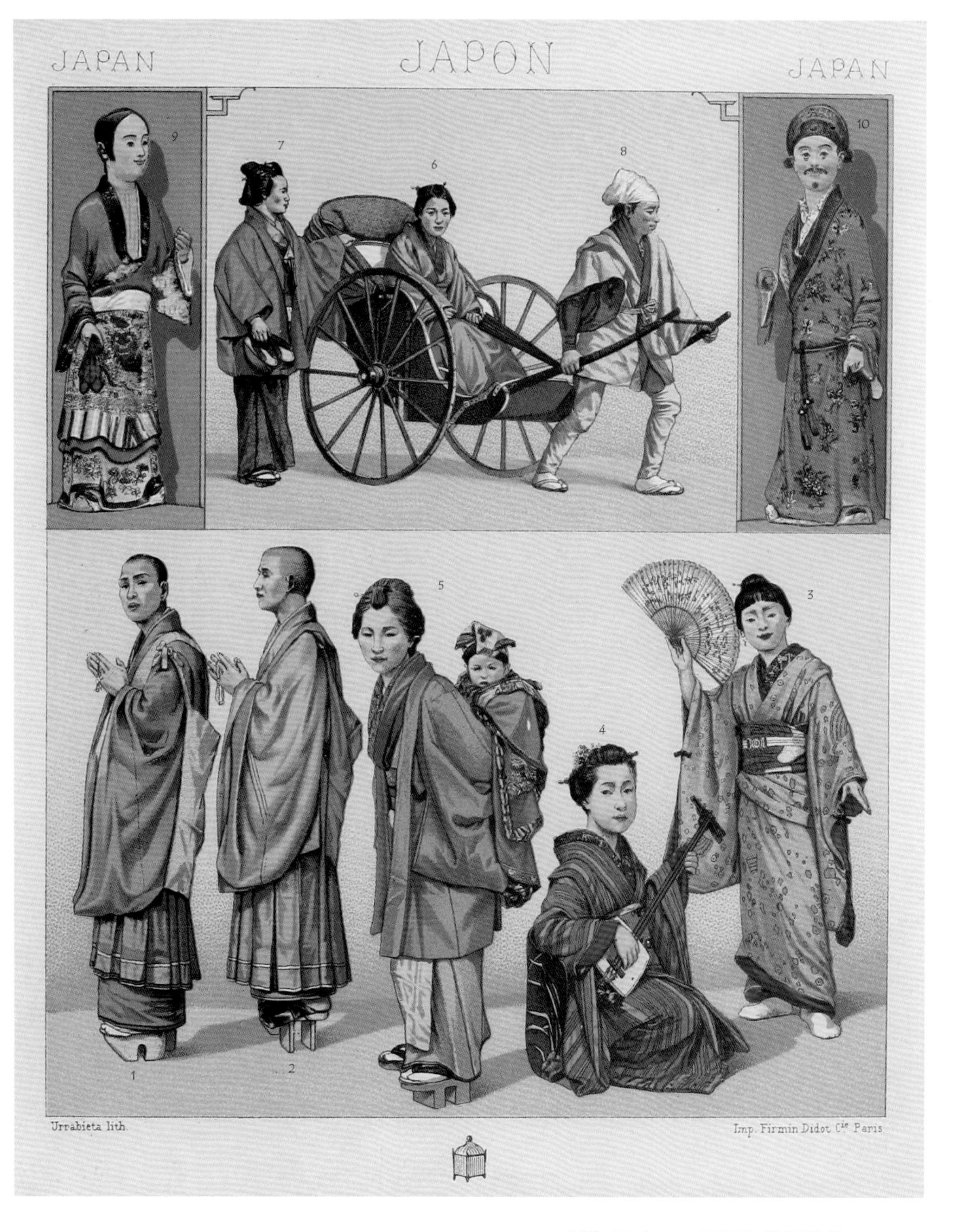

102. 日本——平民和僧侣服装

103. 日本——草席上的生活、梳妆

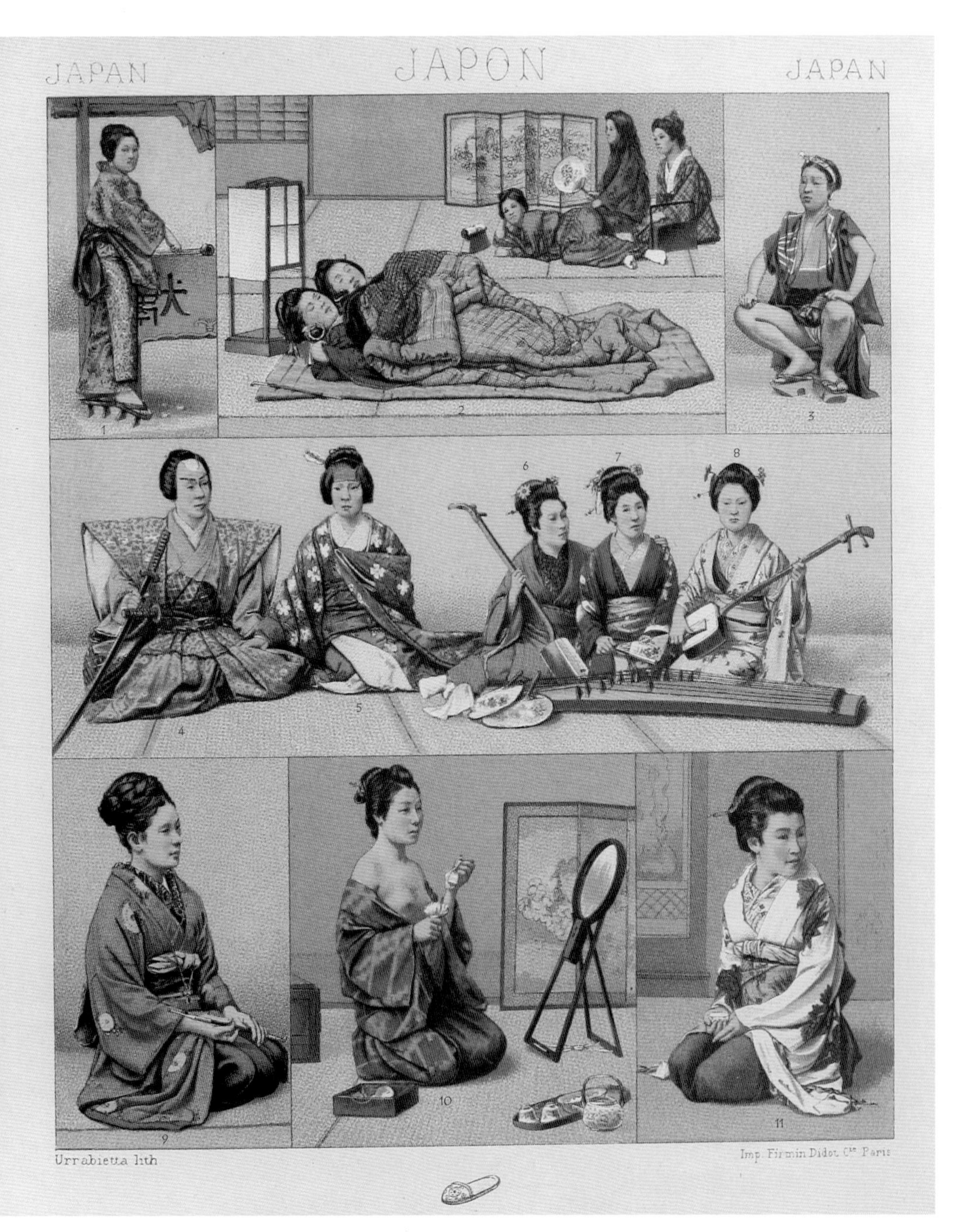

103. 日本——草席上的生活、梳妆

日本人特色的生活尤其表现在室内，所有居室的地板上都铺着草席，人们都席地而跪或蹲，不管是抽烟、交谈、游戏，还是吃饭和工作，都保持这个姿势，睡觉也在草席上，因此室内几乎没有什么家具。

草席的尺寸是一致的，长 6 法尺 3 英寸，宽 3 法尺 2 英寸，厚 4 英寸，由很细的稻草编织而成。

No.1：民妇。

No.2：睡觉用的提花棉褥；上置有软垫的木制枕头。

No.3、10：沐浴梳妆的妇女。

No.4、5：贵族夫妇。

No.6—8：三位女乐师；日本琵琶（biwâ）、古筝（gotto）、日本三弦（samsin）。

104. 日本——家庭

No.1：贵族家庭中的戏剧表演。
No.2：贵族家庭中的晚餐。

104. 日本——家庭

105. 日本——各等级人士的服装

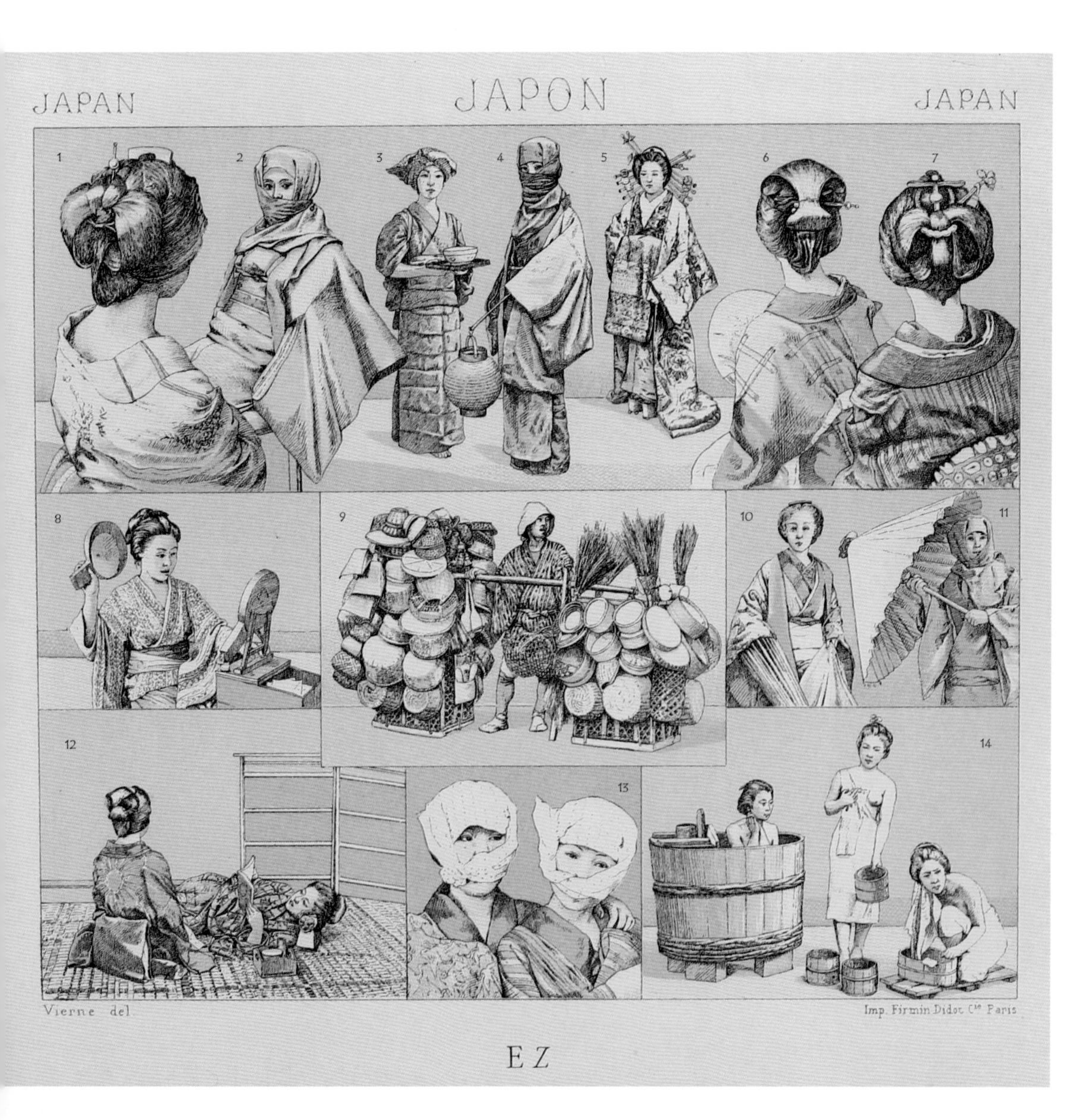

No.1、6—8：年轻女子的发型。

No.2、4、11：冬季的加棉和服。

No.3：女仆。

No.5：身着华服的高贵女士。

No.9：流动商贩。

No.10：出行的女士。

No.12：休息中的年轻女子。

No.13：出行的女孩。

No.14：女浴室。

105. 日本——各等级人士的服装

106. 日本——交通方式和工具

日本主要有两种轿子：舆（norimon）和驾笼（cango）。

驾笼是竹制的，就像一个篮筐，两边开放无遮挡，由前后两名轿夫抬着；而舆是贵族使用的，有严格的等级规制，两边带有侧窗。

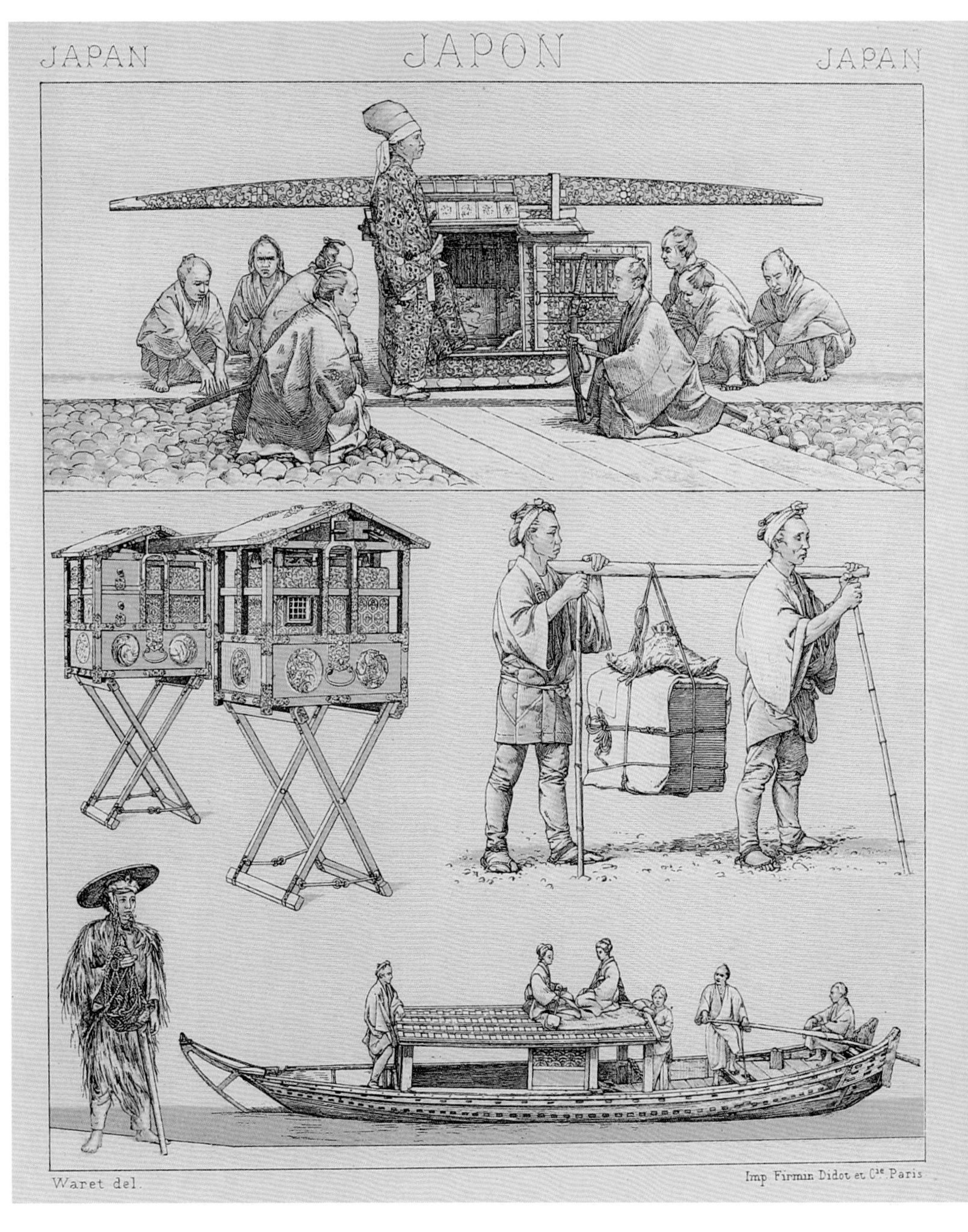

106. 日本——交通方式和工具

107. 亚洲——烟具

No.1 和 2：中国烟斗，烟杆为竹制，烟袋锅为木制。

No.6、7 和 18：鸦片烟斗和油灯。

No.9：中国北方的烟斗。

No.15：中国的整套烟具。

No.16：中国农民的烟斗。

No.19：中国水烟斗。

No.20：中国双功能烟斗，可同时吸烟丝和鸦片。

No.10 和 11：柬埔寨烟斗。

No.14：用于盛放烟丝的安南漆盘。

No.13：西藏打火机。

No.3—5：日本烟斗。

No.8：中国和日本都有的烟斗。

No.12：日本烟袋。

No.17：瓷质日本烟斗。

107. 亚洲——烟具

108. 老挝、暹罗和朝鲜

No.1 和 8：老挝人。
No.2—5 和 9：暹罗人。
No.6 和 7：朝鲜人。

108. 老挝、暹罗和朝鲜

109. 安南、印度、波斯和爪哇的烟具

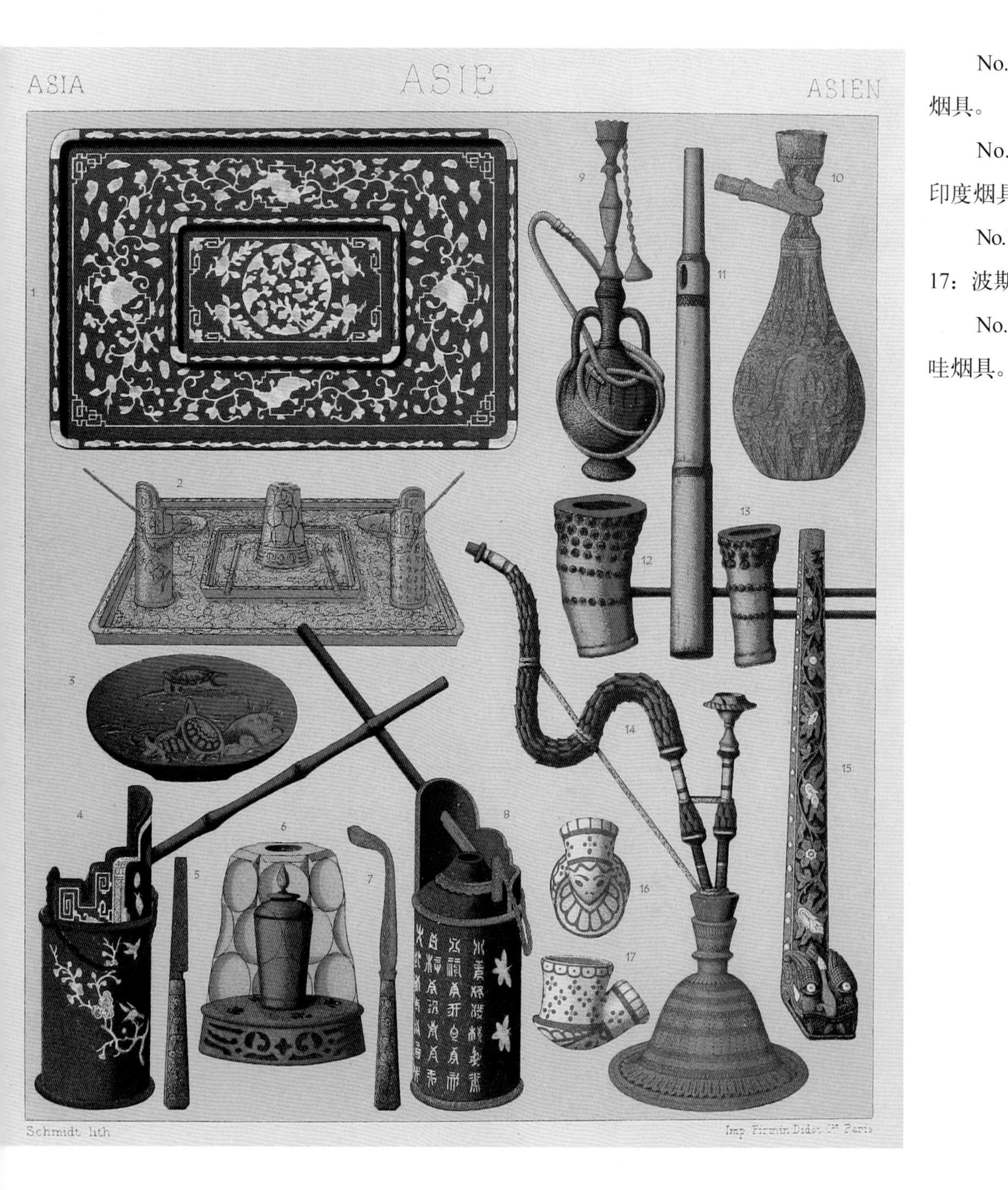

No.1—8：安南烟具。

No.9、12、13：印度烟具。

No.10、14、16、17：波斯烟具。

No.11、15：爪哇烟具。

109. 安南、印度、波斯和爪哇的烟具

110. 印度——拉杰普特人

拉贾斯坦邦位于印度次大陆南部的德干地区，夹在阿拉伯海和孟加拉湾之间。拉者（Radjahs）是治理印度各邦的君主。拉杰普特人（Radjepoutes）是王公之子的意思，他们组成了战士一族，在与其他的种族组成的军队中，拉杰普特人总是处于领导地位。拉杰普特人被看作是古代印度君主的后裔，属于刹帝利种姓。

这里展示的是特伦甘纳邦（Telingana）最后几位君主的画像。

No.1：“Djihan-Khan”。

No.2：“Schah-Soliman”。

No.3：“Soliman Moâsfdin”。

110. 印度——拉杰普特人

111. 印度——莫卧儿王朝——拉杰普特君主

No.1：“Azem Shah”。
No.2：“Shah Alem”。
No.3：拉杰普特君主。

111. 印度——莫卧儿王朝——拉杰普特君主

112. 印度——莫卧儿帝国的显贵

No.1：穆罕默德·巴克什，沙贾汗之子。

No.2：17世纪的印度王子。

No.3：德里的君主。

112. 印度——莫卧儿帝国的显贵

113. 印度——莫卧儿君主和贵妇

No.1：贾汉吉尔（Djehanguir）。

No.2：贾汉达尔·沙（Djehander-Schah）。

No.3、4：莫卧儿贵妇。

113. 印度——莫卧儿君主和贵妇

114. 印度——莫卧儿皇帝和贵妇

No.4：胡马雍(Houmaïoun)，1508—1556，莫卧儿帝国皇帝。

No.3：法鲁克西亚（Farouksiar），莫卧儿帝国皇帝，1712—1719 在位。

No.1、2：莫卧儿贵妇。

114. 印度——莫卧儿皇帝和贵妇

115. 印度——莫卧儿皇帝的轿辇

115. 印度——莫卧儿皇帝的轿辇

INDIA
INDE
INDIEN
Chataignon lith
Imp. Firmin Didot Cie Paris

116. 印度——后宫

117—118. 印度——17 世纪的建筑

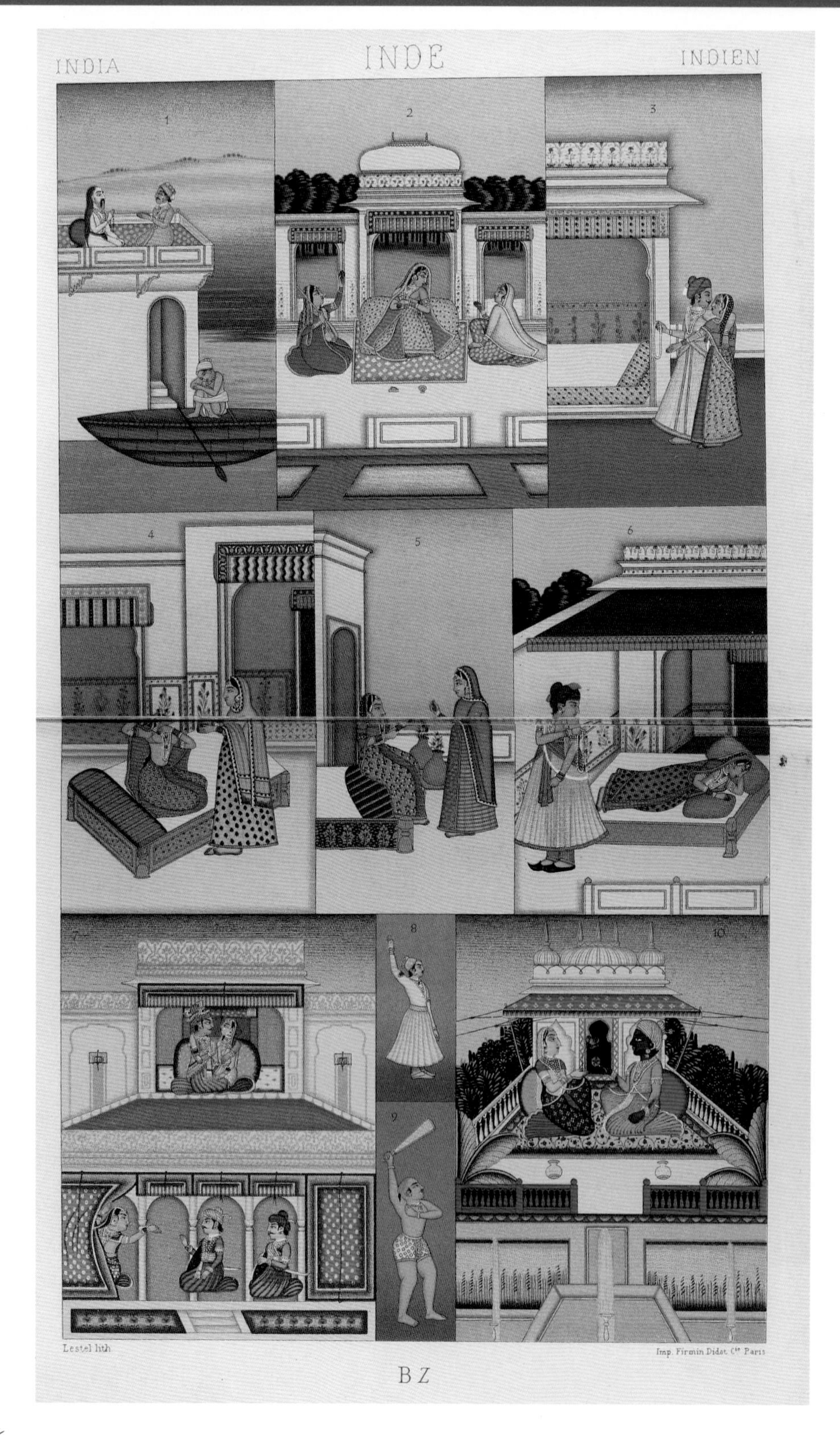

穆斯林风格的建筑，细密画。

印度语的“mâhl”，与波斯和土耳其的“harem”一样，就是后宫的意思。

117—118. 印度——17 世纪的建筑

莫卧儿皇帝查希尔丁·穆罕默德，外号巴布尔，即老虎的意思。插图取自于展示他出征波斯的画卷。

巴布尔是莫卧儿帝国的创建者。

119. 印度——16 世纪的军装

120. 印度、尼泊尔、波斯和土耳其的武器

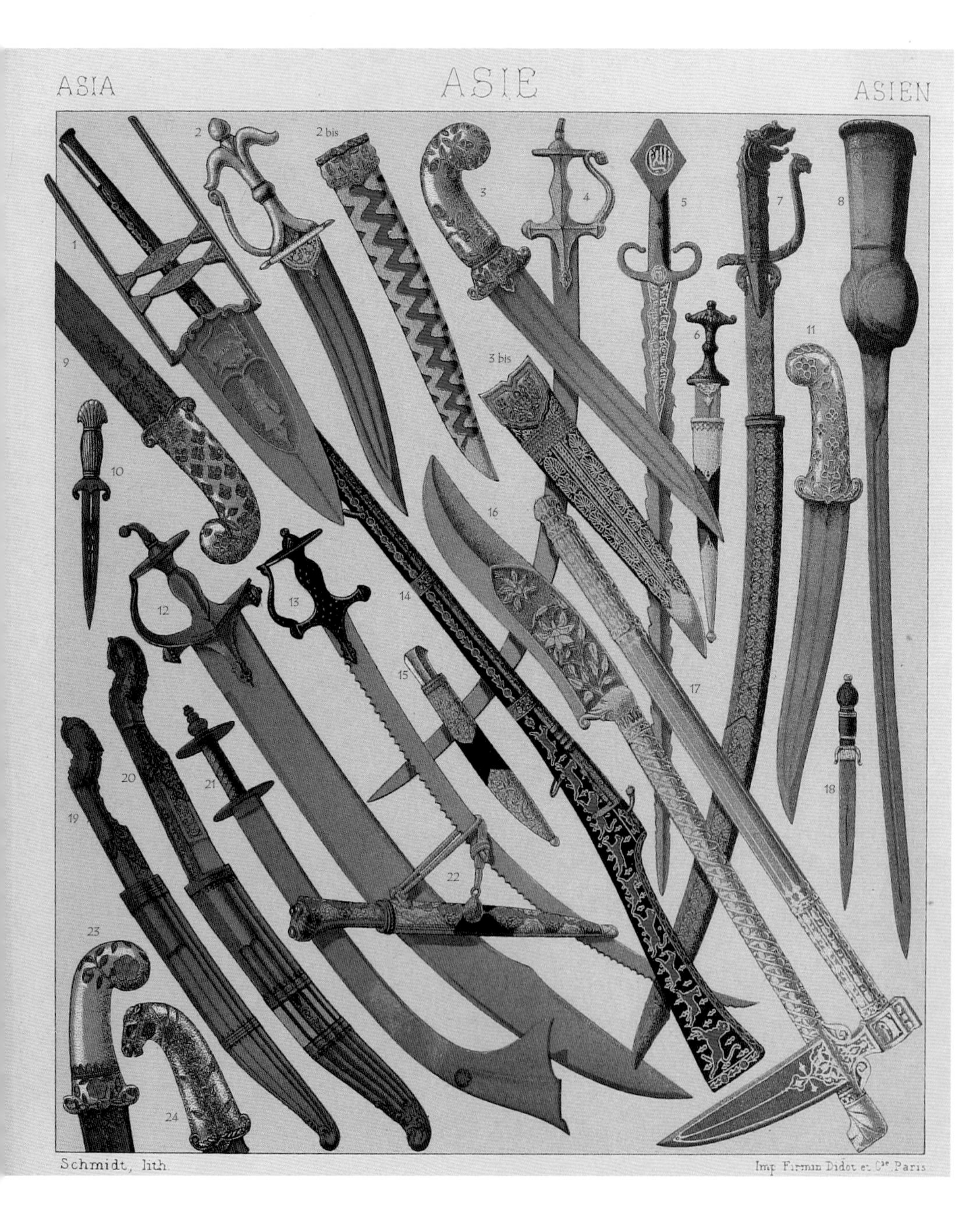

No.1：印度匕首，大马士革刀刃。

No.2 和 2bis、3 和 3bis、9、11、23、24：印度曲刃匕首及刀鞘。

No.6：印度匕首，大马士革刀刃。

No.10 和 18：巴黎制作的东方风格匕首。

No.19 和 20： 印度匕首。

No.22：波斯匕首。

No.15：土耳其匕首。

No.5：印度锯齿剑。

No.8：带护手和护臂的印度剑。

No.4：印度大马士革弯刀。

No.7：印度嵌花马刀。

No.13：印度锯齿刃马刀“puluar”。

No.12：印度砍头刀。

No.21：尼泊尔弯刀。

No.14：印度火枪。

No.16、17：长柄武器。

120. 印度、尼泊尔、波斯和土耳其的武器

121. 印度——武器和杂物

No.1 和 2：印度奶油勺。

No.3：孟加拉扇子。

No.4：印度木条书。

No.5、11—16：扣子、别针、耳坠、垂饰。

No.6：驭象铁钩。

No.7：尼泊尔小刀。

No.8：印度匕首。

No.9 和 10：印度斜刃匕首。

No.17：总督的鞋子。

No.18：16 世纪的莫卧儿头盔。

122. 印度——婆罗门僧侣的葬礼、拉杰普特君主

No.1：婆罗门僧侣的葬礼。

No.2：古吉拉特的婆罗门，宝石商贩。

No.3：京格埃埃（Gingee）的拉者。

No.4：普什图族（pathane）的穆罕默德。

No.5：坦贾武尔（Tanjore）的拉者。

122. 印度——婆罗门僧侣的葬礼、拉杰普特君主

No.1：婆罗门僧侣的葬礼，湿婆教派。

No.2：旁遮普披肩的织补女工。

No.3：一位婆罗门宝石商人的妻子。

No.4：坦贾武尔（Tanjore）拉者的妻子，马拉塔人，毗湿奴教派。

No.5：京格埃埃（Gingee）拉者的妻子，马拉塔人，毗湿奴教派。

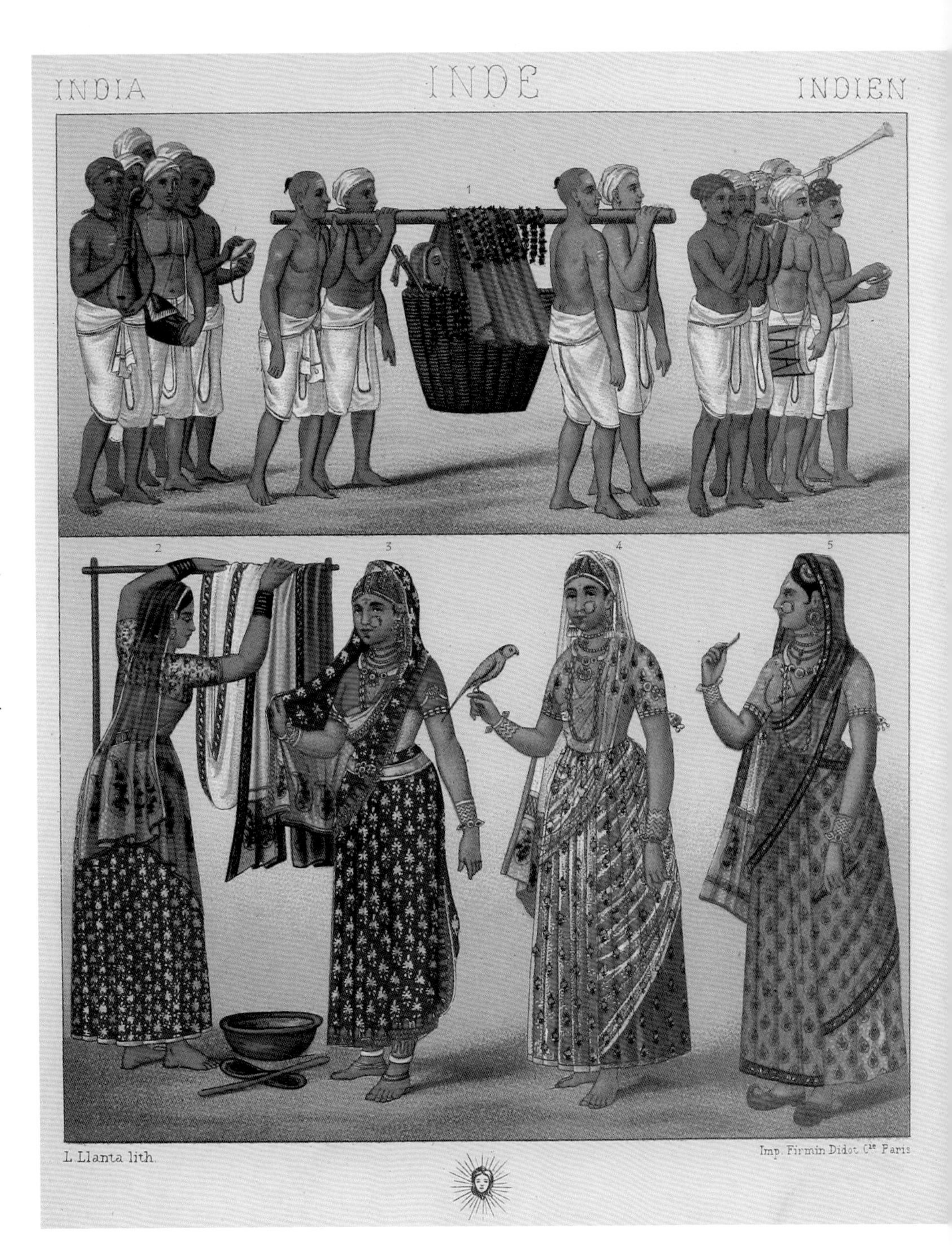

123. 印度——婆罗门僧侣的葬礼、马拉塔贵妇

124. 印度——女装、交通工具

124. 印度——女装、交通工具

No.1：乘坐“dôli”轿子的总督夫人，及轿旁的女管家。

No.2：古吉拉特首饰商人的妻子，吠舍种姓。

No.3—5：舞女。

125. 印度——婚礼花轿、舞蹈

图中为婚礼花轿，以鲜花和灯笼装扮，用于晚间的仪仗游行。花轿前有乐队和舞女开道。

125. 印度——婚礼花轿、舞蹈

126. 印度——印度教和穆斯林

印度教是所有以种姓制度为基础并认可婆罗门为最高种姓的教派的统称。它有三大教派：湿婆派、毗湿奴派和性力派。每个人前额上都有各自教派的标记。

No.1：穆斯林葬礼。

No.2 和 6：婆罗门夫妻二人，毗湿奴教派。

No.3：一位婆罗门占星师的妻子，湿婆教派。

No.4：湿婆教派。

No.5：乞丐，毗湿奴教派。

126. 印度——印度教和穆斯林

127. 印度——低种姓、印度教葬礼

印度的低级种姓依照《摩奴法论》（Manou）以职业分类。

No.1 和 2：种子商贩夫妇，“Lambadi”种姓。

No.3 和 4、6 和 8：乞丐夫妇。

No.5：盐贩。

No.7：乞丐“cannadien”。

127. 印度——低种姓、印度教葬礼

128. 印度——克什米尔士兵、土著

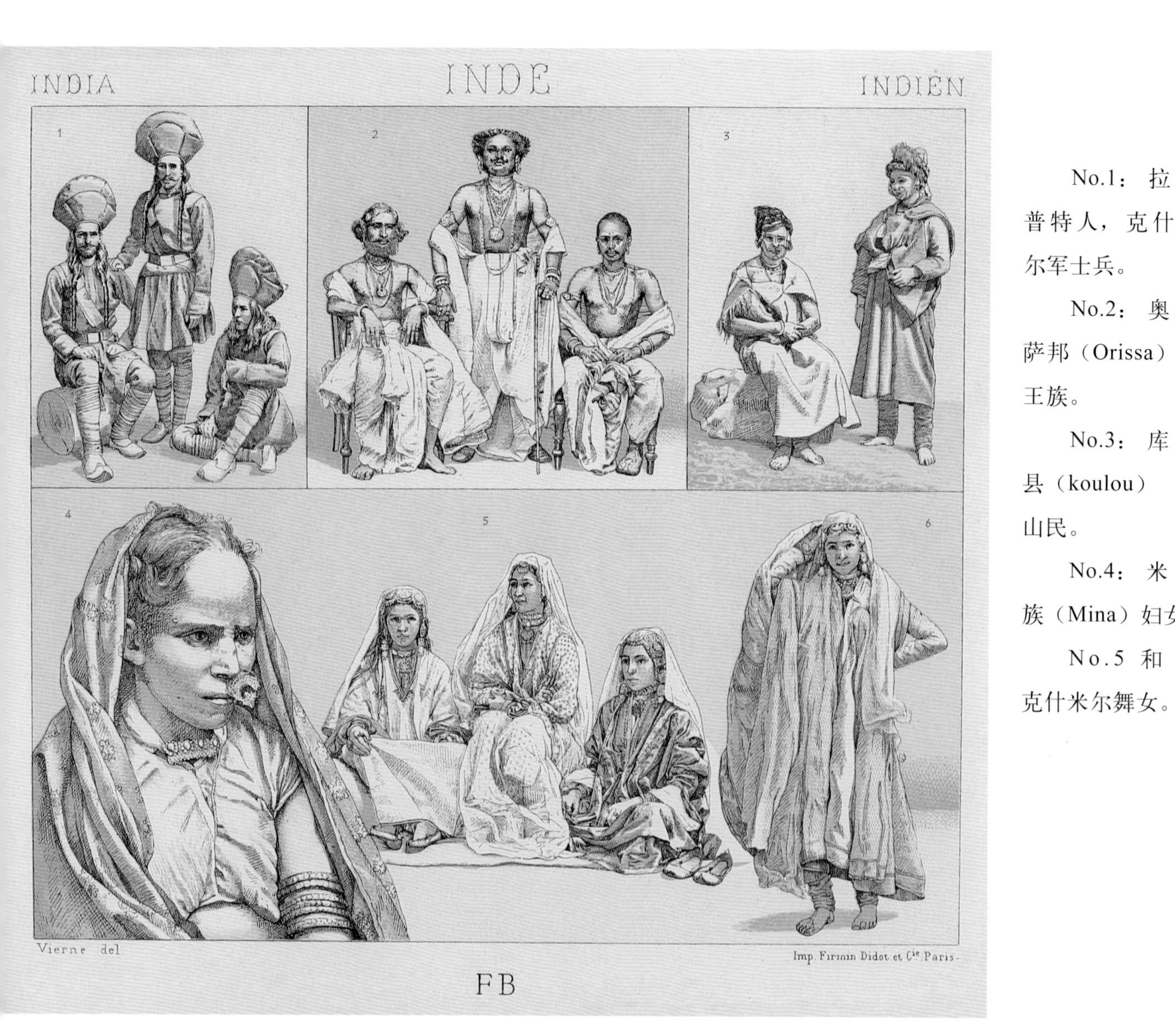

No.1：拉杰普特人，克什米尔军士兵。

No.2：奥里萨邦（Orissa）的王族。

No.3：库鲁县（koulou）的山民。

No.4：米纳族（Mina）妇女。

No.5 和 6：克什米尔舞女。

128. 印度——克什米尔士兵、土著

129. 印度——高原妇女

No.1—3：南印度舞女。

No.4和8：科利人（Koli）妇女。

No.5：加罗人（Garo）母女。

No.6：阿萨姆邦（Assam）高山妇女。

No.7：朝圣的妇女。

No.9：孟加拉东部的梅泰族（Manipuri）妇女。

129. 印度——高原妇女

130. 印度——妇女的日常活动、商贩

130. 印度——妇女的日常活动、商贩

No.1：伊洛瓦底江（Irraouaddi）的梅泰族人。

No.2 和 3：尼泊尔的廓尔喀族战士。

No.4：印度的家用磨盘。

No.5：印度流动商贩。

No.6 和 7：阿萨姆邦山民。

No.8："mitai"甜点商贩。

No.9：木工。

No.10：理发师。

No.11：克什米尔雕刻工。

131. 印度——居所、交通工具

No.1：印度中部的商贩居所。

No.2：马尔瓦尔商人（Marwaris）的房子。

No.3：斯利那加（Srinagar）拉者的游船。

No.4：旁遮普的农民和羊皮气囊。

No.5：孟买的双轮牛车。

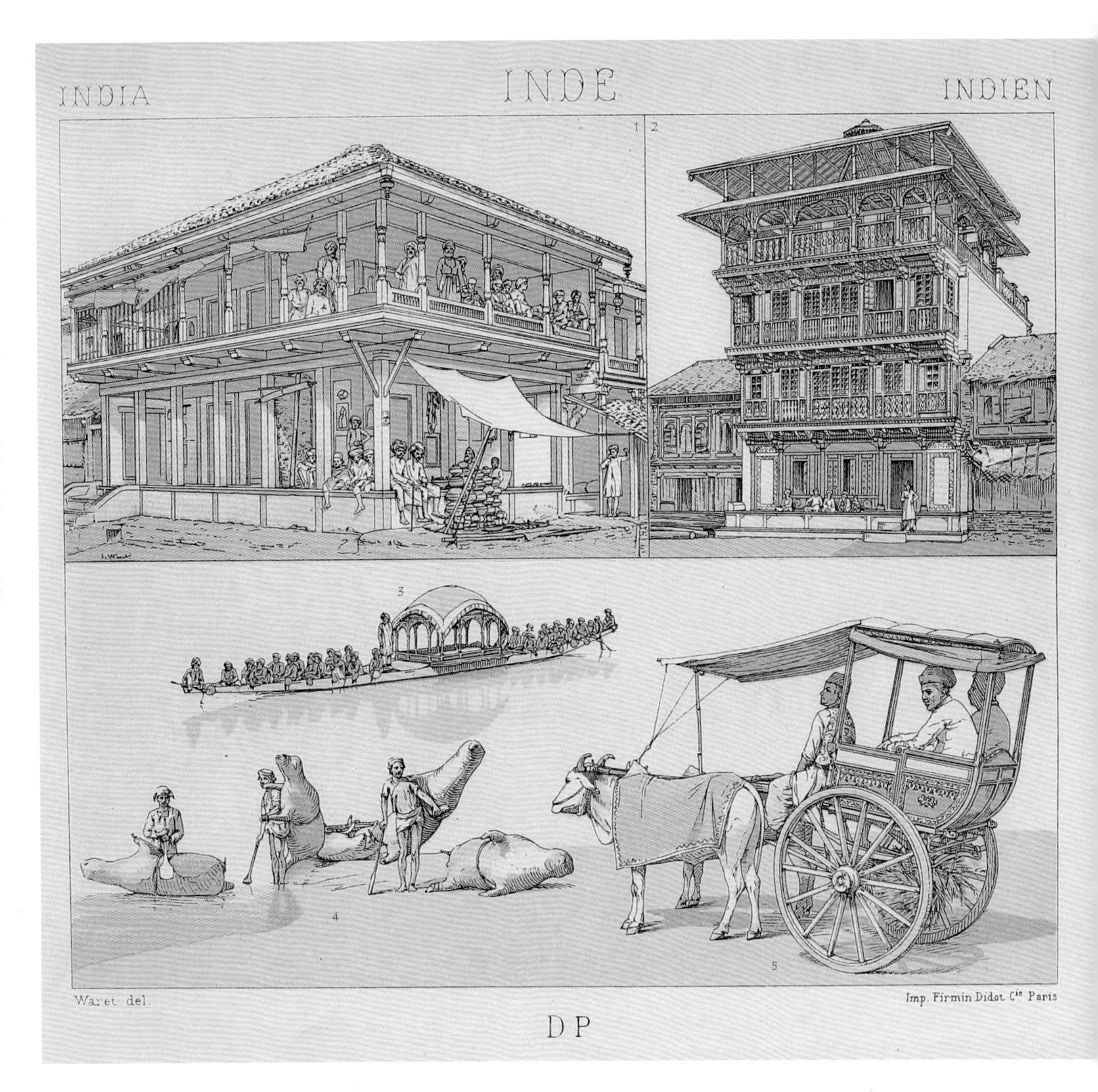

131. 印度——居所、交通工具

132. 锡兰岛——帕西人、犹太人

132. 锡兰岛——帕西人、犹太人

No.1：沙弥。

No.2：康提僧侣（Kandien）。

No.8：僧伽罗(Singhalais)村长。

No.6：僧伽罗妇女。

No.10：僧伽罗男子。

No.11：锡兰水手。

No.3、7、9：犹太人。

No.4和5：帕西人。

133. 印度次大陆南部——锡兰岛、马尔代夫群岛

No.1：马尔代夫水手。

No.2—5、7：僧伽罗人，以及他们的传统服装“Comboye”裙。

No.6、8—9、11、12：德干高原南部的印度教众。

No.10：穆斯林侍者。

133. 印度次大陆南部——锡兰岛、马尔代夫群岛

134. 马来西亚——武器

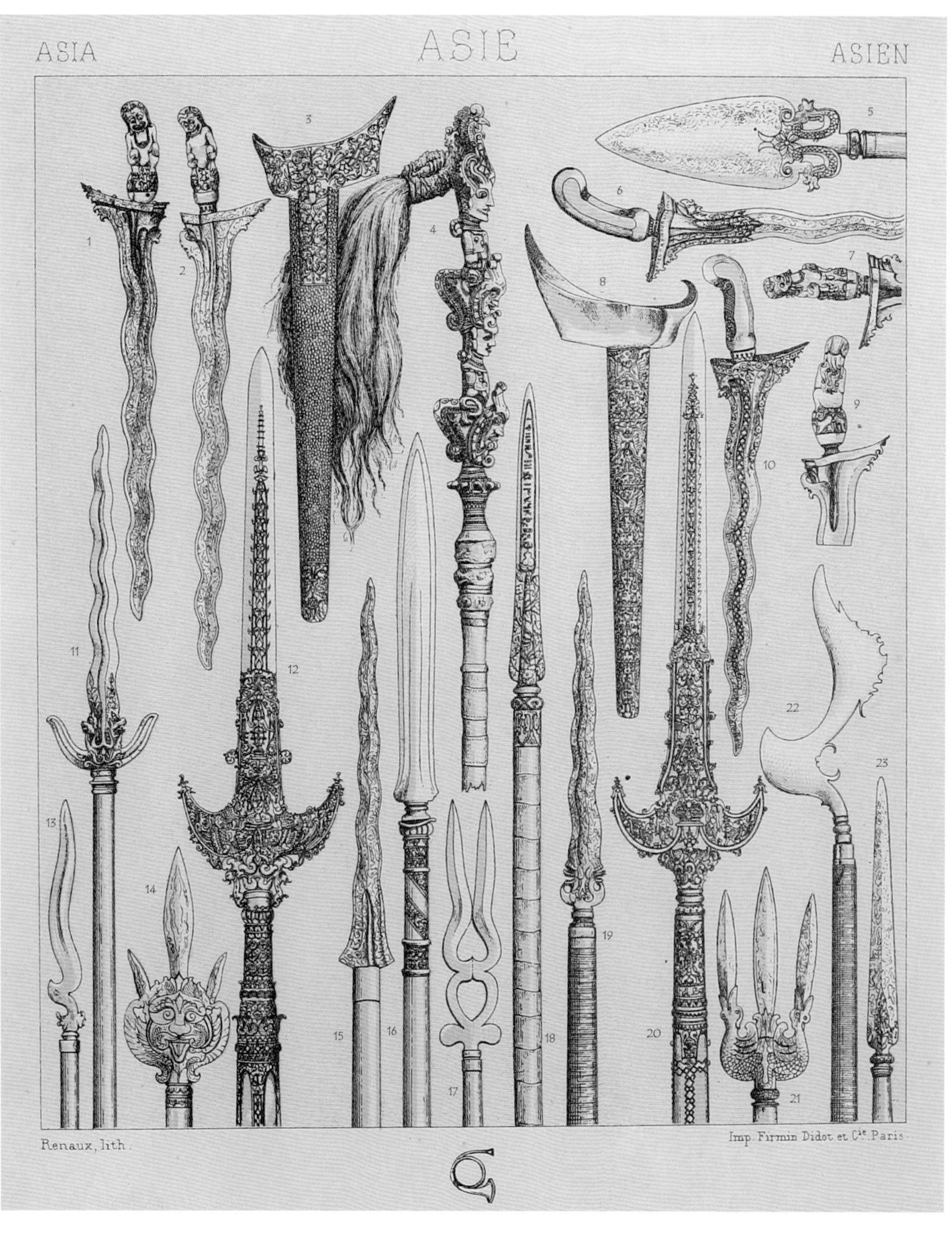

134. 马来西亚——武器

No.1—3、6—10：波刃剑和剑鞘。

No.4：军旗。

No.11、15、16、18、19、23：长矛和槊。

No.5、14、17、21、22：槊和叉。

No.12 和 20：印度槊。

No.1、10、15—17、19—21 和 25：波斯头巾和帽子。

No.2、5、9、14、27—30：阿富汗头巾和帽子。

No.3：亚洲土耳其，巴格达式头巾。

No.11：土库曼式羊皮软帽。

No.18 和 23：塔吉克斯坦式帽子。

No.25：波斯南部的苦行僧。

No.6、8、22 和 24：印度次大陆的头饰。

No.7、12、13 和 26：库尔德斯坦头饰。

135—136. 亚洲人——头饰和头巾

135—136. 亚洲人——头饰和头巾

137. 波斯——女装、饮食

No.1 和 2：瓦拉明“Ilyate”族女孩。

No.3、6—8：出行的波斯女子。

No.4 和 5：特拉布宗（Trébizonde）的波斯女子。

No.9：准备就餐的德黑兰妇女。

138. 波斯——家务

No.1—3：咖啡侍女。

No.4：水烟侍女。

No.5—7：侍女。

No.8：设拉子（Chiraz）的苦行僧。

No.9：土库曼新娘。

138. 波斯——家务

139. 波斯——舞女和乐师

No.1：波斯舞女。

No.2—4：摇臀舞的不同阶段。

No.5—9：乐师和乐器。

139. 波斯——舞女和乐师

140. 亚洲——首饰

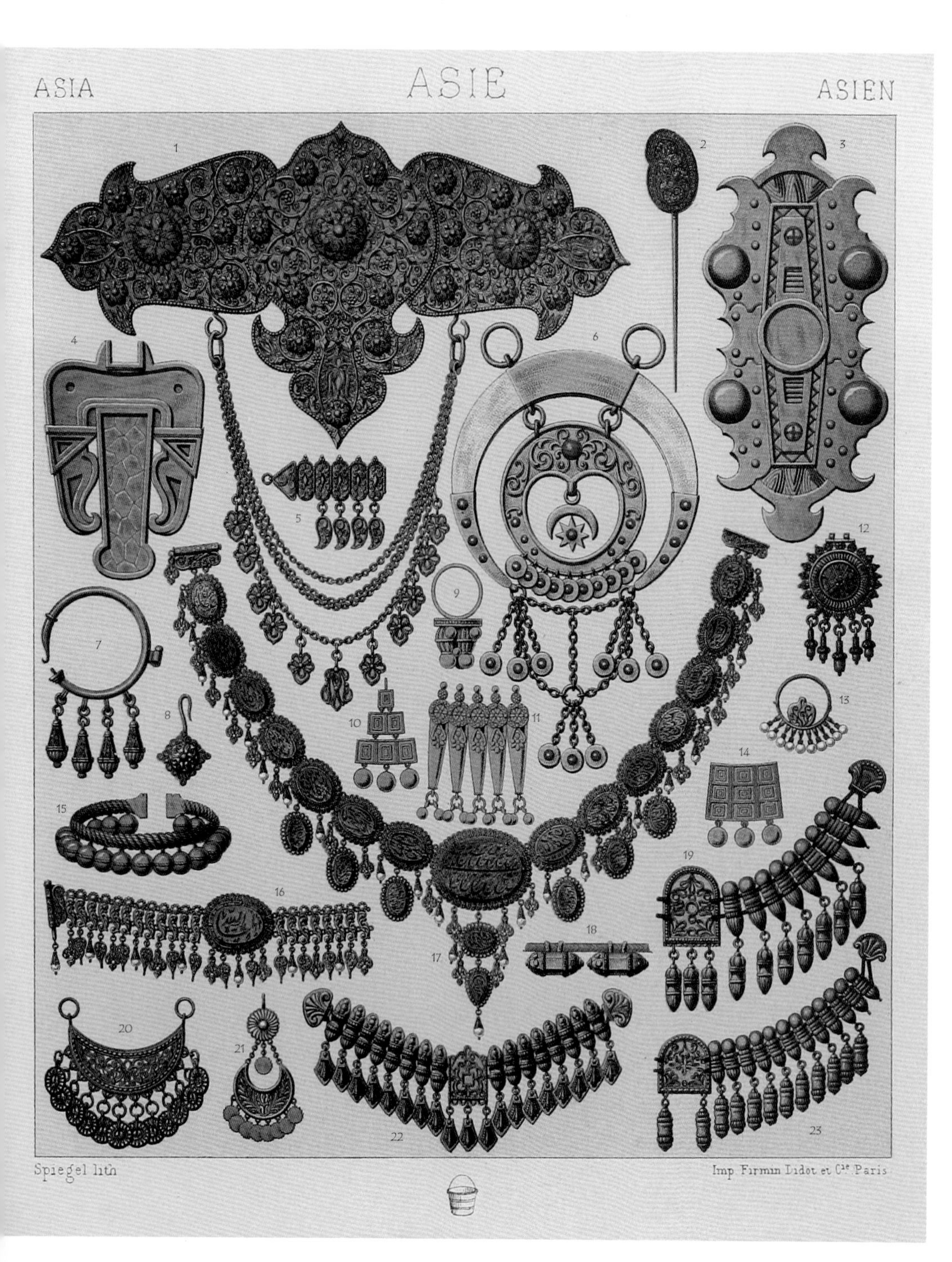

140. 亚洲——首饰

No.1、3、4:“Tchaprass”，腰带扣。

No.2：印度棕榈叶式别针。

No.5：“Guerdanlik” 项链局部。

No.6：土耳其马胸饰物。

No.7：阿拉伯式耳环。

No.8：耳坠。

No.9—11、14：银制指环、耳坠、项链局部。

No.12、20：挂件。

No.13：耳环。

No.15：金制脚腕链。

No.16、18：项链局部。

No.17：项链。

No.19、22、23：双排项链。

No.21：耳坠。

141. 波斯——沙阿[1]的侍从

No.1：按照波斯习俗，在每天的日出日落时刻，皇宫最高的平台之上都会鸣响起号鼓之声。

No.2、3：一位侍从在向沙阿展示“kalèan”水烟壶。“kalèan”水烟壶对所有的波斯人来说都是一个奢侈品，而只有君主的水烟壶上镶嵌有珍珠和钻石。

No.4—7：街头巷尾的商贩。

No.8：印度苦行僧。

141. 波斯——沙阿的侍从

[1] 译注：“Shah”，波斯君主的称谓。

142. 波斯——服装、吸烟者

142. 波斯——服装、吸烟者

No.1：正在读《古兰经》的伊斯法罕毛拉。

No.2：负责农田灌溉的水官。

No.3：山区的游兵。

No.4：马夫。

No.5：朱利法的亚美尼亚妇女。

No.6：抽水烟的波斯人。

No.7：抽烟袋的亚美尼亚人。

No.8：抽烟袋的阿拉伯人。

No.9：抽“chibouk”长烟斗的伊斯法罕人。

No.10：抽“kalèan”水烟的波斯显贵。

No.11：抽烟卷的吉兰省（Ghilan）人。

143. 波斯——住宅内庭

奥斯曼土耳其式的内室装潢。
图中女仆正在为一位夫人准备“kalèan”水烟。

143. 波斯——住宅内庭

144. 亚洲——烟斗和烟嘴

水烟斗

No.12—15、17—19、21。

旱烟斗

No.1、2、4、6—10。

烟嘴

No.3、5、11、20。

144. 亚洲——烟斗和烟嘴

145—146. 穆斯林——礼拜和致敬

No.1—7：穆安津[1]（muezzin）在宣告；No.2—7 为净礼顺序。

No.8、9：正式礼拜前请求真主宽恕“istighfar”。

No.10—18：礼拜顺序。

No.19—23：相互平等的人之间的致敬。

145—146. 穆斯林——礼拜和致敬

[1] 译注：在清真寺尖塔上报祈祷时间者，原意为“宣告者”。

145—146. 穆斯林——礼拜和致敬

No.1：早期的圣殿骑士（Templier）。

No.2 和 8：加尔默罗会修士（Carmes）。

No.3 和 6：明格列尔人教徒（Mingréliens）。

No.4：圣安东尼修会(Saint-Antoine)的亚美尼亚僧侣。

No.5：叙利亚的斯图狄奥斯修道院(Studite)修士。

No.7：耶路撒冷圣墓（Saint-Sépulcre）的法政牧师。

No.9 和 14：格鲁吉亚和明格列尔修女。

No.10 和 13：埃及的东方教会（d' Orient）修女。

No.11：亚美尼亚修女。

No.12：黎巴嫩的马龙尼礼教会（Maronite）修女。

147. 东方——天主教僧侣

148. 叙利亚——坐骑和运输方式

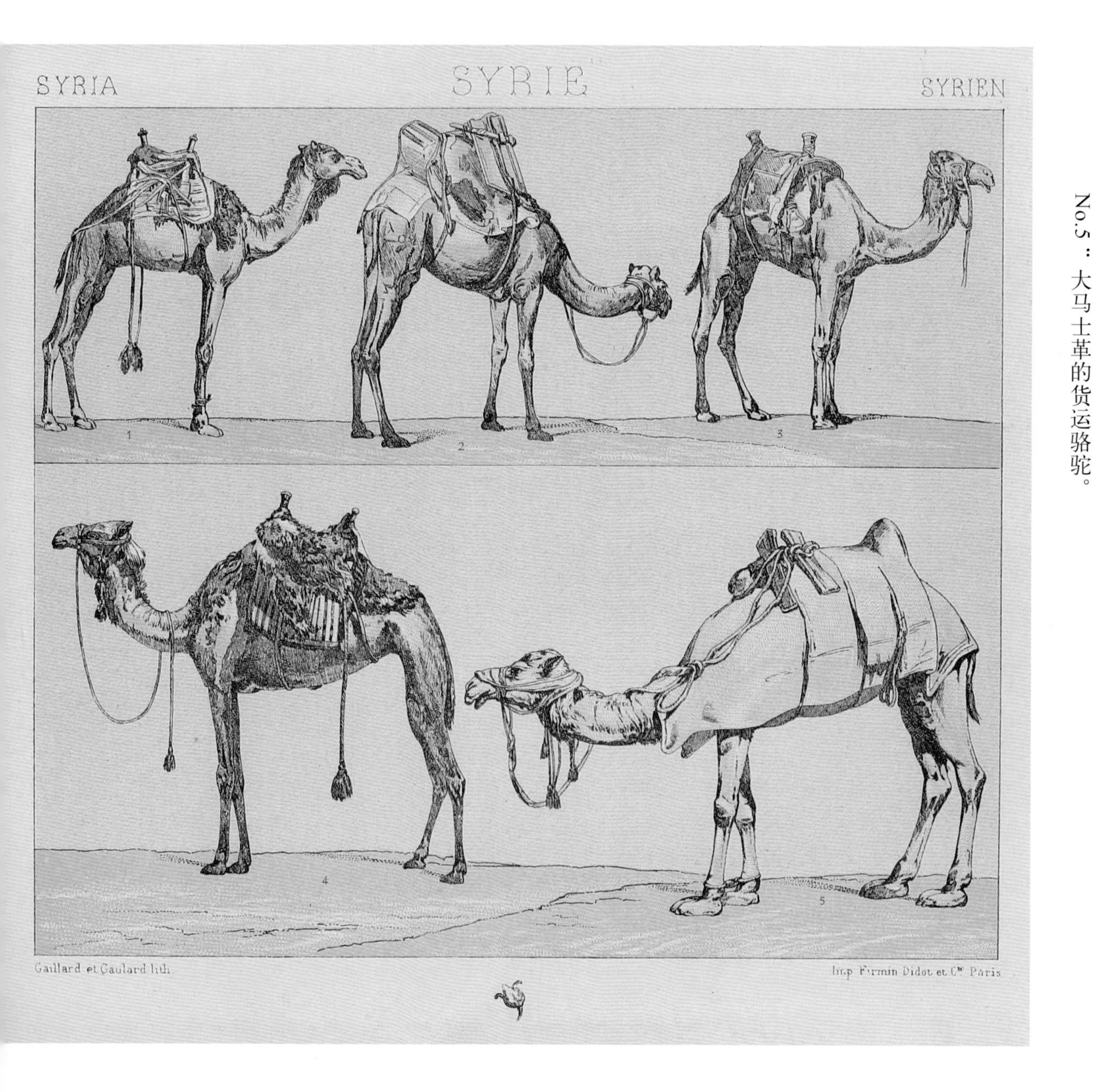

No.1—3：大马士革的单峰骆驼。
No.4：沙漠的单峰骆驼。
No.5：大马士革的货运骆驼。

148. 叙利亚——坐骑和运输方式

北 非（149–168）

149. 北非——坐骑和运输方式

骆驼有“沙漠之舟”的称号，既承担货运，又是人的坐骑。图瓦雷克人（Touareg）既是可怕的强盗，又是勇敢的商人，是真正的沙漠之王。他们通过武力控制沙漠中的水井和绿洲，勒索过往旅客获得解渴和休整的权利。

进入赤道区之后，就见不到骆驼了，骡和驴成了日常的坐骑。马是阿拉伯人的朋友，每个家长都至少拥有一匹。

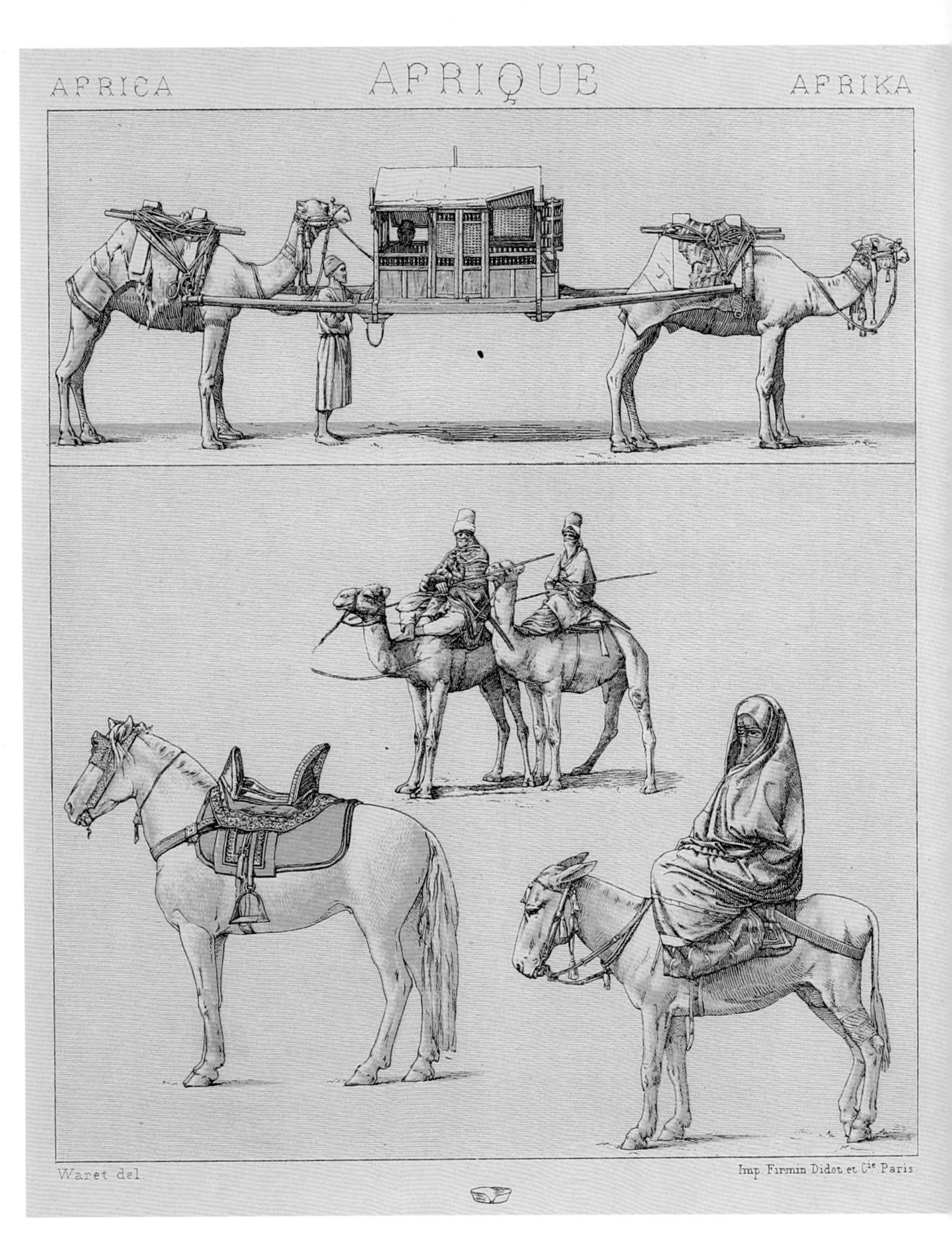

149. 北非——坐骑和运输方式

150. 北非——阿尔及利亚和突尼斯——卡比尔人

150. 北非——阿尔及利亚和突尼斯——卡比尔人

柏柏尔人（Berbères）被认为是非洲土地上最古老的先民，他们有几个分支，例如摩洛哥的阿玛兹格人（Amazighs）；埃及和费赞（Fezzan，位于今利比亚）的图布人（Tibbous）；撒哈拉的图瓦雷克人；以及阿尔及利亚和突尼斯的卡比尔人（Kabyles）。

卡比尔人既勇敢又机灵，既是商人也是战士。他们于7世纪时期无法抵抗侵入北非的穆斯林，由此也被归化为穆斯林，但是他们是比较温和的教徒，尚且保留了部分自己古老的传统。他们对待妻子的态度与其他穆斯林不同，也几乎只娶一个妻子。卡比尔妇女相对较自由，出行不遮面，也可以参加公共节庆活动，甚至与男人跳舞。

No.1：背水的妇女。

No.2：运奶的妇女。

No.3—5：农妇。

No.6、7：卡比尔人。

No.8：卡比尔首领。

No.9：卡比尔妇女。

151. 北非——阿尔及利亚和突尼斯——妇女

No.1：摩尔人。

No.2：卡比尔人。

No.3：姆扎布人（Mozabite）。

No.4：卡比尔人流动商贩。

No.5：收获橄榄的卡比尔妇女。

No.6：卡比利亚地区（Grande Kabylie）的妇女。

No.7：收获无花果的卡比尔妇女。

151. 北非——阿尔及利亚和突尼斯——妇女

152—153. 北非——卡比尔人住宅内部

卡比尔人的居所“gourbi”十分简陋，主要用砖石搭建，黏土夯墙，没有任何建筑原则。此类陋室通常只有一间，无窗，无烟囱，只在地上挖坑生火做饭。这间屋子可以住十个人，此外，牲畜和粮食也都收养和存放在屋中。屋中除了各种器皿外没有什么家具，人就直接睡在地上。

下方图中展示了正在准备“古斯古斯”（couscous）的妇女，以及正在制作工具的流动铁匠。

我们尚不了解卡比尔人的纹身图案的意思，只知道各个图案的纹身位置。

152—153. 北非——卡比尔人住宅内部

154. 北非——卡比尔首饰

No.1：木念珠。

No.2、3、9、10、14：银制镶珊瑚珐琅头冠、别针和耳环。

No.4 和 5：耳环及其展开形态。

No.6 和 7：指环及其展开形态。

No.8、15、17：银制珐琅珊瑚项链。

No.11：大耳环。

No.12：羊毛腰带局部。

No.13：别针。

No.16：腿环。

154. 北非——卡比尔首饰

阿拉伯帐篷由一根2.5米高的中心立柱和两根2米高的长杆支撑，帐篷四周用羊毛绳和小木桩固定在地上。帐篷盖布是由羊毛和骆驼毛混织而成的，每块长8米，宽75厘米，其上的图案是一成不变的，总是由棕色和白色的条纹间隔组成。

在阿尔及利亚，撒哈拉的阿拉伯人属于游牧者，而北部丘陵地区的农民是定居者。

图中手扶水壶的卡比尔妇女身穿节日礼服，从其头饰上看是已婚妇女，但是尚未能生育男孩，因为她的头上没有佩戴圆形的“thabezimth”首饰，那是生育了男孩的标志。

155. 北非——阿拉伯帐篷、游牧民族和定居民族

156. 摩尔人——头领的服装

156. 摩尔人——头领的服装

图中的十个人物出自于格拉纳达的阿兰布拉宫（Alhambra de Grenade，位于西班牙南部，由摩尔人修建）的“正义厅”（Sala de Justicia）穹顶画。

十位人物组成了格拉纳达的部族首领议会。

No.11：格拉纳达最后的国王巴布迪尔（Boabdil，即穆罕默德十二世）之剑。

No.12：奥地利的唐胡安之摩尔剑。

“塔基亚”(Chéchia)无沿软毡帽是当地男式帽子的基本款式，有红色、白色或棕色。阿拉伯人通常会重叠戴两三个软帽，红色的置于最上方，然后用头巾将软帽裹起来，最后再用羊毛绳缠绕固定。

No.1：阿尔及利亚北部山区泰勒(Tell)的农民。

No.2：奥兰省(Oran)“Smélas”部落的阿拉伯人。

No.3：沙维雅的柏柏尔人。

No.4、5、7：阿尔及利亚的犹太妇女。

No.6：沙漠中的阿拉伯头领。

157. 北非——阿尔及利亚

158. 北非——阿尔及利亚

158. 北非——阿尔及利亚

当地有七个种族：阿拉伯人、柏柏尔人占据了其中的大部分；随后还有摩尔人、土耳其人、古卢格利人（Kouloughlis）、犹太人和黑人。

No.1：奥兰省的黑人。

No.3：沙维雅的柏柏尔人。

No.4、5、6、8：年轻的摩尔人。

No.2、7、9：寇尔斡里斯妇女。

159. 北非——阿尔及利亚和突尼斯——大众服装

No.1 和 11 图片取自突尼斯，其它图片取自阿尔及利亚。

159. 北非——阿尔及利亚和突尼斯——大众服装

160—161. 北非——阿尔及利亚、突尼斯和埃及——大众服装

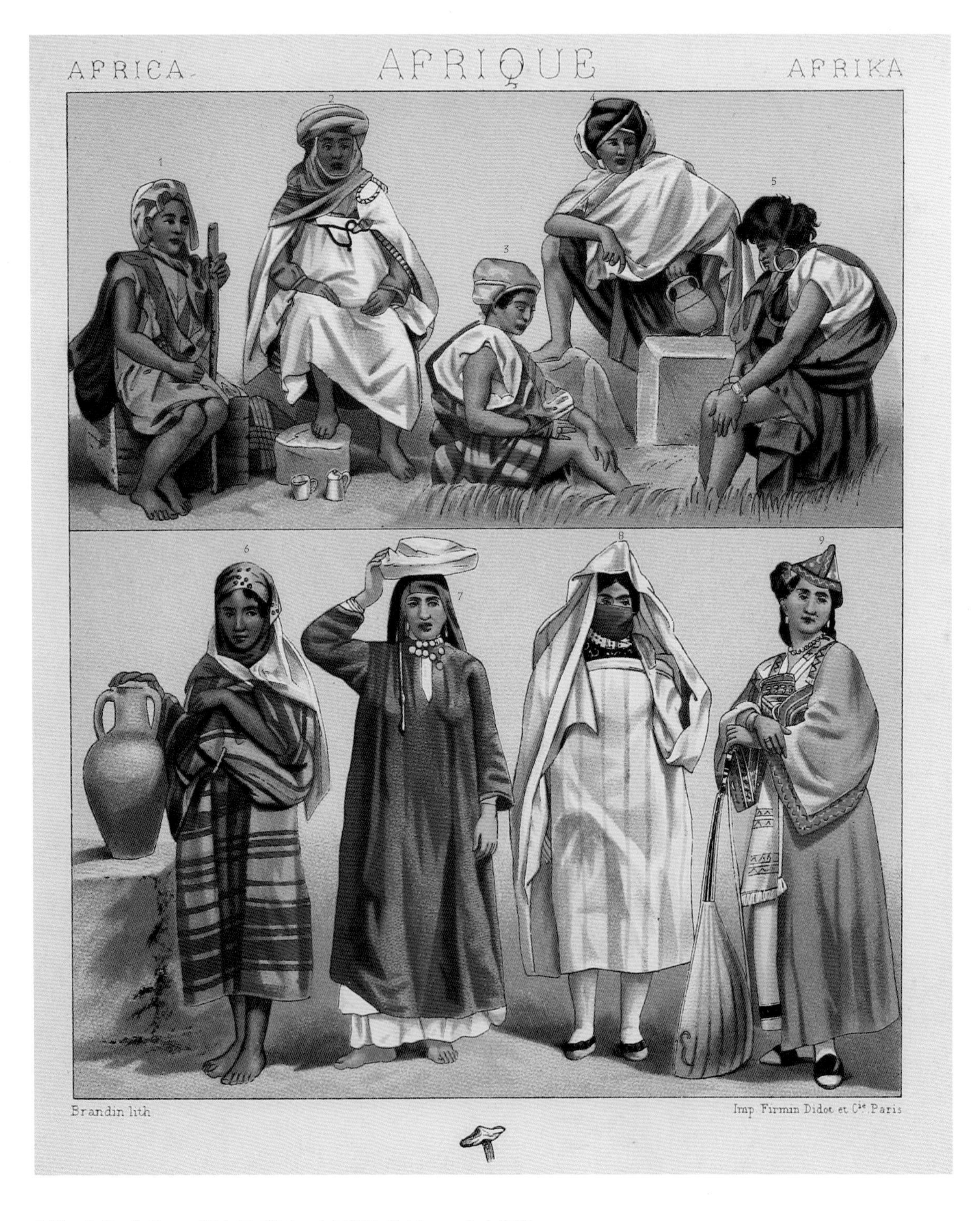

160—161. 北非——阿尔及利亚、突尼斯和埃及——大众服装

阿尔及利亚

No.3、5、6：卡比尔妇女。

No.1、4、7：阿拉伯妇女。

No.2、10、14：阿尔及利亚南部妇女。

No.12：摩尔妇女。

No.9：犹太妇女。

No.18：黑人流动商贩。

No.13：黑人女子。

突尼斯

No.8：富有的阿拉伯妇女。

No.11：贫穷的阿拉伯妇女。

埃及

No.15：农妇。

No.16、17：乞丐。

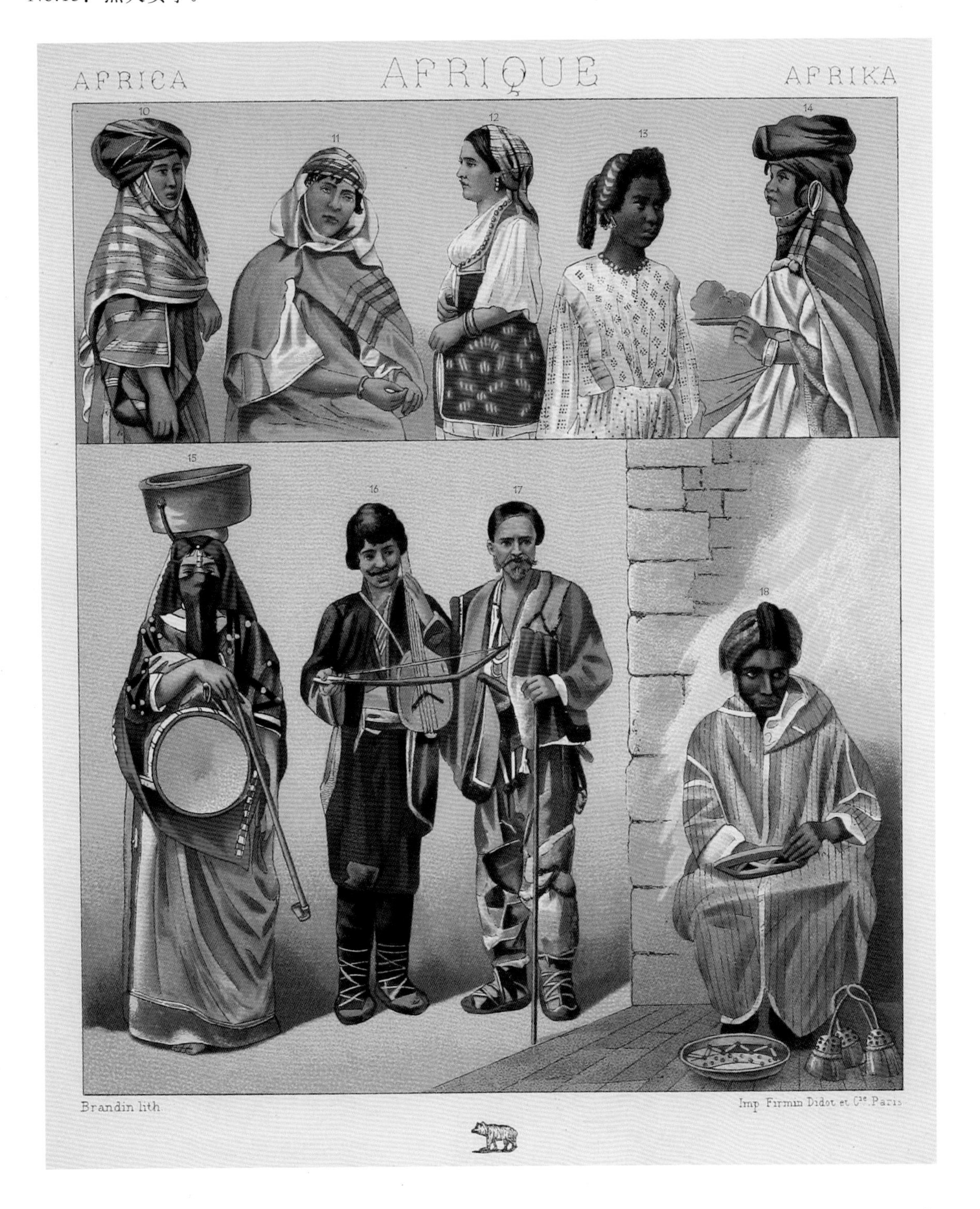

160—161. 北非——阿尔及利亚、突尼斯和埃及——大众服装

162. 北非——柏柏尔人——阿尔及利亚和突尼斯服装

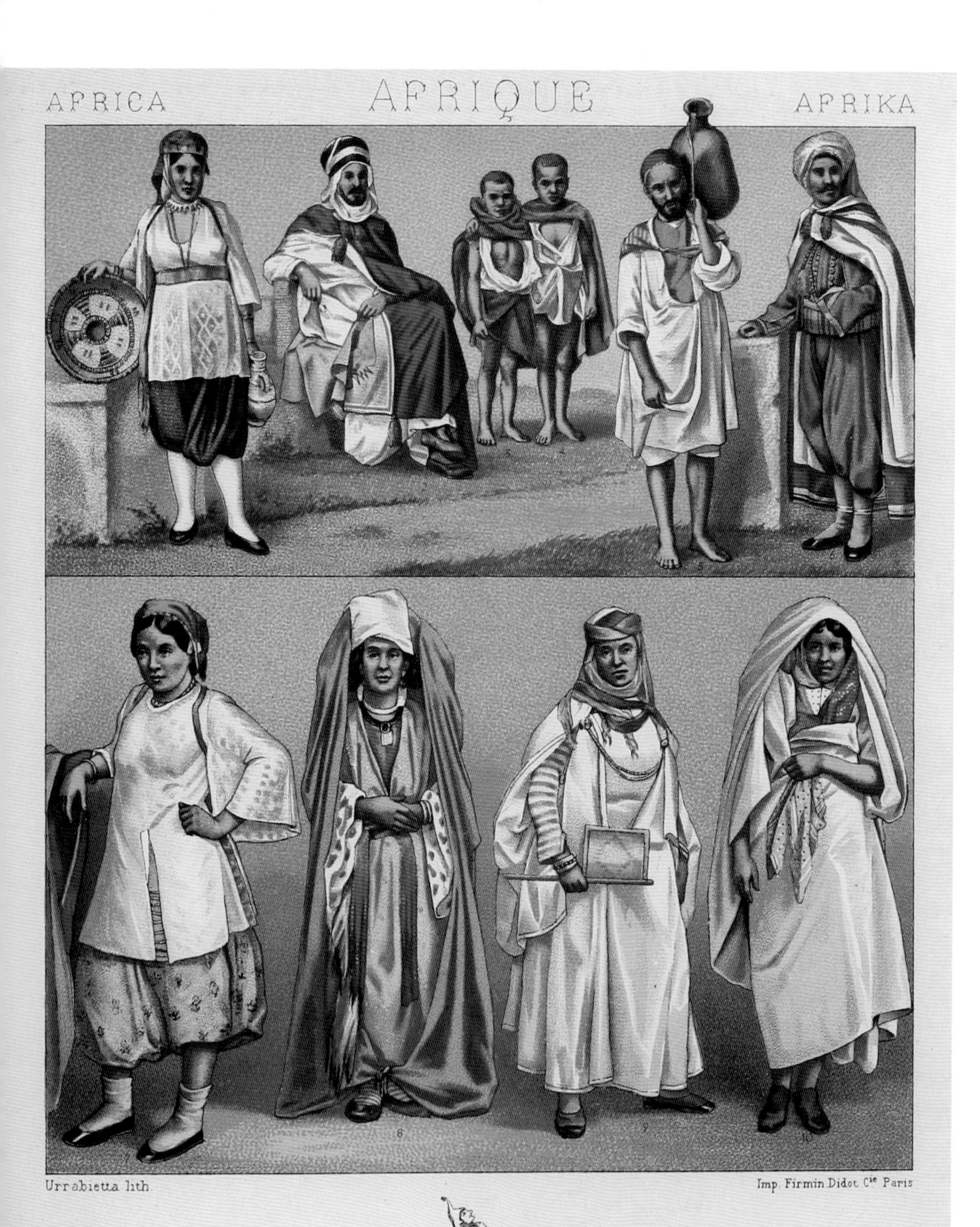

No.1 和 7：摩尔人。

No.2：阿拉伯头领。

No.3 和 4：儿童乞丐。

No.5：搬运工。

No.6：北非骑兵。

No.8：阿尔及尔妇女。

No.9：卡比尔妇女。

No.10：突尼斯农妇。

162. 北非——柏柏尔人——阿尔及利亚和突尼斯服装

163. 北非——阿尔及利亚和突尼斯——底层民众服装

No.1：乞丐。

No.2：拾穗妇女和其儿子。

No.3：穆扎泊人（Mzabis）。

No.4：阿尔及利亚混血男孩。

No.5：突尼斯油贩。

No.6：突尼斯士兵。

No.7：阿尔及利亚猎人。

No.8：拾柴妇女。

No.9：突尼斯妇女。

No.10：卡比尔妇女。

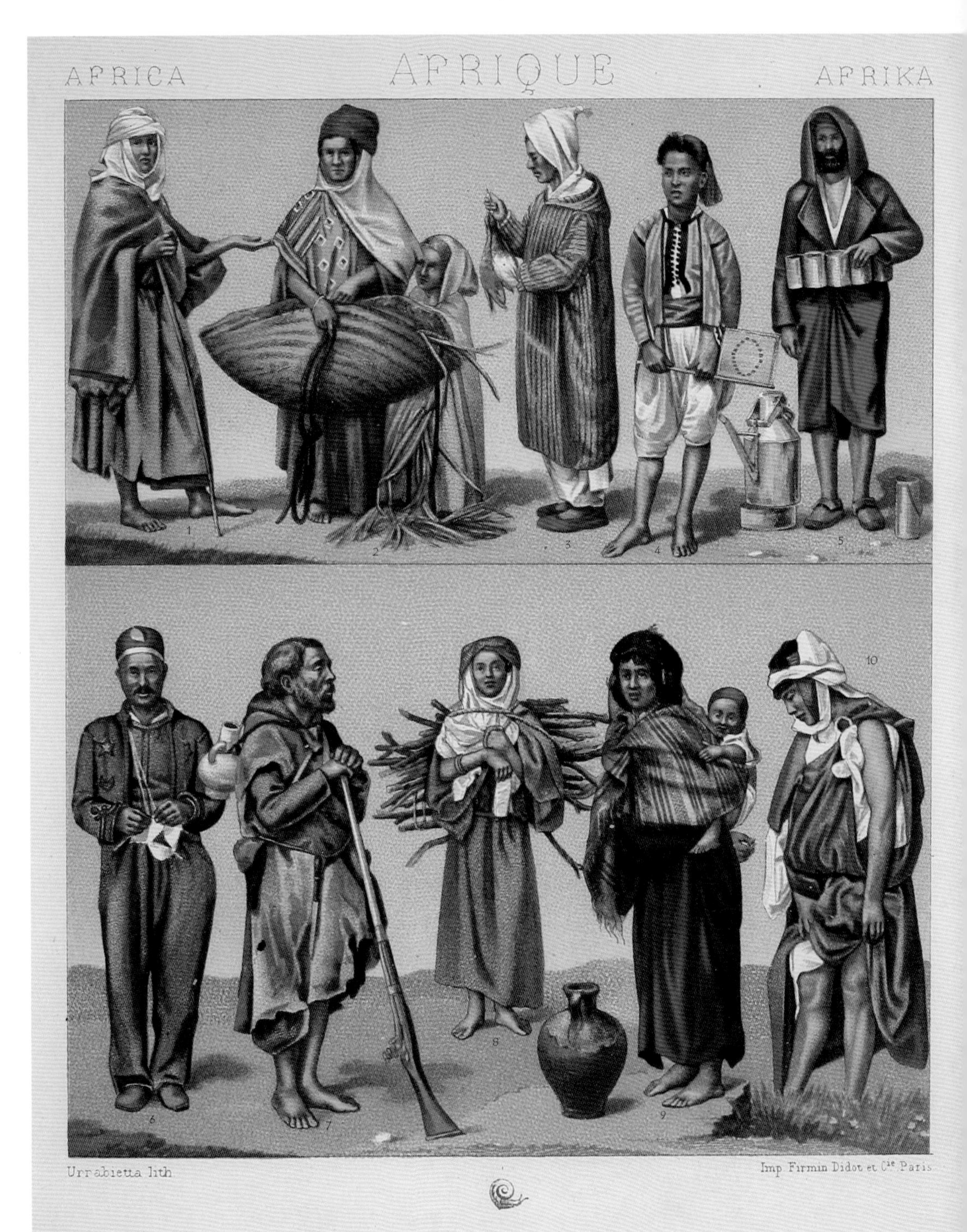

163. 北非——阿尔及利亚和突尼斯——底层民众服装

164. 北非——阿尔及利亚沿海地区居民

No.1 和 2：舞女。

No.3：出行的摩尔妇女。

No.4：阿尔及尔的女仆。

No.5：阿尔及尔的犹太妇女。

No.6：弹奏弹拨尔（Tanbour）的阿尔及尔农民。

No.7—10：乡下的摩尔人。

164. 北非——阿尔及利亚沿海地区居民

165. 北非——撒哈拉的游牧和定居民族

No.1—3、10：图古尔特（Touggourt，位于阿尔及利亚撒哈拉沙漠北部的城市）的妇女。

No.4："Beni-Saad" 部族的妇女。

No.5：一位摩尔贵妇的黑人女仆。

No.6：比斯克拉（Biskra，位于阿尔及利亚撒哈拉沙漠东北部的城市）的妇女。

No.7 和 9："Ouled-Naïl" 游牧部族的妇女。

No.8：卡比尔妇女。

165. 北非——撒哈拉的游牧和定居民族

166. 北非——开罗的富人庭院

开罗所有富人的住宅布局基本相同，通常都有两层或三层楼，底层有会客厅和置有喷泉的清凉厅。对于开罗的炎热气候来说，清凉厅实在是必不可少的。

166. 北非——开罗的富人庭院

13 至 14 世纪，西班牙格拉纳达的阿兰布拉宫内的“赐福厅”（sala de la Barkah，源自阿拉伯语“baraka”，赐福之意），位于著名的“使节厅”（salle des Ambassadeurs）之前。阿兰布拉宫又名“红宫”。

167. 摩尔人——领主的庭院

168. 北非——摩尔人的庭院

廊柱式庭院在所有炎热的国家，比如印度和埃及都能见到。图中的摩尔人的马蹄铁形门拱属于阿拉伯风格。空气可以在这种庭院中自由流动，也能保证任何时间都有阴凉。

168. 北非——摩尔人的庭院

土耳其亚洲部分（169–180）

169.土耳其——18世纪——帝国权贵

No.1：麦加谢里夫（Schérif deLa Mecque，哈桑·本·阿里子孙的称号）。谢里夫的权力来源于其宗主国奥斯曼土耳其帝国苏丹的认可。册封仪式每年举行一次，苏丹赐予谢里夫一件金呢貂皮大衣作为象征。

重臣

No.7：外交部长（Reis effendi）的帽饰。

No.9：大维齐尔（Grandvizir）的帽饰。

No.10：近卫军耶尼切里军团阿迦（Agha，即首领）的帽饰“Zarcola”。

No.15：黑太监首领吉兹拉阿迦（Kizlar-agha），又名“三尾帕夏”（Pacha à trois queues）。

No.17：西拉赫达尔阿迦（Silidhar-agha），掌剑官，苏丹的贴身侍卫之一。

乌里玛（Uléma）

No.3：“Cadry”教派教长的帽饰。

No.5：“Cadry”教派的苦行僧帽饰。

后宫官员

No.2：服侍苏丹吸烟的侍从。

No.6：黑太监。

No.8：掌壶官。

No.12：哑巴门卫的帽饰。

No.13：乐师。

No.16：宫廷侍卫长。

No.18：内廷侍卫。

外廷官员

No.4：掌凳官。

No.11：掌钱官。

No.14：马夫。

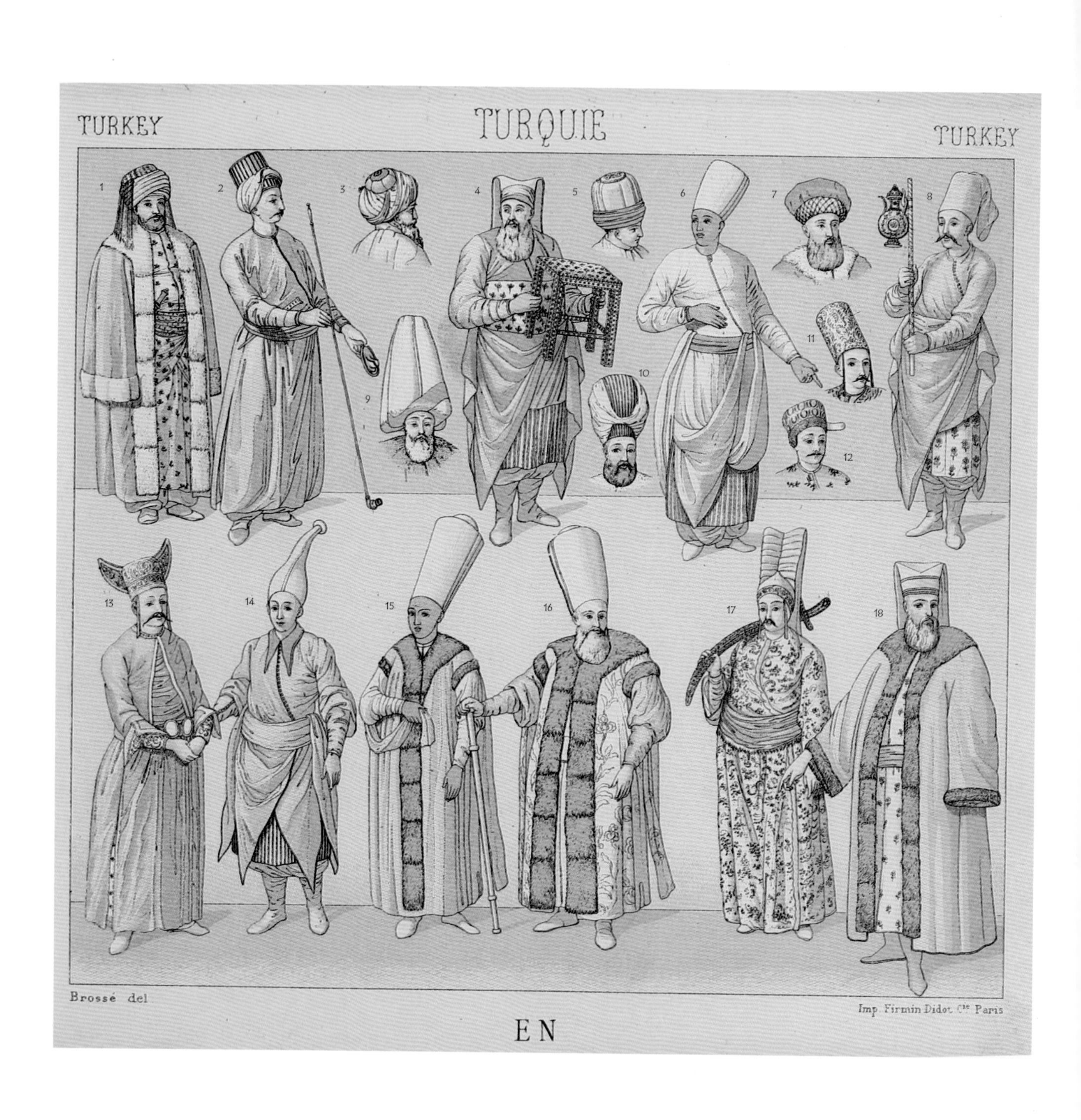

169. 土耳其——18 世纪——帝国权贵

170. 土耳其——18 世纪——家居、出行和朝圣服装

No.1：身穿出行服装的埃及妇女。

No.2 和 3：身穿出行服装的土耳其妇女。

No.4：身穿冬季服装的贵妇。

No.5：身穿春季服装的贵妇。

No.6：身穿夏季服装的贵妇。

No.7：身穿朝圣服装的穆斯林妇女。

No.8：身穿土耳其服装的欧洲妇女。

No.9 和 10：希腊街头艺人。

No.11：女奴。

No.12：舞女。

170. 土耳其——18 世纪——家居、出行和朝圣服装

171. 土耳其——穆斯林贵妇的居室

穆斯林住宅的原则是男女分开，男士部分叫作“selamlik”，女士部分叫作“harem”。厅中主要的家具就是沙发。

171. 土耳其——穆斯林贵妇的居室

172—173.土耳其——皇室内廷

16世纪中叶以前，奥斯曼帝国苏丹一直居住在穆罕默德二世（Mahomet II）建造于君士坦丁堡的古老宫廷之中，直到苏莱曼二世（SolimanII）在拜占庭[1]旧址之处建造了新的宫殿。

内廷的“最高朴特”（Sublime Porte，奥斯曼内廷大门）由三十几名士兵把守，穿过一个庭院后有第二道门“崇敬之门”（Bab-us-Selam）；再穿过这道门之后就进入到坐落着“底万”（Divan，奥斯曼帝国议会厅）的庭院；这里与第三个庭院还相隔着一道“幸福之门”（Bab-us saade），穿过这第三道门就是后宫了。

苏莱曼二世确立了奥斯曼帝国的宫廷礼仪和后宫管理制度，其后宫之中有近六千人，除了黑人太监、白人太监、侏儒、哑巴等以外，女人至少有三千人。这些奴隶中的大部分都是出身于基督徒，每年由帕夏从被征服之地挑选进献给苏丹。后宫中的女子来自世界各地，有鞑靼人的俘虏切尔克斯人（Circassiens）的女子；有被巴巴里海盗[2]（Etats barbaresques）掠夺的西班牙、意大利和法兰西女子。

黑人太监专门负责后宫女子的事物，而白人太监负责家务和皇子们的教育；哑巴负责执行苏丹的命令；侏儒是苏丹的弄臣。

根据制度，黑人太监的首领有“Kizlaraghassy”的称号，其意为“女子的首领”；这位“三尾帕夏”统领后宫，几乎总在苏丹身边，因此实际地位极其显赫，也影响巨大。

“苏丹娜”（Sultane）的名号只有苏丹的母亲、姐妹或女儿能够享有。苏丹皇太后（Valideh sultan）在后宫拥有最大的特权，只有她有权利在公开场合不遮面。

“Cadinn”是苏丹妃子的名号，尽管《古兰经》只允许娶四个妻子，但是苏丹常常娶五至七位妻子。宫女占后宫女性中的大多数，假如哪个宫女有幸得到苏丹赐予的一块手绢，那么她将会升级得到一间单独的居室，并由专门的女奴服侍。为苏丹生第一个男孩的女子将会得到“Khassegui sultan”的名号，

[1] 译注：拜占庭（Byzance）是这个城市最早的希腊名字，它于公元330年被罗马皇帝君士坦丁命名为君士坦丁堡（Constantinople），最后于1930年被命名为伊斯坦布尔（Istanbul）。

[2] 译注：这一名词主要指16世纪后的北非海盗，自16世纪至19世纪，巴巴里海盗俘虏了约80万至125万的欧洲沿海居民，并将他们转卖为奴隶。

共意为“苏丹至爱”。所有的女性都由苏丹任命的女眷总管“Ousta-cadinn”管理。

直到阿卜杜勒-迈吉德一世（Abdul-Mejid，1839—1861在位）时期，奥斯曼苏丹一直居住在木

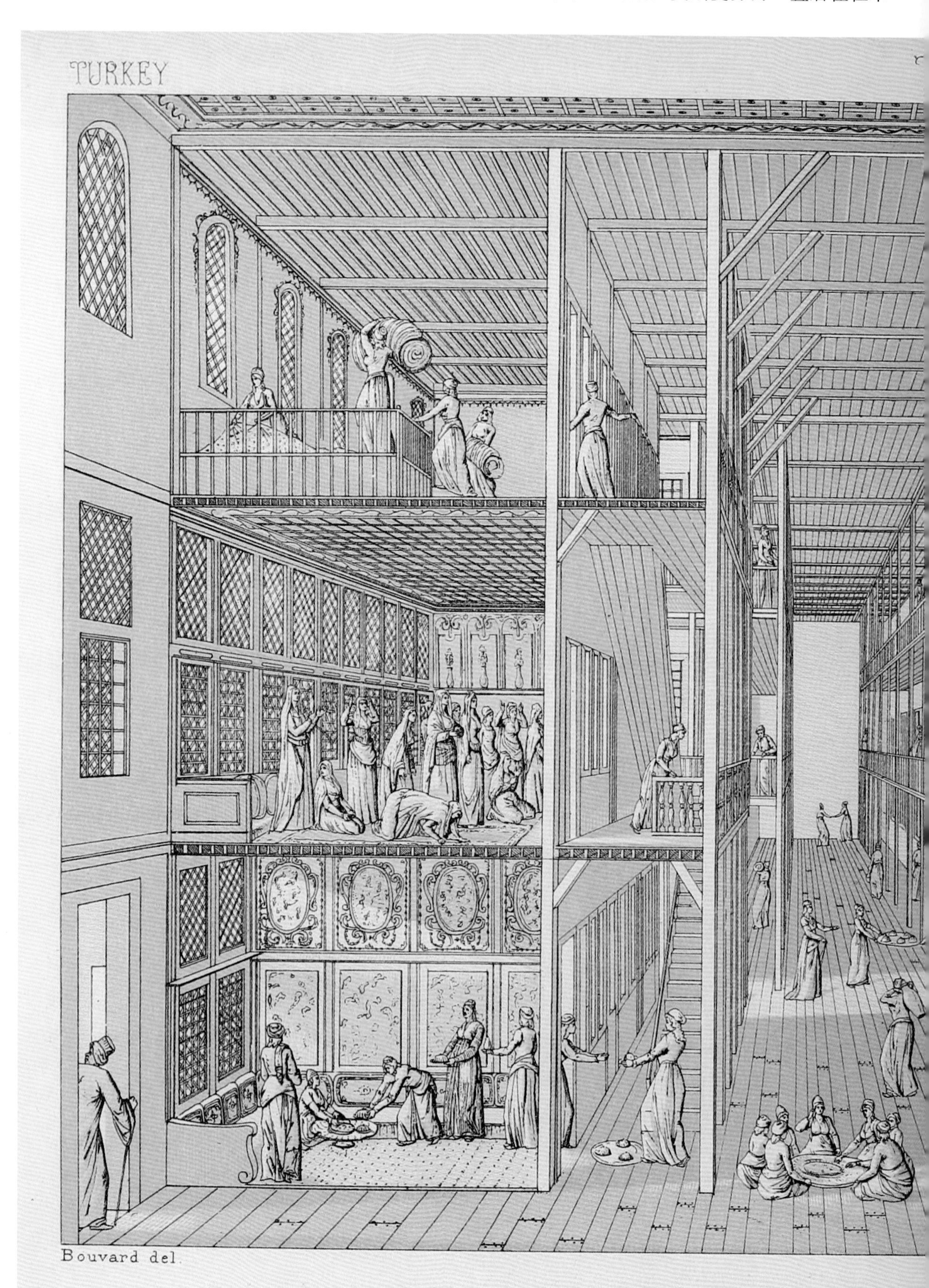

造的宫殿当中。插图所展示的就是木造的皇宫宫殿，其格局有些像监狱。

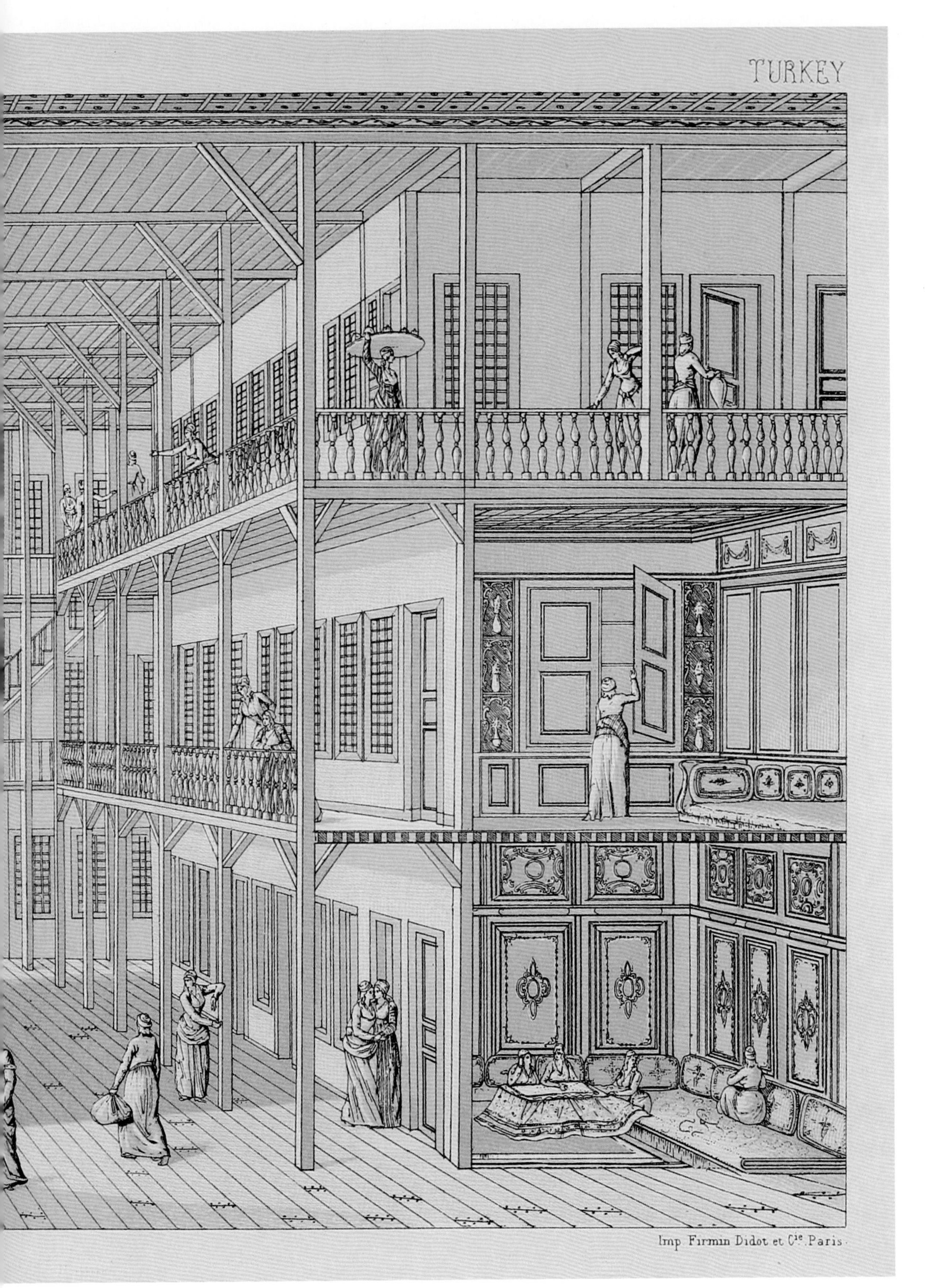

172—173. 土耳其——皇室内廷

174. 土耳其——19 世纪的皇宫内部

皇宫休息厅。

174. 土耳其——19 世纪的皇宫内部

175. 土耳其——君士坦丁堡服装

No.1：拜克塔什教团（Bektachi）苦行僧。

No.2：搬运工。

No.3：餐食递送工。

No.4：君士坦丁堡市民。

No.5：运水工。

No.6：船工。

No.7：犹太妇女。

No.8：女市民。

No.9：贵妇家居装。

No.10：亚美尼亚新娘。

175. 土耳其——君士坦丁堡服装

176. 土耳其——安纳托利亚

No.1：艾登州（Aïdin），马尼萨（Manissa）的市民。

No.2：马尼萨的女穆斯林。

No.3：安卡拉郊区的穆斯林农妇。

No.4：安卡拉郊区的穆斯林农夫。

No.5：安卡拉的天主教工匠。

No.6：约兹加特州（Yuzgat）的库尔德人。

No.7：约兹加特州的库尔德妇女。

No.8：安卡拉的穆斯林工匠。

No.9：科尼亚州（Konieh），布杜尔（Bourdour）的女穆斯林。

176. 土耳其——安纳托利亚

No.1：萨勒卡亚（Sari Kaya）的库尔德妇女。

No.2：安卡拉的巴什波祖克散兵（Bachi-Bozouk）。

No.3：布杜尔的希腊妇女。

No.4：安卡拉穆斯林工匠的妻子，头戴非斯帽（fez）。

No.5：布尔萨的犹太妇女。

No.6：布尔萨的土库曼人。

No.7 和 8：泽伊贝克人（Zeïbek），下士和中士。

No.9：科尼亚州的穆斯林骑兵。

177. 土耳其——亚洲居民

178. 土耳其——亚洲土库曼人

178. 土耳其——亚洲土库曼人

No.1：科尼亚州埃尔马勒城（Elmaly）居民。

No.2：身穿家居服的布尔萨犹太妇女。

No.3：艾登州的工匠。

No.4：布尔萨城郊的马车夫。

No.5：伊兹密尔（Smyrne）的犹太拉比。

No.6 和 8：身着婚礼服的布尔萨农民。

No.7：伊兹密尔的女穆斯林。

No.9：艾登州的基督徒商人。

179. 亚洲的土耳其——叙利亚

No.1：贝尔卡（Belka）周边的农民。

No.2：大马士革身穿家居服的妇女。

No.3：大马士革身穿家居服的德鲁兹派[1]（Druze）妇女。

No.4：黎巴嫩的德鲁兹派穆斯林。

No.5：贝尔卡的工匠之妻。

No.6：大马士革附近的农妇。

No.7：黎巴嫩的穆斯林。

No.8：黎巴嫩的穆斯林妇女。

No.9：黎巴嫩的贝都因妇女。

No.10：黎巴嫩山（Mont Liban）的贝都因人。

No.11：黎巴嫩的德鲁兹派妇女。

179. 亚洲的土耳其——叙利亚

[1] 译注：德鲁兹派(Druze)是伊斯兰教什叶派中的一个教派，是法蒂玛王朝哈里发哈基姆(calife fatimite Hakem Biamr' allah)的教派。

180.土耳其——安纳托利亚

特拉布宗州

No.1：特拉布宗附近的穆斯林农妇。

No.11：特拉布宗的穆斯林贵妇，家居服。

No.12：特拉布宗的穆斯林贵妇，出行服。

锡瓦斯州（Sivas）

No.2：奥斯曼哲克（Osmandjik）的农妇。

No.5：锡瓦斯附近的库尔德妇女。

迪亚巴克尔州（Diarbekir）

No.3：巴鲁（Palou）的库尔德妇女。

No.14：迪亚巴克尔的女基督徒。

汉志州（Hedjaz）

No.4：麦加的女穆斯林。

No.15：加德勒（Djeaddelé）的女穆斯林。

埃尔祖鲁姆州（Erzeroum）

No.6：凡城（Van）的女穆斯林，出行服。

No.10：凡城的亚美尼亚妇女。

阿勒颇州（Alep）

No.7：贝都因妇女。

No.9：犹太妇女。

哈达温迪戈州（Houdavendighiar）

No.8：布尔萨的土库曼妇女。

也门州（Yémen）

No.13：萨那（Sanaa）的女穆斯林。

180. 土耳其——安纳托利亚

第三部分　中世纪至 19 世纪初的欧洲服饰

版画名称	版画号码
拜占庭人、阿比尼西亚人、法兰克拜占庭人	181—183
欧洲——5 至 15 世纪以及部分 16 世纪	184—254
欧洲——16 世纪以及部分 17 世纪	255—311
欧洲——17 世纪以及部分 18 世纪	312—365
欧洲——18 世纪以及部分 19 世纪	366—407
欧洲——19 世纪	408—410

拜占庭（181–183）

181. 拜占庭——希腊和罗马的神职人员

希腊和罗马的神职人员

No.6：身披“Sticharion”祭服的希腊主教，9世纪。

No.16和18：牧首，9世纪。

No.13：圣日耳曼修道院院长，10世纪。

No.19：圣马可（saint Marc）主教，10世纪。

No.17：法国主教，11世纪。

禁欲僧侣

No.9—11：拜占庭禁欲僧侣，9世纪。

No.1—3：拜占庭的几位圣徒，11世纪末。

希腊人和罗马人的祝圣

希腊人和罗马人的祝圣总是用右手。希腊教堂的做法是拇指与无名指交叉，食指伸直，中指和小指自然弯曲（参考No.6、16、18和19），以此象征耶稣的名字“Jésus”。罗马教堂的祝圣，是无名指和小指闭合，其余三指伸直（参见No.13、17、21），以象征三位一体和耶稣的人神两态。

拜占庭皇帝及其随从

No.20：尼基弗鲁斯三世·伯塔奈亚迪斯（Nicéphore Botaniate），拜占庭帝国皇帝，1078—1081在位。

No.4、5、7、8：皇帝的随从。

罗马执政官

No.14：罗马帝国后期的执政官，5世纪。

No.21：罗马贵族。

家具

No.12和22：10世纪初的“Bisellium”坐凳和靠背椅。

No.15：9世纪的烛台。

181. 拜占庭——希腊和罗马的神职人员

182. 拜占庭人和阿比尼西亚人 [1]

182. 拜占庭人和阿比尼西亚人

No.8：拜占庭皇帝，安德洛尼卡二世·帕里奥洛格斯（Andronic II Paleologue），1282—1328在位。头戴三重冕。

No.5：拜占庭皇帝，曼努埃尔二世·帕里奥洛格斯（Manuel II Paleologue），1391—1425在位，和其前两个儿子，其中一子后来成为了约翰八世皇帝（Jean VIII Paleologue）。

No.4：曼努埃尔二世的三重冕。

No.6：安提阿牧首（Antioche）和马龙教派（Maronites，又译马龙尼礼教会）主教。

No.1、3、7：东正教主教和执事。

No.2：阿比西尼亚皇帝狄奥多罗斯（Théodoros）之十字架。

[1] 译注：阿比尼西亚（Abyssinie）为埃塞俄比亚旧称。

183. 法兰克拜占庭人

No.2：早期的皇帝礼服。

No.1、3、5：身穿礼服的皇帝，尼基弗鲁斯三世·伯塔奈亚迪斯（Nicéphore III Botaniatès，1078—1081在位），以及玛丽亚皇后（Marie d' Alanie）。

No.4：尼基弗鲁斯三世；便服。

皇族塑像

No.6 和 7：皇帝希拉克略（Héraclius，610—641 在位）和皇后欧多西亚（Eudoxie）。

No.8：皇帝查士丁尼二世（Justinien II，685—695，705—711 两度在位），绰号“被剜鼻者”。

No.9：菲利皮科斯（Philippique Bardane，711—713 在位）。

No.10：伊苏利亚王朝（Dynastie isaurienne）的利奥四世（Léon IV le Khazare，775—780 在位）。

No.11：伊苏利亚王朝的君士坦丁六世（Constantin VI，780—797 在位）。

FRANK BYZANTINE
FRANCO-BYZANTIN
FRANKISCH-BYZANTINISCH
1
2
3
4
5
6
7
8
9
10
11
Vierne del
Imp. Firmin Didot et Cie. Paris
G H

183. 法兰克拜占庭人

欧洲—5 至 15 世纪以及部分 16 世纪（184－254）

184. 中世纪——法国（420—987）——王冠、权杖

早期法国国王的皇家饰品遵从罗马皇帝们的风格，因此他们的王冠型制都有罗马-拜占庭的特征。

No.1—7：克洛维一世（Clovis），他的四个儿子提乌德里克一世（Thierri），克罗多米尔（Clodomir），希尔德贝尔特一世（Childebert），克洛泰尔一世（Clotaire），以及王后克洛蒂尔德（Clotilde）和希尔德贝尔特一世的王后欧特罗戈德（Ultrogothe）的皇冠。

No.8—11：取自巴黎圣母院第三扇大门上的塑像。

No.12、13：取自沙特尔大教堂（Cathédrale de Chartres）大门上的塑像。

No.14：取自克洛泰尔一世墓园教堂。

No.15：弗蕾德贡德（Frédégonde）王后的皇冠。

No.16、17：达戈贝尔特一世（Dagobert）时期的王冠。

No.18—32：丕平（Pépin）和查理大帝（Charlemagne）时期的王冠和圆帽。

No.33—36：查理大帝的王冠。

No.37—41：法兰克国王“矮子”丕平（Pépin le Bref）、洛泰尔（Lothaire）、“秃头”查理（Charles le Chauve）的王冠。

No.42—44：法兰克国王希尔德里克一世（Childéric）的指环。

No.45：达戈贝尔特一世的权杖。

No.46、47：法国国王加冕礼使用的权杖和“正义之手手杖”（Main de justice），收藏于圣德尼修道院（Abbaye de Saint-Denis）。

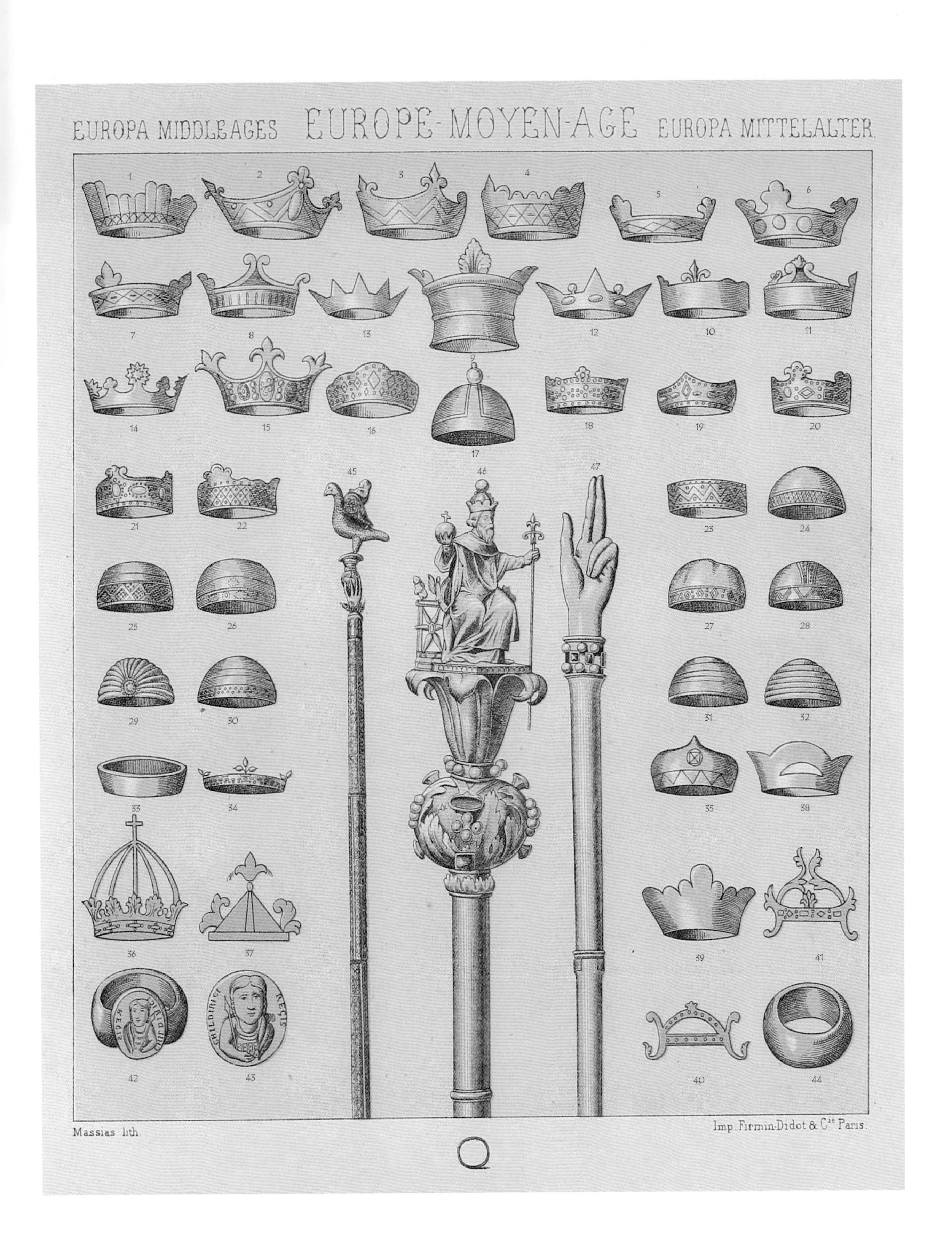

184. 中世纪——法国（420—987）——王冠、权杖

185. 中世纪——西欧 9、10 和 11 世纪

领主的居室内部复原图

在古罗马帝国自兴起至陨落的漫长世纪当中，我们对于其艺术的演变历史只有很模糊的信息。蛮族入侵、宗教争斗和内部战争等所造成的混乱，逐渐使人们丢弃了许多古老的习俗。墨洛温王朝与撒克逊人和阿拉伯人的战争，使得公元 7 世纪时期的艺术发展停滞不前；直到查理大帝时期，建筑艺术才在短时期内得以进步，但是对于其在奈美根（Nimègue）、亚琛（Aix-la-Chapelle）、因格尔海姆（Ingelheim）和沃尔多夫（Waltorf）的宫殿，他不得不聘请来自于罗马和拉文纳（Ravenne）的建筑师和雕塑师，也就是说采用拜占庭的艺术风格来建造。

这些掌握着罗马 - 拜占庭建筑传统的工匠，其人数是有限的。他们散落于欧洲各处，按照皇室的召唤去贡献基于同样原则的建筑设计。他们所实现的建筑，更多的是以拜占庭风格为主，相互之间区别不大。本页的复原插图正是基于这个可能性而制作的。这是一种罗马 - 伦巴第混合风格的建筑，一种仿古希腊艺术的风格。

图中的大厅与 12 世纪的设计有一个很大的不同之处，它没有壁炉。那个时代的人还不知道使用壁炉，他们的供暖依然是靠古罗马式的地暖“hypocaustum”设计，即在地下建造一个火炉，并通过地板下的管道导引热气供暖。

那个时代的室内家具都很简单。自大约 6 世纪之后，床就不再被当作进餐使用的家具，而只被用来休息，因此也逐渐丧失了罗马床式的奢华装饰。

185. 中世纪——西欧 9、10 和 11 世纪

186. 欧洲——中世纪——7 至 14 世纪的家具

No.1 和 2：达戈贝尔特的王座，铜制镀金。

No.7：8 世纪的主教席，大理石制。

No.8：11 世纪末的大主教席。

No.6：折叠凳，加洛林王朝（Carolingien）时期常见。

No.15：9 世纪中叶的靠背椅。

No.16：12 世纪的坐席。

No.14：13 世纪末的王座。

No.3 和 10：扶手椅，取自 14 世纪富瓦伯爵加斯东·菲比斯（comte de Foix，Gaston Phébus）的打猎手本。

No.13：9 世纪的床，拜占庭风格。

No.11：9 世纪的床。

No.17：12 世纪的床。

No.12：12 世纪的床。

No.4：13 世纪的床。

No.9：9 世纪的水壶，高卢-法兰克风格。

186. 欧洲——中世纪——7 至 14 世纪的家具

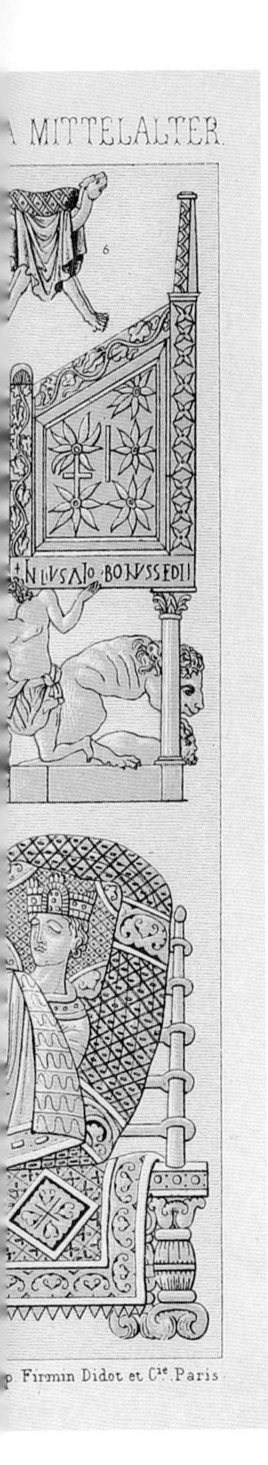

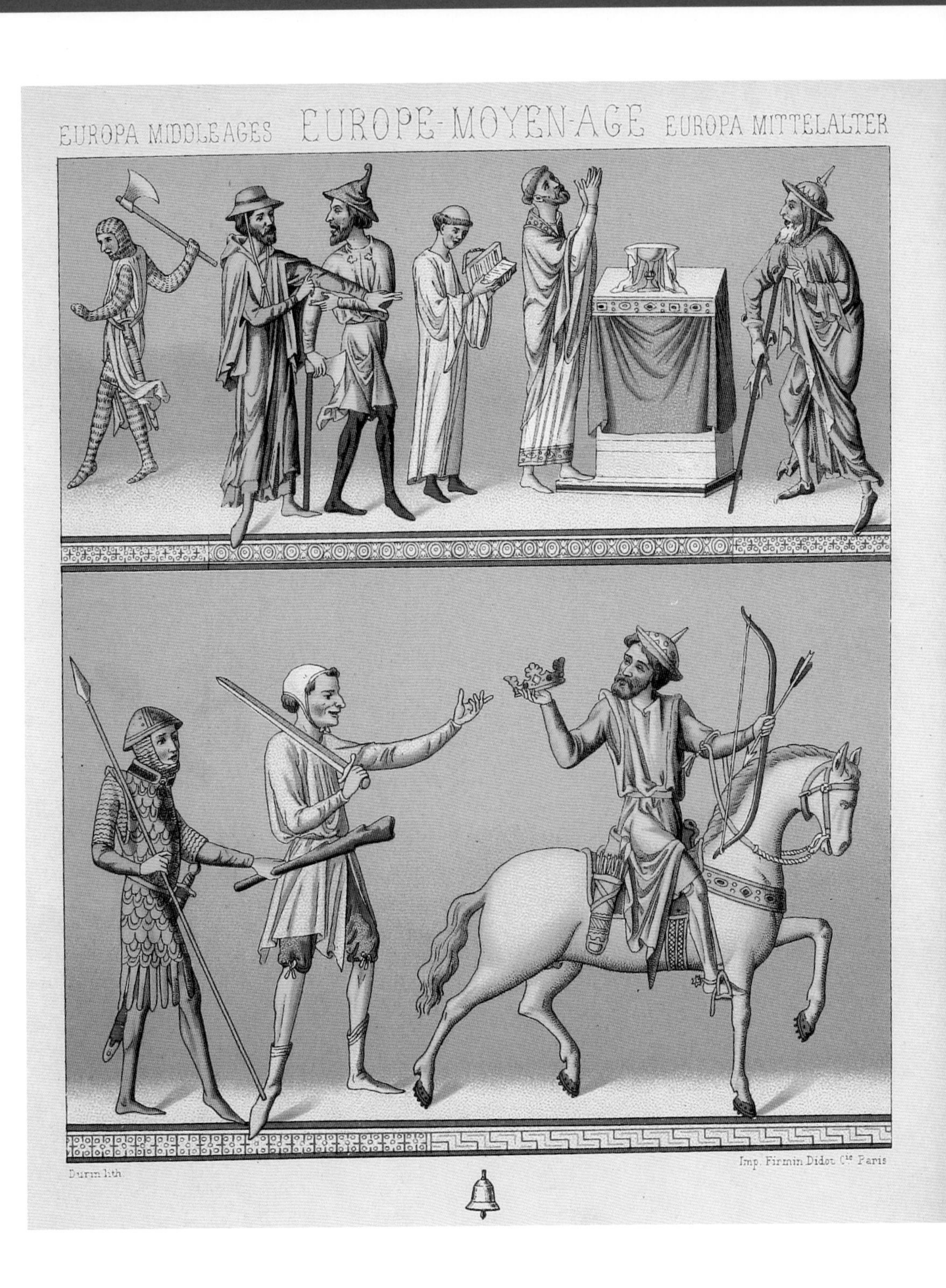

187. 欧洲——中世纪——平民、军人和僧侣服装

188. 欧洲——中世纪——11 世纪的平民服装

这些局部样本来自于普瓦图（Poitou）的圣萨万（Saint-Savin）修道院的穹顶壁画。这些 11 世纪的壁画，不仅展示了许多与罗马的殉道者墓窟中壁画的关联，同时也展示了那个时代法兰克人的衣装习俗。正是自 1100 年开始，尤其是男性的服装产生了一个重大变化，它们变得越来越长了。

11 世纪时期，男性的软帽有好几种，圣萨万的壁画中展示了两种：毡制的四角方帽（No.7），另一种是弗里吉亚式的，脑后带有长尖角的帽子（No.10、11 和 13）。这两种帽子还有其变形（No.2、3、8 和 12）。

No.5、6、9："aumusse" 披肩，自 11 世纪开始，这种披肩成为了神职人员，尤其是法政牧师的服饰。

No.1、5、8、10—13：11 世纪时期，披风主要是四边形或半圆形的，如同古希腊的"pallium"披肩。

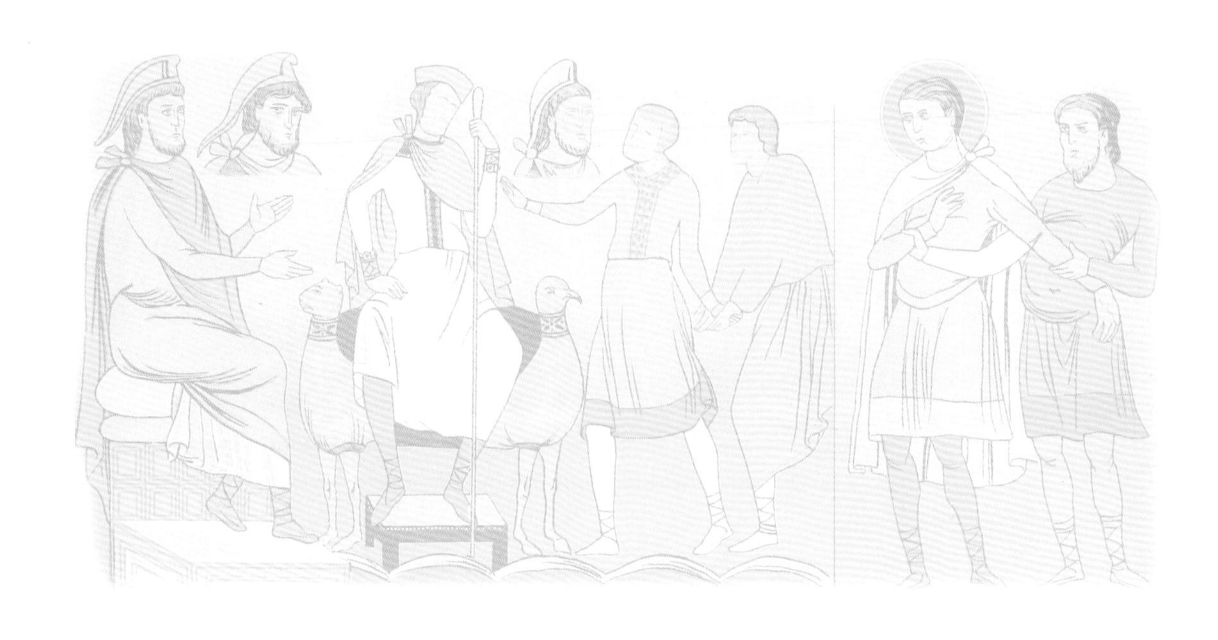

188. 欧洲——中世纪——11 世纪的平民服装

189. 欧洲——中世纪——法国 12 至 13 世纪的上层社会

自 12 世纪开始，法国男性的长袍自膝盖延长至脚踝。这种变化，其影响来自于亚洲，主要是拜占庭风格的影响。第一次十字军东征之后，许多贵族妇女带回来了她们对东方品味的欣赏，来自大马士革、印度和阿拉伯的衣料、首饰和小家具，成为了当时的时尚。

塑像

No.1：克洛维一世（Clovis）的妻子，王后克洛蒂尔德（Clotilde）。

No.2：克洛泰尔一世（ClotaireIer）的妻子，王后阿荷贡德（Haregonde）。

No.3：克洛维一世。

No.4：圣女热纳维耶芙（Sainte-Geneviève）。

No.5：克洛维一世。

No.6：克洛维一世的儿子，希尔德贝尔特一世（Childebert Ier）。

No.7：希尔德贝尔特一世的妻子，王后欧特罗戈德（Ultrogothe）。

No.8：希尔德贝尔特一世。

No.9：巴黎主教，圣马塞尔（Saint-Marcel）。

No.10 和 11：教士。

No.12：希尔佩里克一世（Chilpéric Ier）的妻子，王后弗蕾德贡德（Frédégonde）。

No.13：希尔佩里克一世。

189. 欧洲——中世纪——法国 12 至 13 世纪的上层社会

190—191. 欧洲——中世纪——12 世纪法国城堡内部

在长期的战争和混乱之后，生活又重归稳定，因此法国12世纪的住宅特征是安稳的定居设施。那时建造的庄园邸宅大多没有主塔和箭楼，底层用于厨房和贮藏室；第二层是起居室和橱帽间。起居室是日常生活中使用最多的场所，从吃饭、睡觉到接待客人等，都是在这个场所举行。在那个时代，窗户都还是罗马式的半圆拱形；房梁也都是裸露可见的；地面铺着地砖；墙面和房梁都涂漆并绘画；窗户有两层，外层为玻璃窗，内层为蜡布或油纸窗。

壁炉在12世纪才出现，如图中所示。

190—191. 欧洲——中世纪——12世纪法国城堡内部

192. 欧洲——中世纪——12 至 16 世纪初的乐器

拨弦乐器

No.1、4、6、8、10、13、17、19、22、24—27、30—32 和 35。

竖琴、手持竖琴、克鲁斯琴、鲁特琴、曼陀拉琴、吉他、西特琴和西朵拉提琴。

弓乐器

No.3、5、7、9、11、16、18、21。

阿拉伯式雷贝琴、古提琴、基格琴。

管乐器

No.2、14、29、33。

笛子、双簧管、芦笛、风笛、古小号、克鲁姆管、小号、长号、号角和小号角。

键盘乐器

No.15、20。

古钢琴、便携风琴。

192. 欧洲——中世纪——12 至 16 世纪初的乐器

193. 欧洲——中世纪——主教服饰和徽章

193. 欧洲——中世纪——主教服饰和徽章

No.1 和 4：主教冠、方领巾、圣带、手带、白长衣、主教长袍、祭披以及主教权杖。

No.2、3、7、9、10、11 和 12：主教冠。

No.5、6、14 和 15：主教帽飘带。

No.8 和 13：主教帽刺绣图案。

194. 欧洲——中世纪——司祭服饰

白长衣和方领巾：白长衣属于最早期的礼拜服饰之一，为白色亚麻制长裙，长至脚部，类似古罗马的斯托拉女式长裙。12 世纪时期，在白长衣的里面还有贴身穿的内长袍，而为了遮挡白长衣的领子，在肩部还要裹上方领巾。

白短衣是主教的穿戴，是窄袖短款的白长衣。

祭披是教会指定的礼拜服饰之一。自 11 世纪起，人们在祭披的两侧开口以便于手臂的活动，其形状也从圆形变成椭圆形；13 世纪时，它被裁剪成漏斗状；15 世纪时，祭披在手臂处被裁剪得更短；直到近代，祭披完全解放了手臂，演变成身前和身后的两块料子形状。

主教长袍是教宗西尔维斯特一世（Sylvestre Ier）确立的，只有主教才能穿戴，通常为白色，穿在祭披里面。

圣带是圣职的标志，是教规要求教士们必须佩带的。

手带是司祭左臂上的装饰带。

No.1：罗马执事，1450 年。

No.2、3、7、8、9 和 11：白长衣（No.2）；祭披（No.3、7、8），教士，1460—1500 年。

No.4：威尼斯教士的祭披，1460 年。

No.5：主教全套服饰，1450 年。

No.6：身穿主教长袍的弗拉芒执事，1460 年。

No.10：穿戴单色祭披和手带的英格兰教士，1350 年。

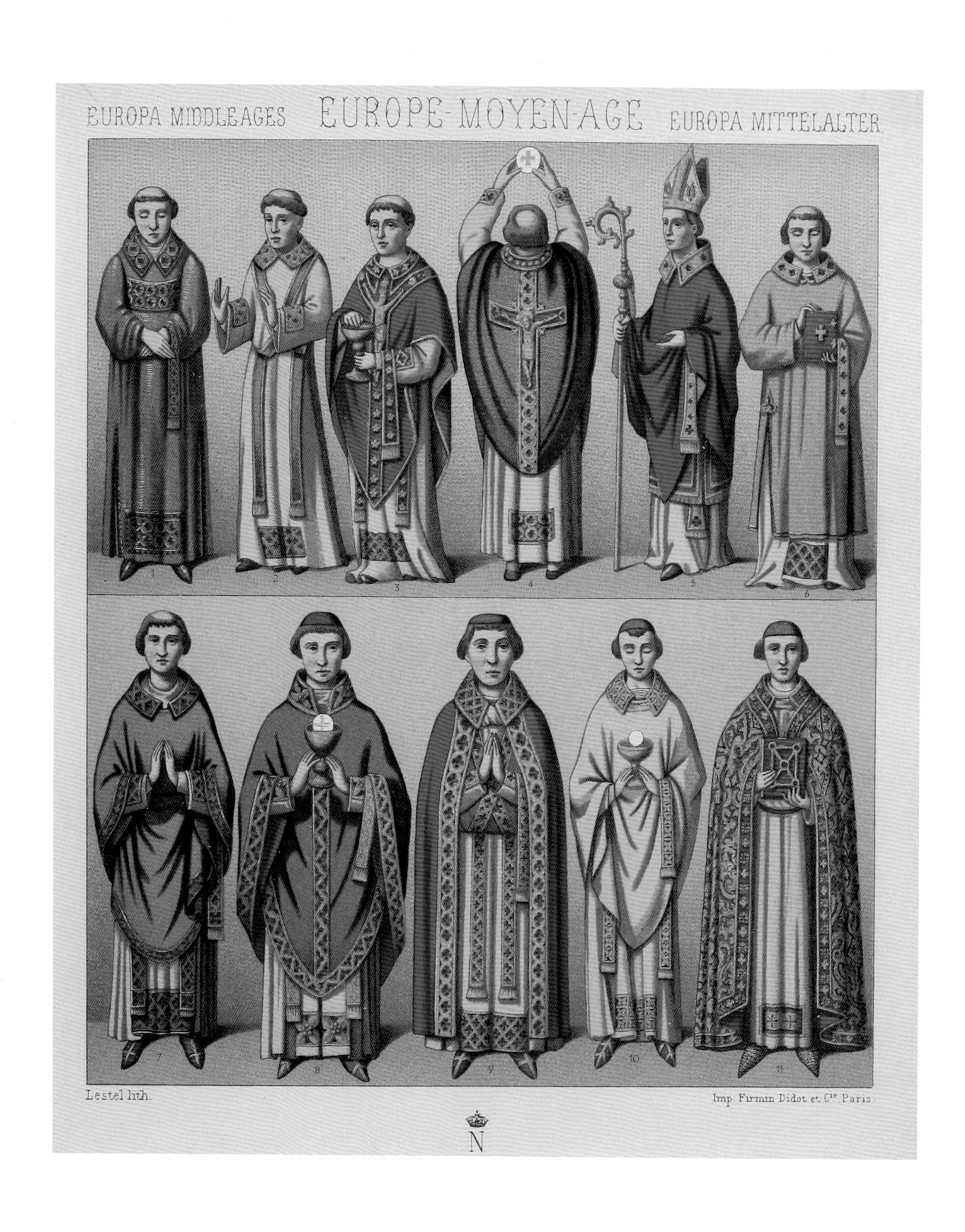

194. 欧洲——中世纪——司祭服饰

No.1 和 2：主教权杖杖头，12 世纪，来自特里夫斯大教堂（Cathédrale de Trêves）。

No.3—7：大主教权杖杖头，13、14、15 世纪，来自希尔德斯海姆（Hildesheim）。

No.8：银烛台，12 世纪。

No.9：十字架，15 世纪，西班牙。

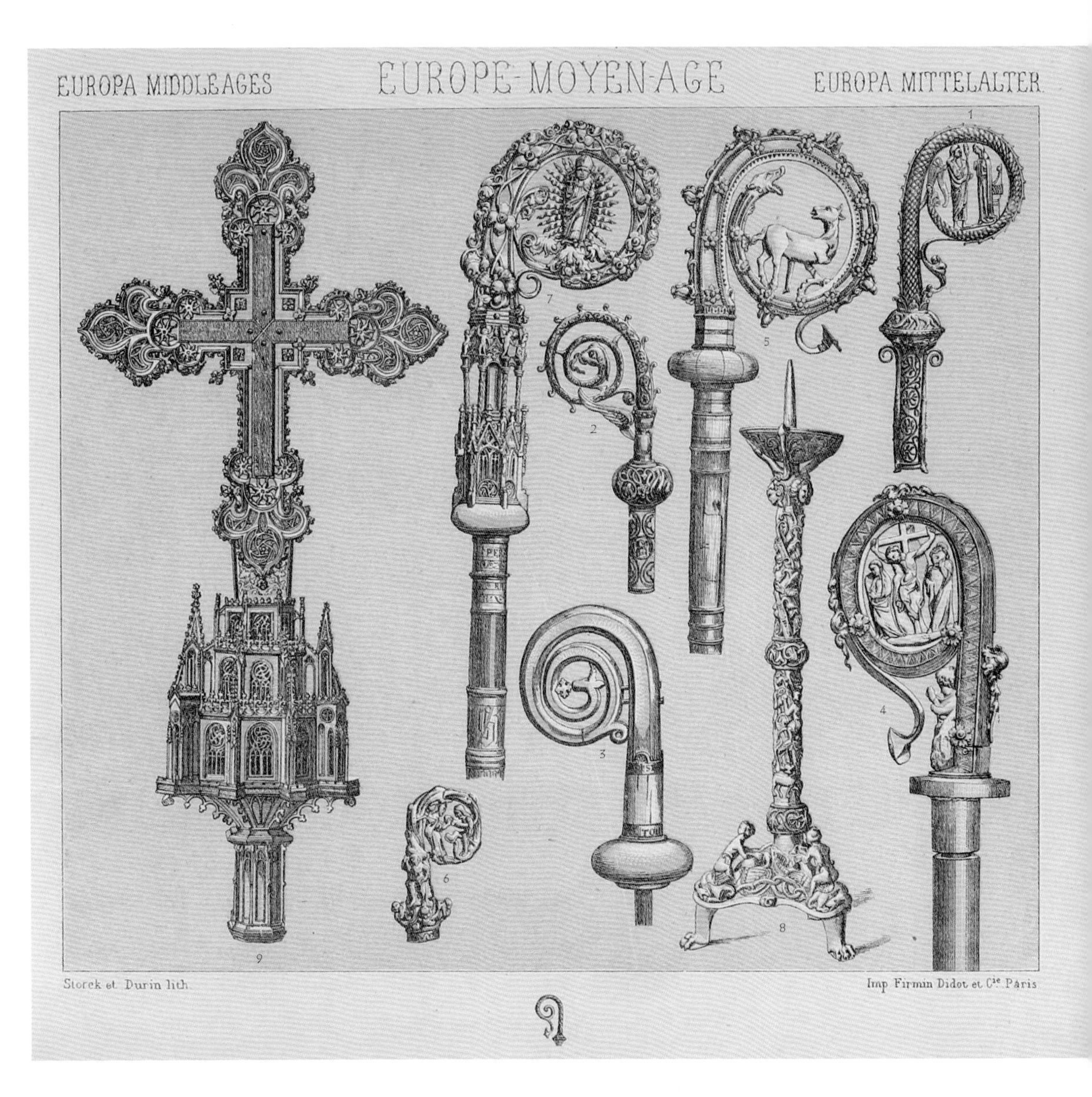

196. 欧洲——中世纪——宗教用品

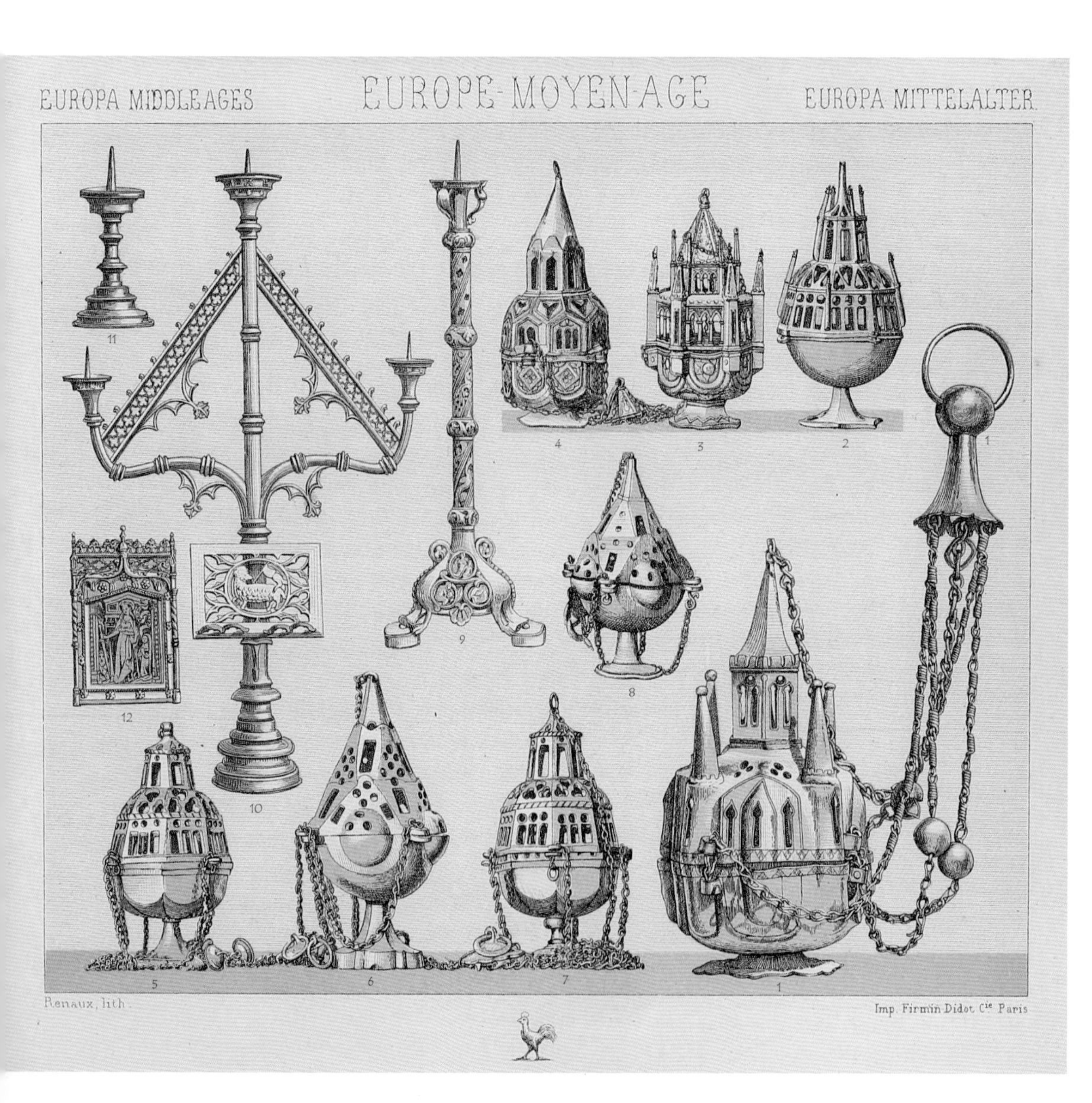

No.1：银香炉，13 世纪，意大利。

No.2—8：青铜香炉，1350—1450 年，慕尼黑。

No.9：三脚烛台，12 世纪，比利时。

No.10：三叉烛台，15 世纪，法国。

No.11：烛台，15 世纪，比利时。

No.12：和平门，15 世纪，比利时。

196. 欧洲——中世纪——宗教用品

197. 欧洲——15至16世纪——宗教用品

No.1：三叶草式银镀金大氅扣。

No.2：银制印章“Quignon des damoiseaux”。

No.3：铁制吊灯。

No.4：银镀金大氅扣。

No.5：四叶草式银镀金大氅扣。

No.6：铜制十六分枝吊灯，16世纪。

No.7：铜制辅祭烛台，15世纪。

No.8：铁制三层吊灯，15世纪。

198. 欧洲——15 至 18 世纪——僧侣服装

No.1 和 11：耶路撒冷圣墓骑士团法政牧师，波兰。

No.2：圣母忠仆会第三会修女，德国。

No.3：拉特兰修会法政牧师，波兰。

No.4：斯洛文尼亚修会修士，波兰。

No.5 和 6：玛大肋纳修会修士和修女，德国。

No.7：殉教者苦修会法政牧师，波兰。

No.8：圣方济各第三会苦修会修士，佛兰德。

No.9、10 和 14：贫苦志愿修会修士，德国和佛兰德。

No.12：圣灵医者骑士团法政牧师，波兰。

No.13：白袍兄弟会修士，普鲁士。

198. 欧洲——15至18世纪——僧侣服装

199. 意大利——威尼斯总督及官员

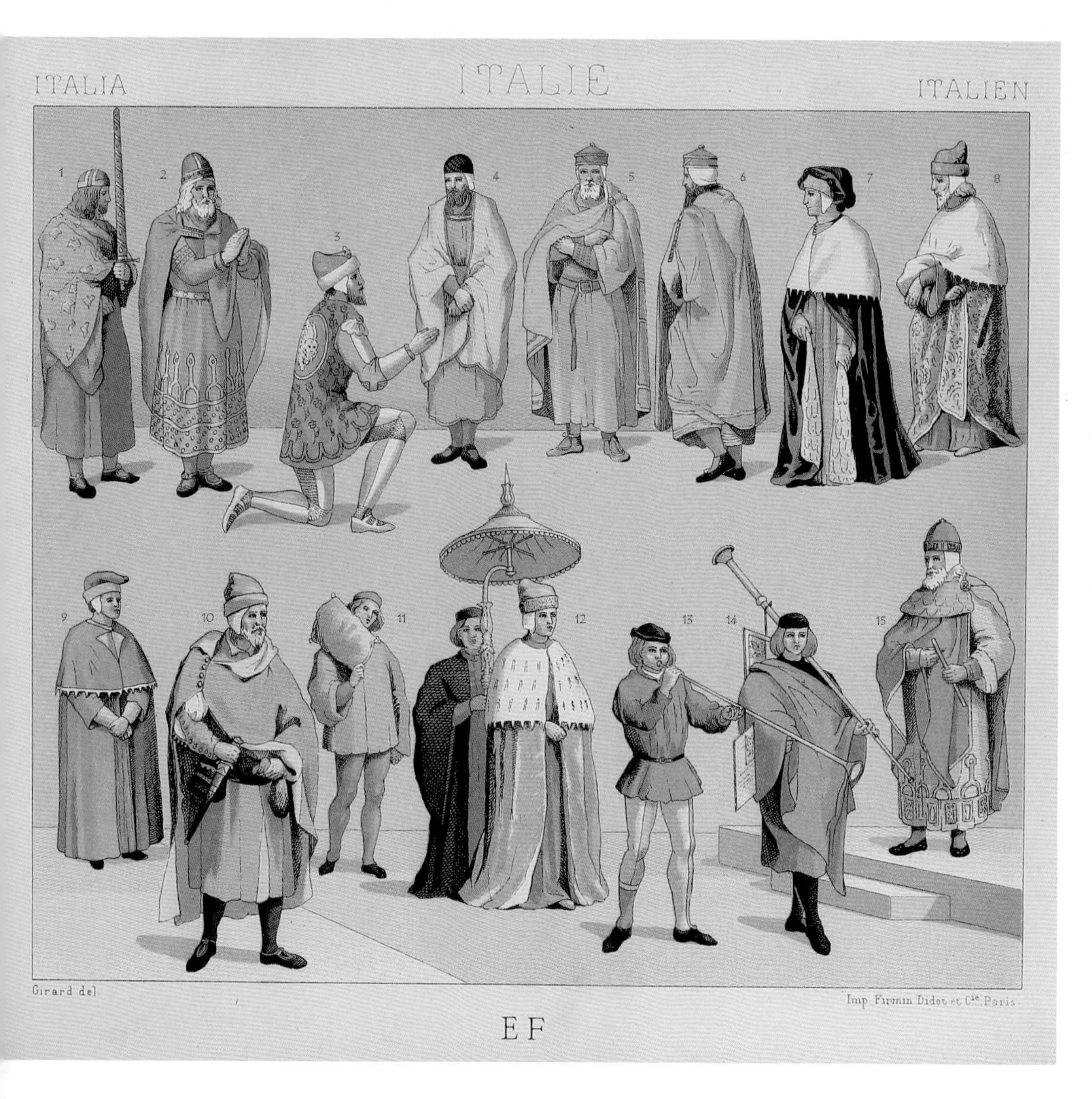

199. 意大利——威尼斯总督及官员

No.1、2 和 4：9 世纪时期的威尼斯总督(No.2)，掌剑官(No.1)民事官员(No.4)。

No.5、6 和 15：11 世纪时期的威尼斯总督（No.15），随从官员（No.5 和 6）。

No.7—9：14 世纪时期的威尼斯总督（No.8），随从官员(No.7 和 9)。

No.3：14 世纪时期身穿军装的威尼斯总督。

No.12：16 世纪时期的威尼斯总督。

No.11：抱枕侍从。

No.13 和 14：随从号手。

No.10：14 世纪末的犹太商人。

No.12：卡斯蒂利亚（Castille）国王阿方索十世，身穿红色“pallium”披风，手持圣骨盒，与主教一起引领游行。

No.1：贵族小姐和领主。

No.3：贵妇向她们当中的男人赠送“Faja”围巾。

No.8：风帽披肩。

No.13：围猎猎人。

No.14：飞禽狩猎猎人。

No.15：身穿长袍的阿方索十世。

No.16：向领主祈求的自由民。

No.10 和 11：钱袋。

No.4：木制铜箍水罐。

No.5—7 和 9：油灯和烛台。

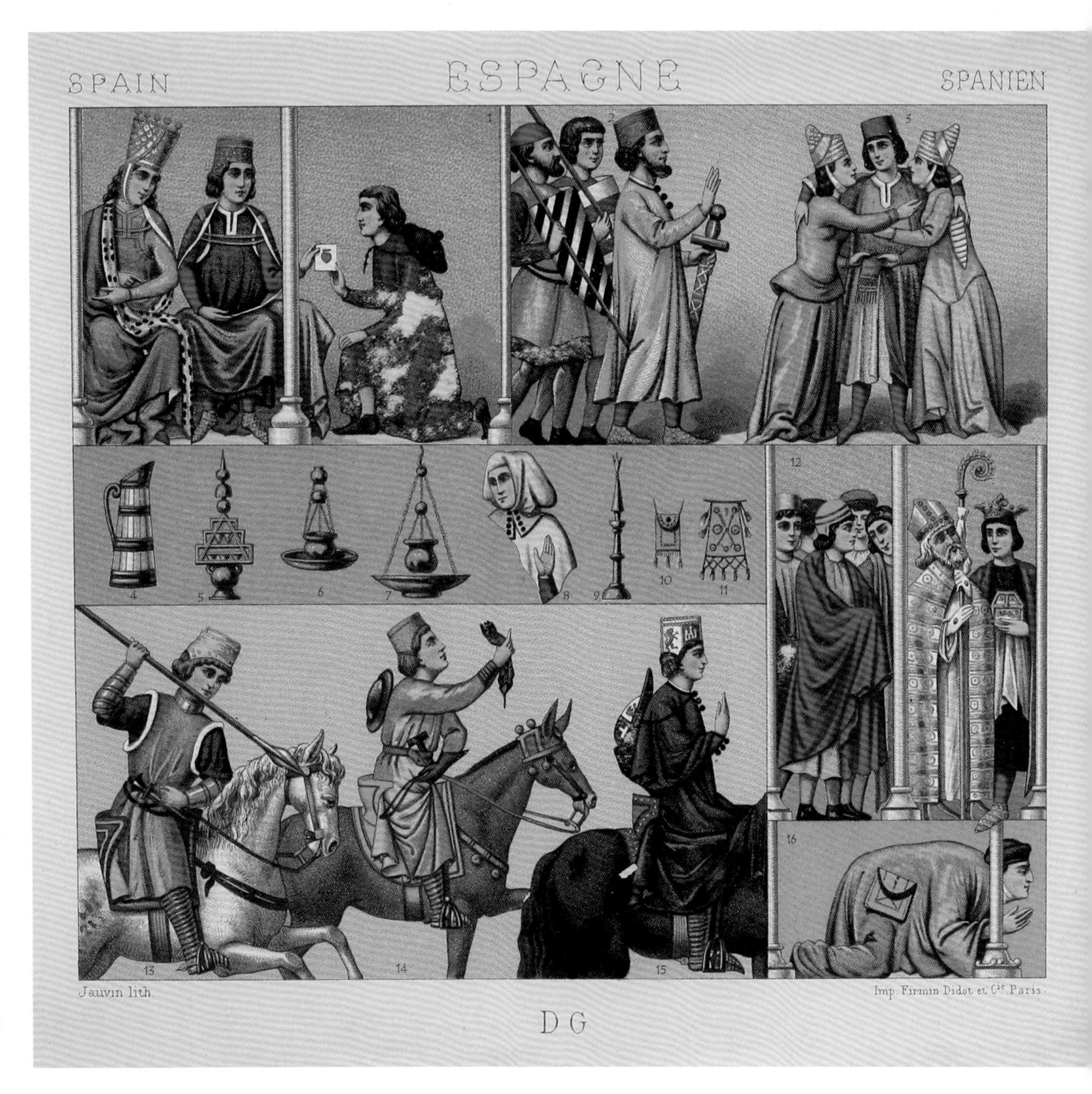

200. 西班牙——13 世纪

201. 法国——9 至 13 世纪军装

No.16：9 世纪，查理大帝时代的铁盔甲；No.9 是其佩戴的马刺。

No.14：10 世纪，于格 · 卡佩（Hugues Capet）统治时期的皮制战袍；No.5 是其战袍上的铁铆钉细节；No.7 是其佩戴的马刺。

No.13：11 世纪，腓力一世（Philippe Ier）时代的战袍；No.1 是其战袍上的铁环甲细节；No.2 是其头盔图案；No.3 是其佩戴的马刺；No.4 是其盾牌正面图。

No.17：12 世纪，路易六世（Louis le Gros）统治时期的锁子甲战袍；No.6、10 和 11 是其战袍上的铁索环细节。

No.15：13 世纪，路易九世（Saint Louis）统治初期的锁子甲；No.8 是其盾牌正面图。

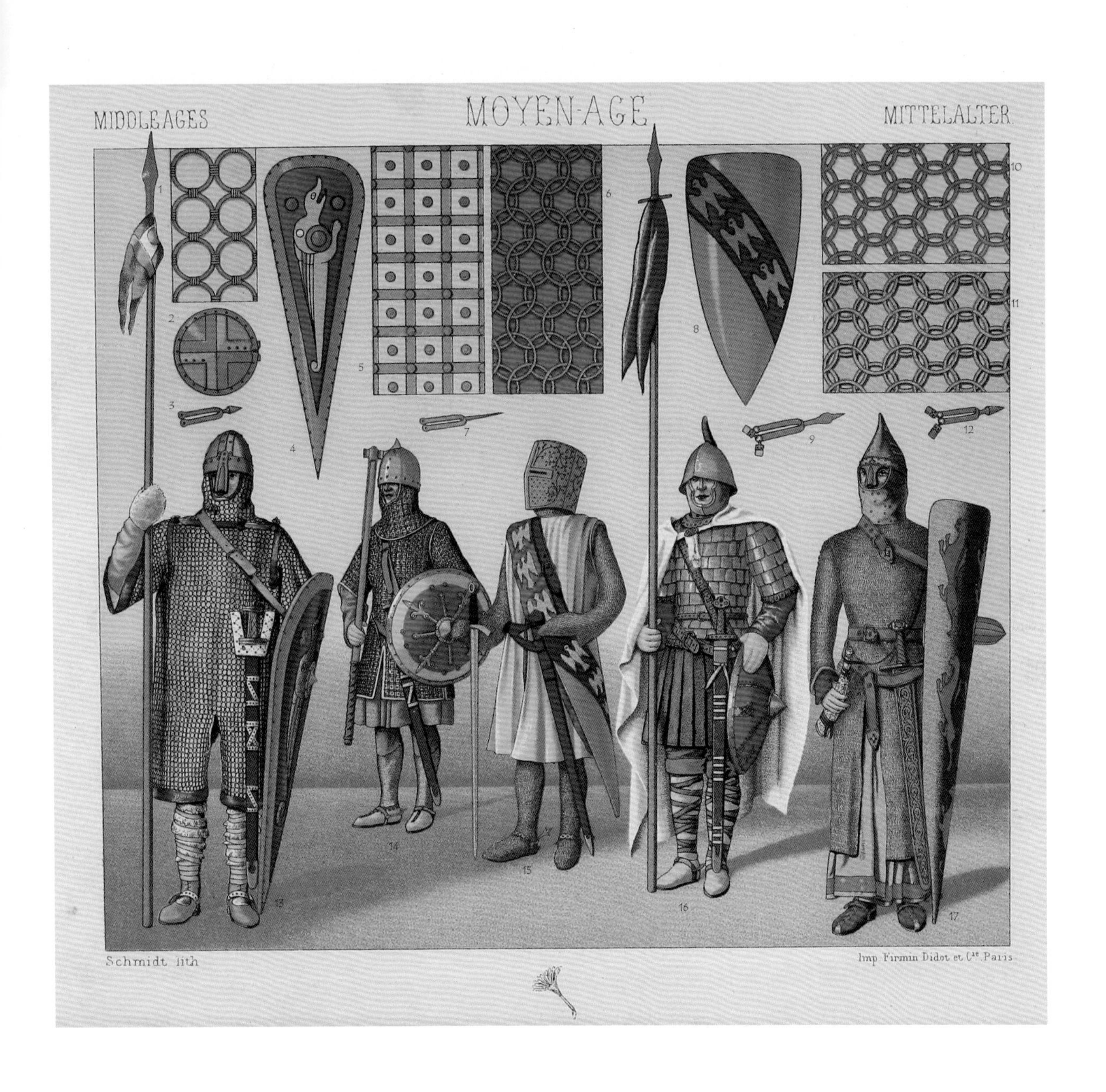

201. 法国——9 至 13 世纪军装

202. 欧洲——中世纪军装

No.20：12 世纪末的骑士；No.14 是其佩戴的马刺。

No.22：13 世纪末的方旗骑士。根据 1188 年第三次十字军东征之前在吉索尔（Gisors）达成的协约，各国约定在战袍前缝制的十字架颜色分别为：法兰西人——红色，英格兰人——白色，弗拉芒人——绿色。

No.23：腓力六世（Philippe de Valois，1328—1350 在位）时代的战袍。

No.18：约翰二世（Jean II le Bon，1350—1364 在位）时代的步兵，手持战镰。

No.21：约翰二世时代的巴黎城市自卫队头领。

No.1—3、10、12：12 世纪的盾牌。

No.19：短剑。

No.8：马鞍。

No.4：11 世纪的红铜头盔。

No.5：13 世纪初的铁头盔。

No.13：13 世纪的铁头盔。

No.9：15 世纪的铁头盔。

No.7：14 世纪的铁头盔。

No.6：15 世纪的英格兰钢盔。

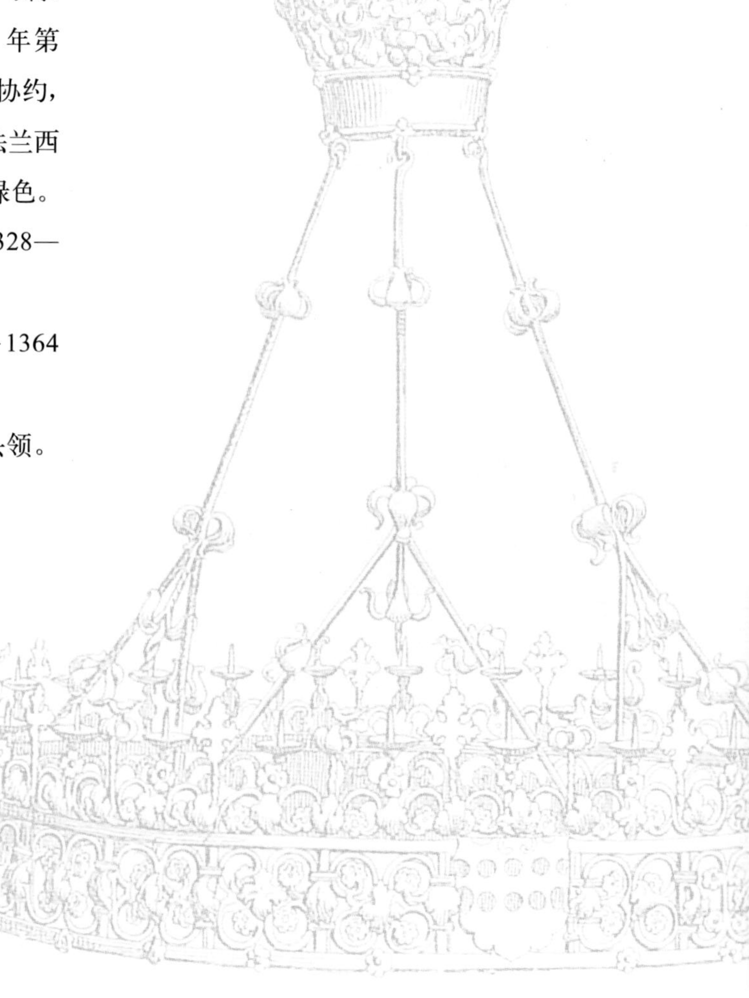

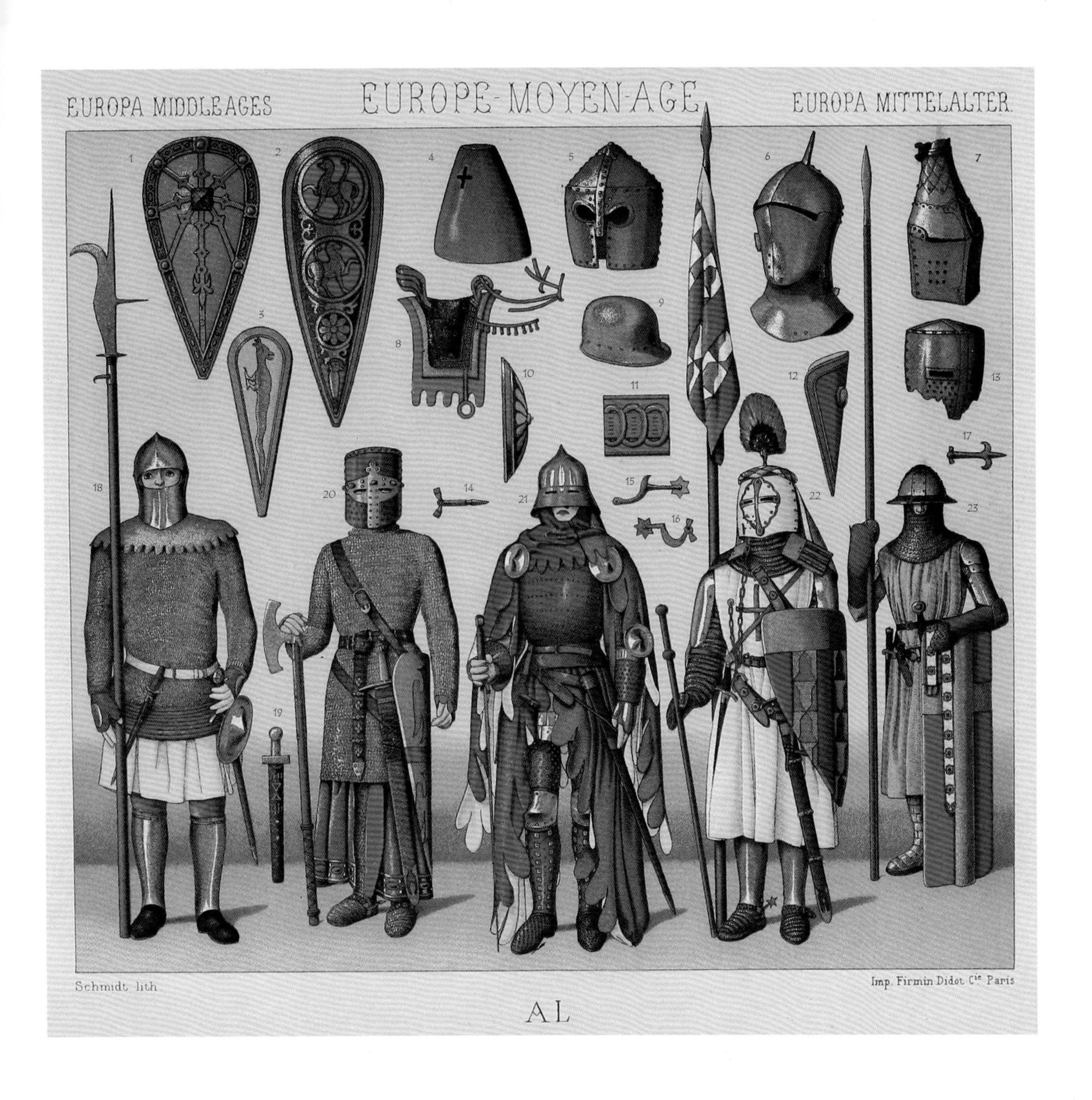
EUROPA MIDDLEAGES
EUROPE-MOYEN-AGE
EUROPA MITTELALTER
Schmidt lith.
Imp. Firmin Didot Cie Paris
AL

202. 欧洲——中世纪军装

203. 欧洲——中世纪——法国 12 至 14 世纪

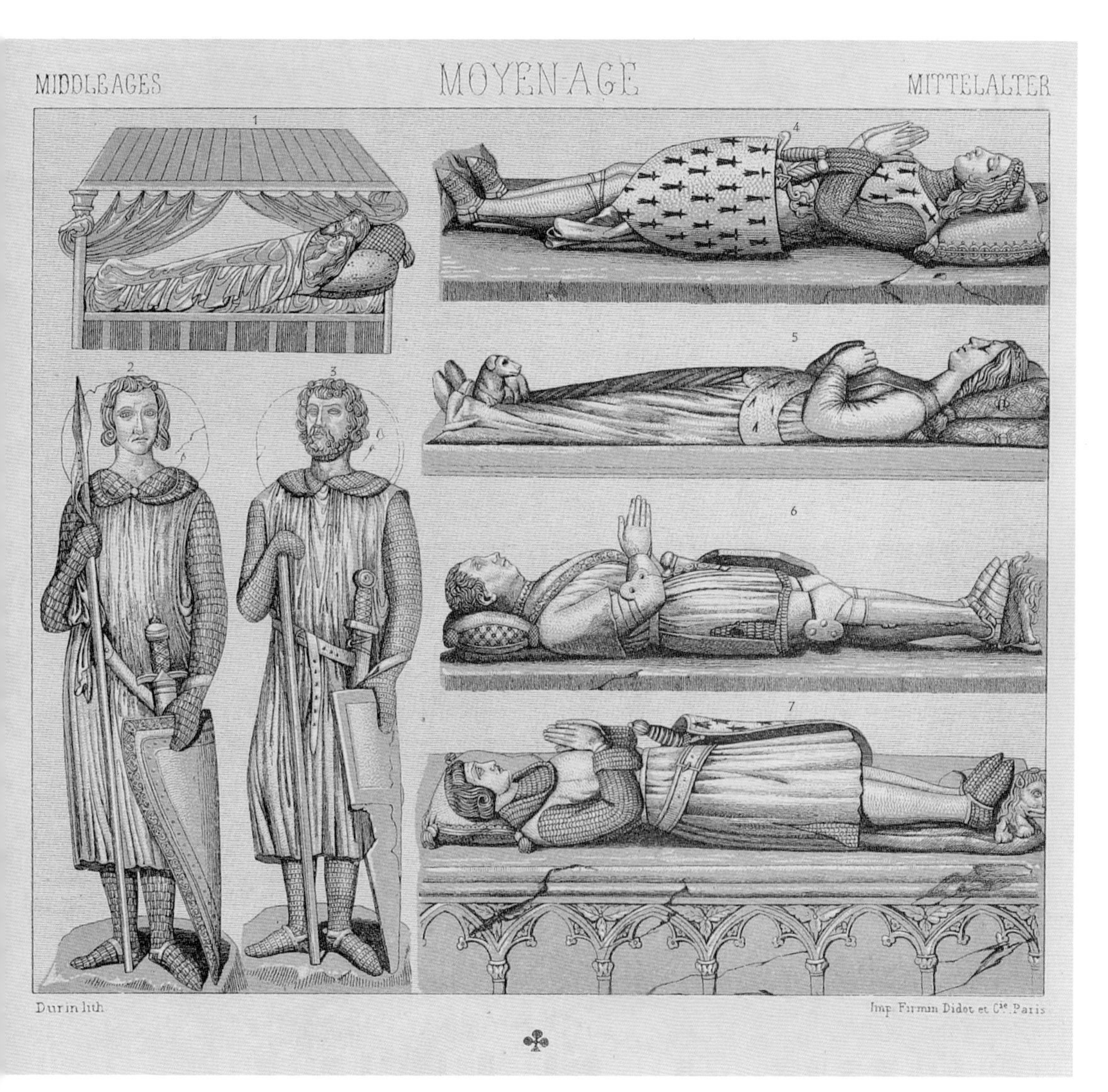

No.1：12 世纪的床。

No.2 和 3：13 世纪，沙特尔圣母院门饰。

No.4：约翰三世(Jean III)，布列塔尼公爵，死于 1341 年。

No.5：瓦伦蒂娜(Valentine de Milan)，奥尔良公爵夫人，死于 1408 年。

No.6：贝特朗·杜·盖克兰(Du Guesclin)，法国骑士统帅，死于 1380 年。

No.7：约翰二世(Jean II)，布列塔尼公爵，死于 1305 年。

203. 欧洲——中世纪——法国 12 至 14 世纪

图画残部来自于奥弗涅省（Auvergne）的圣夫洛雷（Saint-Floret）城堡，与第 205 幅插图关联。

204. 欧洲——中世纪——13 世纪军装

205. 欧洲——中世纪——军装和世俗服装

No.1—5 来自于奥弗涅省的圣夫洛雷城堡；No.6—9 来自于一本 14 世纪的意大利手抄本。

205. 欧洲——中世纪——军装和世俗服装

206. 欧洲——中世纪——14 世纪的军装和世俗服装

14 世纪的窄瘦衣装兴起于法国北部，大概在 1340 年左右，腓力六世（Philippe de Valois）统治时代，随后逐渐在地中海沿岸城市，从巴塞罗那到热那亚开始流行。短而紧身的“jaquette”女式束身衣和“pourpoint”男式紧身衣替代了长袍。带有鞋底的紧身裤也出现了；“poulaine”尖头鞋开始流行，其名有“波兰鞋”的意思，而英格兰人称其为“cracoviennes”，意即“克拉科夫鞋”，甚至骑士的铁甲鞋也变成尖头的。短衬衫得到了普遍穿用；上流人士习惯于两条腿穿不同颜色的裤子，甚至鞋也是不同颜色的。

No.1：马背床或担架。

No.2：生病的王后正在被一名骑士放血。

No.3：骑兵。

No.4：贵族青年。

No.5：亚瑟王。

No.6 和 7：伊索德王后（Iseult de Chamalot）。

No.8：身披大氅的君主。

206. 欧洲——中世纪——14 世纪的军装和世俗服装

207—208. 欧洲——中世纪——军装和世俗服装

No.1：雅克纳·卢卡特（Jakennes Loucart），皇家骑士。

No.2：沙尔特伯爵，厄德（Eudes，Comte de Chartres）。

No.3：于格，沙隆主教代理官。

No.4：路易，埃夫勒伯爵（Louis de France，Comte d’Évreux），腓力三世（Philippe III le Hardi）的第六子。

No.5：布拉班特（Brabant）的武士。

No.6：菲利普·德阿图瓦，孔什领主（Philippe d’Artois，Seigneur de Conches）。

No.7：玛格丽特·德博热，法国元帅爱德华·德博热之女。

No.8：14 世纪的女装。

No.9：安娜，奥弗涅太子妃（Anne，Dauphine d’Auvergne），波旁公爵夫人。

No.11：太子妃安娜的随从贵妇。

No.10：让娜·德佛兰德（Jeanne de Flandre），布列塔尼（Bretagne）公爵夫人。

No.12：修女埃洛伊兹（Héloïse），死于 1163 年。

No.13：拉乌尔·德博蒙（Raoul de Beaumont），埃蒂瓦尔（Etival）修道院的创建者。

No.14：法国国王腓力三世（Philippe III le Hardi）。

No.15：约翰一世（Jean I），布列塔尼伯爵。

No.16：皮埃尔·德卡维尔（Pierre de Carville），圣旺（Saint-Ouen）修道院院长。

No.17：法国国王腓力四世（Philippe IV）。

No.18：约朗德·德蒙泰居（Yolande de Montaigu）。

No.19 和 20：法国王后伊萨博（Isabeau de Bavière）的随从贵妇。

No.21：法国王后伊萨博，法国国王查理六世（Charles VI）的王后。

No.22：雅克利娜（Jacqueline de la Grange），法王查理六世的重臣让·德蒙塔古的夫人。

No.23：于尔森（Ursins）家族的贵妇。

No.24：厄里扬（Euriant），讷韦尔伯爵（Comte de Nevers）夫人。

207—208. 欧洲——中世纪——军装和世俗服装

207—208. 欧洲——中世纪——军装和世俗服装

209. 欧洲——中世纪——13 至 14 世纪

209. 欧洲——中世纪——13 至 14 世纪

No.5：路易（Louis），路易九世（Louis IX）的长子，1243—1260。

No.3：拉乌尔·德库尔特奈，伊利耶尔和纳维的领主。

No.2：路易，埃夫勒伯爵（Louis de France, Comte d' Évreux），腓力三世（Philippe III le Hardi）的第六子，1276—1319。

No.1：腓力，埃夫勒伯爵，路易之子。

No.4：三位市民的服装。

No.6：查理五世时代的农民。

No.7：耕农。

No.8：葡萄采集者。

No.9：女园丁。

No.10：牛倌。

210. 欧洲——中世纪——13至15世纪

No.1：皮埃尔·德德勒（Pierre de Dreux），死于1250年，布列塔尼公国监护人。

No.5：路易一世，1279—1342，波旁公爵。

No.7：法国国王腓力六世（Philippe de Valois）的葬礼。

No.3：弗朗索瓦一世，布列塔尼公爵（François Ier，Duc de Bretagne）。

No.4：弗朗索瓦一世，身穿世俗服装。

No.11：查理六世时代的贴身侍卫。

No.2：法国国王约翰二世（Jean II），1350—1364在位。

No.8：科隆公爵（Duc de Cologne），查理五世时代。

No.9：查理五世时代的宫内贵族侍从。

No.10：鲁特琴演奏者。

No.12：二弦琴演奏者。

No.6：约翰一世，波旁公爵。

210. 欧洲——中世纪——13至15世纪

No.3：让娜·德波旁（Jeanne de Bourbon），查理五世的王后。

No.4：路易，安茹公爵（Louis，Duc d’ Anjou），那不勒斯国王（Roi de Naples）。

No.2：贝娅特丽克丝·德波旁（Béatrix de Bourbon），波西米亚国王约翰一世（Jean de Luxembourg，Roi de Bohême）的王后。

No.6：波旁公爵（Duc de Bourbon）。

No.1 和 9：法国国王查理七世（Charles VII）。

No.8：布列塔尼公爵的见习骑士。

No.11：查理七世时代的御医。

No.5：玛丽·德安茹（Marie d’ Anjou），查理七世的王后。

No.7：伊莎贝尔·斯图亚特（Isabelle Stuart），布列塔尼公爵弗朗索瓦一世的妻子。

No.10：玛丽·德贝里（Marie de Berri），波旁公爵约翰一世的妻子。

211. 欧洲——中世纪——世俗和贵族服装

No.1：约翰，波旁公爵的私生子（Jean，bâtard de Bourbon）。

No.2：阿涅斯·德沙勒（Agnès de Chaleu），约翰的妻子。

No.3：博娜·德波旁（Bonne de Bourbon），萨伏依伯爵阿梅代六世（Amedee VI de Savoie）之妻。

No.4：玛格丽特·德波旁（Marguerite de Bourbon）。

No.5：法国国王查理五世（Charles V）。

No.9：约翰·德蒙塔古（Jean de Montagu）。

No.11：查理·德蒙塔古（Charles de Montagu），让·德·蒙塔居之子。

No.6：路易二世（Louis II），那不勒斯国王。

No.7 和 8：查理七世（Charles VII）的宫廷绅士。

No.10：查理一世（Charles I），波旁公爵。

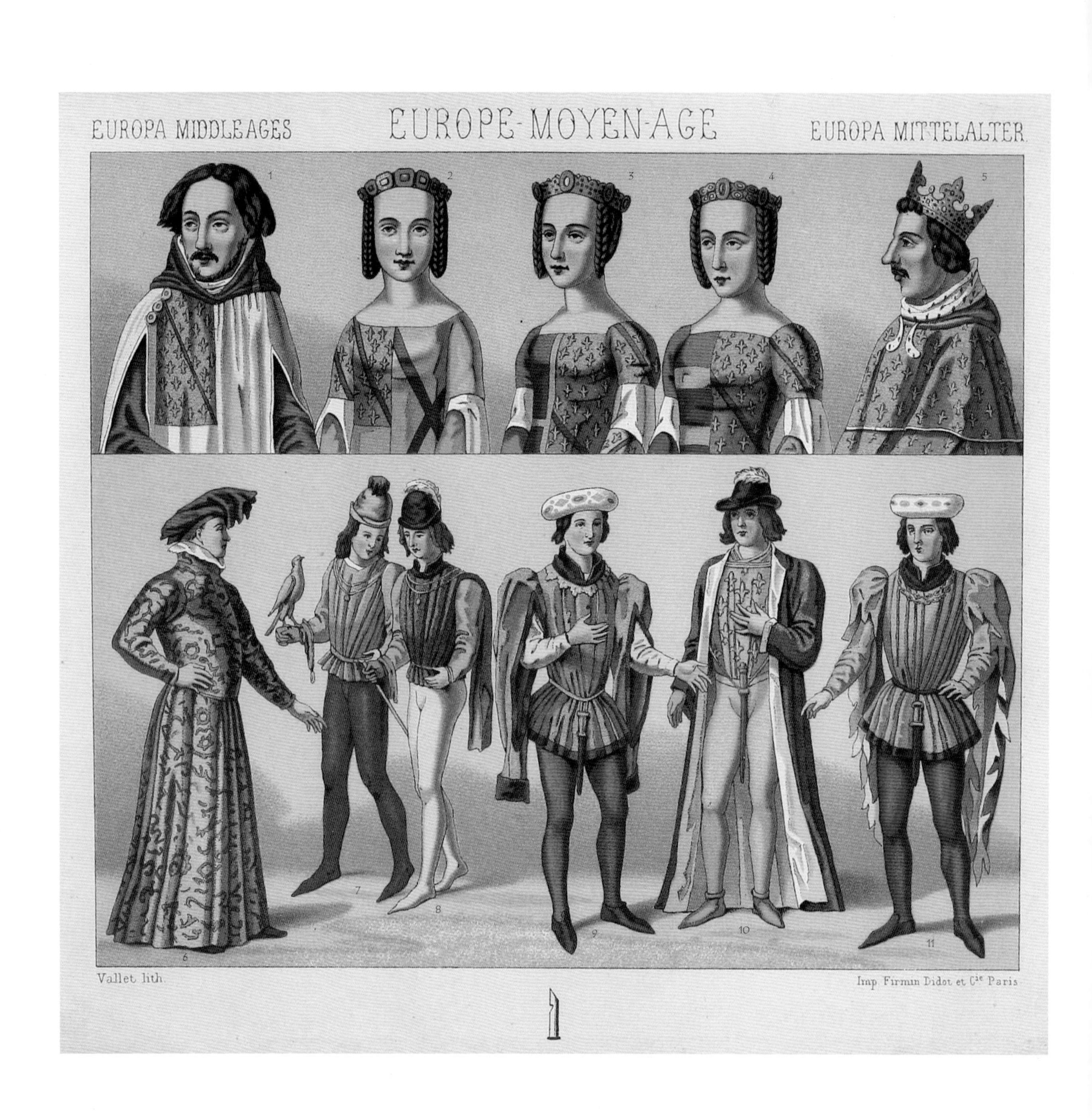

212. 欧洲——中世纪——世俗和贵族服装

No.1：约翰二世（Jean II）和查理五世（Charles V）时期的图画，江湖艺人。

No.2：一名看守和一名信使。

No.3：卢克雷齐娅（Lucrèce）的自杀。

以上三图取自 14 世纪的手抄本。

No.4：立遗嘱的过程。取自 15 世纪的手抄本。

213. 欧洲——中世纪——法国 14 至 15 世纪

214. 欧洲——中世纪——法国 14 至 15 世纪

《傅华萨见闻录》[1]（*Chroniques de Froissart*）中的记载始于 1322 年，但是其手抄本作品发表于 15 世纪。其同代的画家们通常不太在意年代的错乱，他们的配图总是以当时的，即查理七世（Charles VII）时代的服饰去描绘历史人物。

图中所示的议会场景具有重要的历史背景，即英法百年战争的前奏。

我们知道，卡佩王朝的最后一位君主查理四世（Charles IV）死前没有留下男性继承人，尽管英格兰国王爱德华三世（Edouard III）因是查理四世的妹妹伊莎贝尔（Isabelle）的儿子而要求继承法国王位，但是最终根据萨利克法典，旁系瓦卢瓦（Valois）家族的腓力六世（Philippe VI）加冕继承了王位。

爱德华三世认为，虽然萨利克法典排除了女性继承人的可能性，但是并不排除直系女性的男性后代。然而法律博士们并不认可他的说法。

在图中，法国国王所坐的王位并不是国玺上“X”形状的王位，而只是一个垫高的座位，上有华盖，旁边有三角形滑动幕帘。这个特别的王位，很像“皇族议会”（Lit de justice）的形式——国王就坐于巴黎议会厅的一角，向议会宣布他的决定。

图中的场景是虚构的，我们并不知道爱德华三世是否派遣了一名特使到法国议会上来辩解他的要求。我们在图中看到的是：一名英格兰特使的发言被一名朝臣打断，并示意随时可请他出去；另有些人在朝外走，去向巴黎和外省宣告国王的加冕日期，即 1328 年 5 月 27 日。

图中的服饰属于 1430 年代。

另外两幅图画是路易十一世（Louis XI）时期的作品，所绘的是 16 世纪之前的艺术家们所喜爱的主题之一——女先知。

[1] 译注：《傅华萨见闻录》的作者让·傅华萨（Jean Froissart, 1337—1405），中世纪最著名的见闻录作家之一，其作品尤其成为了研究英法百年战争的参考文献，并被认为是 14 世纪英格兰和法兰西骑士复兴时期的代表作品。

214. 欧洲——中世纪——法国 14 至 15 世纪

215. 欧洲——中世纪——法国 15 世纪

215. 欧洲——中世纪——法国 15 世纪

路易十一世在服装上的改革使得这个时代的服饰更加简洁，夸张的优雅不再流行。所谓的“长袍人士”（gens de robe longue）和“短袍人士”（gens de robe courte）成为了区分司法官员、文人以及神职人员和其它阶层人士的重要标志。

216. 欧洲——中世纪——法国 14 至 15 世纪——城堡内部

左图：约翰二世（Jean II le Bon）于 1350 年登基成为法国国王之后，在没有听取辩解的情况下，就下令处死了他认为是犯了叛国罪的法国陆军元帅布里埃纳的拉乌尔二世（Raoul II de Brienne）。这个事件随后引发了严重的后果，继任陆军元帅西班牙的查理（Charles d’Espagne）被刺杀；约翰二世又抓捕并斩杀了刺客。

插图取自《傅华萨见闻录》，描述了约翰二世突袭鲁昂城堡（Château de Rouen）时，抓获纳瓦拉国王查理二世（Charles II de Navarre）及其手下的情景。约翰二世随后下令处决了阿尔古伯爵约翰五世（Jean V d’Harcourt）为首的四人。

右图：15 世纪的四轮马车。它们与古代的马车相比没有太大变化，车厢板直接安置在轮轴之上，这是一种相当古老的设计。之所以如此，是因为在中世纪时期，人们普遍认为马车是给老人和残疾人准备的，男人就应该骑马；此外，道路的状况也很差，坐马车并不舒适。

第一辆带有弹簧的车厢出现于 1405 年，为伊萨博王后（Isabeau）在巴黎举行入城仪式时所使用的。

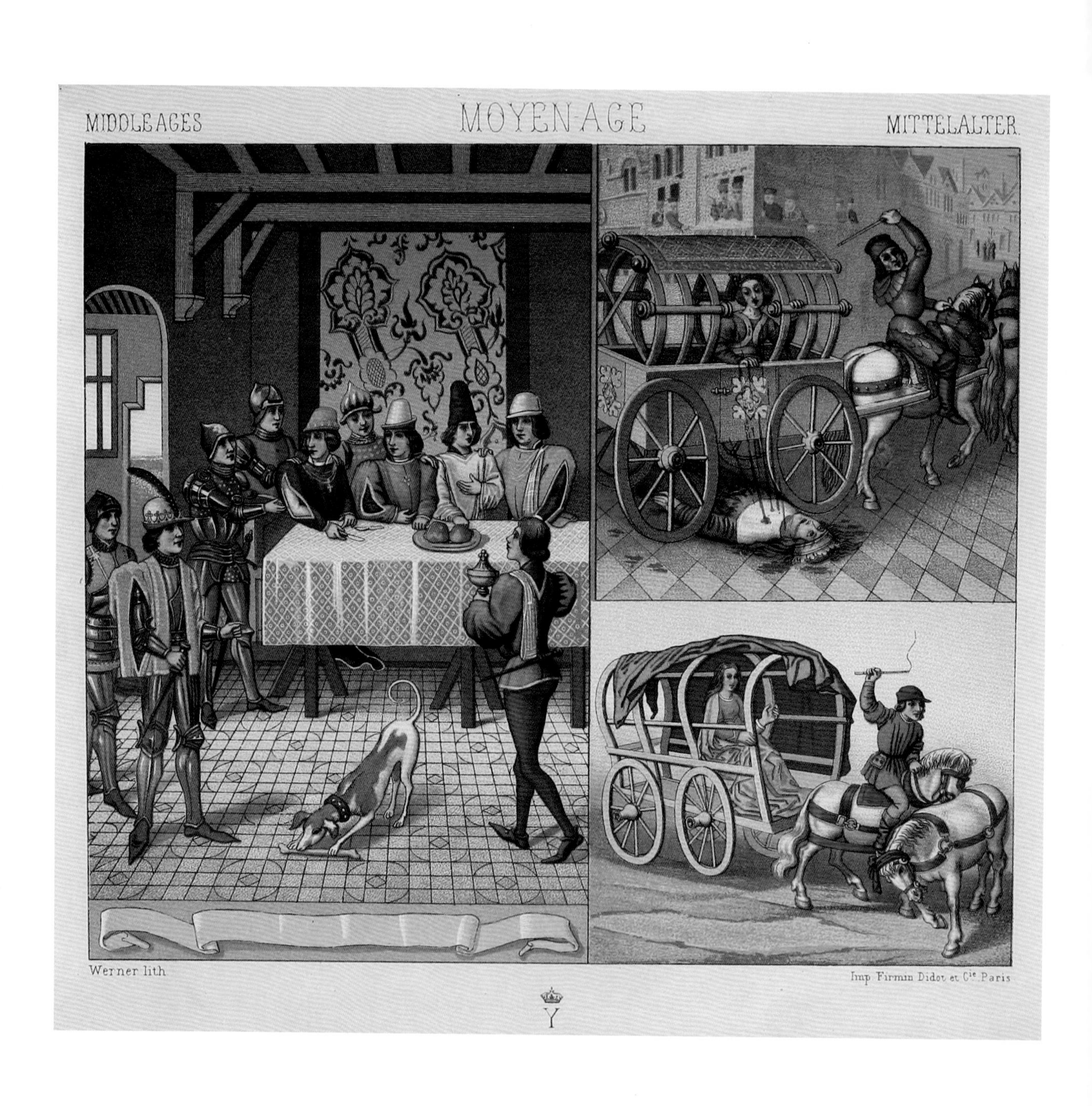

216. 欧洲——中世纪——法国 14 至 15 世纪——城堡内部

217. 欧洲——中世纪——法国14至15世纪的军装

No.12：14世纪后半期的披甲战士。皮甲与铁片的组合属于一个过渡时期，也就是说晚于锁子甲和环甲，而早于鳞甲的使用。在十字军东征之后的时期，仿制东方式样的皮制护具开始流行，但是在法国，尽管人们多次尝试，仍然没有获得东方皮甲那样的防护效果。

锁子甲或环甲可以防止利刃的穿透，但是无法抵御冲击的力量，因此难以抵抗重剑、锤和斧这类重型武器的攻击。渐渐地，人们发现铁板可以在其表面上分散撞击的力量，减缓伤害，于是开始装配铁甲护胸；逐渐，这种防护系统被推广至护腿、护臂，直至全身。

No.16：王太子的全套鳞甲装备，包括头罩和头盔。

No.15：法国陆军元帅，迪盖克兰（Duguesclin）的全套鳞甲，查理五世（Charles V）时期。

No.1、2、4、7和8：尖顶钢盔。

No.14：手持“克桑特莱伊”（Xaintrailles）骑士枪的骑士，查理七世（Charles VI）时代。

No.13：奥尔良公爵查理一世。

No.10：查理五世时代的步兵。

No.9：步兵号手。

No.11：弗洛里尼（Florigny）的领主让（Jehan），1415年。

No.3：15世纪的意大利头盔。

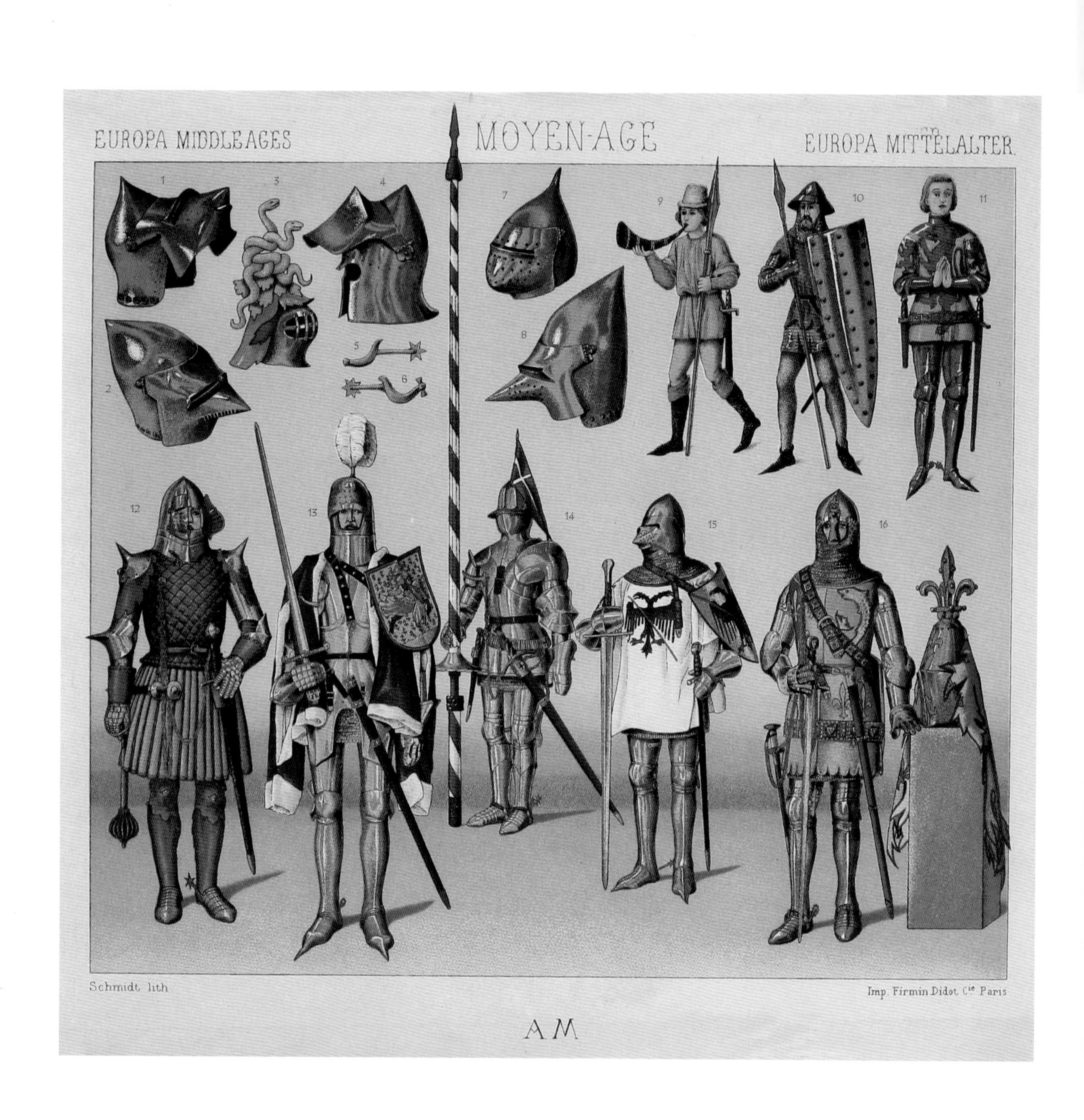

217. 欧洲——中世纪——法国 14 至 15 世纪的军装

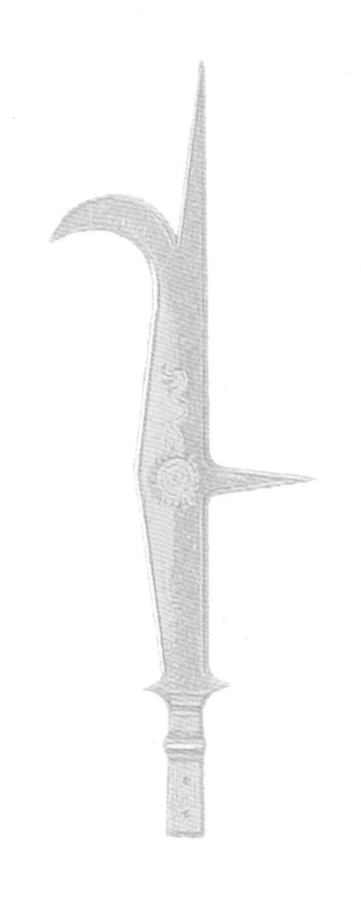

No.10：传令官。

No.11：皇家掌旗官。

No.12：弓箭手。

No.13：皇家卫队的披甲枪骑兵。

No.14：军号手。

No.15：弩手。

No.16：游击弓箭手。

皇家卫队（Compagnies d’ordonnance）创建于查理七世时期，是法国最古老的常规部队。卫队于 1445 年组建，共有十五个分队，九千匹战马，每个分队有一百个枪骑兵组，每个枪骑兵组由六人组成：枪骑兵一名，弓箭手三名，短刀手一名，侍从一名。他们是直接听从国王支配的最精锐的部队。游击弓箭手制度设置于 1448 年，主要为了弥补常规部队中弓箭手的不足。他们是由本人所在的教区挑选，并且由教区配备武装的平民所组成，免除了人头税，有义务随时听从国王的旨令参战。

218. 欧洲——中世纪——法国 15 世纪的军装和武器

219. 欧洲——中世纪——法国15世纪的骑士比武和冠饰

No.5：法国陆军元帅阿蒂尔三世（Arthur III de Bretagne）的个人比武骑士装备。

No.6：阿尔布雷公爵的团队比武骑士装备。

No.11：步兵。

No.12：弓弩手。

No.13：全副武装的骑士。

219. 欧洲——中世纪——法国15世纪的骑士比武和冠饰

220. 欧洲——中世纪——法国 15 世纪的火炮等武器

火药炮在 13 世纪开始被使用，到 14 世纪的时候，威尼斯人发明了手铳；15 世纪的时候，德意志人发明了火绳枪；意大利人发明了臼炮。

起初，火器在法国的发展相当缓慢，尤其是随身携带的火器。首先，骑士阶层不愿意看到这种武器在被他们所蔑视的平民阶层中扩展；其次，军队中的弓弩手和弓箭手也不愿意看到他们的职业被一种新式武器所替代。因此反而是在那些没有足够武装来自保的城镇，开始用火器来武装自己，并且由手工业者不断改进技术。直到查理七世统治后期，才在军队中正式配备了火炮手的编制。

图中展示的火炮就是查理七世时期的，从中可以看出其射程还十分有限。

No.9 和 10：查理七世亲兵卫队中的弓弩骑兵和长枪手。

No.6 和 7：弓箭手和弓弩手。

No.8：短刀手和钩镰枪兵。

No.3—5：轻骑兵。

220. 欧洲——中世纪——法国 15 世纪的火炮等武器

221. 中世纪——15 世纪——骑士竞技

221. 中世纪——15 世纪——骑士竞技

No.1 和 2：这两幅图属于同一组中的两部分，背对观众的那队人正在迎接入场的波旁公爵（Duc de Bourbon），即 No.1 中的主要人物。他即将迎接布列塔尼公爵（Duc de Bretagne）的挑战，与其进行比武。

No.3 和 4：1488 年的贵族服饰。

No.1： 方旗骑士。这位骑士的全副镀金鳞甲已经显现出了奢华的迹象。这种奢靡之风到 16 世纪时达到了顶点。

No.2：驾驭竞技战马的侍从。

No.3：竞技首领特指开启竞技场首场比赛的骑士。

No.4：阿拉贡国王阿方斯（Alphonse, Roi d' Aragon）的传令官。

No.5：耕农。

No.6：播种者。

No.7：收割者。

No.8 和 9： 掘墓人。

222. 中世纪——15 世纪——骑士服饰

223. 中世纪——15 世纪——世俗服饰

No.1：插图取自手抄本《哲学的慰藉》(*Consolations de la Philosophie*)。

No.2：马克西米利安一世（Maximilien d' Autriche)，身穿"金羊毛骑士"（Chevalierdela Toison d' or）服。

No.3：安特卫普的兑换商。

223. 中世纪——15 世纪——世俗服饰

224. 欧洲——14 至 15 世纪——首饰

No.1 和 3：同一条女式腰带的局部图。

No.4：金丝饰女式镀金腰带。

No.6：金腰带局部。

No.5：腰带扣。

No.7：铜镀金腰带扣，16 世纪。

No.12：16 世纪意大利风格的搭扣。

No.13：15 世纪意大利风格的八角搭扣。

No.19：15 世纪意大利风格的搭扣。

No.23：绿宝石镶嵌，椭圆玫瑰型搭扣。

No.8：金羊毛骑士团项链局部。

No.2：14 世纪意大利胸针。

No.22：15 世纪意大利胸针。

No.9：14 世纪意大利坠饰。

No.16：16 世纪法兰西环形珐琅彩圣母圣子像金坠饰。

No.17：16 世纪银镀金法兰西徽章。

No.11：15 世纪意大利珍珠帽花。

No.14：15 世纪意大利镂空珍珠帽花。

No.15：14 世纪银镀金圣骨帽饰，圣骨置于空芯扣针之中。

No.18：15 世纪意大利帽花。

No.20：14 世纪意大利帽花。

No.10：15 世纪法兰西银镀金指环。

No.21：16 世纪皮制钱包上的镀金饰物。

224. 欧洲——14 至 15 世纪——首饰

图中所展示的梳子当中，No.5 骨制镶银和宝石，属于伦巴第王后泰奥德兰德（Théodelinde），公元 6 世纪左右；其它的梳子都是 15 和 16 世纪的作品。

No.1、3、6、7 和 11 是黄杨木和象牙制。

No.10 和 12：文艺复兴风格的象牙梳。

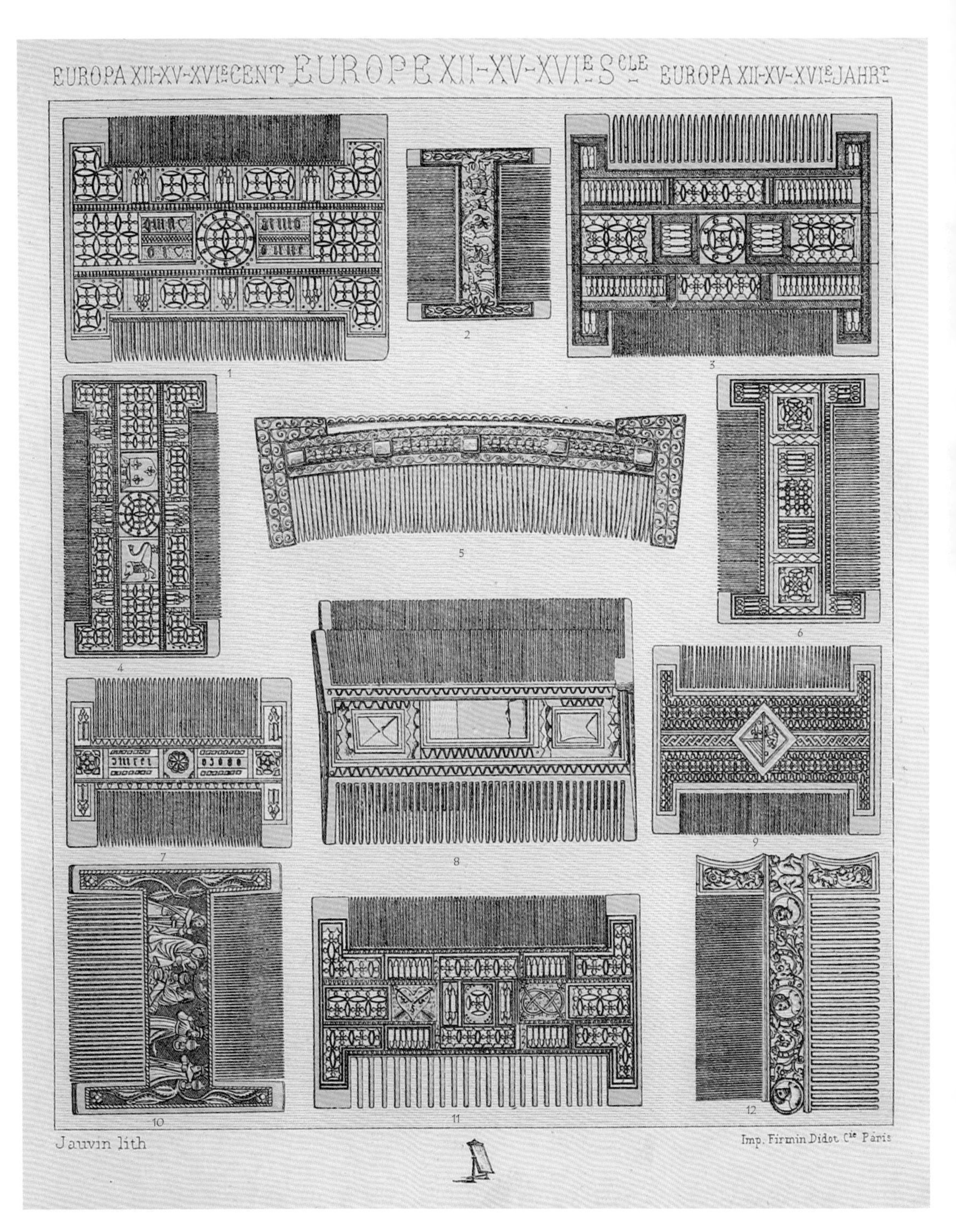

225. 欧洲——日常物品——梳妆品

226. 欧洲——15 至 16 世纪——钱包和意大利头饰

226. 欧洲——15 至 16 世纪——钱包和意大利头饰

No.4、5、6、7、9、10、11、13 和 15：16 世纪的女式钱包。

No.2、3、8、12、14、16：15 至 16 世纪的意大利头饰。

227. 欧洲——14至15世纪——家具

No.18：最常见的市民用床。

No.17：带有床幔的市民用床。

No.16：皇室用床局部。

No.1、7：王座。

No.8：主教坐席。

No.6：长椅。

No.3：家庭长椅。

No.4：华盖椅。

No.14和20：橱柜。

No.13：单腿圆桌。

No.19：助餐小桌。

No.12：圣骨盒。

No.9：冠型吊灯。

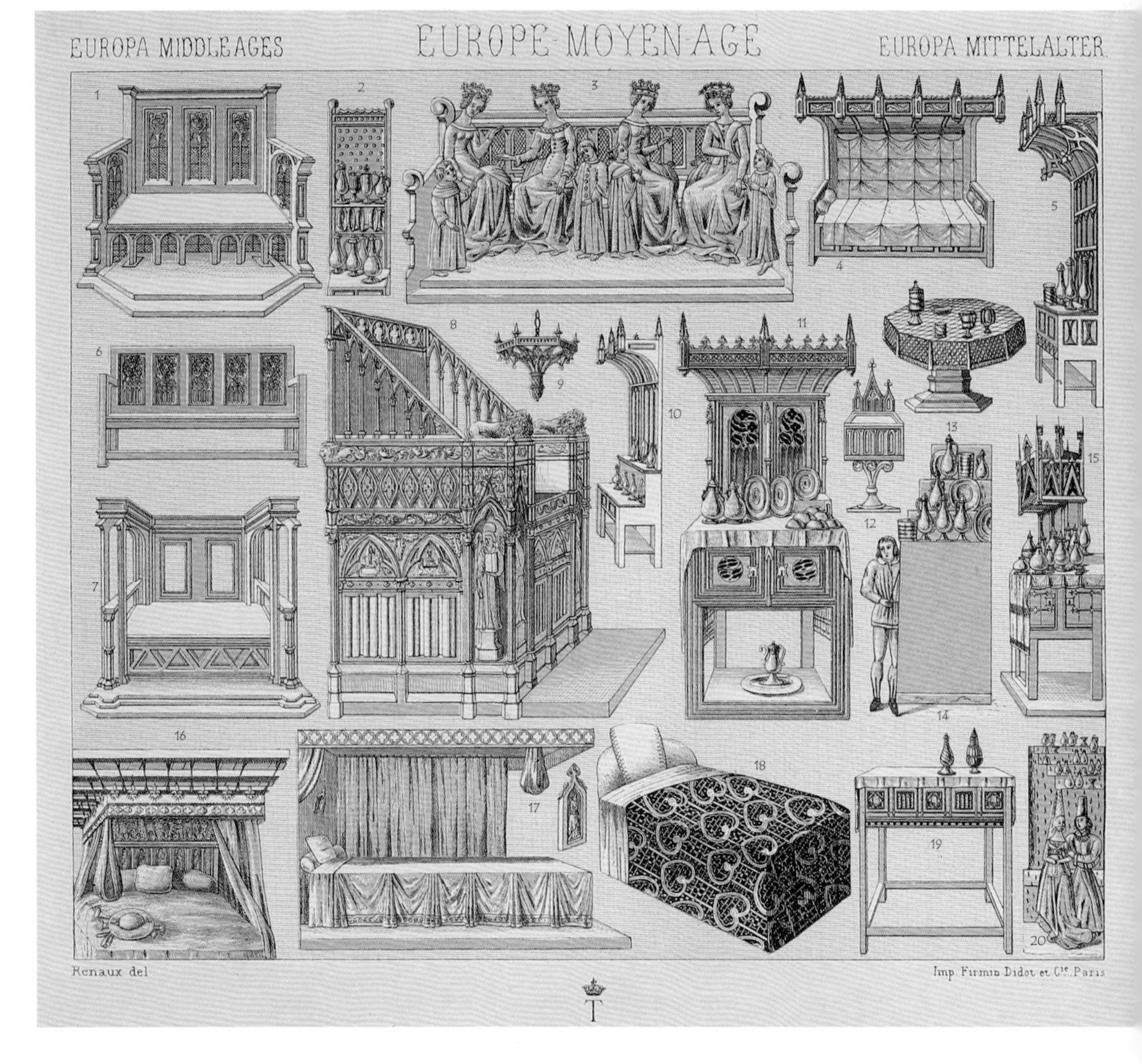

227. 欧洲——14至15世纪——家具

228. 欧洲——中世纪——家具

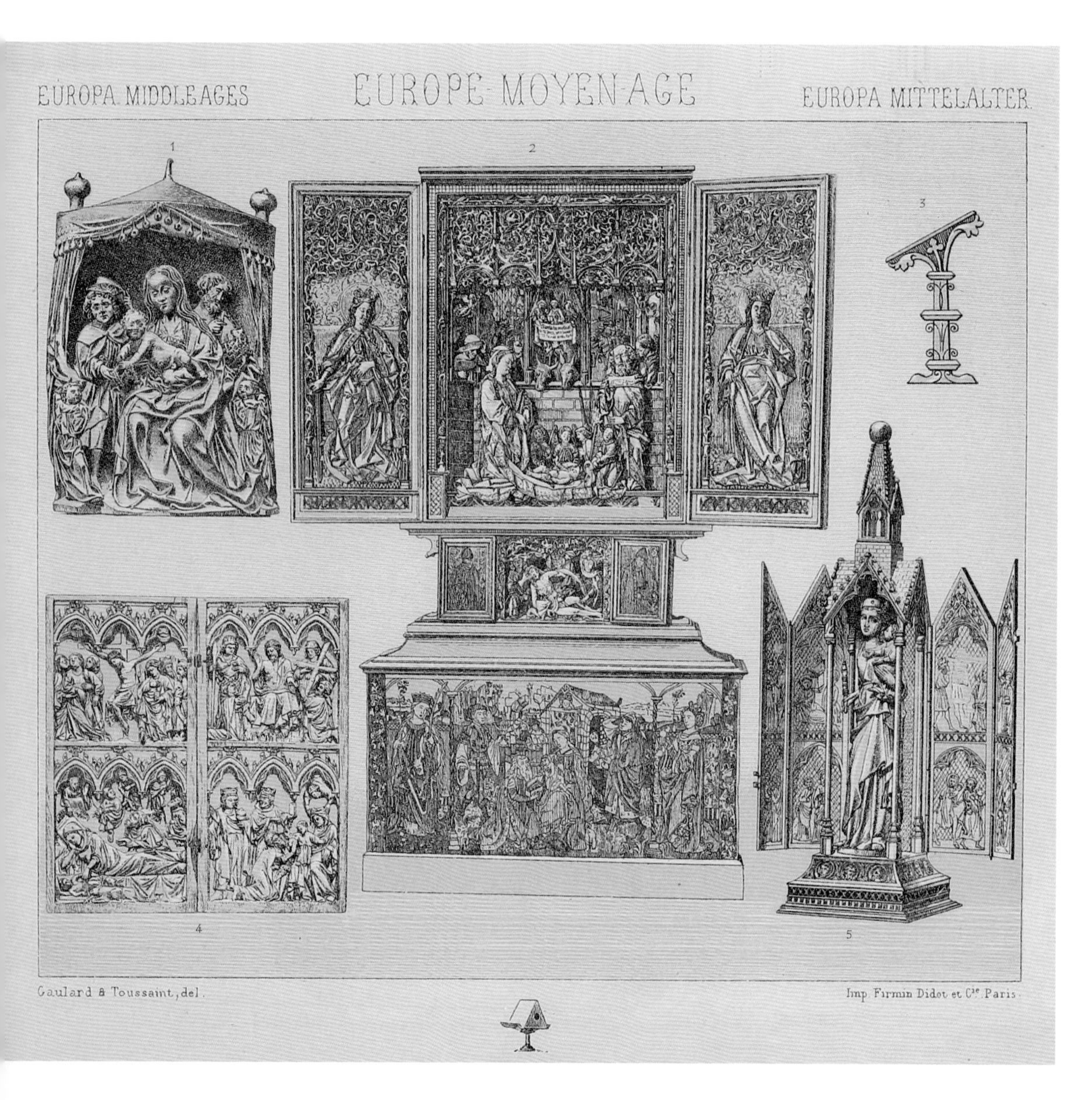

No.1：雕刻着圣母圣子的神龛，16 世纪。

No.2：展示圣诞节的德式橱柜。

No.3：唱诗台。

No.4：13 或 14 世纪的双联雕刻画。

No.5：开窗式小神殿。

228. 欧洲——中世纪——家具

No.5 和 6：德式保险柜，14—15 世纪。

No.4：带有气窗的特殊保险柜。

No.1、2 和 3：餐具柜。

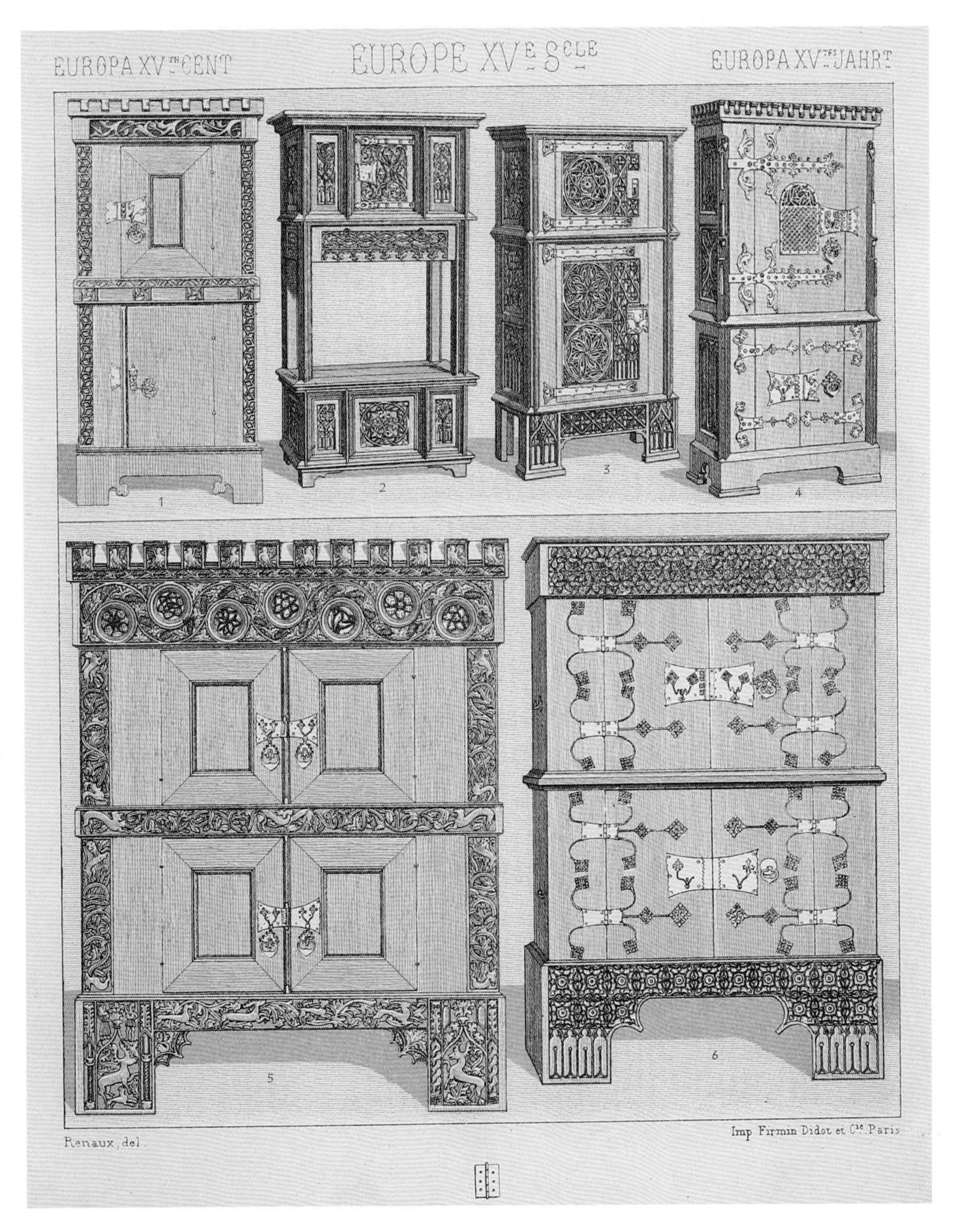

229. 欧洲——15 世纪——奢华家具

230. 欧洲——15 世纪——奢华家具

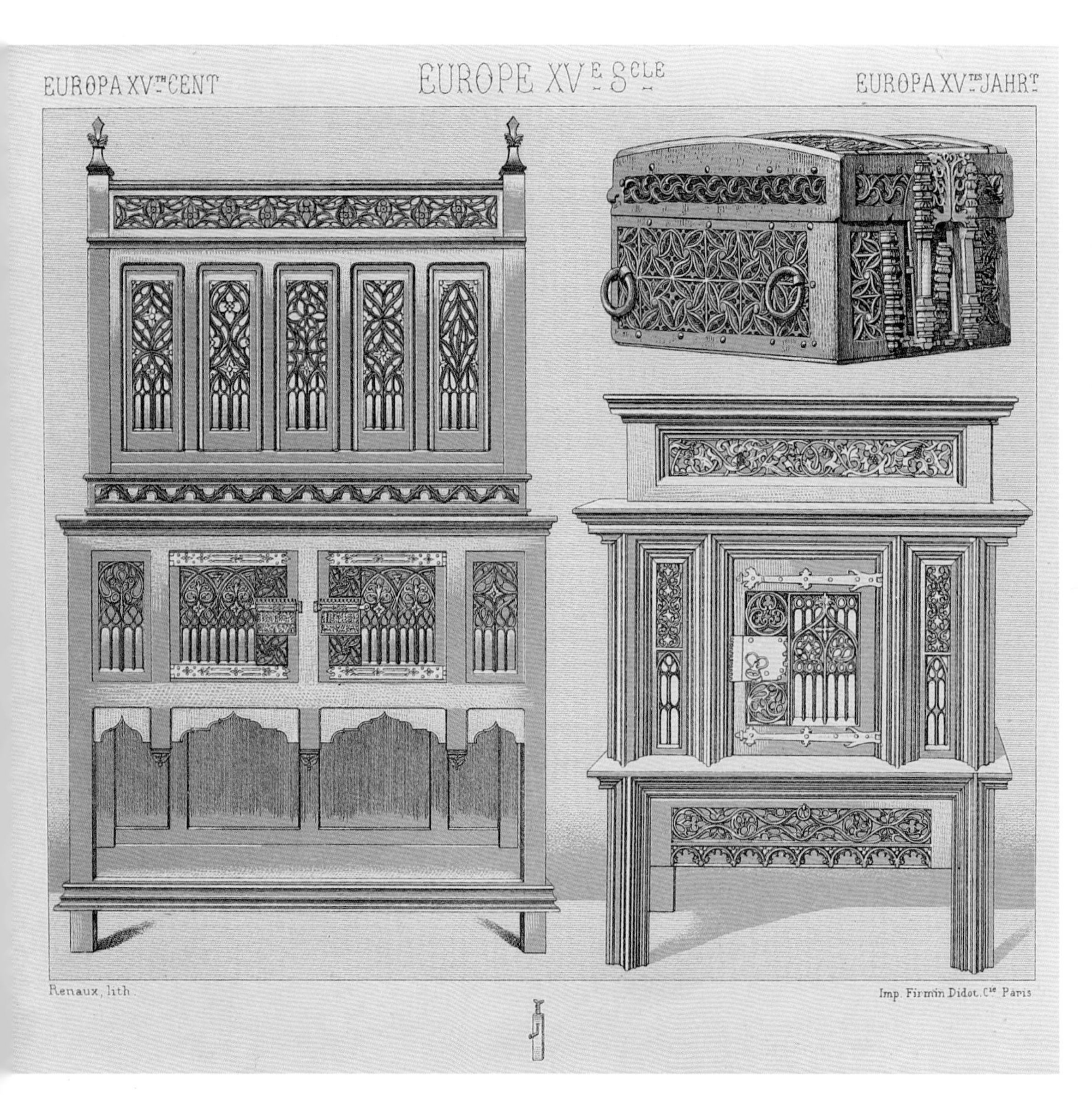

餐具柜上的餐具架尺寸是有规制的，只有贵族才能拥有带顶盖的餐具架；而餐具架的层数也是有规制不能僭越的：王后可以有五层，伯爵夫人可以有三层，方旗骑士夫人可以有两层。

图中的两个餐具柜都是15世纪的作品。小橡木箱子是旅行用首饰箱。

230. 欧洲——15 世纪——奢华家具

231. 欧洲——中世纪——法国——莱茵河流域——佛兰德

图中所示的床十分奢华，如下是卧室中的重要家具：

No.7：祭台。在家中安置祭台是一种特权。

No.24：矮脚餐具桌。

No.5、8—10、19：“X”型折叠椅。

No.18：摇篮。

No.20：刺绣靠垫。

No.1和4：取暖炭炉。

No.21：铜镀金雕像。

No.15：首饰盒。

No.12：手持小镜子。在16世纪以前，居室内只有这种小镜子。

No.16：纸质指环柱。

No.13：挂件。

No.2、3、6、11、14、17：不同器皿。

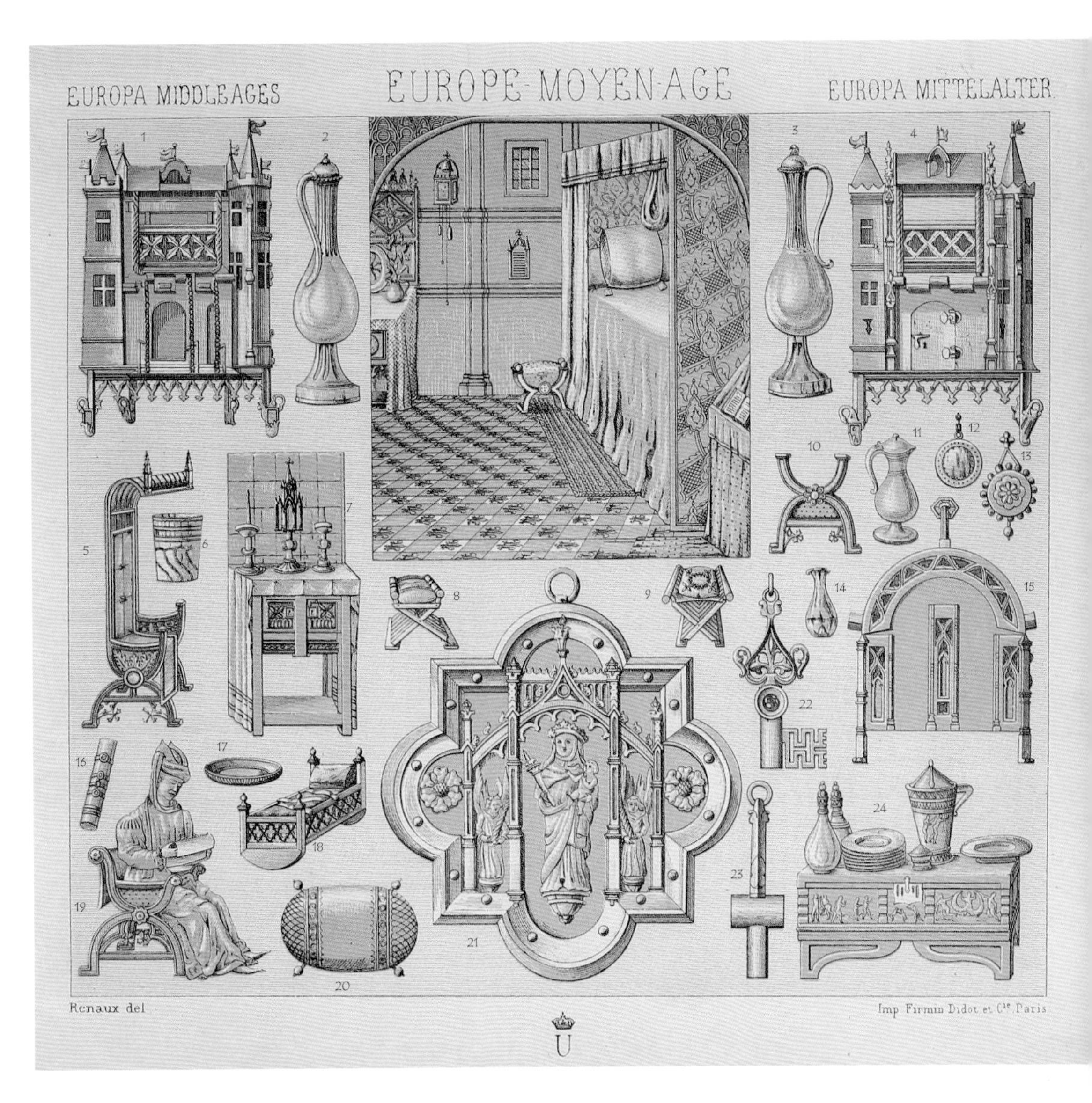

231. 欧洲——中世纪——法国——莱茵河流域——佛兰德

232. 欧洲——中世纪——佛兰德式卧室

插图取自卢浮宫博物馆收藏的一幅佛兰德无名氏的油画，图中所示为15世纪佛兰德中等阶层已婚妇女的卧室。

232. 欧洲——中世纪——佛兰德式卧室

图中的木门是路易十二世时期的作品，其上装配有一个锁和一个敲门环，门的上半部镂空，下半部浮雕羊皮纸式样。

门旁的唱诗班长椅是德式的，背板上有花卉浮雕。

嫁妆箱长 1.25 米，高 0.6 米，在 15 世纪时也通常被当作凳子使用。

小木箱以花纹木料雕刻而成，是 15 世纪后半期的产物。

233. 欧洲——15 至 16 世纪——家具

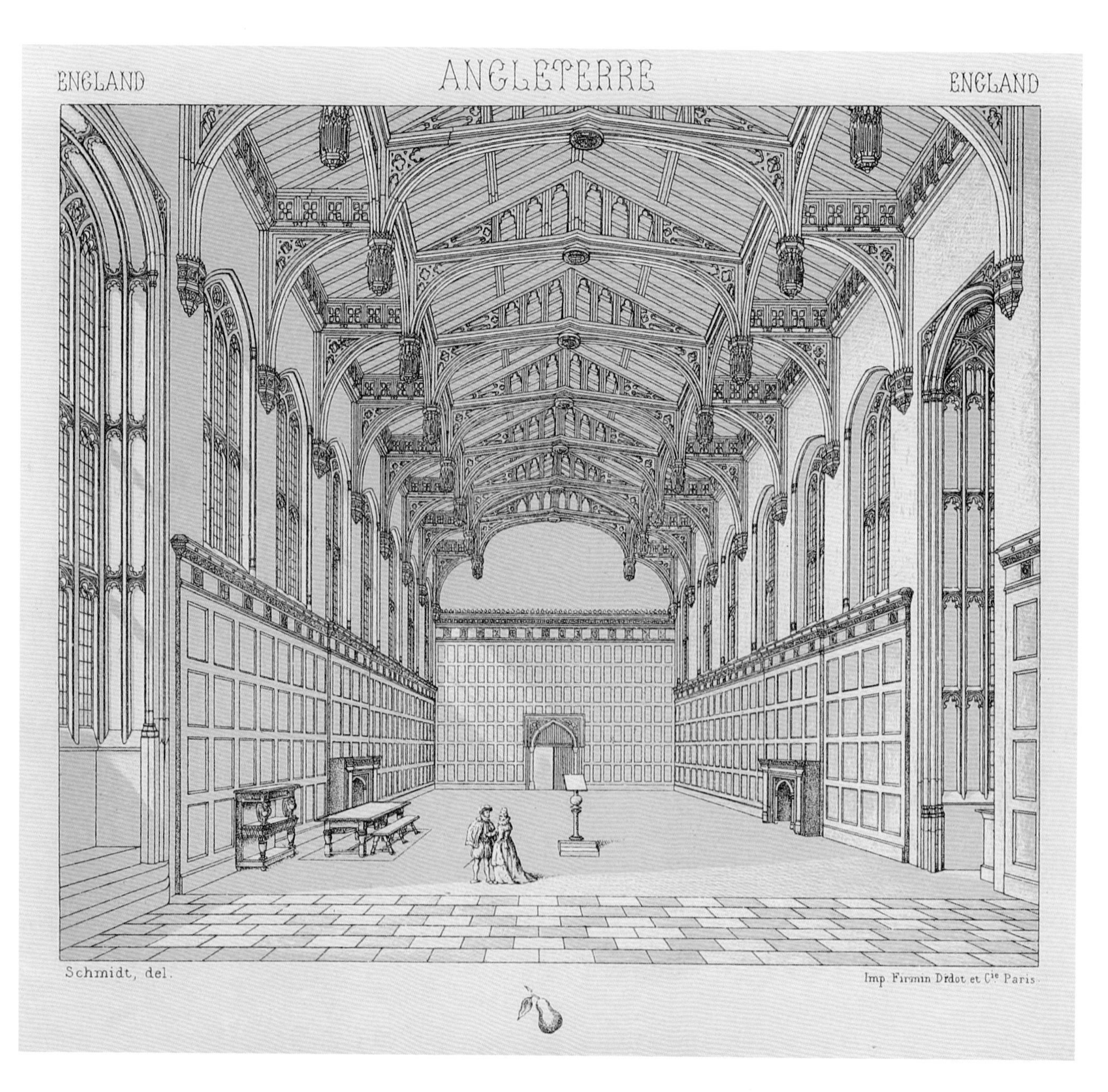

牛津城堡（Château d' Oxford）大厅。

234. 英格兰——14 至 16 世纪——内部设计

235. 欧洲——中世纪——15 世纪法式建筑内部

皮耶枫城堡（Château de Pierrefonds，又译皮埃尔丰），奥尔良公爵路易一世（Louis d' Orléans）兴建，14 世纪末建成。

235. 欧洲——中世纪——15 世纪法式建筑内部

236. 欧洲——15至16世纪——壁炉

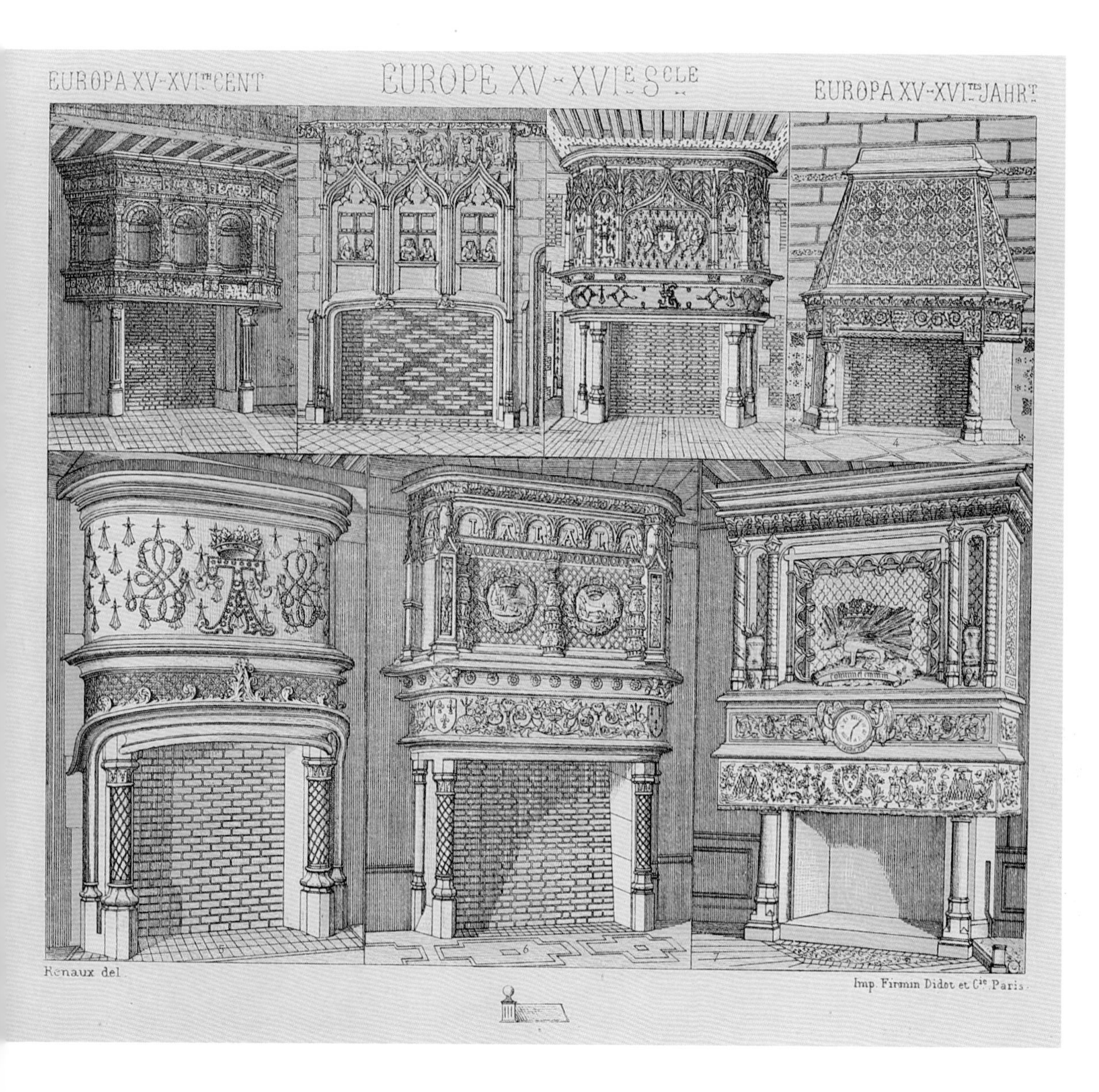

No.1、3、4、5、6：布卢瓦城堡（Château de Blois）的壁炉。

No.2：布尔日（Bourges）的壁炉。

No.7：绍蒙城堡（Château de Chaumont，又译肖蒙）的壁炉。

236. 欧洲——15至16世纪——壁炉

插图来自于纽伦堡的壁画，主题是神圣罗马帝国皇帝马克西米利安一世（Maximilien Ier）的凯旋。

图中所示为包括民军、商贩、仆役等各类人群的随军辎重队。

237. 欧洲——16 世纪——德意志

238. 意大利——14 至 16 世纪——贵族的世俗服饰和军服

许久以来，珍贵的织品制造一直被东方所垄断，直至 12 世纪，才在意大利的卢卡（Lucques）、皮亚琴察（Plaisance）、比萨和佛罗伦萨开始有了生产。中世纪的意大利不仅向外传播奢华的服饰，同时也引领时尚。真正的奢华在 15 世纪时的威尼斯达到了一个高峰。

世俗服饰

No.9：14 世纪的贵族。

No.10：15 世纪的弗拉芒贵族。

No.12：15 世纪的威尼斯贵族。

No.8：15 世纪威尼斯贵族的冬季服装。

No.13：16 世纪初的嬖幸。

军服

No.2：15 世纪末的贵族。

No.11：16 世纪初的军官。

No.14：16 世纪威尼斯雇佣兵队长。

No.3：14 世纪的侍从官。

No.1：15 世纪教宗卫队军官。

No.4—7：15 世纪的侍从。

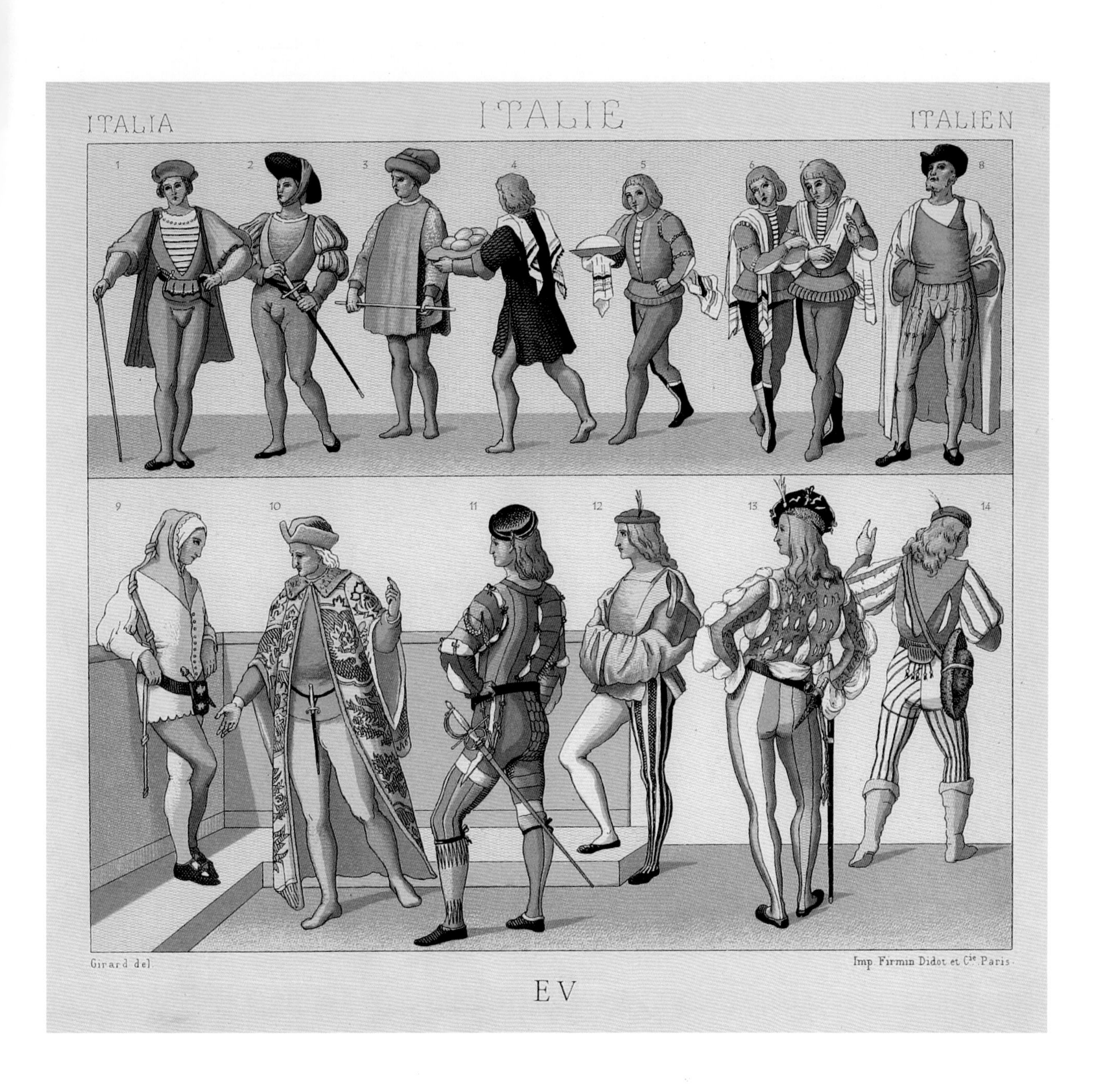

238. 意大利——14 至 16 世纪——贵族的世俗服饰和军服

239. 意大利——贡多拉船夫、侍从和弄臣

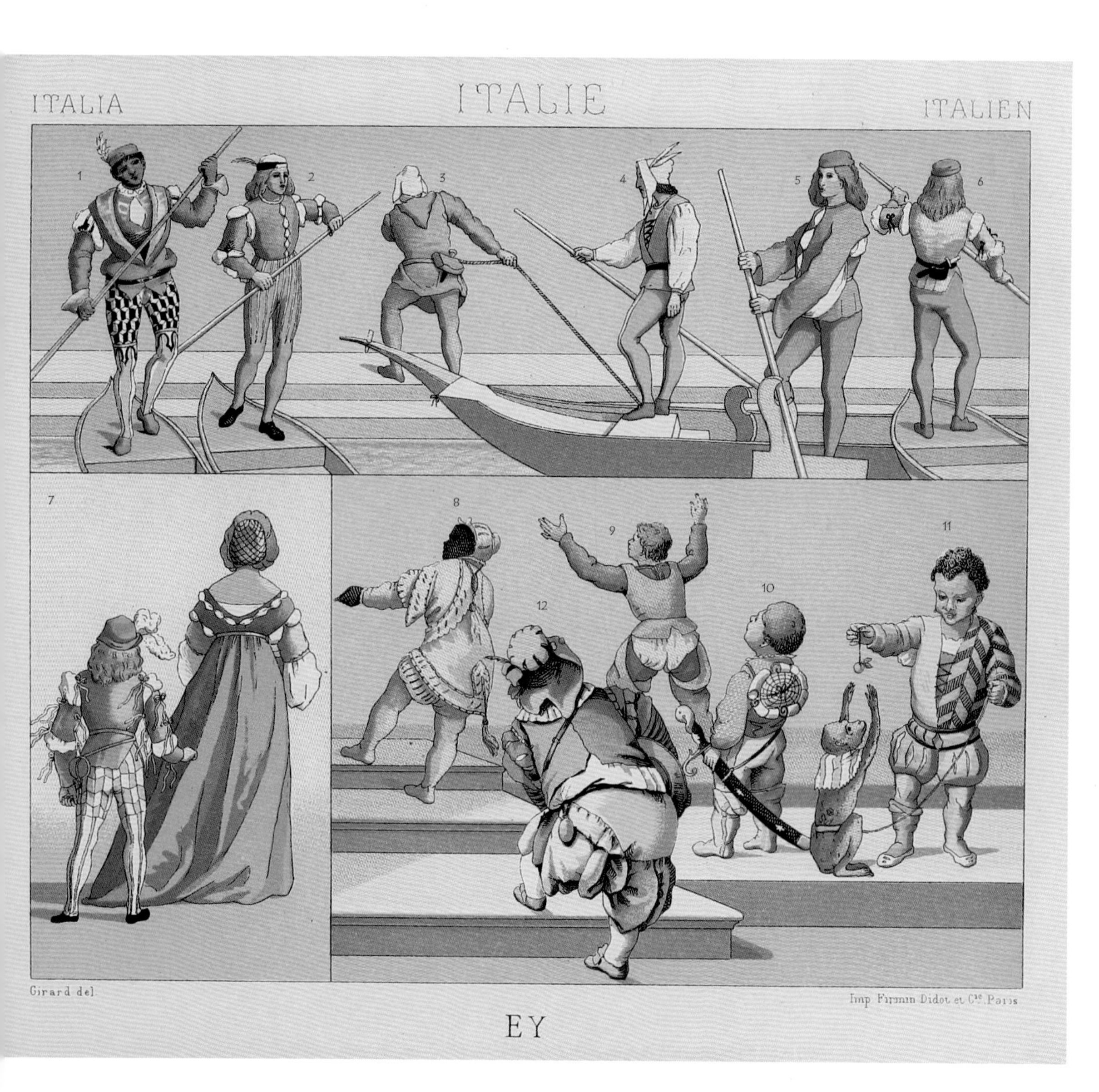

No.3 和 4：正在停船的贡多拉船夫。

No.1、2、5、6：身穿盛装的贡多拉船夫。

No.9：身穿骑马服的侍从。

No.7：侍童和贵妇。

No.8、10、11、12：宫廷侏儒和小丑。

239. 意大利——贡多拉船夫、侍从和弄臣

带有连廊和露台的两层或三层楼房，都是富人之家。

240. 意大利——14 世纪——托斯卡纳的城市住房

241—242. 意大利——15 世纪——世俗和宗教服饰

No.1：金丝红缎黑底天鹅绒。

No.2：取自卢浮宫博物馆收藏的祭台装饰屏画，主题为圣葛斯默和圣达弥盎兄弟[1]（Saint Côme et Saint Damien）探望病人。

No.3：油画，博卡丘·阿迪马里（Boccace Adimari）和丽斯·里卡索利（Lise Ricasoli）的婚礼，1420 年，佛罗伦萨。

No.4：道明会修士萨佛纳罗拉（Savonarole，1498 年被天主教会处以火刑）被关押的小屋。

[1] 译注：医生，在古罗马皇帝戴克里先（Diocletien）统治时期，被奇里乞亚（Cilicie）总督抓捕并处决，公元 4 世纪时期被天主教封圣，分别成为外科医生和药剂师的主保。

241—242. 意大利——15 世纪——世俗和宗教服饰

243. 意大利——16 世纪——女装和发型

No.2、5、9：14 世纪的贵族服饰。

No.3：15 世纪的威尼斯贵族小姐。

No.4：15 世纪的威尼斯贵妇。

No.6、8：贵妇。

No.12：佛罗伦萨的贵族小姐。

No.14：佛罗伦萨的贵妇。

No.7、13：16 世纪的威尼斯贵妇。

No.1：15 世纪的低地国家贵妇头饰。

No.10 和 11：低地国家贵妇和女仆。

243. 意大利——16 世纪——女装和发型

244. 意大利——16 世纪初——女式时装

自查理八世时期，意大利的服饰风格就开始在法国宫廷流行。

在手抄本的原图当中，每个人物旁的盾形纹章上都写着她所代表的地名或类型，如下：

No.1：“De Saint-Salvator”，圣萨尔瓦多雷。

No.2：贩卖禽蛋的村姑。

No.3：奥隆佐，靠近那不勒斯的村庄。

No.4：“Ferrare”，费拉拉。

No.5：“La Juive”，犹太女人。

No.6：贵妇身着带有裙撑的长裙。

No.7：威尼斯女人。

No.8：“A Saint-Jacques”，圣贾科莫。

244. 意大利——16 世纪初——女式时装

245. 欧洲——15 至 16 世纪——庄园内部

245. 欧洲——15 至 16 世纪——庄园内部

插图取自挂毯画。

第一幅表现的是庄园城堡内部的冬季景象，其大厅的建筑为文艺复兴前过渡时期的风格。贵妇带的帽子是法国王后安娜·布列塔尼（Anne de Bretagne）的帽饰式样；男人的服饰是路易十二世时期的式样。

第二幅图表现的是正在沐浴的拔示巴[1]（Bethsabée），人物的服饰却是15世纪的风格。

[1] 译注：《圣经》人物，先后是乌利亚和大卫王的妻子，所罗门的母亲。

路易十一世（1423—1483）之死预示着服装的中世纪基本结束了。女式圆锥高帽在 1470—1475 年间就消失了，取而代之的是各式巾帽和兜帽。

No.1：兜帽。

No.2：法兰西的让娜（Jeanne de France），路易十一世之女。这个帽饰基本上是 1480 年前的式样。

No.6：阿拉贡的凯瑟琳（Catherine d' Aragon），英格兰国王亨利八世的王后。

No.7：身穿长袍和羽饰软帽的男子。

No.10：信使。

No.11：手持长柄火炬的男子。

插图取自路易十二世时期的壁毯画。

247. 欧洲——15 至 16 世纪的世俗服装

插图取自路易十二世时期的壁毯画。

248. 欧洲——15 至 16 世纪的世俗服装

249. 欧洲——15 至 16 世纪的奢华服装

插图取自 15 世纪的壁毯画。

249. 欧洲——15 至 16 世纪的奢华服装

插图取自 15 世纪的壁毯画。

250. 欧洲——15 至 16 世纪的奢华服装

251. 欧洲——15 至 16 世纪的奢华服装

插图取自 15 世纪的壁毯画。

EUROPA XV-XVITH CENT EUROPE XV-XVIE S^{CLE} EUROPA XV-XVI^{TES} JAHR^T

Chataignon lith

Imp. Firmin Didot et Cie Paris

DI

251. 欧洲——15 至 16 世纪的奢华服装

No.1：金丝镶珍珠发网。

No.2：金丝编红色天鹅绒无边束发帽。

No.3：儿童束发帽。

No.4：铜丝撑发网。

No.5：冠式发髻。

No.6：发卡。

No.7：取自提香的画作。

No.8：未婚女子。

252. 欧洲——16 世纪——意大利女装

253. 欧洲——15 至 16 世纪——法国军装

No.1：16 世纪的步兵所使用的护耳小头盔。

No.2：16 世纪前半期的钢盔，带肩颈护甲。

No.3：马克西米利安型大钢盔，可与肩颈护甲配套使用，16 世纪初。

No.4：1500 年左右， 意大利制造的带面甲头盔。

No.5：15 世纪末的普通钢盔。

No.6、11：16 世纪初德意志制造的竞技头盔。 头盔后部配有两块活动钢板， 其上挂着醒目的巾饰。

No.12：16 世纪，路易十二世末期的骑士装配。

No.10 和 13：15 世纪，路易十一世时期的火枪手；No.10 是点火器。

No.7 和 14：15 世纪，路易十一世时期的皇族铠甲。

No.8 和 15：15 世纪，查理七世时期的骑兵弓箭手。

No.9 和 16：16 世纪，弗朗索瓦一世时期的骑士。

253. 欧洲——15 至 16 世纪——法国军装

No.2：拉弗雷奈（La Fresnaye）的贵族，路易十一世时期。

No.4：克劳德 · 古菲耶（Claude Gouffier），皇家马厩总管，弗朗索瓦一世和亨利二世时期。

No.11、12 和 15：瑞士卫兵，弗朗索瓦一世时期。

No.7 和 8：士兵，弗朗索瓦一世执政后期。

No.3、5、13：披甲骑士，亨利二世时期。

No.1：戴钢盔的战士，查理九世时期。

No.6：弗朗索瓦，阿朗松公爵（Duc d’ Alençon），亨利三世时期。

No.9、10 和 14：火炮点火官，亨利二世时期。

No.10：火炮点火器。

No.14：火炮点火官的匕首。

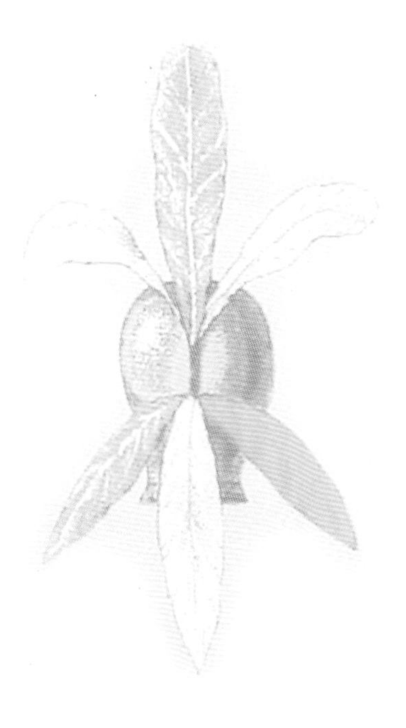

254. 欧洲——15 至 16 世纪——法国军装

欧洲—16世纪以及部分17世纪（255–311）

255. 法国——16世纪——皇家卫队的军装

直到15世纪末期，火炮在战场上还很少被使用，主要原因是搬运困难和装药开炮的间隔时间太长。到了查理八世东征意大利的时候，才开始有了随军移动的火炮。

1515年，在马里尼亚诺战役（Bataille de Marignan）中，弗朗索瓦一世的军队已经拥有了七十四门大炮，这在当时应该算是十分庞大的火炮部队。

No.2：火炮手，路易十二世时期。

No.6：轻骑兵。在路易十二世与热那亚的战争时期，他们有两千人，又被称作“阿尔巴尼亚人”（Albanais），配备短标枪和土耳其弯刀。

No.1和3：火炮手和瑞士卫兵，弗朗索瓦一世时期。

No.4：“鸦嘴绅士”（Gentilshommes à bec de corbin），路易十一世于1474年设立的贴身侍卫队。有两百人左右，隶属“大卫队”（Grand garde du corps）。

No.5：皇家卫队中的弓弩骑兵，两百人左右。查理七世设立，路易十二世时期取消。

No.7：皇家卫队中的弓箭手。他们共有六十名，由法国人组成，隶属“小卫队”（Petite garde du corps）。

No.8：皇家卫队中的苏格兰弓箭手。他们共有二十五名，配备长枪，隶属“大卫队”。

255. 法国——16 世纪——皇家卫队的军装

256. 法国——16 世纪——皇家卫队的军装

瑞士卫队（Cent-Suisses）

瑞士卫队由查理八世于 1496 年设立。他们的任务是在国王出行时开道。

No.11：瑞士卫队队长，1520 年。

No.8：瑞士卫队士兵，1520 年。

No.4：瑞士卫队士兵，1559 年。

苏格兰卫队（Gardeducorps écossais）

在驱逐了英国人之后，查理七世为了表示对其帮助很大的苏格兰军队的认可，专门设立了苏格兰卫队。除了二十五名苏格兰贴身侍卫以外，另有一百名苏格兰卫兵组成苏格兰卫队，位列十五个皇家卫队之首。卫队队长通常是由苏格兰贵族或者国王之子担任。

No.6：苏格兰弓箭手。虽然名称是弓箭手，但是在宫中其主要武器是戟。

法兰西步兵

在格朗松战役（Bataille de Grandson）和莫拉战役（Bataille de Morat）之后，路易十二世注意到了步兵的重要性，开始在贵族中招募人员加入步兵。

到了弗朗索瓦一世初期，为了战争而扩大步兵的数量，他不得不利用所有资源，征募古老的民兵组织，组建各省的军团。

在弗朗索瓦一世统治后期和其子亨利二世统治时期，常规步兵按照军旗分团，有矛兵、戟兵和火铳兵。

No.9：军团鼓手，1534 年，弗朗索瓦一世时期。

No.10：军团戟兵，1534 年。

No.12：军团火铳兵，1534 年。

No.1：步兵矛兵，1548 年，亨利二世时期。

No.3：步兵火铳兵，1548 年。

外籍步兵

早在查理八世时期，瑞士军就是法国步兵中最重要的组成部分。到了路易十二世时期，瑞士军的人数有一万六千人。

No.2：瑞士军队长，1550 年，亨利二世时期。

德意志雇佣军（Lansquenets，词义为“国土佣仆”，主要由德意志人组成）

No.7：德意志雇佣军队长，1525 年，弗朗索瓦一世时期。

No.5：德意志雇佣军士兵，1550 年，亨利二世时期。

256. 法国——16 世纪——皇家卫队的军装

257. 法国——16 世纪——1559—1572 年的军装

257. 法国——16 世纪——1559—1572 年的军装

No.1：近卫轻骑兵，1562 年，查理九世时期。

No.2、5、6：德意志雇佣军火铳手，外籍步兵，1562 年。

No.3：瑞士炮手，1559 年，亨利二世时期。

No.4：火炮手，1559 年。

No.7：步兵矛兵，1572 年，查理九世时期。

No.8：步兵火铳手，1572 年。

No.9：手持托叉的火枪手，1572 年。

No.10 和 11：鼓手和短笛手，1572 年。

No.12：步兵队长的仆从，1572 年。

No.13：步兵队长，1572 年。

火枪于 1572 年才出现在法国军队中，它与火铳的主要不同在于口径和弹药。火枪的子弹和弹药都是火铳的两倍，枪本身也更重，需要有托叉支撑来进行射击。

258. 欧洲——16 世纪——西班牙——武器和盔甲

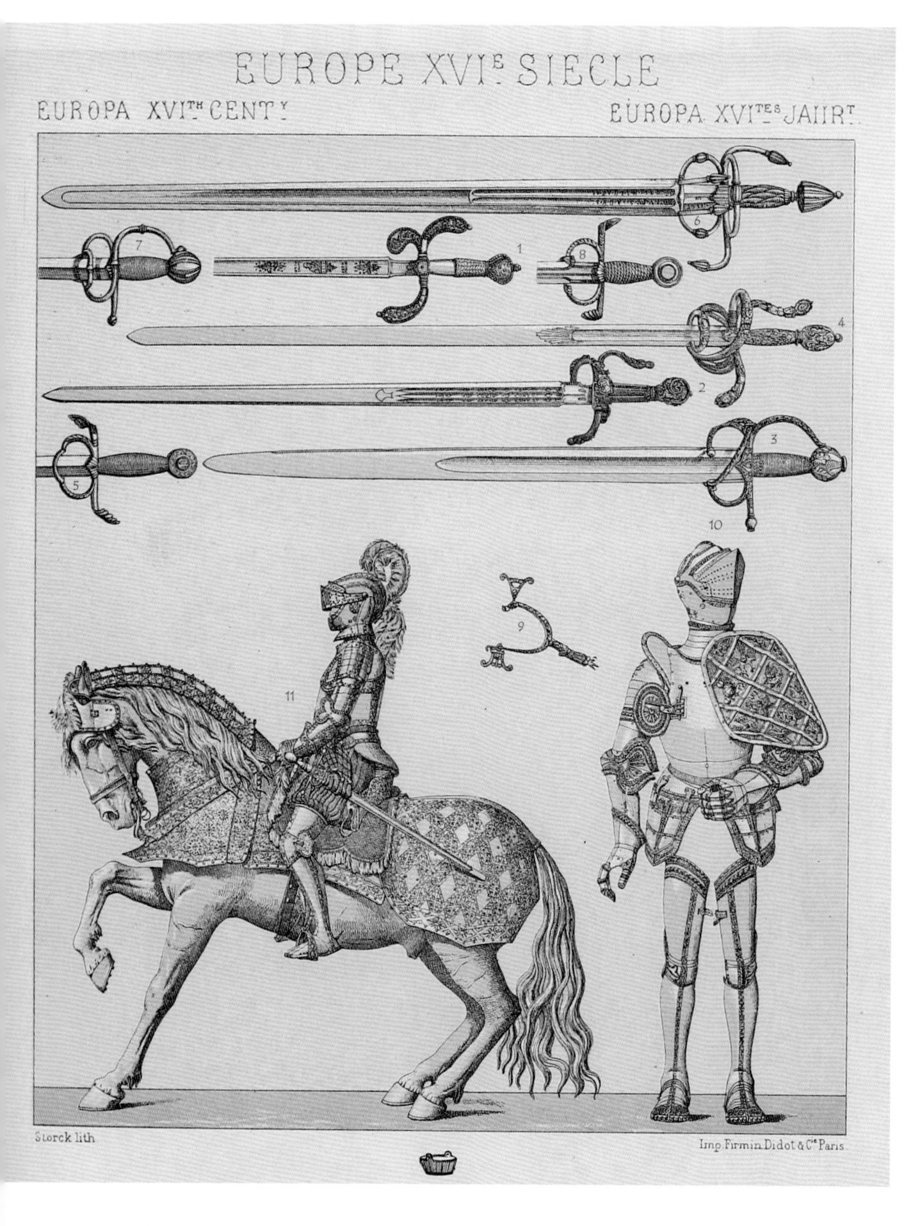

258. 欧洲——16 世纪——西班牙——武器和盔甲

No.1：奥兰治亲王（Princed' Orange）弗雷德里克 · 亨德里克（Frédéric-Henri de Nassau，荷兰名 Friderik Hendrik）之剑。

No.2：文艺复兴时期的剑，托莱多（Tolède）出品。

No.3：著名的席德之剑“Colada”（罗德里高 · 迪亚兹 · 德维瓦尔 Rodrigo Díaz de Vivar，1043—1099，席德 Cid 是其称号）。

No.4：费利佩二世（Philippe II）之剑，德意志出品。

No.5：迭戈 · 加西亚 · 德帕雷德斯（Diego Garcia de Paredes）之长剑剑柄。

No.6：费利佩二世之剑。

No.7：埃尔南 · 科尔特斯（Fernand Cortès，西班牙名 Hernán Cortés）之剑柄。

No.8：巴伦西亚（Valence）产剑柄。

No.9：马刺。

No.10：奥地利的唐胡安（Juan d' Autriche）之盔甲，重 34.5 公斤。

No.11：费利佩二世之马术盔甲。

No.1：神圣罗马帝国皇帝查理五世（Charles-Quint）的半身甲。

No.2：佩斯卡拉（Pescara）侯爵阿方索·达瓦洛斯（Alphonse d' Avalos）的半身甲。

No.3：费利佩三世（Philippe III）的半身甲，重 6.44 公斤，佛罗伦萨风格的装饰。

No.4：费利佩二世的镀金勃艮第式头盔，重 1.868 公斤。

No.5：泰拉诺瓦（Terranova）公爵安东尼奥·德莱瓦（Antoine de Leyva）的头盔。

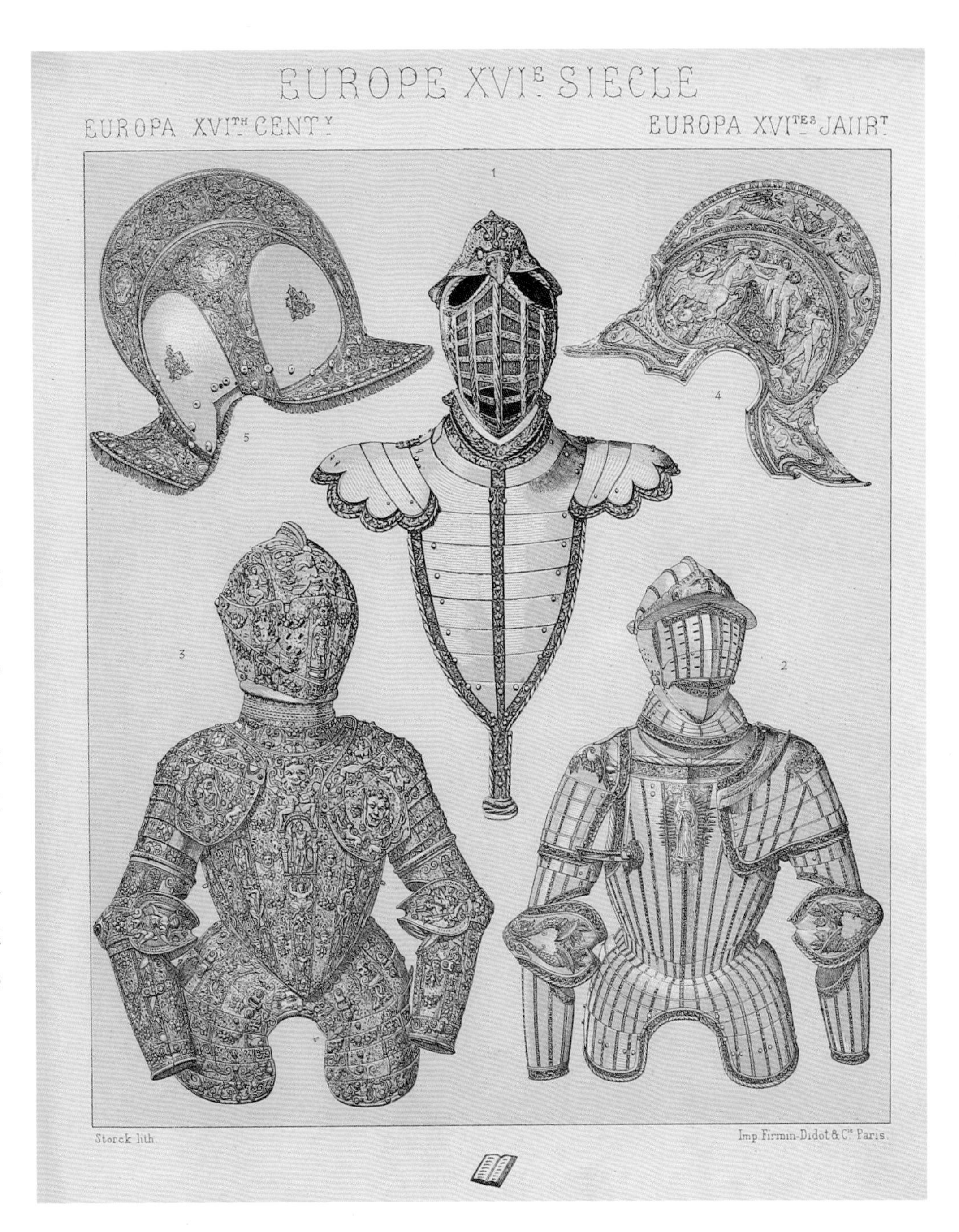

259. 欧洲——16 世纪——西班牙——头盔和半身甲

260. 欧洲——16 世纪——攻防武器

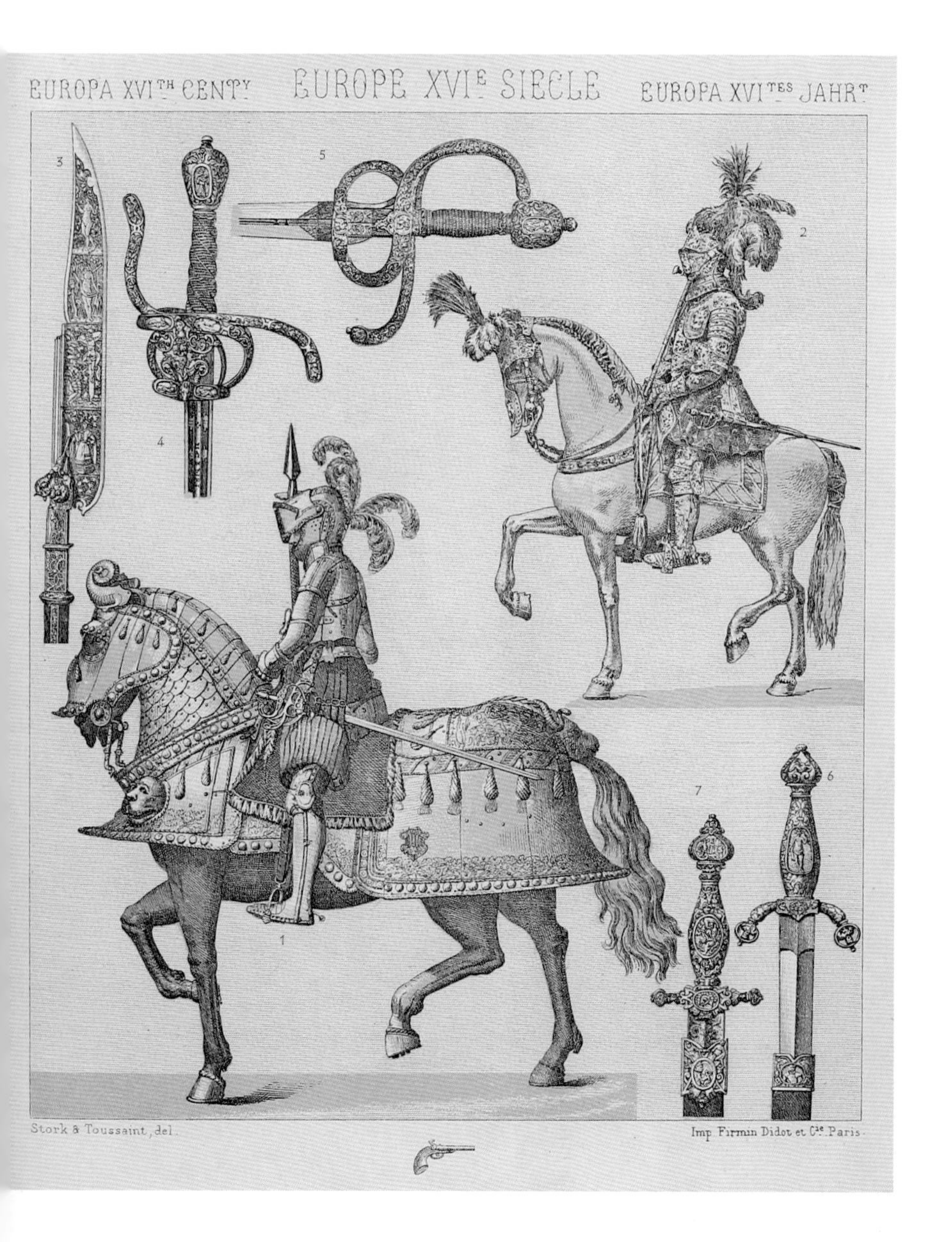

No.1：全副武装进入突尼斯的神圣罗马帝国皇帝查理五世，1535 年。全套铠甲的重量是 86.94 公斤。

No.2：萨克森选帝侯（Electeur de Saxe，有权选举神圣罗马帝国皇帝的诸侯或大主教）克里斯蒂安二世（Christian II）。

No.3：慕尼黑产戟头。

No.4、5：德累斯顿产剑柄。

No.6、7：德累斯顿产匕首柄。

260. 欧洲——16 世纪——攻防武器

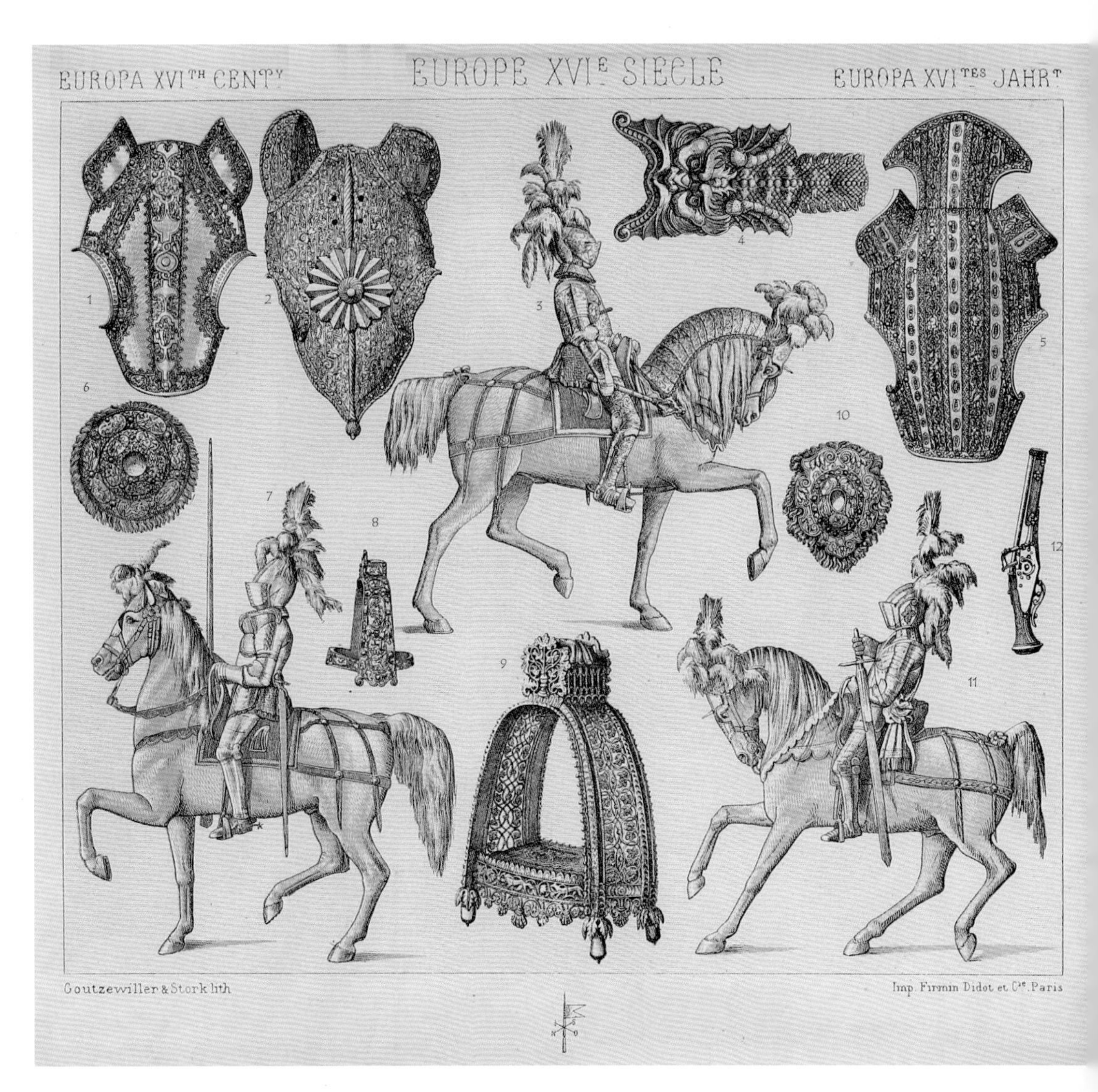

上至钢盔下至铁靴的全套马上铠甲大约在 1570 年左右才在战场上出现。

No.3、7、11：高等贵族的铠甲。

No.1、2、5：马头甲。

No.4：战马铠甲配件。

No.10：马额头饰。

No.9：15 世纪的意大利马镫。

No.8：带图案的马镫。

No.6：长枪的护手盘。

No.12：簧轮枪。

261. 欧洲——16 世纪——马具铠甲

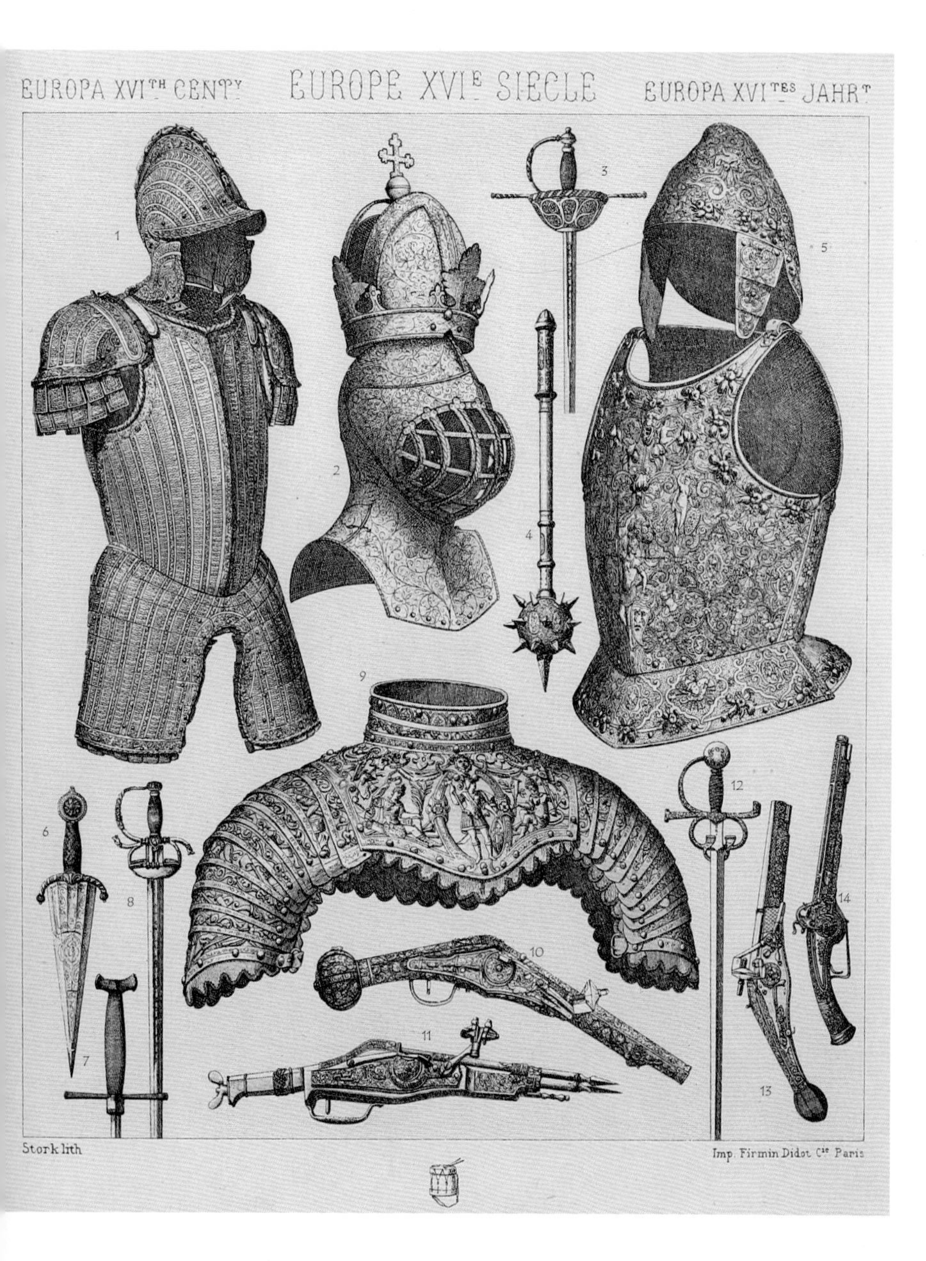

262. 欧洲——16 世纪——盔甲和武器

No.2：神圣罗马帝国皇帝查理五世的头盔。

No.1：勃艮第式头盔和铠甲。

No.5：文艺复兴时期的头盔和胸甲。

No.9：带有金浮雕的护颈和护肩甲。

No.4：金银丝镶嵌钉锤。

No.6：意大利牛舌匕首。

No.3、7、8 和 12：剑柄。

No.10：簧轮枪。

No.11：带有箭头的三管簧轮枪。

No.13、14：簧轮枪。

No.1：高顶盔。

No.2 和 3：小钢刀和刀鞘。

No.4、8 和 10：火药囊。

No.5：决斗用西班牙长剑。

No.6：意大利镶银匕首柄。

No.7：决斗用法国焰形剑，17 世纪。

No.9：皮制猎刀鞘。

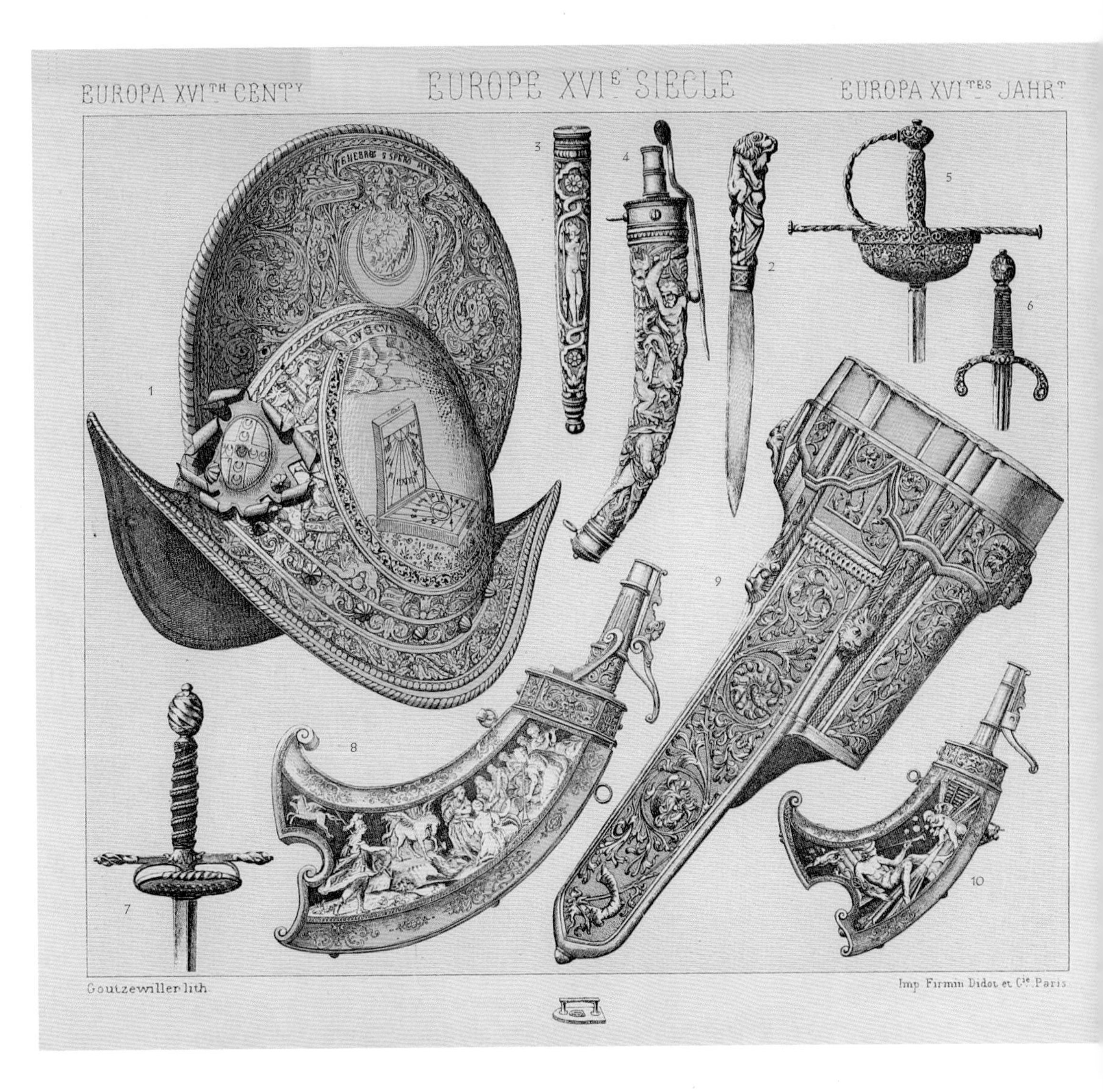

264. 欧洲——16 世纪——法国和意大利——贵妇

264. 欧洲——16 世纪——法国和意大利——贵妇

No.1：戴安娜·德普瓦捷（Diane de Poitiers，1499—1566）。

No.2：卡斯蒂利亚的埃莱奥诺尔（Eléonore de Castille，1498—1558），弗朗索瓦一世的第二任妻子。

No.3：法兰西的玛格丽特（Marguerite de France，1523—1574），弗朗索瓦一世的第三个女儿。

No.4：美人费罗尼埃夫人（La Belle Ferronnière），1540 年。

No.5：米兰的贵族小姐。

No.6：威尼斯的新娘。

No.7：威尼斯的寡妇。

No.8：威尼斯商人的妻子。

265. 欧洲——16 世纪——法国、英格兰和意大利——女装

No.5：西班牙王后，瓦卢瓦的伊莎贝尔（Elisabeth de Valois，1545—1568，西班牙名 Isabel），亨利二世和凯瑟琳·德美第奇（Catherine de Médicis，1519—1589）的女儿。

No.6：英格兰王后，安娜·博林（Anne de Boulen，1500—1536），伊丽莎白一世（Élisabeth Ier）的母亲。

No.7：玛丽·都铎（Marie d' Angleterre，1496—1533），英王亨利八世的妹妹，法王路易十二世的第三位妻子，在路易十二世去世后又嫁给了萨福克公爵查尔斯·布兰登（Charles Brandon，Duc de Suffolk）。

No.8：玛丽·都铎的一位伴娘。

意大利风格

No.1：拉文纳（Ravenne）的贵族小姐。

No.2：那不勒斯的贵妇。

No.3：那不勒斯已婚公主。

No.4：帕多瓦（Padoue）的贵妇。

265. 欧洲——16 世纪——法国、英格兰和意大利——女装

266. 欧洲——16 世纪——法国——女装、士兵

自查理八世时代开始，法国人对意大利服饰的追崇，从某种程度上说使他们丧失了自己的特点；在弗朗索瓦一世统治前期，这种模仿还在日益增长，直到佛罗伦萨人凯瑟琳·德美第奇的到来，事物才发生了变化。未来的王后为意大利风格带来了一种独立性，给法兰西的贵妇们上了一课。从此以后，她们超前而又精致的格调逐渐地显现了出来。可能是由于她们的变幻不定，其在时尚领域的统治地位一直保持至今。

No.1：身穿黑色长裙的埃唐普公爵夫人（Duchesse d' Etampes，1508—1580）；其长裙的剪裁、袖衩、灯笼肩袖和珠宝腰绳都是意大利风格的，而其褶皱立领和紧身胸衣就是凯瑟琳·德美第奇的创新。

No.2：凯瑟琳·德美第奇，法王亨利二世的王后。

No.3：玛丽·图谢（Marie Touchet，1549—1638），法王查理九世的情妇。

No.4：里厄的勒妮（Renée de Rieux-Châteauneuf，1550—1588），凯瑟琳·德美第奇的伴娘，法王亨利三世的情妇。

No.5—8：16 世纪末，法王亨利四世时期的内战场景。

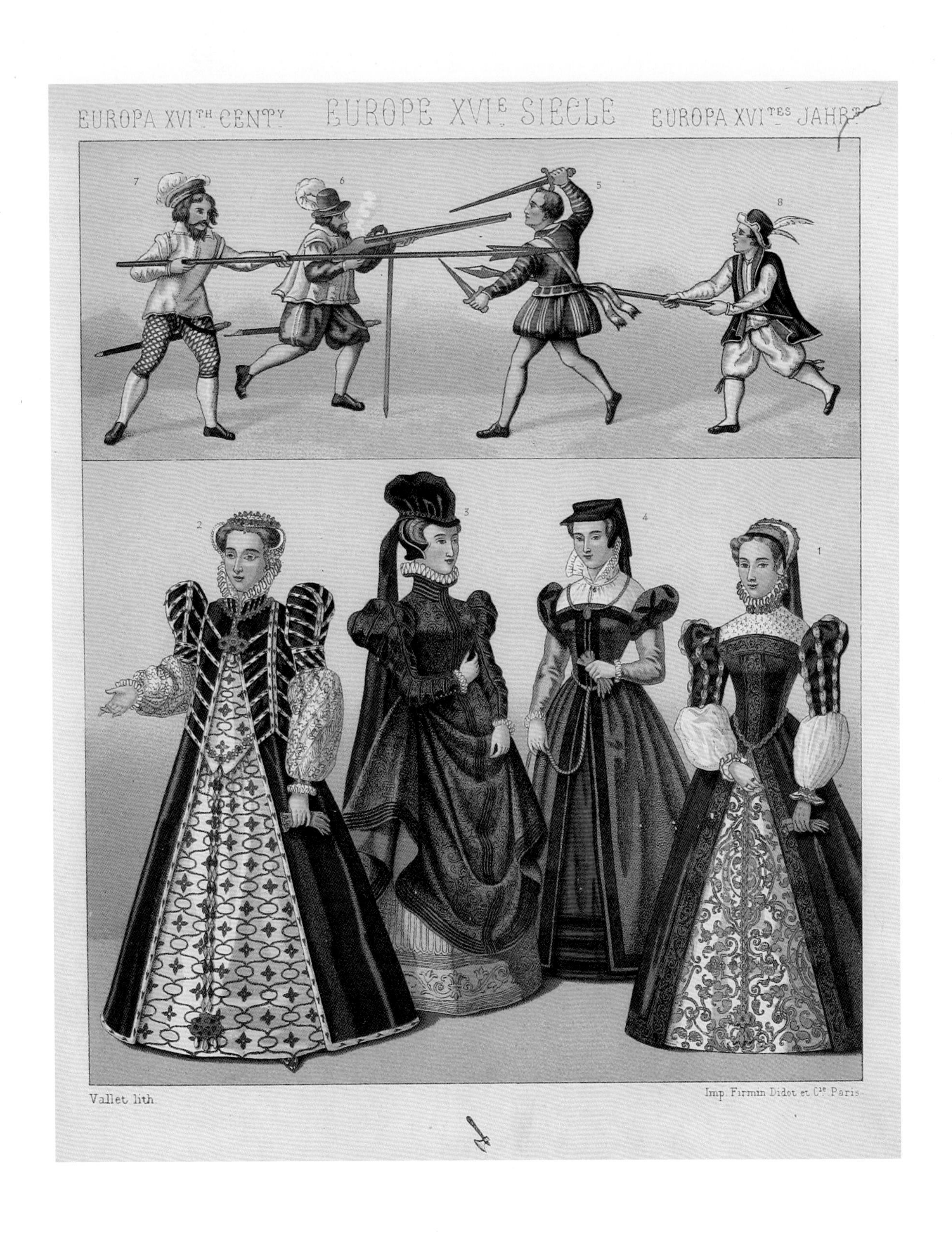

266. 欧洲——16 世纪——法国——女装、士兵

267. 欧洲——16 至 17 世纪——法国贵妇、平民

267. 欧洲——16 至 17 世纪——法国贵妇、平民

No.1、2、6、7：城镇民兵中的短笛手和鼓手。

No.3—5：学生。

No.8：利默伊的伊莎贝拉（Mademoiselle de Limeuil，1535—1609），凯瑟琳 · 德美第奇的伴娘。

No.9：洛林的露易丝（Louise de Lorraine-Vaudemont，1553—1601），法王亨利三世的王后。

No.10：玛丽一世（Marie Stuart，1542—1587），苏格兰女王，法王弗朗索瓦二世的妻子。

No.11：洛林的玛格丽特（Marguerite de Lorraine，1564—1625）身穿婚礼舞会礼服，洛林的露易丝的同父异母妹妹，于 1581 年嫁给茹瓦耶瑟公爵（Duc de Joyeuse）。

268. 法国——16 世纪——高等贵族和法官的服饰

No.1：弗朗索瓦（François，1554—1584），安茹公爵（Duc d' Anjou）。

No.2：隆维的雅克利娜（Jacqueline de Longwy，1520—1561），蒙庞西耶（Montpensier）公爵夫人。

No.3：胡安娜三世（Jeanne d' Albret，1528—1572，巴斯克语：Joana III.aAlbretekoa），纳瓦拉（Navarre）女王。

No.4：奥地利的伊丽莎白（Elisabeth d' Autriche，1554—1592），查理九世的妻子。

No.5：奥尔良的亨利一世（Henri Ier d' Orléans，1568—1595），隆格维尔公爵（Duc de Longueville）。

No.6：法王查理九世（Charles IX，1550—1574）。

No.7：议会议员。

No.8：米歇尔·德洛必达（Michel de l' Hospital，1506—1573），掌玺大臣。

No.9：大法官。

No.10：查理九世时期的绅士。

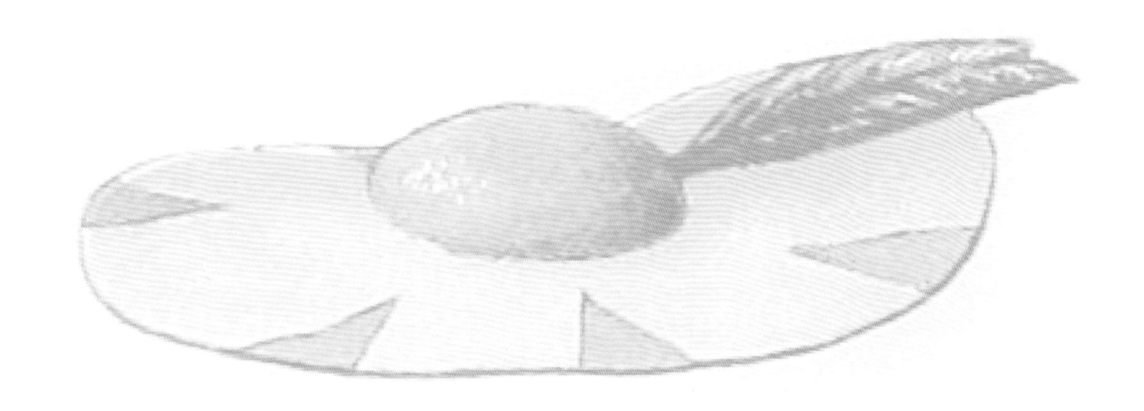

268. 法国——16 世纪——高等贵族和法官的服饰

269. 法国——16 世纪——查理九世和亨利三世时期的服饰

No.1：巴黎议会主席。

No.2：查理九世时期的绅士，身穿带帽披风。

No.3：葬礼长袍。

No.4：巴黎大学的校长。

No.5：巴黎市长。

No.6：让·吉耶梅（Jean Guillemer）医生，1586 年。

No.7、9：查理九世时期的贵妇。

No.8、10：查理九世时期的自由民。

No.11：安娜·德图（Anne de Thou），法兰西掌玺大臣菲利普·于罗·德舍韦尼（Philippe Hurault de Cheverny）的妻子，亨利三世时期。

269. 法国——16 世纪——查理九世和亨利三世时期的服饰

270—271. 欧洲——16 世纪——德意志和莱茵河流域

插图取自纽伦堡著名的插画家、版画家约斯特 · 安曼（Jost Amman，1539—1591）的版画作品，原图无配文。

No.5、6、7 和 10：贵族。

No.1、3、8：城镇自由民、裁缝、珠宝商、银行家。

No.2 和 4：领主和侍从。

No.9 和 12：贵妇。

No.13：瑞士骑兵。

No.17：德籍雇佣骑兵。

No.15：第一次佩戴武器的贵族儿童。

No.16：步兵鼓手。

No.14：犬猎骑手。

No.19：身穿骑士礼服的亲王。

No.18：身份不明的骑士。

270—271. 欧洲——16 世纪——德意志和莱茵河流域

272. 欧洲——16 世纪——德意志和低地国家

No.1：德意志亲王。

No.2：定音鼓鼓手。

No.3、5：弗拉芒领主。

No.4：年轻的弗拉芒领主。

No.6：年轻的弗拉芒贵妇。

272. 欧洲——16 世纪——德意志和低地国家

273. 法国——16 世纪——贵妇和自由民女装

No.1：身穿丧服的贵族寡妇。

No.2：亨利三世，身穿带有圣灵骑士团[1]（Ordredu Saint-Esprit）徽章的斗篷。

No.3：贵族小姐。

No.4：身穿丧服的贵族寡妇或者小姐。

No.5：身穿丧服的自由民妇女。

No.6：律师。

No.7：贵妇。

No.8、9：自由民妇女。

No.10：身穿晨衣的贵族小姐。

漏斗形的束身衣在当时已经开始流行。另外一种新的流行式样是灯笼袖，在 No.7 和 9 中可以见到。No.7 属于意大利风格，布料按照经线剪裁形成布条，镂空缝制以露出下一层衣服形成颜色对比，随后再以金丝带制作自腕至肩层层加大的套环，形成不同层次的隆起。这种灯笼袖是独立的，用金扣与束身衣相连；No.9 相对简单，只有一层隆起。

在那个时代，贵妇们常常穿戴显露在外的束身衣“鲸骨”，其常用材质有黄杨木、象牙、银、钢和鲸须，其上饰有精致的雕刻或者铭文。

对于丧服，根据当时的规定，寡妇在守丧的两年之内，外出必须穿黑装，戴面纱。No.1 和 4 的披纱比较特殊，由两根铜丝支撑在束身衣上，使披纱形成一种罩子形状。

[1] 译注：于 1578 年由亨利三世设立。

273. 法国——16 世纪——贵妇和自由民女装

274. 法国——16 世纪——平民、皇家侍从

No.1：索米尔（Saumur）近郊的农夫。

No.2：叫卖葡萄酒的小贩。

No.3：擦皮鞋的小贩。

No.4：安茹的牧羊女。

No.5：富裕的农妇。

No.6：女仆。

No.7：索米尔内室女佣。

No.8：医生。

No.9：身穿号衣的皇家近侍。

No.10：贵族小姐。

No.11：贵族的仆从。

No.12：国王的侍从。

274. 法国——16 世纪——平民、皇家侍从

275. 法国和佛兰德——16 世纪——亨利三世时期的步兵

这个时期的皇家步兵处于混乱状态，军装的特点就是五颜六色。

275. 法国和佛兰德——16 世纪——亨利三世时期的步兵

276—277. 欧洲——16 世纪——女装

No.1 和 2：匿名肖像画。

No.3 和 11：伊莎贝尔·克莱尔-欧仁妮（Isabelle Claire-Eugénie，1566—1633），奥地利大公阿尔布雷希特七世（Albert d' Autriche，德语名 Albrecht VII）的妻子。

No.4：身穿婚服的巴黎新娘。

No.5：巴黎妇女，1610 年。

No.6：凯瑟琳·德波旁（Catherine de Bourbon），1600 年。

No.7：荷兰贵妇。

No.8 和 9：玛丽·德美第奇（Marie de Médicis，1575—1642）。

No.10：伊丽莎白一世（Elisabeth d' Angleterre，1533—1603）。

276—277. 欧洲——16 世纪——女装

No.1：阿尔布公爵（Duc d' Albe），儿童时期。

No.2：查理九世时期的年轻绅士。

No.3：奥尔西尼公主（Orsini）。

No.4：德意志肖像画，1555 年。

No.5：荷兰肖像画。

No.6 和 7：军官和军士长。

278. 欧洲——16 世纪——肖像画

279. 欧洲——16 世纪——德意志西部——女装

No.1：奥格斯堡（Augsbourg）的贵族女孩。

No.2：施瓦本（Souabe）的贵妇。

No.3：贵妇。

No.4：自由民主妇。

No.5：法兰克福的普通妇女。

No.6：身穿礼服的贵族女孩。

No.7：纽伦堡的贵妇。

No.8：身穿婚服的贵妇。

No.9：贵族主妇。

279. 欧洲——16 世纪——德意志西部——女装

280. 欧洲——16 世纪——各国服装

No.1 和 2：比利时商人夫妇。

No.3 和 4：法兰西人。

No.5 和 6：佛罗伦萨人。

No.7 和 8：英格兰年轻人。

No.9 和 10：米兰人。

No.11 和 12：葡萄牙人。

280. 欧洲——16 世纪——各国服装

281. 欧洲——16 至 17 世纪——手表

别名“纽伦堡之蛋”。

No.1：心形手表，石英基座银框，查理九世时期。

No.2：圆形手表，石英基座，亨利三世时期，楚格（Zug）钟表匠 J. Héliger 的作品。

No.3：全银铜手表，亨利三世时期，里昂钟表匠 Pierre Combat 的作品。

No.4：圆角五边形手表，银框石英盒盖，亨利二世时期，第戎钟表匠 Phélisot 的作品。

No.5：贝壳形手表，银框，查理九世时期。

No.6：郁金香花苞形银制手表，17 世纪初，欧什（Auch）钟表匠 Rugend 的作品。

No.7：八角形金表，路易十三世时期，威尼斯或佛罗伦萨制作。

No.8：梨形银镀金手表，16 世纪，斯特拉斯堡钟表匠 Kreitzer Conrat 的作品。

No.9 和 9bis：圆形银镀金表，亨利三世时期，钟表匠 James Vanbroff 的作品。

No.10：椭圆形银表，石英盖，亨利三世时期，钟表匠 Hierosme Grébauval 的作品。

No.11：八角形石英基座表，亨利三世时期。

No.12：石英基座，银铜镀金表，16 世纪，斯特拉斯堡钟表匠 Kreitzer Conrat 的作品。

No.13：八角形金框黄玉手表，英格兰制造。

No.14：八角形全金属表。

No.15：石英骷髅头银框手表，亨利三世时期，巴黎钟表匠 Jacques Joly 的作品。

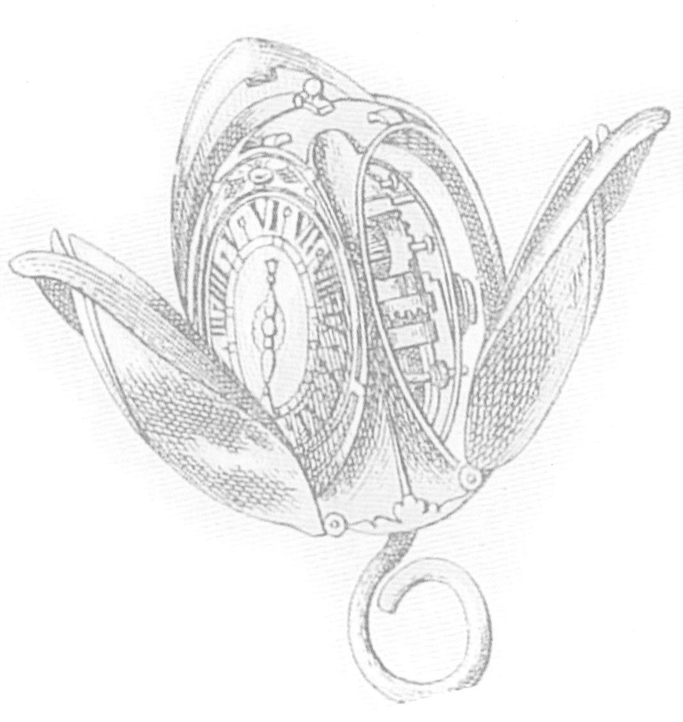

281. 欧洲——16 至 17 世纪——手表

282. 欧洲——16 至 17 世纪——首饰

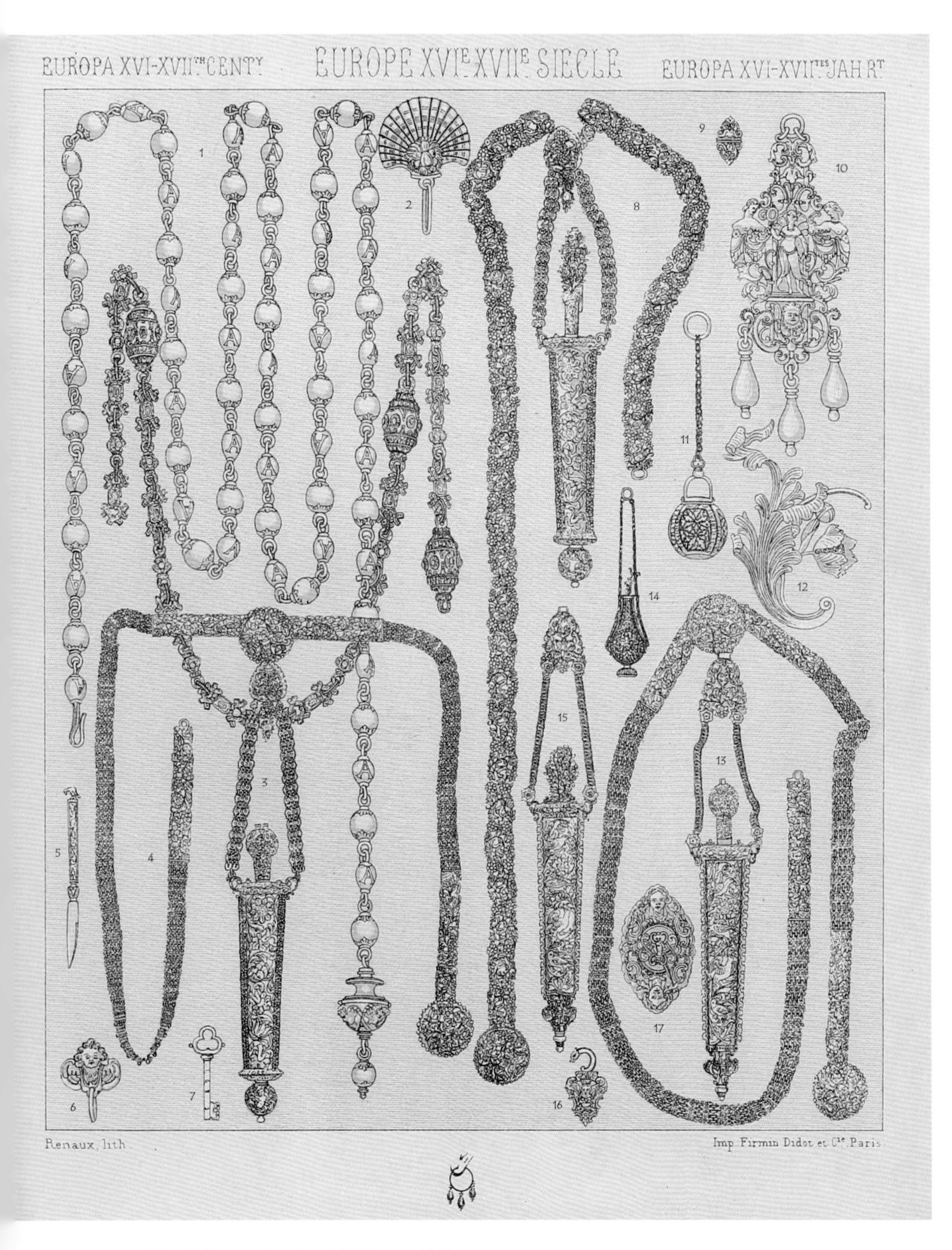

282. 欧洲——16 至 17 世纪——首饰

No.1：青金石金项链，17 世纪。

No.3：骑士荣誉项链。

No.4、8 和 15：奥格斯堡贵妇佩戴的银腰带和匕首，17 世纪。

No.11 和 14：银制香水瓶，17 世纪末期。

No.9、10、16 和 17：银制夹子、坠饰和胸针，1650—1670 年。

No.5 和 7：银制小刀和钥匙，1625 年。

No.12：铁制饰品，1700—1740 年。

No.2 和 6：狗链饰品。

283. 法国——16 世纪——1590 年巴黎围城时期

1590 年，法王亨利四世率军包围天主教联盟（LaLigue）占据的巴黎。由天主教联盟所控制的“十六区委员会”（Seize，全称“Conseil des Seize”，由巴黎城内 16 个区的代表组成）组织巴黎城中的三万民兵与之对抗。为了激发斗志，他们在城中举行游行。

插图展示了天主教联盟举行民兵游行的部分场景。

No.1：僧侣民兵。

No.2：叫卖葡萄酒的小贩。

No.3：担水的女挑夫。

No.4：搬运夫。

No.5：查尔特勒修会（Chartreux）的会长。

No.6：巴黎的一位神父。

No.7：民兵队长。

No.8：民兵队长的小跟班。

No.9 和 10：平民和儿童。

No.11 和 12：贵妇和她的女儿。

No.13：小送信人。

No.14：僧侣民兵。

No.15—20：巴黎自由民与其家庭成员。

283. 法国——16 世纪——1590 年巴黎围城时期

插图取自著名的佛兰德版画家亚伯拉罕·德布吕延（Abraham de Bruyn）的作品。

No.1：教宗。

No.2：枢机主教，又名红衣主教。

No.3 和 4：大主教。

No.5：本笃会修士（Bénédictin）。

No.6 和 9：法政牧师。

No.7 和 8：教堂辅祭和执事。

284. 欧洲——16 世纪——教士服装

285. 德国——16 世纪——罗马帝国皇帝、贵族

罗马帝国皇帝的称号自公元 476 年西罗马帝国灭亡之后也就消失了，直到公元 800 年，查理大帝被教宗利奥三世（Léon III）加冕为罗马皇帝。通过为查理大帝及其继任者加冕，历任教宗就拥有了同意或者拒绝加冕的权利。在整个中世纪时期，罗马人的国王只有被教宗加冕才能正式成为罗马皇帝。1452 年，腓特烈三世（Frédéric III）成为了最后一位在罗马由教宗加冕的罗马帝国皇帝。

此外，查理四世曾经于 1356 年 1 月 10 日颁布了罗马皇帝推选制度的“黄金诏书”（Bulle d’ or），其中确立了德意志选帝侯制度而丝毫没有提及教宗的权利。选帝侯共有七位，三位圣职选帝侯：美因茨主教、科隆主教和特里尔主教；四位世俗选帝侯：波希米亚国王、莱茵普法尔茨伯爵（Comte palatin du Rhin）、萨克森公爵（Duc de Saxe）和勃兰登堡藩侯（Margrave de Brandebourg）。

罗马皇帝和罗马人之王

插图上半部分左边为罗马皇帝，右边为罗马人之王。可以看到，与西罗马帝国不同，罗马皇帝的衣装与教宗的很像，预示着皇权服从教宗所代表的教权。皇帝左手持有一个带十字架的地球仪，象征天主教的普世性；右手持雕花金权杖，象征主持正义。

贵族和自由民

No.1：科隆的医生。

No.2：城镇自由民，征税官。

No.3 和 5：帝国枢密院的侍从官。

No.4：城镇自由民。

285. 德国——16 世纪——罗马帝国皇帝、贵族

286. 欧洲——16 世纪——天主教骑士的葬礼

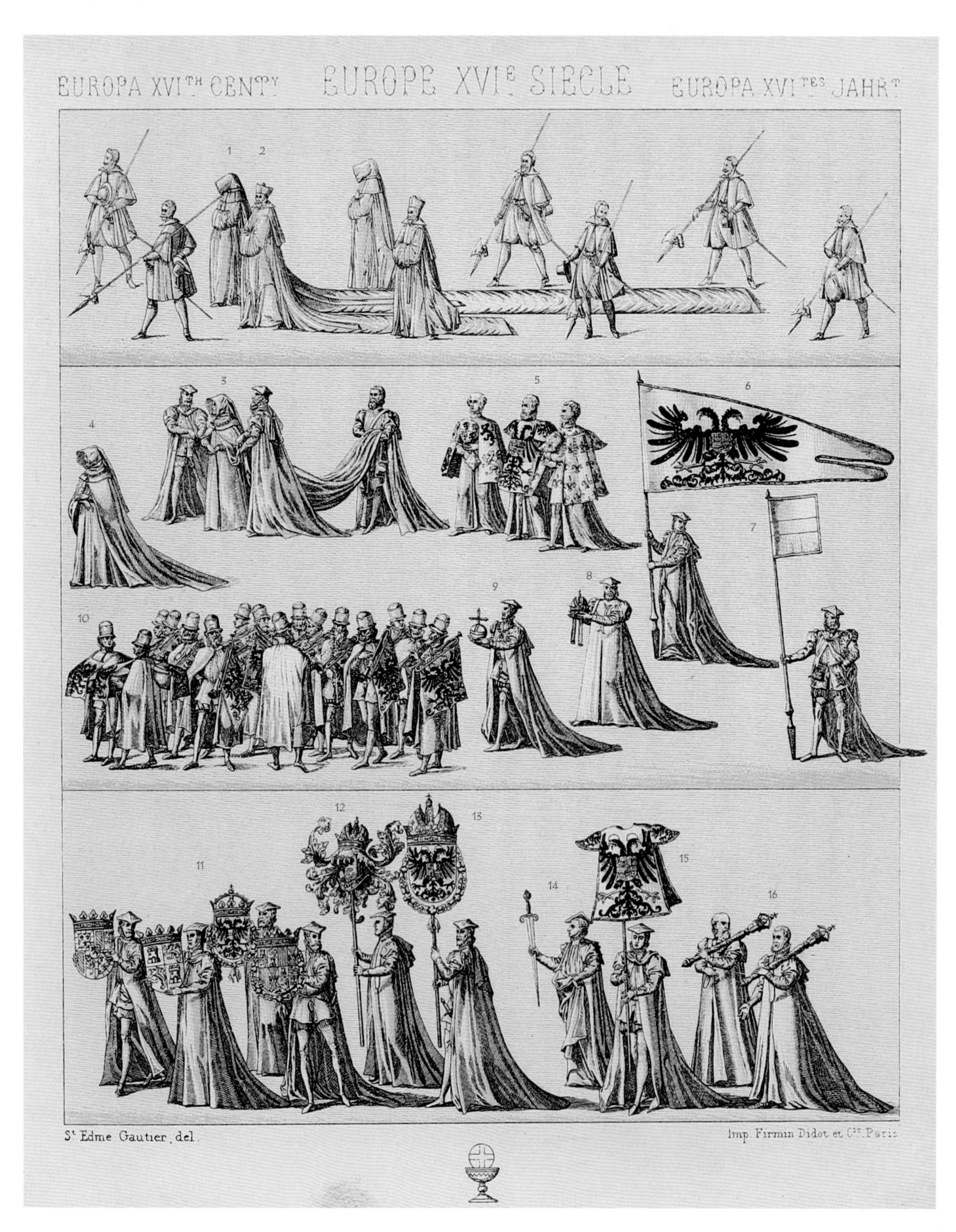

286. 欧洲——16 世纪——天主教骑士的葬礼

插图 No.1 和 2 展示了 16 世纪末洛林家族（Lorraine）的一场葬礼的局部。

插图 No.3—16 展示了神圣罗马帝国皇帝查理五世的葬礼。

287. 意大利——16 世纪——意大利和荷兰女装

No.2、1 和 3：佛罗伦萨的贵妇和其首饰细节。

No.4：佛罗伦萨的贵妇。

No.5：米兰的贵族小姐。

No.6：荷兰贵妇。

No.7：塞浦路斯女王，卡塔里娜·科纳罗（Catarina Cornaro）。

No.9：威尼斯贵妇。

No.12、8、10、11 和 13：乌尔比诺公爵夫人（Duchesse d' Urbin）及其首饰细节。

No.14、15：威尼斯贵妇“提香的情人”（La maîtresse du Titien）及其首饰细节。

No.16：弗拉芒贵妇。

287. 意大利——16 世纪——意大利和荷兰女装

288. 意大利——16 世纪后半期的威尼斯服饰

288. 意大利——16 世纪后半期的威尼斯服饰

插图取自保罗·委罗内塞（Véronèse，意大利画家，文艺复兴晚期威尼斯画派的代表人物之一，1528—1588，实名 Paolo Caliari）的一幅羊皮纸画的局部。

289. 意大利——16 世纪末期——出行方式

No.1：威尼斯的贡多拉船。

No.2：都灵的居民。

No.3：帕多瓦医生。

No.4：伊特鲁里亚常用的出行方式，骡轿。

No.5：罗马的苦修会修士。

No.6：罗马的贵妇。

No.7：威尼斯的交际花，衣装剖析。

289. 意大利——16 世纪末期——出行方式

290—291. 法国——16 世纪——枫丹白露宫内部

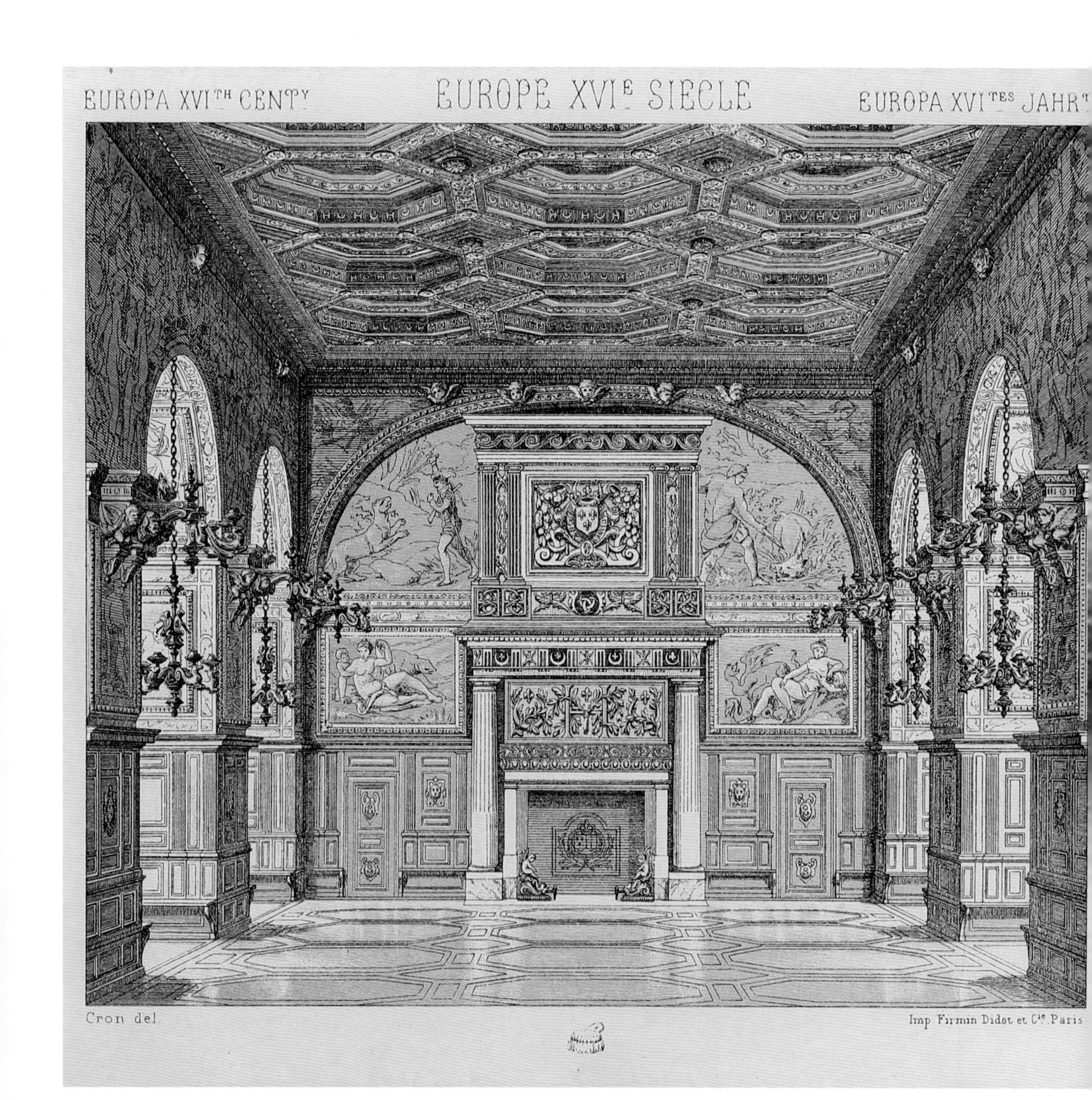

“亨利二世长廊”又名“舞厅”，始建于弗朗索瓦一世时期，于亨利二世时期装饰。长 30 米，宽 10 米，是法国文艺复兴时期最大的宴会厅和舞厅。

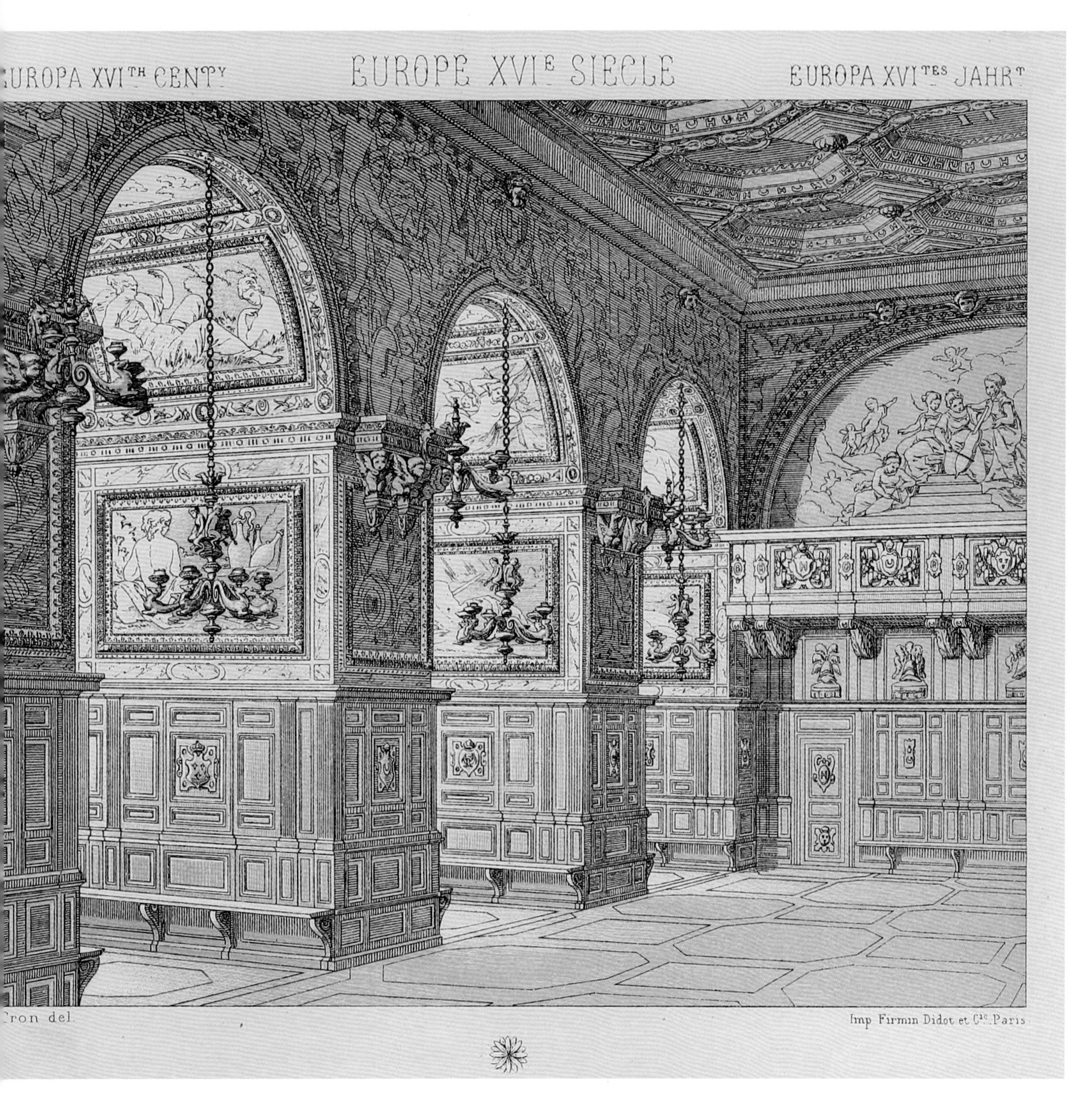

290—291. 法国——16 世纪——枫丹白露宫内部

292. 法国——16 世纪——枫丹白露宫的壁炉

“美丽壁炉大厅 ”(Salle de la Belle Cheminée),是枫丹白露宫中最大的厅，始建于查理九世时期的1559年，三十年后，亨利四世在此安装了一套美丽的壁炉，其名由此而来。

大厅中的壁炉于1733年被拆解，改为演出大厅。

壁炉原高8米，宽7米，壁炉台用黑色大理石制造。

附件为铁制柴架和木制风箱。

292. 法国——16 世纪——枫丹白露宫的壁炉

293. 法国——16 世纪——枫丹白露宫的套房

插图展示的是枫丹白露宫中的“教皇卧室”（Appartement du Pape），因为庇护七世（Pie VII）曾经被拿破仑囚禁于此。

“接见床”（Lit de parade）这个名字当中虽然有“床”字，但实际上并不是真正的睡床，安置这个床的房间其实是国王的接见室。这个习俗自中世纪起一直沿用至 19 世纪末期。国王的起床仪式分为“小起”（Petitlever）和“大起”（Grandlever），“小起”在卧室，“大起”在接见室。自 14 世纪至 19 世纪，国王通常是在这个接见室接见大臣和各国使臣。

图中接见室的装潢属于 17 世纪法国北部风格，但其中的独腿圆桌是近代意大利风格，是教皇回到罗马后的回赠礼。

293. 法国——16 世纪——枫丹白露宫的套房

294. 法国——16 世纪——家具

294. 法国——16 世纪——家具

自 1530 年开始，“枫丹白露画派”的影响逐渐在法国的家具装饰上显露出来。

No.1：餐桌。

No.2：卧床。

No.3：教堂座椅

No.4：意大利风格的木箱或碗橱。

No.5：法兰西风格的木箱。

No.6：领主的主座席。

No.7：折叠椅。

No.8：分体餐具柜。

295. 欧洲——16 世纪——家具——大木箱

大木箱、床和衣柜都是中世纪时期最主要的私人家具。大木箱最开始是用来搬运和存储珍贵物品的移动家具，随后逐渐演变成为固定的家具，同时也常常被充当桌子、床或者凳子来使用。直到 18 世纪，婚礼的习俗之一还是由新郎向新娘赠送一个“聘礼箱”，其中装满衣装和首饰，并且要亲手交给新娘一袋钱，让她放置在木箱中，预示着木箱是用来存储的家具。

No.1：大木箱，长 2.05 米，宽 0.82 米，15 世纪法兰西和弗拉芒风格。

No.2：聘礼箱，长 1.74 米，宽 0.74 米，意大利工匠制作，徽章文字是法文。

No.3：聘礼箱，长 1.75 米，高 0.73 米。

295. 欧洲——16 世纪——家具——大木箱

296. 欧洲——16 世纪——德意志——火炉和衣柜

插图中的火炉是依据德意志工艺以陶瓦制作，表层手工涂铅。火炉安置在奥格斯堡市政厅。

衣柜是 1590—1650 年间的德意志作品，高 1.75 米，宽 1.45 米。

296. 欧洲——16 世纪——德意志——火炉和衣柜

插图中的橱柜高 3 米，宽 1.9 米，16 世纪末德意志工艺。

礼拜堂管风琴属于 16 世纪初意大利风格。

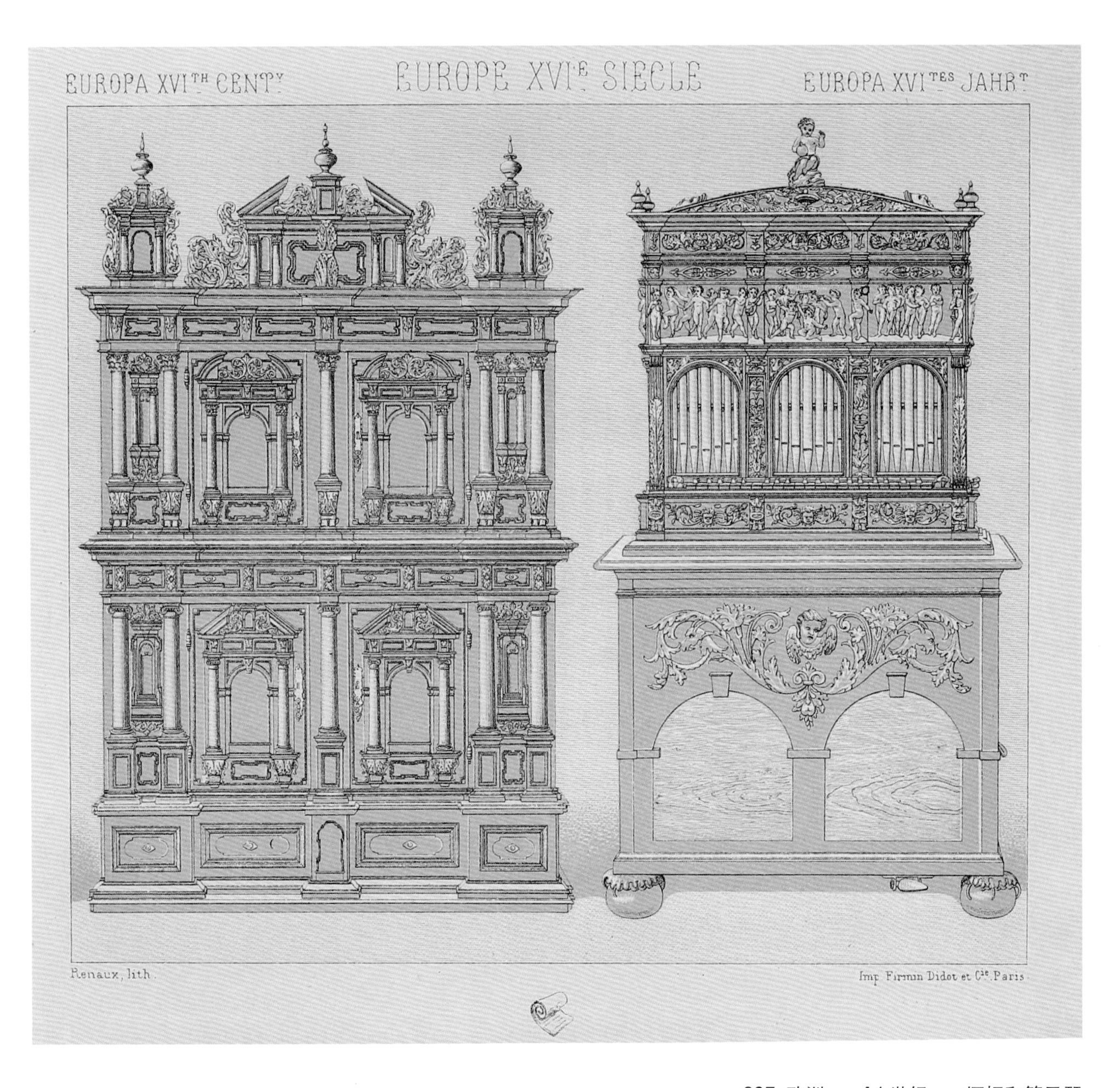

297. 欧洲——16 世纪——橱柜和管风琴

298. 欧洲——16 世纪——座椅、凳子、祷告台和斗橱

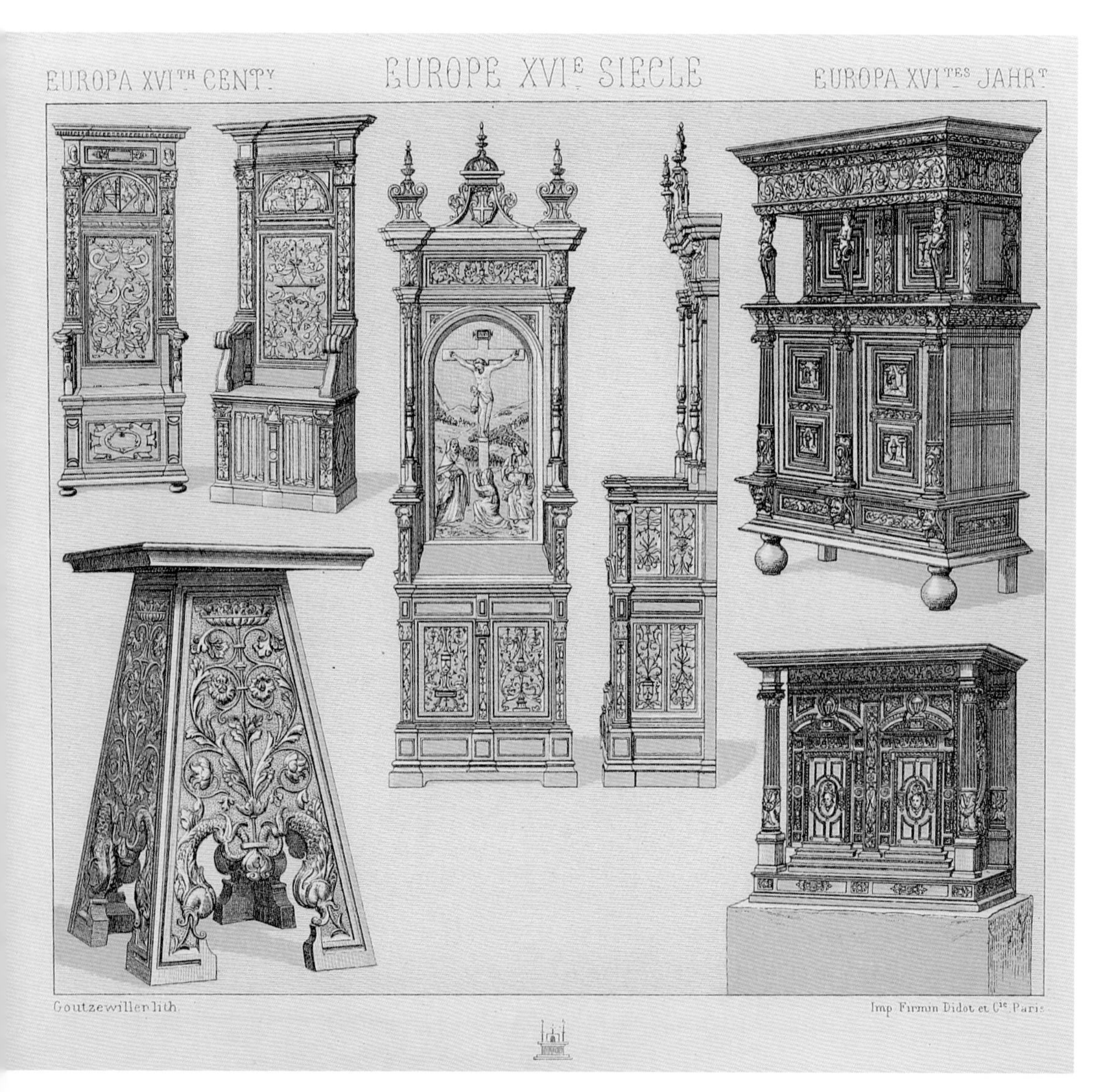

插图中的两个高背座椅收藏于布卢瓦城堡，属于法国制造，意大利风格。依据习俗，带有扶手和靠背的坐席是主人或主妇才能使用的。

凳子的高度要低于前两个座椅，主要给下级人员使用。在非正式场合，因为便于移动，它也被用来充当交谈的坐具，甚至放置餐具。

图中的祷告台收藏于布卢瓦城堡。

余下的两个斗橱属于德国制造。

298. 欧洲——16 世纪——座椅、凳子、祷告台和斗橱

299. 英格兰——16 世纪城堡的会客厅

插图中的城堡位于肯特郡（Kent）布顿 - 马勒布庄园（Boughton-Malherbe），由爱德华 ·沃顿（Edouard Wotton）建造。这个客厅曾经于 1573 年接待过女王伊丽莎白一世，但如今已经不复存在了。

299. 英格兰——16 世纪城堡的会客厅

300. 英格兰——17 世纪城堡的会客厅

300. 英格兰——17 世纪城堡的会客厅

插图中的城堡位于哈特菲尔德庄园(Hatfield-house),由第一位索尔兹伯里伯爵(Comte de Salisbury)罗伯特·塞西尔(Robert Cecil)建于1611年。

No.1：克里永（Crillon），步兵上将，16 世纪末亨利四世时期。自 14 世纪开始，白十字徽章就成为了法兰西军队的标志，在军服和旗帜上都有；而从亨利四世起，新教教徒以白色肩带代替了衣服上的白十字。

No.2：法国滑膛枪。

No.3：皮制嵌铜环剑鞘。

No.4：铁帽子。

No.5：三管猎枪。

No.6：双管手枪。

No.7：铁制手枪。

No.8：火药囊。

No.9：新教教徒火枪手。

No.10：路易十三时期的骑兵将军。

No.11：工程师军官。

No.12：佩戴圣·米歇尔骑士团（Ordre de Saint-Michel）标志的贵族，查理九世时期。

No.13：子弹夹和火药囊。

No.14：火枪手，路易十三时期。

301. 法国——16 世纪末 17 世纪初——军装

302—303. 英格兰——伊丽莎白一世时期的城堡内部建筑

插图中的城堡位于兰开夏郡（Lancashire）的斯皮克庄园（Specke-Hall），离利物浦大约八英里远，靠近梅西河（Mersey）。城堡的门楣上刻着1598年和爱德华·诺里斯爵士（Sir Edward Norris）的名字。

302—303. 英格兰——伊丽莎白一世时期的城堡内部建筑

304. 欧洲——16 至 17 世纪——奢华家具

插图中的四脚餐具柜是文艺复兴时期的法国木雕工艺作品，含有放置餐具的抽屉。

旁边的六脚分体斗橱是 16 世纪后半期的英国木雕工艺作品，高 2.44 米，宽 1.75 米，深 0.6 米，包含 5 个柜门和 2 个抽屉。

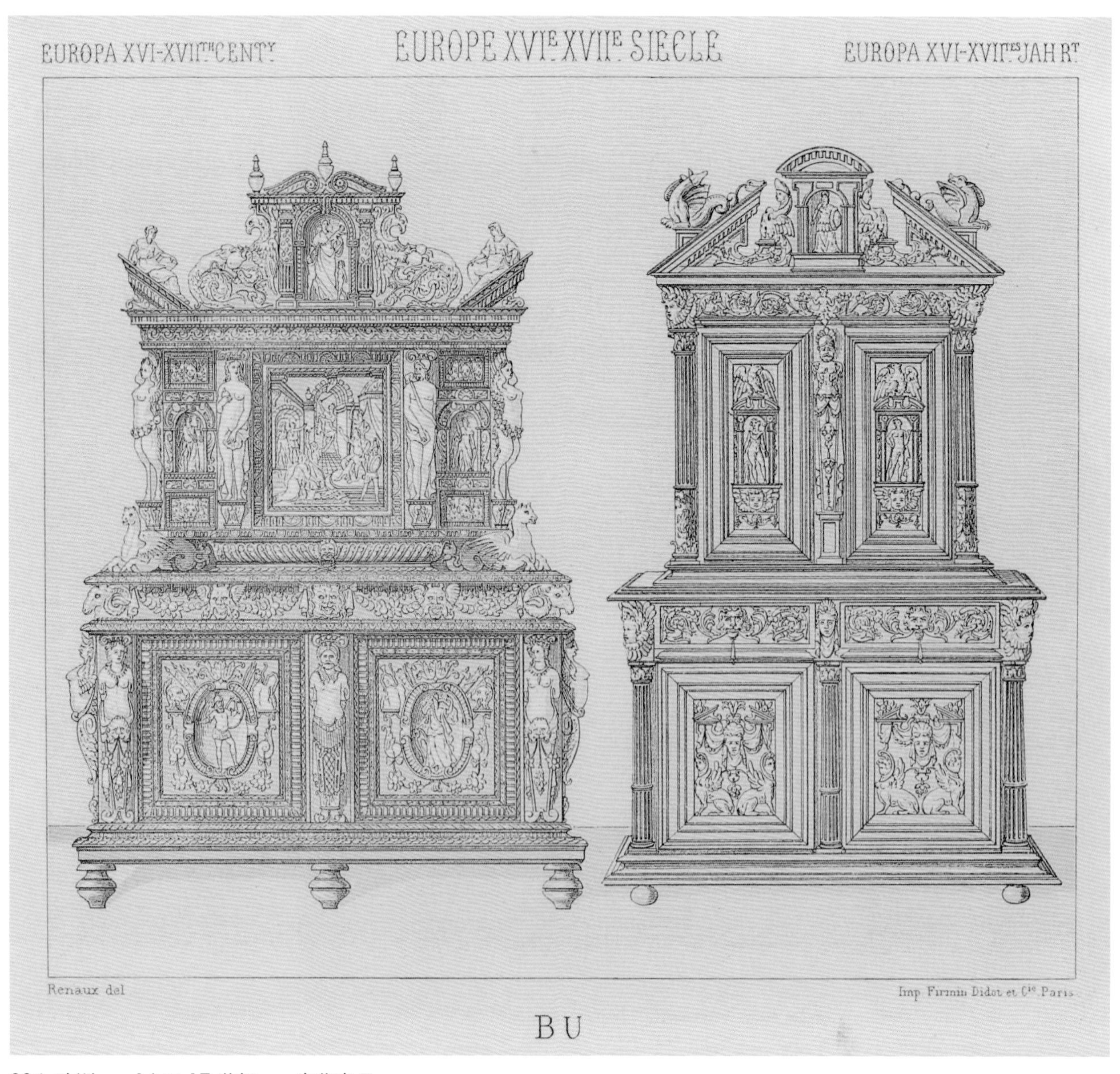

304. 欧洲——16 至 17 世纪——奢华家具

No.1：桌、椅、凳，16 世纪法-意风格。

No.2：桌椅，17 世纪。这种桌子的构架在很长时间里都是欧洲农村常见的。

No.3：桌椅，15 世纪德国风格。

No.4：桌椅，16 世纪荷兰制造。

No.5：16 世纪德国文艺复兴时期的作品，上半部意大利风格，下半部弗拉芒风格。

No.6：17 世纪的葡萄牙桌子。

No.7：扶手椅，17 世纪。

No.8：折叠扶手椅，16—17 世纪。

No.9：靠背椅，16 世纪。

No.10：桌子，16 世纪。

305. 欧洲——16 至 17 世纪——民用家具

306. 欧洲——16 至 17 世纪——主教席和画框

插图当中的主教席收藏于卢浮宫，是中世纪的作品，其特点是座板可翻转，翻上一块小垫板，供靠坐使用。图中座板下方的椭圆形即是此垫板。

画框从 14 世纪才开始流行，并且逐渐使镜框也演变成类似的模样。

306. 欧洲——16 至 17 世纪——主教席和画框

No.8：16 世纪的餐具橱，其下的火盆和其上的水壶为铜制。

No.7：象牙镶嵌座椅，16 世纪意大利制造。

No.1—6、9、10：熟铁制钥匙。

307. 欧洲——16 至 17 世纪——家具

308. 欧洲——16至17世纪——器皿

308. 欧洲——16至17世纪——器皿

No.1：青铜烛台，16世纪意大利风格。

No.2、3：科隆产水罐，1584年。

No.4、5：玻璃杯，16世纪。

No.6：带盖高脚银杯，16世纪末。

No.7：带盖高脚镶金银杯，17世纪初。

No.8：带盖高脚银杯，1627年。

No.9—14：威尼斯和德意志产玻璃制品。

No.1 和 2：西班牙正反雕刻工艺玻璃杯，费利佩五世（Philippe V）时期。

No.3：水晶水壶，银镀金托架，16 世纪。

No.4：船型水晶雕刻糖果盆，银镶金托架，16 世纪。

No.5：水晶雕刻筒型瓶，银镀金托架，16 世纪。

310. 欧洲——16 至 17 世纪——马车

310. 欧洲——16 至 17 世纪——马车

自 16 世纪始才有了带有减震悬挂架的马车。图中的第一辆马车是 1527 年萨克森选帝侯“宽宏的”约翰 - 腓特烈一世（Jean le Magnanime，全名 Jean-Frédéric Ier de Saxe，1530—1554）和西比勒·德克累弗（Sybille de Clèves）举行婚礼时所使用的。收藏于科堡（Cobourg）公爵博物馆。

第二辆车是 17 世纪的产品，收藏于马德里王宫。在欧洲，只有西班牙人使用骡子拉车。

311. 法国——16至17世纪——亨利四世时期的贵族服饰

No.2：亨利四世的第一个妻子，法兰西的玛格丽特（Marguerite de France，又被称为“玛戈王后”，1553—1615）。

No.1 和 5：1600年以前的亨利四世。

No.4 和 6：安托万·德圣沙芒（Antoine de Saint-Chamand），瓦兹河畔梅里（Mery-sur-Oise）的领主。

No.3：1605年的贵族穿着。

No.7：亨利四世的妻子，玛丽·德美第奇（Marie de Médicis）的加冕礼。取自卢浮宫收藏的鲁本斯（Rubens）的画作局部。

王后加冕礼于1610年5月13日在圣德尼圣殿（Basilique Saint-Denis）举行，第二天，亨利四世就被刺杀身亡了。

311. 法国——16至17世纪——亨利四世时期的贵族服饰

欧洲——17 世纪以及部分 18 世纪（312–365）

312. 荷兰——17 世纪——沙龙

取自荷兰画家迪尔克·哈尔斯（Dirck Hals）与佛兰德画家范达伦（Van Dalen）共同创作的作品。迪尔克·哈尔斯画的人物，范达伦画的建筑结构。

312. 荷兰——17 世纪——沙龙

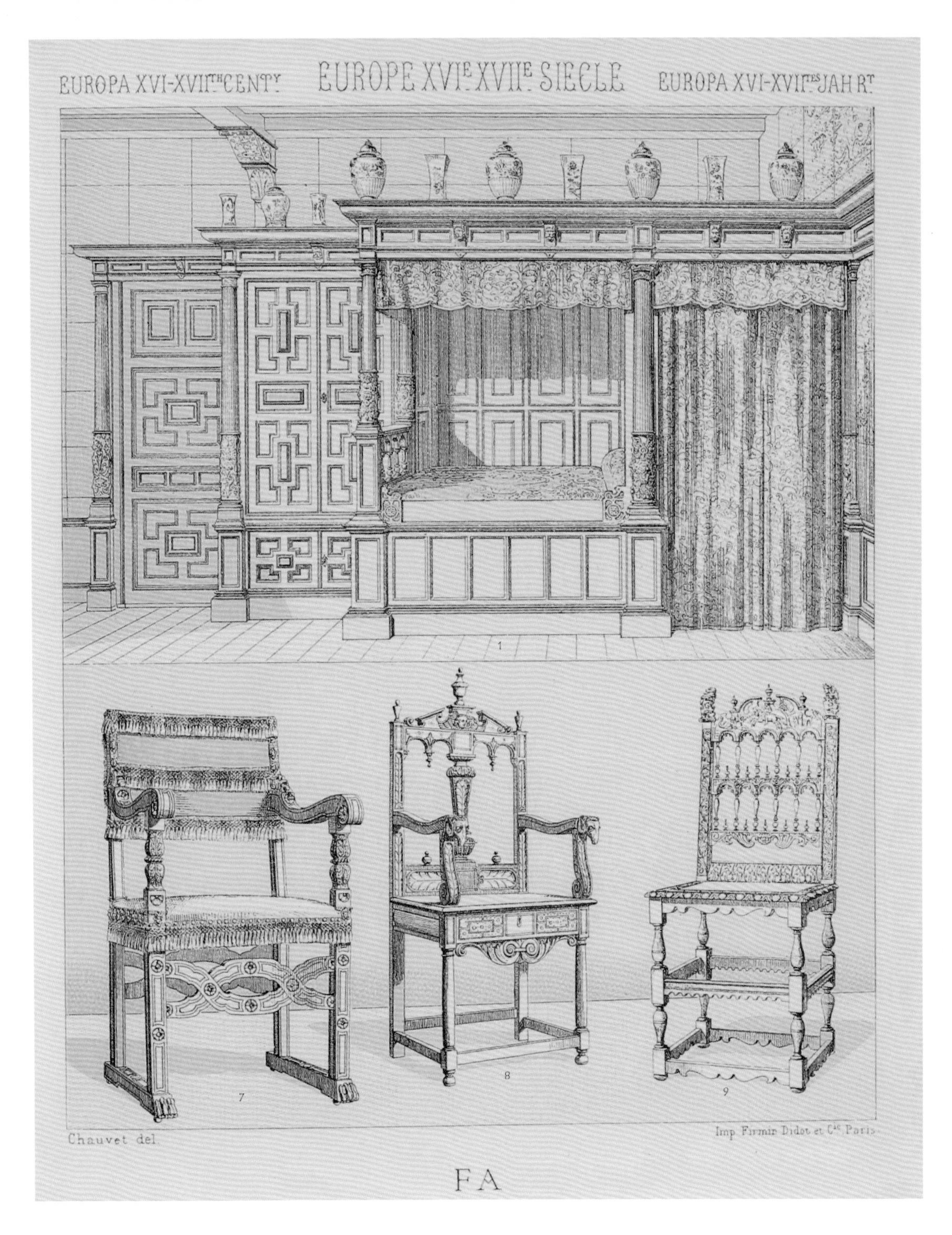

313—314. 欧洲——16 至 17 世纪——卧室和客房

No.1：16 世纪末弗拉芒风格的卧室，包括橡木雕刻的床、壁橱和衣柜。

No.2：客房。版画取自荷兰著名的诗人雅各布·凯茨（Jacob Cats）的作品集，以诙谐的画风展示了一位乡下绅士被某位领主招待于客房时手足无措的情景。

No.3：带床幔的立柱床。图中的床被罩上，尚未收拾。

No.4 和 6：带帏盖的立柱床。

No.5：摇篮。

No.7：16 世纪威尼斯风格的扶手椅。

No.8 和 9：17 世纪法兰西风格的椅子。

313—314. 欧洲——16 至 17 世纪——卧室和客房

这个时期的座椅通常采用橡木和栗木制造，框架经常采用螺旋雕刻式样，靠背或镂空雕刻，或用轧花皮革以金色圆钉固定。

No.1 和 5：收藏于枫丹白露宫。

No.2 和 3：曾经在“全国美术联盟博览会”（Exposition de l’ Union Centrale）展出。

No.4 和 6：收藏于卢浮宫。

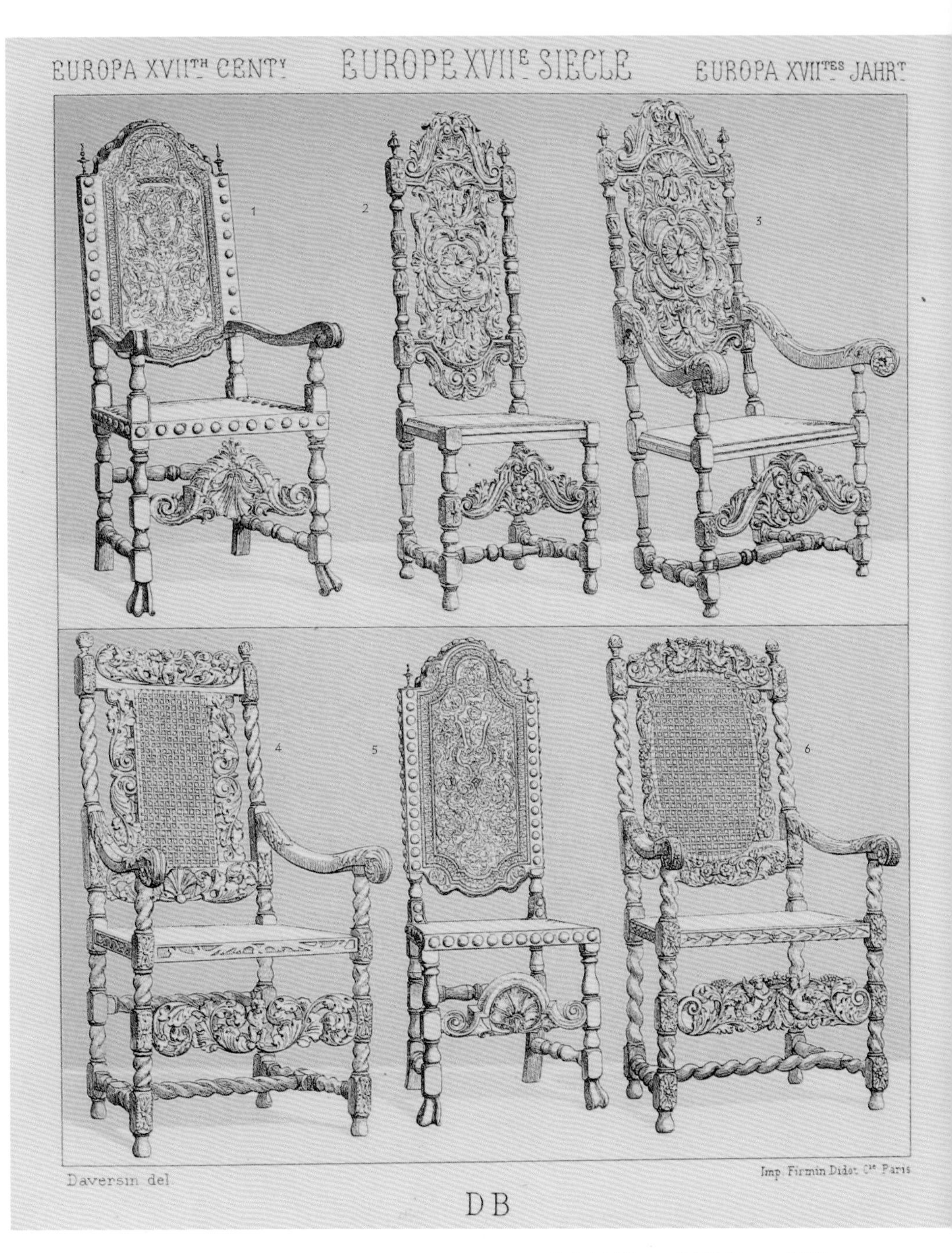

315. 欧洲——17 世纪——座椅

316. 欧洲——17 世纪——日常家具

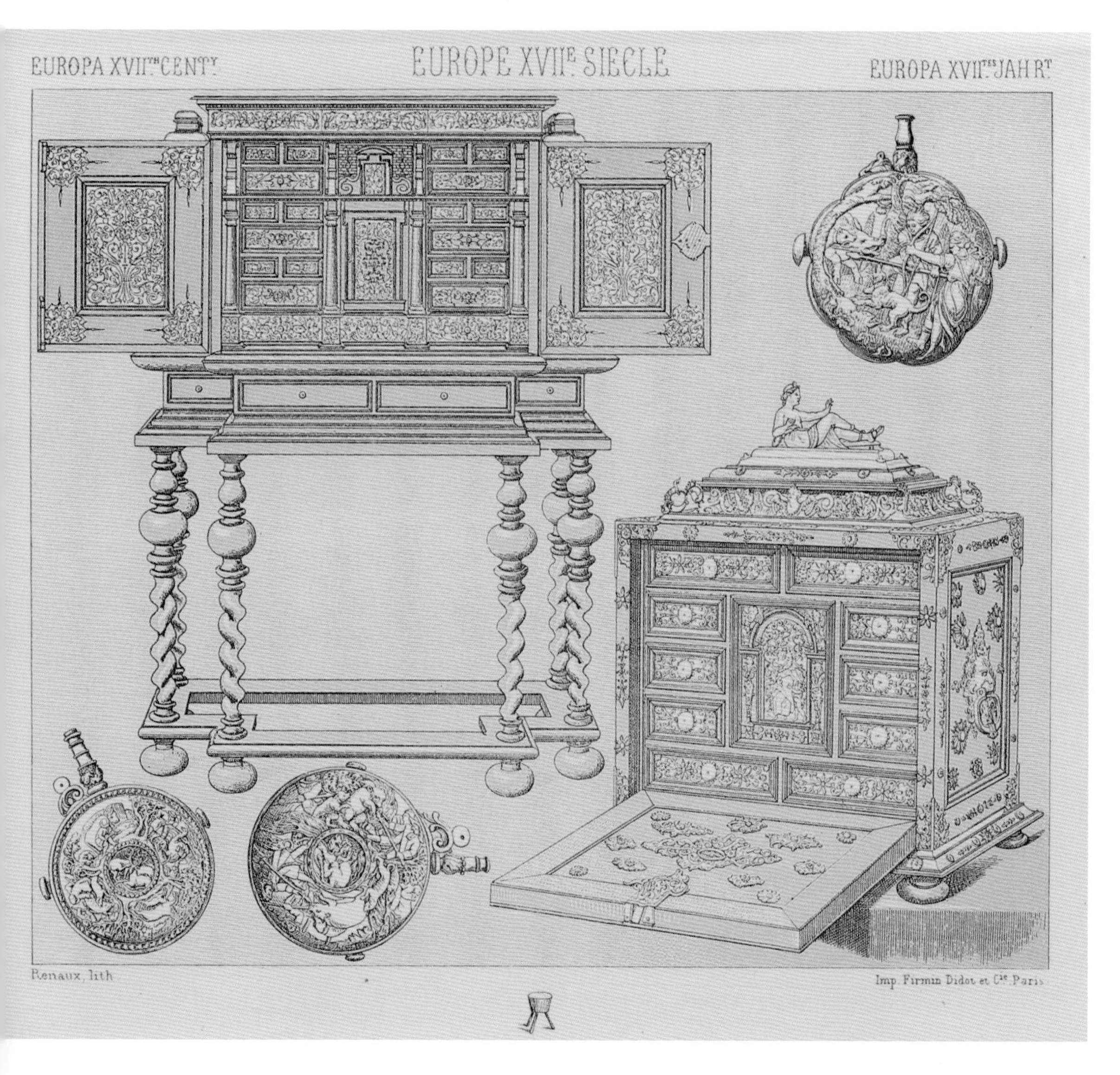

置于六腿形木桌之上的珠宝柜有一对带锁的柜门，含有外置和内置的小抽屉，柜子中心另有一个特殊开关的保险盒。这件 17 世纪的作品，高 2.70 米，宽 2 米。

另一个小型的珠宝柜是 16 世纪的作品，带有便于搬运的金属环，柜门成翻板状，内置许多小抽屉和一个保险盒。

另外三件小型的物件是狩猎用火药壶，宽 10 ～ 12 厘米，1630—1680 年，法国鲁昂制造。

316. 欧洲——17 世纪——日常家具

No.1、2、3 和 5：金属座螺壳杯和糖果盆。

No.4 和 6：鸵鸟蛋带盖高脚杯。

No.7：火柴盒。

No.8：银雕镂镀金天文钟，高 2.50 米。

317. 欧洲——17 世纪——德意志装饰品

No.1：婚房中的新娘。

No.2：苦恼的主妇。

No.3：年迈的夫妇。

No.4：儿童与妇女。

No.5：跳舞的年轻男女。

No.6：正在玩“热手游戏”(Jeu de la main chaude）的人们。

No.7：给孩子洗澡的年轻母亲。

No.8：发脾气的儿童。

No.9：被抓住的骗子。

No.10：舌头被粘在冰冻铁器上的人。

318—319. 荷兰——17 世纪——家居

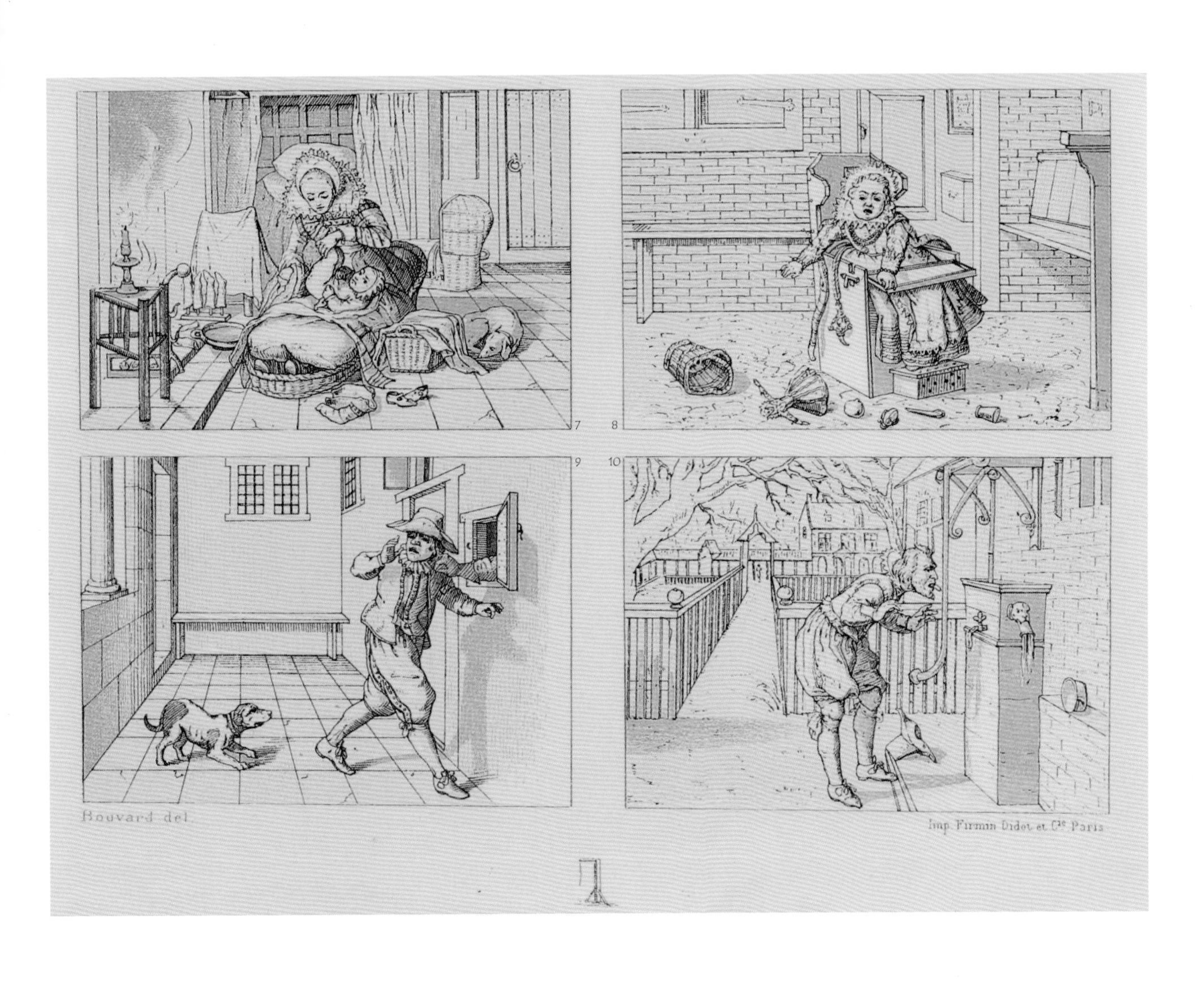

318—319. 荷兰——17 世纪——家居

320. 荷兰——17 世纪——马车、迷宫等

版画取自荷兰著名的诗人雅各布·凯茨（Jacob Cats）的作品集。

No.1：两驾马车。

No.2：抚摸狗的年轻绅士。

No.3：迷宫花园。

No.4：理发师和他的客人。

No.5：正在给钟上发条的小老头。

320. 荷兰——17 世纪——马车、迷宫等

321. 荷兰——17 世纪——世俗服装和军装

No.1、2 和 6：出行的贵妇。

No.8：舞会上的贵妇。

No.4：阿姆斯特丹的出行贵妇。

No.7：拉大提琴的自由民。

No.9：附庸风雅的自由民。

No.10：骑兵。

No.11：军官。

No.3 和 5：年轻绅士。

321. 荷兰——17 世纪——世俗服装和军装

322. 欧洲——17 世纪——卧室、衣箱

322. 欧洲——17 世纪——卧室、衣箱

插图取自法国著名的版画家亚伯拉罕·博斯（Abraham Bosse）的作品。

No.1：路易十三世时期的贵族卧室。图中的主妇坐在矮椅之上，其面前是她的女儿和坐在靠垫上的保姆，一个女仆跪在壁炉旁，另一个女仆在收拾床铺。

No.2：衣箱。

No.3：铜烛台和烛花剪。13 世纪以前，法国还在使用牛羊油脂点灯，直到 14 世纪才有了蜡烛。

No.1：亚伯拉罕·格拉夫斯（Abraham G-rapheus），安特卫普圣吕克行会（Corporation de Saint-Luc）的信使。科内利斯·德沃斯（Cornelis de Vos）的画作，1620 年。

No.2：骑兵军官送给年轻姑娘金币。杰拉德·德博尔奇（Gérard Ter Borch 或 Terburg）的画作。

No.3：1648 年 6 月 18 日，为庆祝“明斯特合约”（Paix de Munster，签订于 1648 年 1 月 30 日，荷兰王国就此成为主权国家）而举行的圣乔治火枪团的宴会（Banquet des arquebusiers de Saint-Georges）。巴泰勒米·范·德赫尔斯特（Barthélémy van der Helst）的画作。

323. 荷兰——17 世纪——民服和军服

324—325. 荷兰——17 世纪——亲王的葬礼

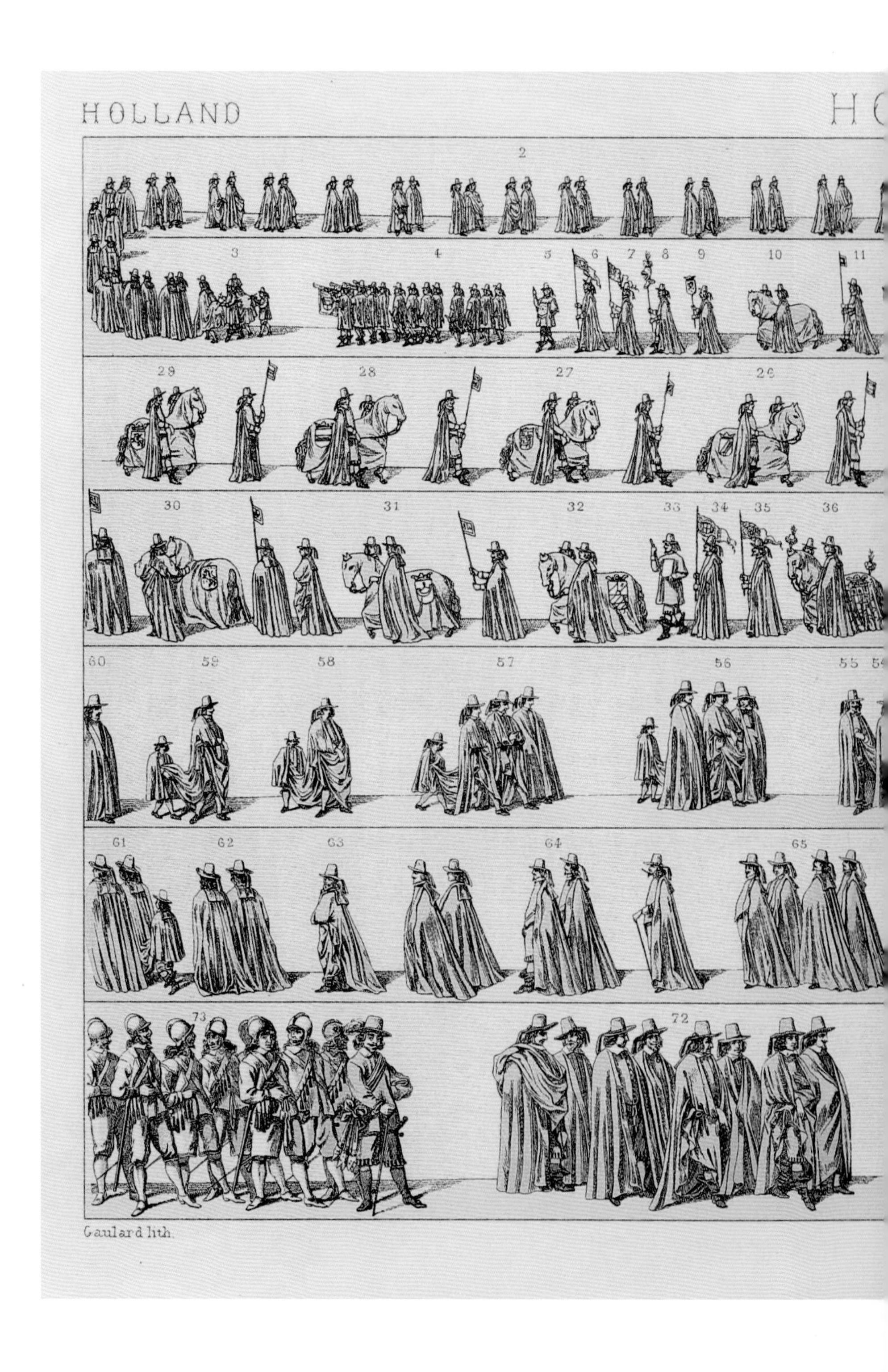

插图取自1651年阿姆斯特丹出版、由皮特尔·波斯特（Pieter Post）绘制、皮特尔·诺尔普（Pieternolpe）刻版的一本书。描绘了奥兰治亲王、荷兰联省执政、新教教徒弗雷德里克·亨德里克（Frédéric Henri-Friso，死于1647年，海牙）的葬礼。

324—325. 荷兰——17世纪——亲王的葬礼

326. 欧洲——17 世纪——法国和佛兰德——服装和乐器

326. 欧洲——17 世纪——法国和佛兰德——服装和乐器

右上方乐器演奏团的插图取自荷兰画家亚德里安·范·德韦纳（Adrian Van der Venne）的一幅画作局部，描绘了 1609 年庆祝荷兰与奥地利大公阿尔布雷希特七世之间停战协议的签署的场景。

下端的插图取自亚伯拉罕·博斯的版画，描绘了法国 1635 年时期的室内私人音乐会场景。从其中人物的穿着色彩即可看出，自这个时代开始，法国在时装领域的影响逐渐在欧洲脱颖而出，超越了意大利和西班牙。值得注意的是，图中一名男子身穿红色骑行猎装，这并非预示着他要去打猎或者刚刚打猎回来，而是表现了当时人们在穿戴上的任性而为，想要展示自己并且获得别人的欣赏。此外还可以看到，多重皱领消失了，女人们的颈部被解放了出来。

左上方插图取自荷兰画家加布里埃尔·梅曲（Gabriel Metsu）的画作局部，坐在大键琴前的女孩。

327. 法国——17 世纪——贵族服饰

No.2：贵族寡妇。

No.1、10 和 11：不同的披风穿法；河狸皮围脖；带小辫子的假发；翻筒靴子；贵族穿的丝袜。

No.6 和 9：将大衣穿在一个肩膀的贵族。

No.8：斜穿大衣以遮挡面孔的贵族。

No.4：不穿大衣袖子的式样。

No.7：亨利三世时期的短披风。

No.3：做出嘲弄姿势的法国贵族。

No.5：身穿男性军装的阿尔贝特 - 芭布 · 德埃尔纳库尔（Alberte-Barbe d’ Ernecourt），圣巴斯莱蒙（Saint-Baslemont）伯爵夫人。1645 年画像。

327. 法国——17 世纪——贵族服饰

328. 法国——17 世纪——贵族服饰和自由民服饰

法国在亨利四世时期就开始了服饰上的革新，到了路易十三时代就更加突出。限奢令的发布越来越频繁，尤其是在黎塞留（Richelieu）的推动之下，其主要目的并不是限制服饰上的奢华，而是为了限制法国的资金流向国外。这些法令也间接促进了法国产品的生产。

1620 年颁布了花边禁令，因为其主要产于米兰；1629 年颁布了刺绣禁令，因为其主要出产在佛兰德、热那亚和威尼斯；1633 年颁布了禁穿金银丝绣的禁令；1634 年又颁布了禁穿金银呢绒的禁令。这些禁令也触及到了贵族阶层，促使他们向更加高雅的方向发展，减少了服饰上过多的累赘，使得体态更加舒适，步履更加自然。由此许多厚重的服饰都被放弃了，甚至连胡须的式样也改变了。出于路易十三世某一天的突发奇想，他亲自将侍卫军官们的胡子都剃了，只给他们在下巴上留下了一小撮。

No.1：散步的装扮。

No.2：正在烫发梳妆的贵妇。

No.3：集会上的装扮。

No.4 和 9：参加婚礼仪式的自由民装扮。

No.5：宫廷绅士。

No.8：雇佣兵军官。

No.6 和 7：路易十三世和热斯夫雷侯爵（Marquis de Gesvres）在圣灵骑士团的仪式上。

328. 法国——17 世纪——贵族服饰和自由民服饰

329. 法国——17 世纪——婚约、法院商街

329. 法国——17 世纪——婚约、法院商街

No.1：取自亚伯拉罕·博斯的版画《婚约》(Le Contrat)。

富裕的自由民努力模仿贵族的穿着，他们也可以有自己的宅院、马车，像贵族一样穿衣和喷洒香水。图中坐在桌子周围的有新郎和新娘的父母，他们正在与公证人一起拟定婚约中的条款，而那对新人正在一旁互诉衷肠。

No.2：取自亚伯拉罕·博斯的版画《法院商街》(La Galerie du Palais)。

插图描绘了巴黎法院商街中的三家店铺的售卖场景。

No.1、8、16、19 和 22：金银丝细工，珐琅釉，镶嵌煤精石的项链及其配套的胸针、袖夹和耳坠。路易十三世时期。

No.2、5：珐琅彩镶宝石坠子。

No.3 和 10：项链和项坠，镶珍珠和宝石。

No.6：钱袋。路易十三世时期。

No.7 和 15：金银丝细工，镶石英项链。

No.9、11、13、20 和 25：金银丝细工，镶宝石项链及其配套的胸针、指环和耳坠。

No.14 和 24：多彩宝石浮雕胸花和手链。

No.17：圆宝石饰面手镯。

No.23：丝带饰扣局部。

No.4、12、18 和 21：小饰物。

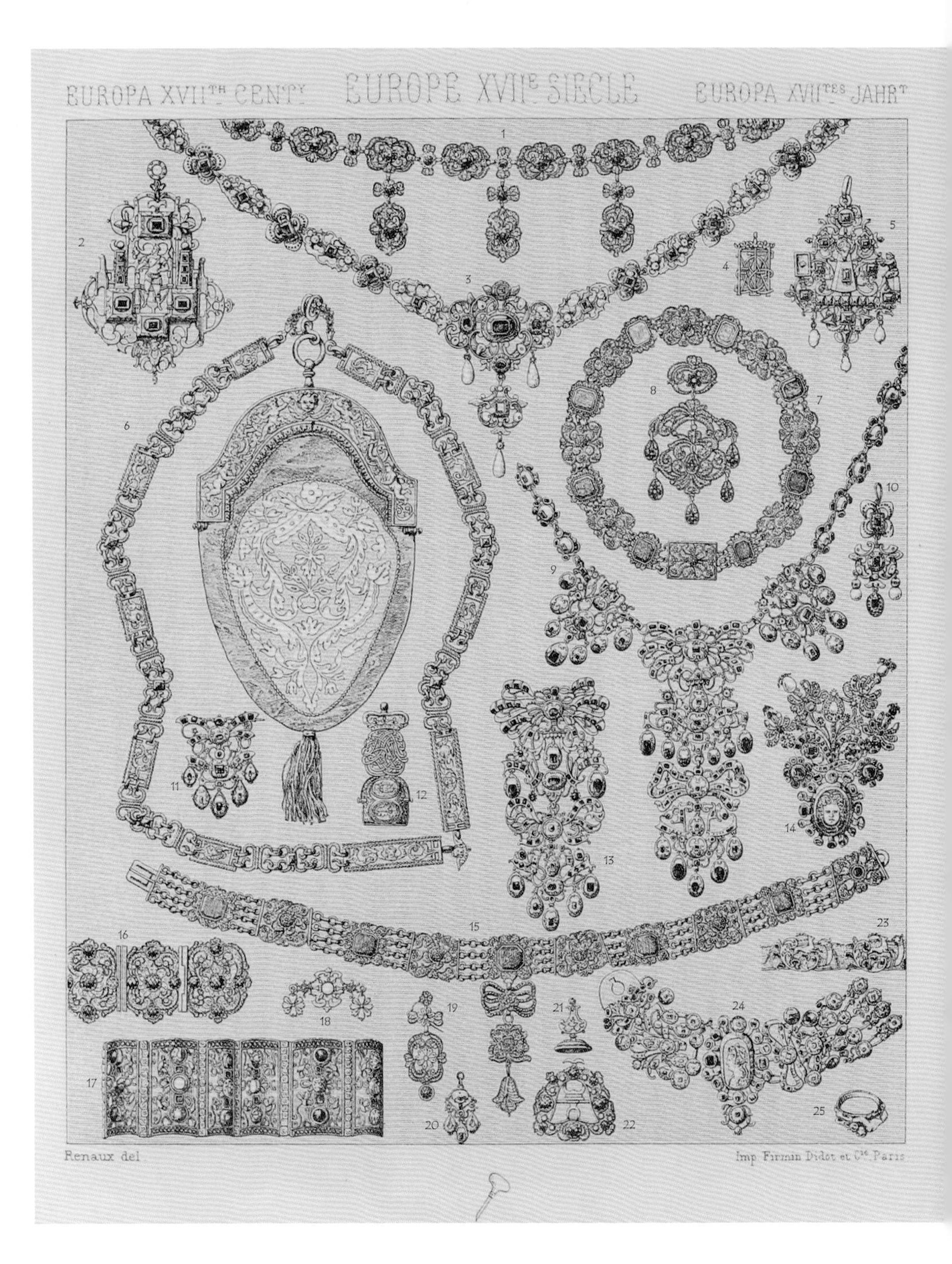

330. 欧洲——17 世纪——首饰

331. 法国——17 世纪——农民

331. 法国——17 世纪——农民

插图取自法国画家雅克·斯泰拉（Jacques Stella）创作的，并由他的侄女克罗迪娜·布佐内 - 斯泰拉（Claudine Bouzonnet-Stella）雕刻的版画。分别描绘了农民在乡间耕种、婚嫁和舞蹈的场景。

332. 意大利——17 世纪——修会

No.1：佛罗伦萨的圣埃蒂安修会（Ordre de Saint-Etienne de Florence）的女修道院长。

No.2：佛罗伦萨的圣埃蒂安修会的修女。

No.3：佛罗伦萨的圣埃蒂安修会的教堂神父。

No.4：谦卑者修会（Ordre des Humiliés）修士。

No.5：道明会第三会（Tiers-ordre de Saint-Dominique）修女。

No.6：威尼斯圣扎卡里修道院（Saint-Zaccharie）的本笃会（Bénédictine）贵族修女，身穿唱诗班服。

No.7：威尼斯的本笃会贵族修女，身穿常服。

No.8：威尼斯的奥斯定会（Augustine）贵族修女。

No.9：威尼斯的搬尸人。

No.10：威尼斯的黑衣苦修士。

No.11：威尼斯圣乔治修会（Congrégation de Saint-Georges）的法政牧师。

332. 意大利——17 世纪——修会

333. 意大利——17 世纪——罗马的修会

333. 意大利——17 世纪——罗马的修会

No.1：圣于尔叙勒会修女（Ursuline）。

No.2 和 3：圣加大肋纳（Sainte Catherine）修道院修女和女孤。

No.4：医护团修女（Hospitalière）。

No.5 和 6：被收养的孩子。

No.7：被称为“Zoccoletta”的孤女。

No.8—13：罗马各学院（Collèges romains）的学生。

No.1：加尔默罗隐修会修女（Carmélite）。

No.2：博韦的圣浸礼会主宫医院的修女，1646年之前的衣装。

No.3：巴黎圣加大肋纳修会的医护修女，身着唱诗班服。

No.4：巴黎圣加大肋纳修会的医护修女，身着常服。

No.5：巴黎圣加大肋纳修会的见习医护修女。

No.6：布袋修会修女。

No.7：梅斯（Metz）感化院修女。

No.8：普雷蒙特雷修会（Ordre des Prémontrés）修女。

No.9：布尔堡的贵族本笃会修女，身穿唱诗班服。

No.10：布尔堡的贵族本笃会修女，身穿常服。

No.11：巴黎苦修会（Pénitentes）修女。

334. 法国——17 世纪——修会

335. 法国——17 世纪——修会

335. 法国——17 世纪——修会

No.1：博韦的圣浸礼会主宫医院的医护修女，1646 年之后的衣装。

No.2：博韦的圣浸礼会主宫医院的医护修女。

No.3：博韦的圣浸礼会主宫医院的医护修女，常服。

No.4：法国圣墓会（Saint-Sépulcre）修女，唱诗班服。

No.5：法国圣墓会杂役修女。

No.6：洛什（Loches）医护团修女。

No.7：洛什医护团修女，夏装。

No.8：圣热尔韦（Saint-Gervais）医护团修女。

No.9：巴黎圣三一会女子团（Communauté des filles Trinitaires）修女。

No.10：斐扬派修女。

插图中的大部分取自波西米亚版画家瓦茨拉夫·霍拉（Wenceslas Hollar）的作品。

No.1：费迪南·阿尔布雷希特一世（Ferdinand Albert，德语名 Ferdinand Albrecht I）1666 年成为布伦斯维克 - 贝文公爵（Duc de Brunswick-Bevern）。

No.2：穿着炫耀的地痞。

No.3—7：奥格斯堡的妇女装束。

No.8—15、17—19：莱茵河盆地区的妇女装束。

No.16：绅士。

No.20：新教教徒大臣。

No.21：芭芭拉夫人（Barbara）。

336. 德意志——17 世纪——不同阶层的服饰

337. 英国——17 世纪——不同阶层的女装

这个时期的英国贵族和上流社会追随法国的时尚。

No.1：伦敦自由民，1643 年。

No.2：伦敦商人的女儿，1649 年。

No.3：英国贵妇，1649 年。

No.4：贵族小姐。

No.5：英国宫廷女爵。

No.6：伦敦自由民的女儿，1643 年。

No.7、9、10、12：英国贵妇。

No.8：伦敦商人之妻，1643 年。

No.11：伦敦市长的夫人，1649 年。

No.13：自由民，1649 年。

337. 英国——17 世纪——不同阶层的女装

338—339. 欧洲——17 世纪——英国、布拉班特、德意志和法国——女装

No.1：法兰克福的主妇，1643 年。

No.2：安特卫普商人之妻，1650 年。

No.3：斯特拉斯堡自由民。

No.4：身穿婚装的斯特拉斯堡自由民女儿。

No.5：身穿常服的斯特拉斯堡女孩。

No.6：斯特拉斯堡女孩。

No.7：布拉班特的贵妇。

No.8：科隆的妇女。

No.9：科隆的已婚自由民，1643 年。

No.10：科隆贵妇，散步装。

No.11：科隆淑女，1642 年。

No.12：科隆贵妇。

No.13：科隆贵妇肖像画，1643 年。

No.14：英国贵妇，春装，1644 年。

No.15：科隆贵妇。

No.16：英国贵妇，夏装，1641 年。

No.17：荷兰画家范·德赫尔斯特（Van der Helst）的肖像画。

No.18：英国贵妇，冬装，1641 年。

No.19：法国贵妇肖像。

No.20：英国贵妇，春装，1641 年。

No.21：英国贵妇，秋装，1641 年。

No.22：英国市长夫人肖像。

No.23：英国贵妇，夏装，1644 年。

No.24：身穿家居服的贵妇，1647 年。

No.25：英国贵妇，秋装，1644 年。

No.26：安特卫普贵妇肖像，1644 年。

No.27：英国贵妇，冬装，1644 年。

338—339. 欧洲——17 世纪——英国、布拉班特、德意志和法国——女装

338—339. 欧洲——17 世纪——英国、布拉班特、德意志和法国——女装

340. 法国——17 世纪——贵族服饰

340. 法国——17 世纪——贵族服饰

No.1 和 5：法国陆军元帅盖布里昂(Guébriant，1602—1643）的夫人的随从，1646 年。

No.2：元帅夫人的侍从。

No.3：盖布里昂元帅夫人，勒妮·迪贝克-克雷斯潘（Renée du Bec-Crespin），自元帅去世后一直身穿寡妇装。1646 年。

No.4：盖布里昂元帅的侄女，安娜·比德（Anne Budes）小姐。

No.6 和 8：路易十四世，1660 年和 1670 年。

No.7：路易十四世的妻子，玛丽·泰蕾兹（Marie-Thérèse d' Autriche）王后，1660 年。

341. 法国——17 世纪——首饰

No.1：金制珐琅彩画像盒颈饰，内装路易十四儿童期肖像画。

No.3、8、9 和 36：胸针、项链局部、坠子，工匠吉勒 · 勒加雷（Gilles L' Egaré）的作品。

在路易十四世之前的时代，钻石还很少在首饰上出现，因为尚且没有找到能够切削它们的办法，因此都是以彩色宝石为主。

No.5：花蕾状银表。德国制造。

No.7 和 10：项坠。

No.14：银镀金项链局部。

No.23：英格兰嘉德骑士勋章（Ordre de la Jarretière，英格兰最高贵的骑士勋章）项坠，珐琅彩圣乔治骑马屠龙像。

No.26：金丝绞项链局部。

No.28：银丝镀金马耳他十字架（Croix de Malte），意大利制造。

No.29：珐琅彩银制剪刀套。

No.34：镶金玛瑙项坠。

No.30：金银丝镶嵌铁制腰带钩。

No.37、38 和 16：印章、指环以及指环展开图。这几件与 No.2、4、6、11、12、13、15、17、18、19、21、22、24、25、27、31、32、33、35、39、40 一样，都是服丧用首饰，出自工匠吉勒 · 勒加雷的作品。

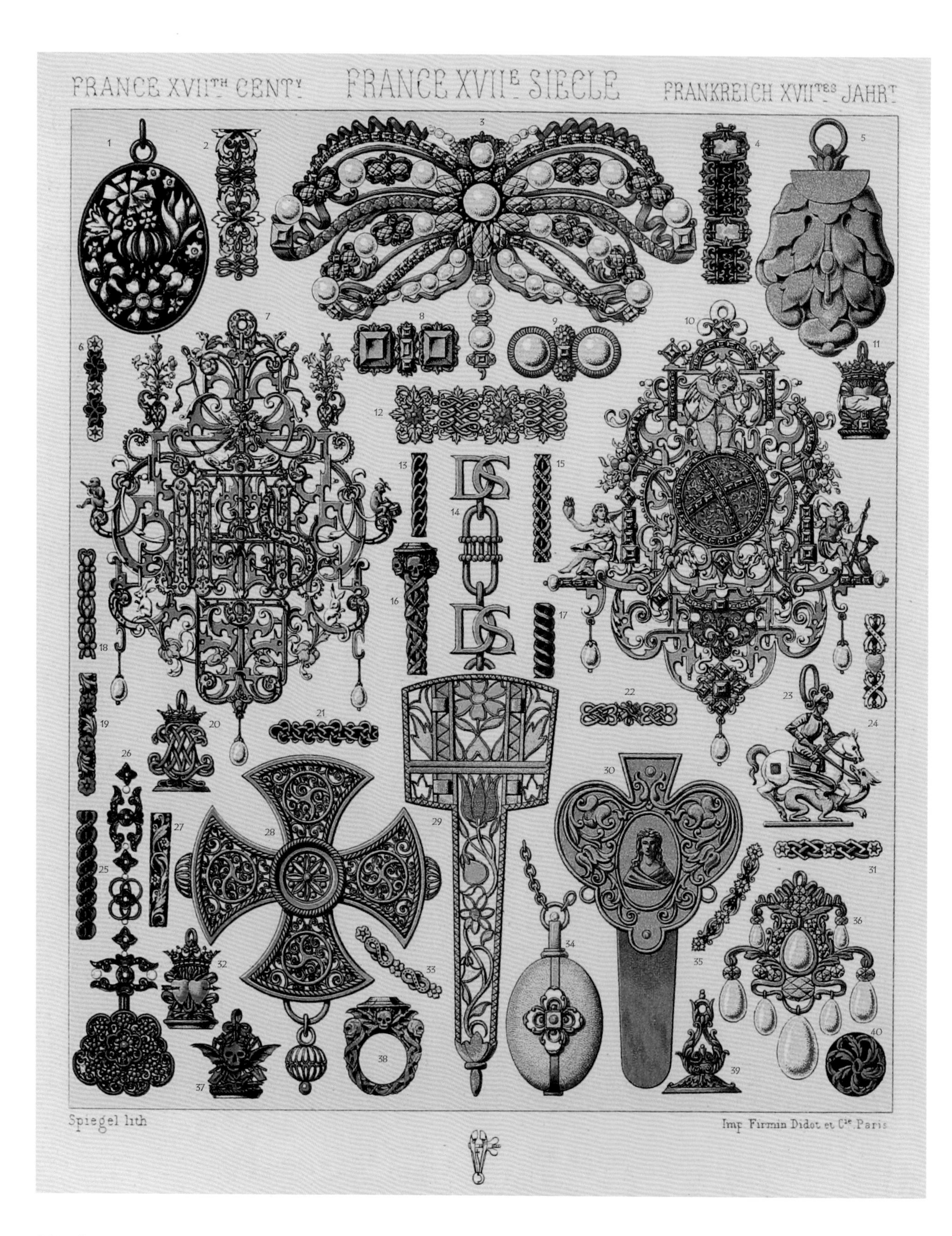

341. 法国——17 世纪——首饰

342. 法国——17至18世纪——军装

法兰西皇家卫队（Régiment des gardes françaises）的创立可上溯至1563年查理九世时期，其存在一直延续到1789年法国大革命。除瑞士卫队和苏格兰卫队以外，它是王室直接领导，完全由法兰西人组成的卫队。

No.1：矛兵，1697年。针对骑兵时，他们位列第一排；针对步兵时，位列第二排。

No.2：军官，1664年。

No.3：鼓手，1664年。

No.4：旗手，1697年。

No.5：火枪手，1664年。

No.6：军官，1724年。

No.7：呈列队姿势的士兵，1724年。

No.8：短笛手，1630年。

No.9：矛兵，1630年。

No.10：火枪手，1630年。

No.11：士官，1630年。

No.12：火枪手，1647年。

No.13：矛兵，1647年。

No.14：旗手，1630年。

342. 法国——17 至 18 世纪——军装

343. 法国——17 世纪——步兵军装

No.10：1660 年的军官。

No.1—4：1667 年的矛兵和火枪手。

No.8：1685 年的法兰西皇家卫队军官。

No.12：1685 年的冬装军官。

No.9：1688 年的自卫队军官。

No.11：1694 年的将军。

No.5：1696 年“茹雅克团”（Régiment de Jovyac）的鼓手。

No.6：1696 年的手雷兵。

No.7：1696 年“普罗旺斯团”（Régiment de Provence）的士官。

1683 年，弹药筒的发明使得士兵可以将沉重的火药背囊换成便携的弹药挎包，挎包中分装弹药筒、子弹头和引信，将它们组合在一起还要等到更晚的时期。

在 1698 年至 1700 年间，火绳枪就完全被燧石枪取代了。8 年之后，长矛自法国军队中消失了，枪头的刺刀成了常规武器。

在路易十四的统治初期，他就开始考虑军装的统一和制服化，到了 1685 年就基本固定了。

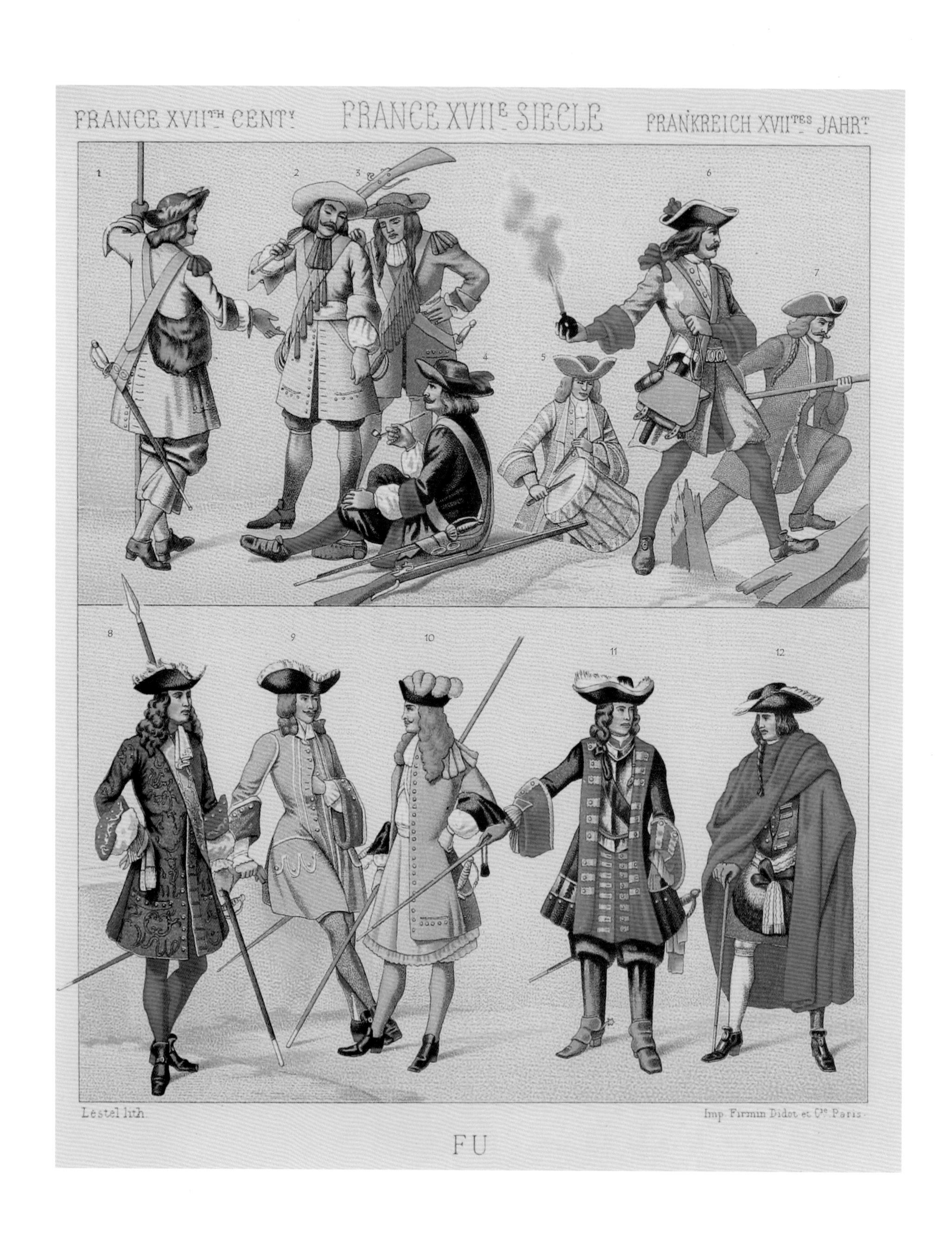

343. 法国——17 世纪——步兵军装

344—345. 法国——17 世纪——礼服

插图取自路易十四时期的一幅壁毯画，图画出自路易十四宫廷首席画家勒布伦（Charles Le Brun）的画作，巴黎哥白林染织厂出品（Manufacture des Gobelins，又译戈布兰）。

画作描绘了教宗历山七世（Alexandre VII，原名 Fabio Chigi，1599—1667）的侄子，齐吉主教（Cardinal Chigi，原名 Flavio Chigi，1631—1693）作为教宗特使，于 1664 年 7 月 29 日到访枫丹白露宫，化解于 1662 年在罗马发生的克雷基公爵（Duc de Créqui）被辱骂事件[1]时的隆重场景。时年 26 岁的路易十四在会见厅接见齐吉主教并接受教宗的道歉。

年轻的路易十四喜欢趋于女性化的服饰，在图画中就能看出来。

[1] 译注：克雷基公爵于 1662—1665 年作为法国国王特使出使罗马。1662 年 8 月 20 日，在一起发生于法国大使的卫兵与教宗的科西嘉卫队之间的事件，导致大使及其夫人的车辆遭到袭击，造成多人伤亡的严重后果。此事件的处理逐渐升级，法王路易十四为了显示其在欧洲无与伦比的地位，要求教宗公开道歉，并且集结军队威胁。最后，迫于压力，教宗派遣特使到法国道歉，并且解散了科西嘉卫队。

344—345. 法国——17 世纪——礼服

SIECLE
FRANKREICH XVII^{TES} JAHR^{T}
Imp. Firmin Didot et Cie. Paris.

346. 法国——17 世纪——家具

插图取自法国雕刻家让·勒波特（Jean Le Pautre，1618—1682）的作品。他是有“国王的木工匠和工程师”称号的亚当·菲利蓬（Adam Philippon）的徒弟。

这个时代的家具不像路易十三时代的家具那么受人追捧，因为家具上的饰物过多，品味令人质疑。此外在 1689 年，金银制家具几乎都在国王的命令下被熔化了。国王曾经以身作则，首先命人将他本人的大型银器熔化了。

图中为两件银制橱柜。

346. 法国——17 世纪——家具

347. 欧洲——17 世纪——凹形卧室和家具

在 17 世纪，所谓的“凹形卧室”，不管是皇家的，还是意大利式或罗马式，都只是一个凹陷在卧室墙内的空间，或用立柱，或用栏杆与会见卧室隔开，床就安置在凹形空间的平台之上。

图中所展示的是法国式凹形卧室。大理石面木桌属于 18 世纪初期制品。

347. 欧洲——17 世纪——凹形卧室和家具

348. 法国——17 世纪——居室和淑女

插图中有两幅紧密关联的图，《淑女解衣就浴图》和《淑女起床图》。

图中首先展示出那个时代的建筑风格中开始有了“中二楼”（通过降低天花板的高度，在不影响外立面的情况下制造出在底层和二层之间的楼层）的存在，也开始有了所谓的“缩小间”，都是通过改变内部空间隔断的方式来制造出更加私密的房间。

在 1670—1680 年间，在中二楼设置一个小浴室还是很新鲜的事物。由于宗教的影响，法国人自中世纪以来已经抛弃了全身洗浴的方式。图中的房间里只有一个作为浴缸的铜盆（五十年后才有真正的浴缸），贵妇正准备将脚放入铜盆。这是当时上流社会中典型的“女才子”（Précieuse）的私密浴室。一位“才子”（Précieux）推门而入，并做出假装一手捂眼的姿势，简直就是莫里哀剧作[1]中的人物特里索丹（Trissotin）。

在《淑女起床图》中，女才子身穿家居袍刚起床不久，尚未梳妆完毕，正在命令仆人为她送信。这两幅图都展示了当时上流社会中流行的风俗。

另外，插图中的两把椅子也是在“缩小间”使用的。

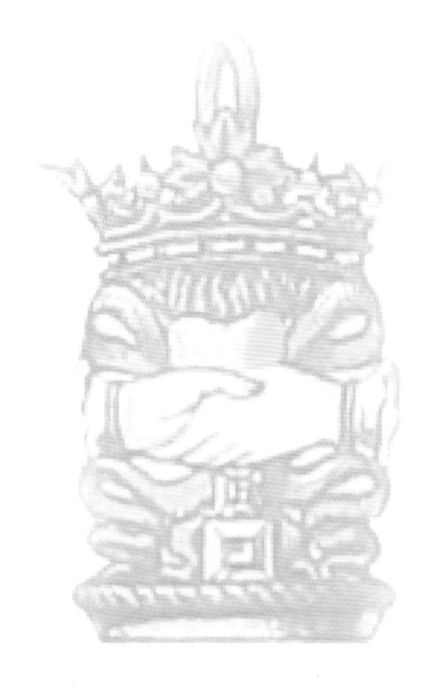

[1] 译注：指莫里哀的喜剧《女学究》（*Les Femmes savantes*）。

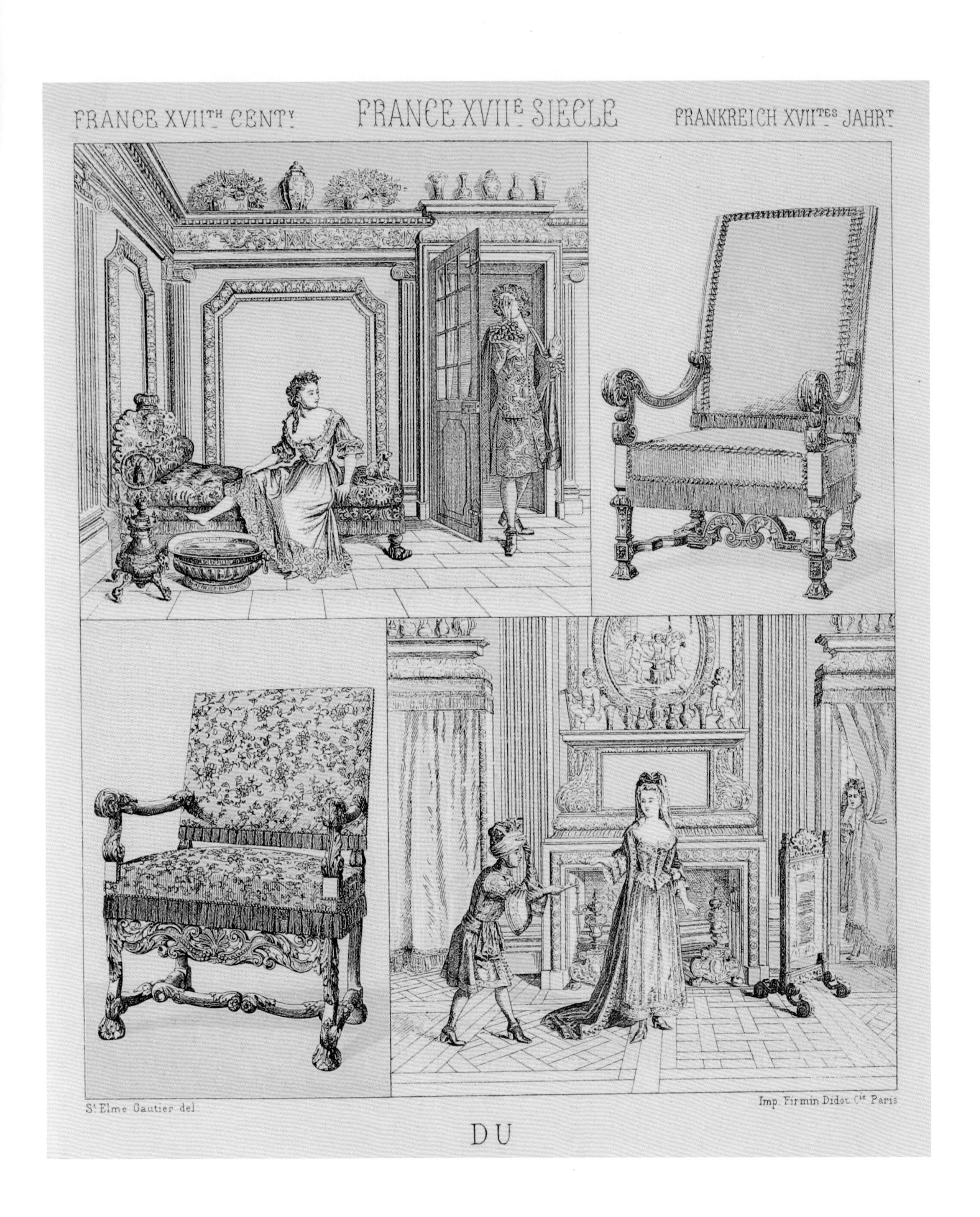

348. 法国——17 世纪——居室和淑女

349. 法国——17 世纪——王后的马车和王室随从

349. 法国——17 世纪——王后的马车和王室随从

插图取自佛兰德画家范·德梅伦（Van der Meulen）所绘，描写法王路易十四和王后玛丽·泰蕾兹于 1667 年 7 月 30 日进入阿拉斯城（Arras）的画作局部。国王临时离开他的军队去迎接王后，给王后展示他的战果。

皇家队列分为两部分，一部分是以王后的马车为中心的队伍，一部分是以身穿戎装并骑马的路易十四为中心的队伍。皇家侍从的制服颜色包含蓝、白和粉红色，再根据不同的勤务饰以金丝带或银丝带。

350. 欧洲——17 世纪——荷兰的战船和商船

1595 年之前，荷兰人的船还只是在欧洲附近海域活动，但是此后，他们开始追随葡萄牙人、西班牙人、英国人和法国人的榜样，向非洲、印度和美洲航行。不久之后，他们就超越了所有人，到全世界去做生意，其所有的商业公司统共拥有六万名海员，每年建造两千只海船。

1603 年，荷兰联省决定将所有来往于印度的公司组合成一个大公司，即荷兰东印度公司。它不仅成为未来的荷兰共和国的坚固支柱，同时也为荷兰的海上霸权提供了帮助。

荷兰人以他们出色的造船技术，成为整个欧洲的造船厂。路易十四就曾经从荷兰购买了许多战船。俄罗斯的彼得一世为了学习造船技术，在 18 世纪初还曾经隐姓埋名到荷兰的造船厂当工人。

No.1、5 和 6：正在维护的多炮塔军舰。这种舰的船尾很高，通常有四层：底仓、弹药仓、主仓和顶层的艉楼。

No.2：三桅战舰。

No.3：荷兰东印度公司的武装商船。

No.4：三桅商船。

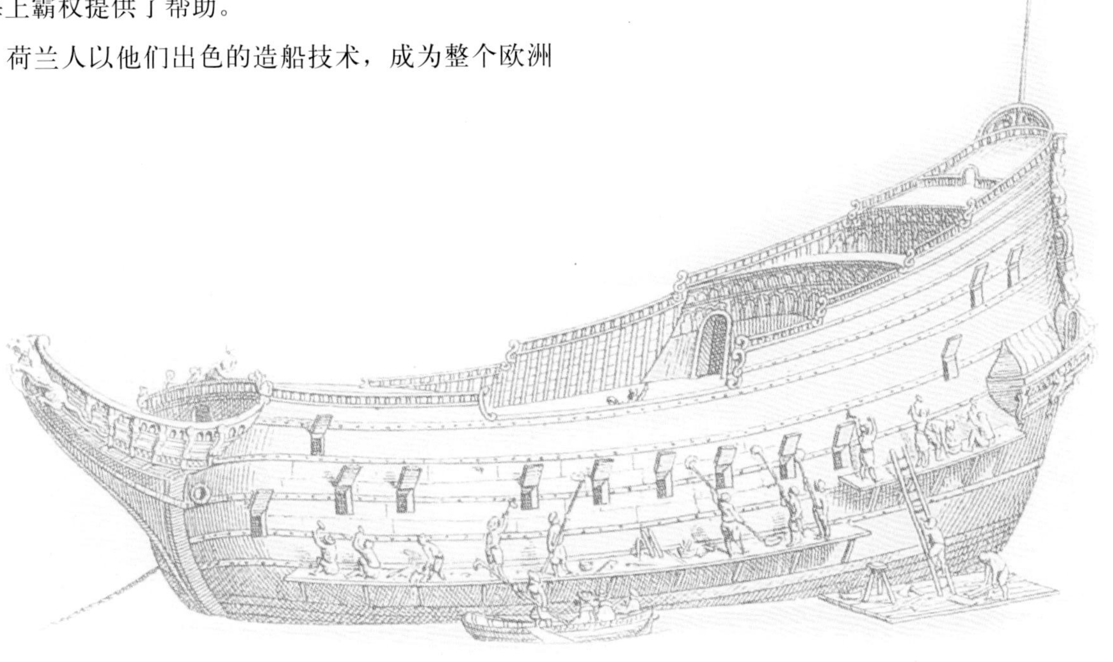

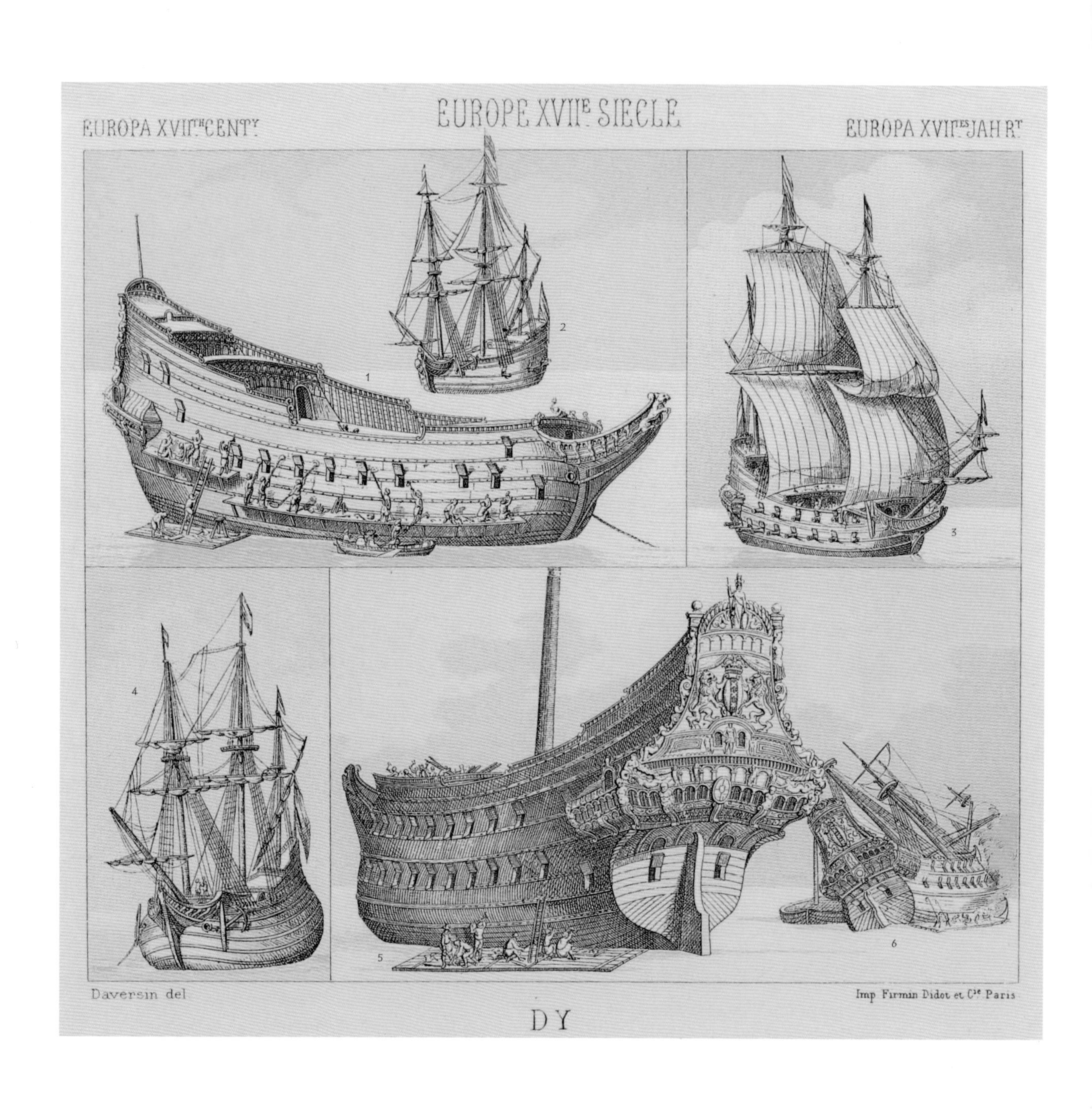

350. 欧洲——17 世纪——荷兰的战船和商船

351. 法国——17 世纪——贵族服饰

法国 17 世纪后期的服饰风格对于近代的服饰起到了决定性影响。由于连年不断的战争，军服成为了常穿的服装。假发也成为那个时代代表美和时髦的饰品，男女老少都佩戴，甚至僧侣也佩戴。

No.1 和 7：路易十四世。

No.2：路易 · 德波旁（Louis de Bourbon），图卢兹伯爵（Comte de Toulouse）。

No.4 和 9：路易，王太子。

No.6：萨伏伊公爵夫人。

No.10：奥尔良公爵菲利普，国王的大弟。

No.8：夏洛特 · 帕拉提纳公爵夫人（Charlotte Palatine），奥尔良公爵的第二任妻子。

351. 法国——17 世纪——贵族服饰

352. 法国——17 至 18 世纪——法国服饰、软帽

No.1、2、3、6、7、8：男用居家软帽。

No.4：身穿居家服的绅士。

No.5：1695 年的贵族。

No.9：弗朗索瓦 - 路易 · 德波旁（François-Louis de Bourbon），孔蒂亲王（Prince de Conti），1697 年。

No.10：身穿长袍的神父。

No.11：让 - 弗朗索瓦 - 保尔 · 德本内德克雷基（Jean-François-Paul de Bonne de Créquy），莱迪吉埃公爵（Duc de Lesdiguières），1696 年。

No.12：路易 - 奥古斯特 · 德波旁（Louis-Auguste de Bourbon），迈内公爵（Duc du Maine）。

No.13：丹麦王后，其面孔上贴着假美人痣。假痣在 17 世纪末和 18 世纪初成为了贵族妇女必不可少的饰品。

352. 法国——17 至 18 世纪——法国服饰、软帽

353. 法国——17 世纪——女装

插图描绘了路易十四统治后半期的服饰，尽管受到曼特农夫人（Mme de Maintenon，1635—1719，1683 年与路易十四秘密结婚）的朴素风格的影响，但是贵族妇女的衣装依然奢华。

No.1：丰唐热式女帽（Fontange）自 1680 年至 1701 年间十分流行，其名称来自于丰唐热公爵小姐（Mlle de Fontange）。

No.2 和 3：巴斯克式紧身短衣。

No.4：舞会礼服。

No.5、6、7：同类裙装。

353. 法国——17 世纪——女装

354. 法国——17 世纪——上流社会的衣装

No.1：曼特农夫人（Mm de Maintenon）。

No.2：孔蒂亲王夫人（Princesse de Conti）。

No.3：波旁公爵夫人（Duchesse de Bourbon）。

No.4：伊丽莎白-夏洛特·德波旁，又被称为沙特尔小姐（Elisabeth-Charlotte de Bourbon，dite Mademoiselle de Chartres），摄政王的妹妹。

No.5：埃格蒙伯爵夫人（Comtesse d' Egmont）。

No.6：沙特尔公爵夫人（Duchesse de Chartres）。

No.7：身穿冬装的淑女。

No.8 和 9：卢瓦宗姐妹（Loison）。

No.10：身穿小领短袍的修道院长。

No.11：戴披巾的淑女。

No.12：身穿夏装的绅士。

354. 法国——17 世纪——上流社会的衣装

No.1：披巾和手笼。

No.2：为纪念斯滕克尔克战役（Steenkerque）而形成的“斯滕克尔克”式领结。

No.3：迈利伯爵夫人（Comtesse de Mailly）的容妆。

No.4：身穿“卡萨甘”（casaquin）短罩衣的夏洛特·帕拉提纳公爵夫人（Princesse Palatine）。

No.5：身穿礼服的沙特尔小姐（Mademoiselle de Chartres）。

No.6：身穿冬季居家装的蒙福尔伯爵夫人（Comtesse de Montfort）。

No.7：身穿夏季居家装黎塞留侯爵夫人（Marquise de Richelieu）。

No.8：埃格蒙伯爵夫人（Comtesse d’ Egmont）。

No.9：艾吉永公爵夫人(Duchesse d’Aiguillon)。

355. 法国——17 世纪——女性时装

356—357. 法国——17 世纪——会客厅

奢华的会客厅分为两种，第一个是“大客厅”（Grand cabinet），用于会见贵客；第二个是“后客厅”或“私密客厅”（Arrière-cabinet），用于会见特殊客人。

插图取自朗贝尔府邸（Hôtel Lambert）之内著名的“爱神客厅”（Cabinet de l' Amour）。这是一间“私密客厅”，其名字来源于厅内的装饰油画以及装饰壁板的统一主题，即爱神的胜利。其油画是由勒叙厄尔（Eustache Le Sueur，1616—1655，法国著名画家）亲自完成的，成对称布局。

356—357. 法国——17 世纪——会客厅

358. 法国——17 世纪——家具

插图取自细木工匠布勒（Andre-Charles Boulle，1664—1732，他还是皇家印玺雕刻师）的作品。他首先创制了如图所示的胸像基座风格，基座用以摆放古典雕塑胸像或者艺术花瓶。图中的两件作品收藏于德累斯顿博物馆。

布勒借用了宫廷首席画家勒布伦留下的艺术特征，并且创造性地以青铜、黄铜、乌银、锡等金属镶嵌工艺与木材、龟甲和象牙相结合，形成了独特的布勒风格。

凡尔赛宫中的王太子室的内部装潢，从壁板、壁柱、挑檐、柱颈、柱饰、柱基到镜框，都完全是布勒的作品。

另外四件物品是烟叶锉刀，流行于路易十四时代后期，是吸烟人随身携带，用于挫碎烟叶卷的专用物品，大约 20 厘米长，材质各异。

358. 法国——17 世纪——家具

359. 意大利——法国时尚在威尼斯的影响

No.1：意大利戏剧中的人物，总被人愚弄和嘲笑。身穿路易十四时期的市民服装。

No.2：唐娜 · 安吉莉卡（Donna Angelica），意大利戏剧中的人物。

No.3：身穿冬装的威尼斯贵族。

No.4：身穿夏装的威尼斯贵族。

No.5：高等贵族。

No.6：财务官。

No.9：年轻的贵族，身穿1680年左右的法国时装。

No.10：身穿冬装的威尼斯总督夫人。

No.11：身穿丧服的威尼斯贵族。

No.7：流动商贩。

No.8：威尼斯年轻姑娘。

359. 意大利——法国时尚在威尼斯的影响

360. 德意志——17 至 18 世纪——时装和军装

17 世纪

No.1：索菲 - 夏洛特（Sophie-Charlotte），普鲁士王后，出行装。

No.6：汉诺威的威廉明妮 - 阿梅莉（Wilhelmine-Amélie d' Hanovre），1699 年嫁给神圣罗马帝国皇帝约瑟夫 · 利奥波德一世（Joseph Léopold），身穿宫廷装。

No.5：勃兰登堡选帝侯，1701 年成为普鲁士国王，出行装。

No.10：身穿冬装的埃内斯特 - 奥古斯特（Ernest-Auguste），布伦瑞克 - 吕讷堡（Brunswiek-Lunebourg）第 16 任公爵，汉诺威公爵。

18 世纪

No.2：身穿夏装的奥格斯堡的淑女。

No.8 和 9：路易十六时期的柏林服装。

侍从或仆人制服

No.3：匈牙利式民兵。

No.4：信使。

No.7：贵族家庭中的见习骑士，负责管理所有穿号衣的仆从。

军服

No.13：普鲁士国王腓特烈一世（Frédéric Ier），身穿将军服。

No.11 和 12：皇家鼓手。

女骑士

No.14：普鲁士公主腓特烈 - 索菲 - 威廉明妮（Frédérique-Sophie-Wilhelmine）。

360. 德意志——17 至 18 世纪——时装和军装

361. 德意志——17 至 18 世纪——发型和胡子

16 世纪时期，男性蓄胡又重新开始流行，欧洲的大部分国家都很快接受了这个现象。在法国，蓄胡最开始是被世俗社会所接受，逐渐才被神职人员和行政阶层接受；在意大利正相反，教宗带头放弃了剃须刀的使用；在德意志，尤其是在新教教徒当中，只能见到蓄胡的面孔。

从此，欧洲出现多种多样的胡须式样，有分成两部分的，扇形的，洋蓟叶形的，燕尾形的，还有烫成卷的。

这个现象到路易十三时期开始衰落，几乎完全是出于这位君主的任性，人们开始只在下巴上留一小撮胡须，并将此式样命名为“皇家式”（royale）。

路易十三还引领了另一个容妆革命，他是第一个重新开始蓄长发的国王。这个时尚逐渐成为所有人的追捧，但因为不是所有人都能拥有一头漂亮而浓密的长发，于是假发就开始出现了。最早的假发套出现于 1629 年。

直到 18 世纪初期，假发套的使用几乎只会出现在贵族的重要典礼上，以及在长袍阶层之中了。

No.1、14 和 15：教士。

No.2、3、4、6、7、8、9、11、13、16 和 17：长袍阶层，民事法官和教授。

No.5、10 和 12：军事家。

361. 德意志——17 至 18 世纪——发型和胡子

362. 法国——17 世纪——市民和工匠、贵族

No.1、2 和 3：皇家家具制造工场（设立于 1665 年）的工人和挂毯工。

No.4、5 和 6：化妆舞会的舞者和伴奏的大提琴师。

那时流行的舞步有小步舞(menuet)、孔雀舞(pavane)、帕萨卡利亚舞（passacaille)、恰空舞（chaconne)、库朗特舞（courante)、萨拉班德舞（sarabande)、加沃特舞（gavotte)，等等。

362. 法国——17 世纪——市民和工匠、贵族

363. 法国——17 世纪——肖像

363. 法国——17 世纪——肖像

No.2：露易丝 - 阿代拉伊德· 德波旁 - 孔蒂公主（Louise-Adélaïde de Bourbon-Conti）。

No.1、3、4、5、6、7：女士肖像和不同的舞蹈服。

364. 欧洲——17至18世纪——骑士服装

这个时代不同的骑士团已经不像古老的骑士团那样具有宗教和军事属性了，而骑士的称号更多是成为君主为奖励某些人为国家做出的突出贡献而授予的荣誉。

骑士勋章上的十字符号，通常都代表着军人属性，因为其来源于十字军东征时代。

No.1：星章骑士团骑士（Chevalier de l' Etoile），法国17世纪后半期。

No.2：圣路易皇家骑士团军官装，18世纪。

No.4：双剑骑士团骑士（Chevalier de l' ordre des Deux épées），路易十六世时期。

No.5和11：圣路易皇家骑士团骑士装，1784年和1787年。

No.6：奥布拉克收容院骑士团骑士（Chevalier de l' Hôpital d' Aubrac），法国18世纪。

No.7：圣路易皇家骑士团（Chevalier de l' ordre royal militaire de Saint-Louis）骑士装，1693年。

No.8：法兰西马耳他骑士团骑士（Chevalier français de l' ordre de Malte），1678年。

No.9：战斧骑士团女骑士（Chevalière de la Hache），西班牙17世纪。

No.10：圣路易皇家骑士团军官装，1693年。

No.12：马耳他骑士团骑士（Chevalier de l' ordre de Malte），路易十四的侍从，1678年。

364. 欧洲——17 至 18 世纪——骑士服装

365. 欧洲——17 世纪——餐台

插图展示了 1693 年意大利博洛尼亚市（Bologne，又译波隆那）参议员弗朗切斯科 · 拉塔（Francesco Ratta）在维扎尼宫（Vizzani）举行餐会的场景。

巨大的餐桌的中心桌饰是意大利人的发明。

365. 欧洲——17 世纪——餐台

欧洲——18 世纪以及部分 19 世纪（366–407）

366. 法国——18 世纪——帽子和假发

插图取自法国版画家贝尔纳·皮卡尔（Bernard Picart，1673—1733）有关 1727 年的男性帽式的版画。三角毡帽以及假发的不同搭配式样。

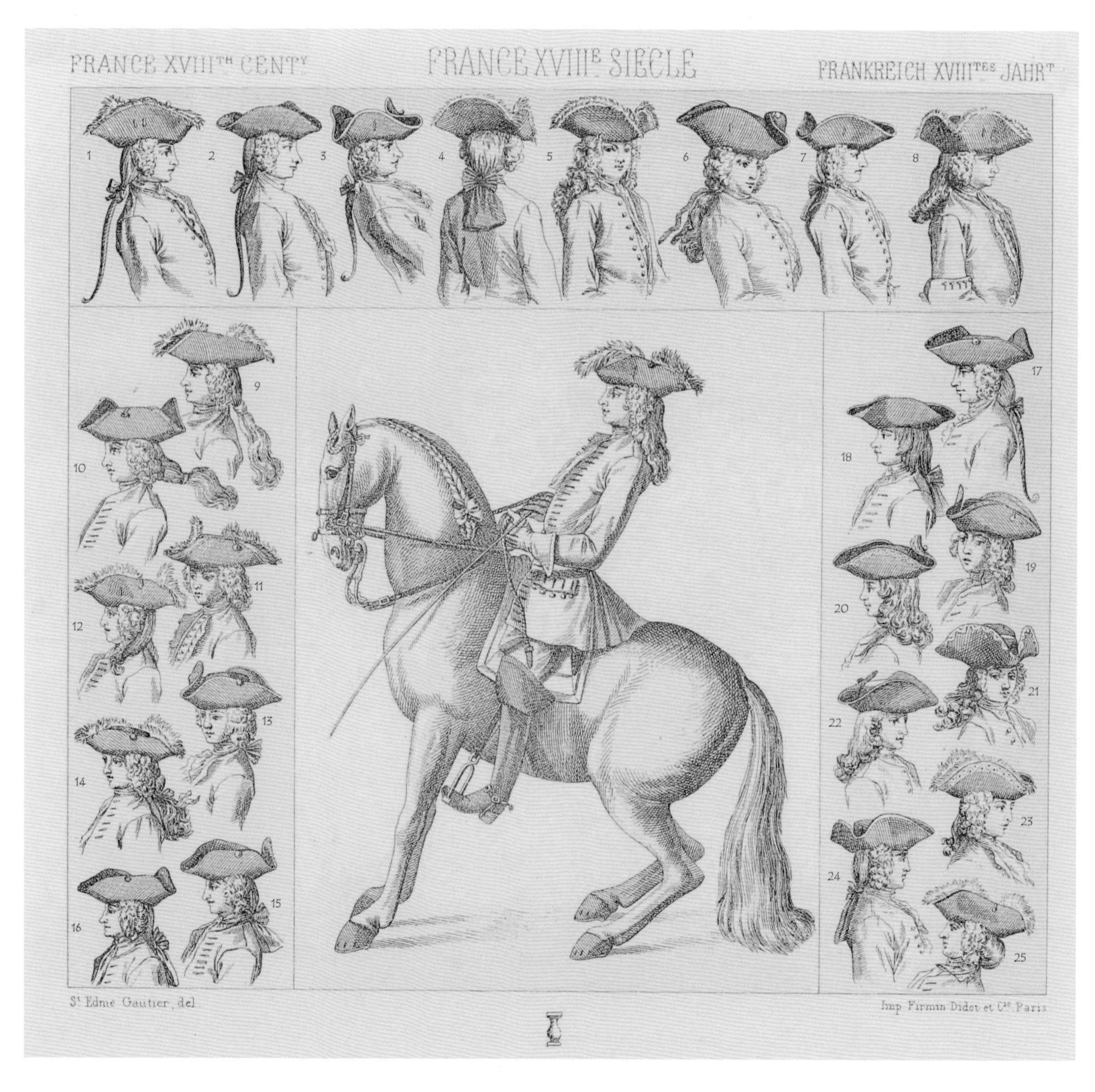

366. 法国——18 世纪——帽子和假发

367. 欧洲——18 世纪——穿着

No.1、2、5：图中三位女士身穿带裙撑的裙子。使裙裾鼓胀的裙撑是1710年才开始出现的，其最开始是用灯芯草或轻木条以及丝带，仿照鸡笼的式样制作的，到了1725年之后，裙撑上又被加上胚布和塔夫绸或者丝绸，变成裙子一样的东西，也在各社会阶层开始流行。

No.3、4：1729年的穿着，外衣不系扣。

No.7：波兰白鹰骑士团骑士装（Chevalier de l' Aigle blanc）。

No.6、8、9：1730—1740年的市民装。

367. 欧洲——18 世纪——穿着

368. 法国——18 世纪——时装类型

368. 法国——18 世纪——时装类型

No.1 和 4："Mantille"围巾。这是一种裁剪成尖角的围巾，交叉披在肩上并在后背打结，在季节交替的时节使用。

No.2："宝塔袖"（Manches en pagode）。这是一种漏斗状翻边开口袖，其翻边直到肘部。

No.3、6 和 8：日常衣装。

No.5 和 7："Bagnolette"遮肩宽边软帽，用于挡风，任何阶层或年龄的女士都可使用。

369. 欧洲——18 世纪——贵族和大众阶层的服装

No.1：玛丽 - 露易丝（Marie-Louise），西班牙国王卡洛斯三世（Charles III d' Espagne）的女儿，1765 年嫁给神圣罗马帝国皇帝利奥波德二世（Léopold II）为妻。

No.3：埃斯特的玛丽 - 贝娅特丽克丝（Marie-Béatrix d' Este），马萨公爵夫人（Duchesse de Massa），1771 年嫁给费迪南大公（Archiduc Ferdinand）。

No.4：瑞典女王乌尔丽卡 · 埃利诺拉（Ulrique-Éléonore）。

No.2：农妇。

No.5 和 7：身穿"卡萨甘"垂尾上衣的贵妇。

No.6：有产市民妇女。

No.8：1730 年的贵族日常装束。

369. 欧洲——18 世纪——贵族和大众阶层的服装

左图：1760 年左右的更衣室。年轻的女士在女仆的帮助下更衣，她的情郎坐在对面欣赏。

右图：1742 年，格朗瓦尔（Jean-Baptiste Charles François Racot de Grandval，1710—1784，法国喜剧演员）在戏剧《已婚哲学家》（Philosophe marié）中的扮演装。

370. 欧洲——18 世纪——更衣室

371. 法国——18 世纪——女性肖像

路易十四去世之后，曼特农夫人对时尚的影响就快速地消失了。轻柔而靓丽的织物开始流行，这首先使路易十五时代的服饰显得更年轻。

No.1：女演员，法国画家纳捷（Jean-Marc Nattier，1685—1766）于 1720—1725 年的画作。

No.2：参加 1745 年凡尔赛舞会的女孩，法国画家科尚（Charles Nicolas Cochin，1715—1790）的画作。

371. 法国——18 世纪——女性肖像

No.3：身着花哨裙装的女士，法国画家德鲁埃（Francois-Hubert Drouais，1727—1775）于 1760 年的画作。

No.4：女市民，1760 年。

No.5：身穿紧身装的年轻女子。

No.6：头戴三色头带的女士，1789 年。

插图上方的画取自法国画家约瑟夫·韦尔内（Joseph Vernet，1714—1789）的系列素描，并由勒巴（Jacques-Philippe Le Bas，1707—1783）雕刻的版画——《上流社会》。

插图下方的两个小图取自时年 22 岁的法国画家科尚于 1737 年发表的系列作品摘选，《缝补女工》和《花边女工》。

在那个时代，缝补女工总是守在街头巷尾，用钩针为需要的人们缝补长袜，因为那时的长袜很容易被撕坏；而花边女工也都通常出身贫穷之家，很早就要到街头以织帽子、缝衣服为生。

372. 法国——18 世纪——上流社会、女工

373. 法国——18 世纪——中产阶级

插图取自法国著名画家夏尔丹（Jean Siméon Chardin，1699—1779）的画作，系列地描绘了中产阶级和小资产阶级的日常生活状况。

No.1：晨起的梳妆。

No.2：好的家教。

No.3：女管家。

No.4：情书。

373. 法国——18 世纪——中产阶级

插图中的镀金轿子收藏于特里亚农（Trianon）车辆博物馆，其上的绘画出自约瑟夫·韦尔内之手。

座椅和长椅是路易十五时期的风格。

374. 欧洲——18 世纪——轿子和座椅

375. 欧洲——18 世纪——市民的家具

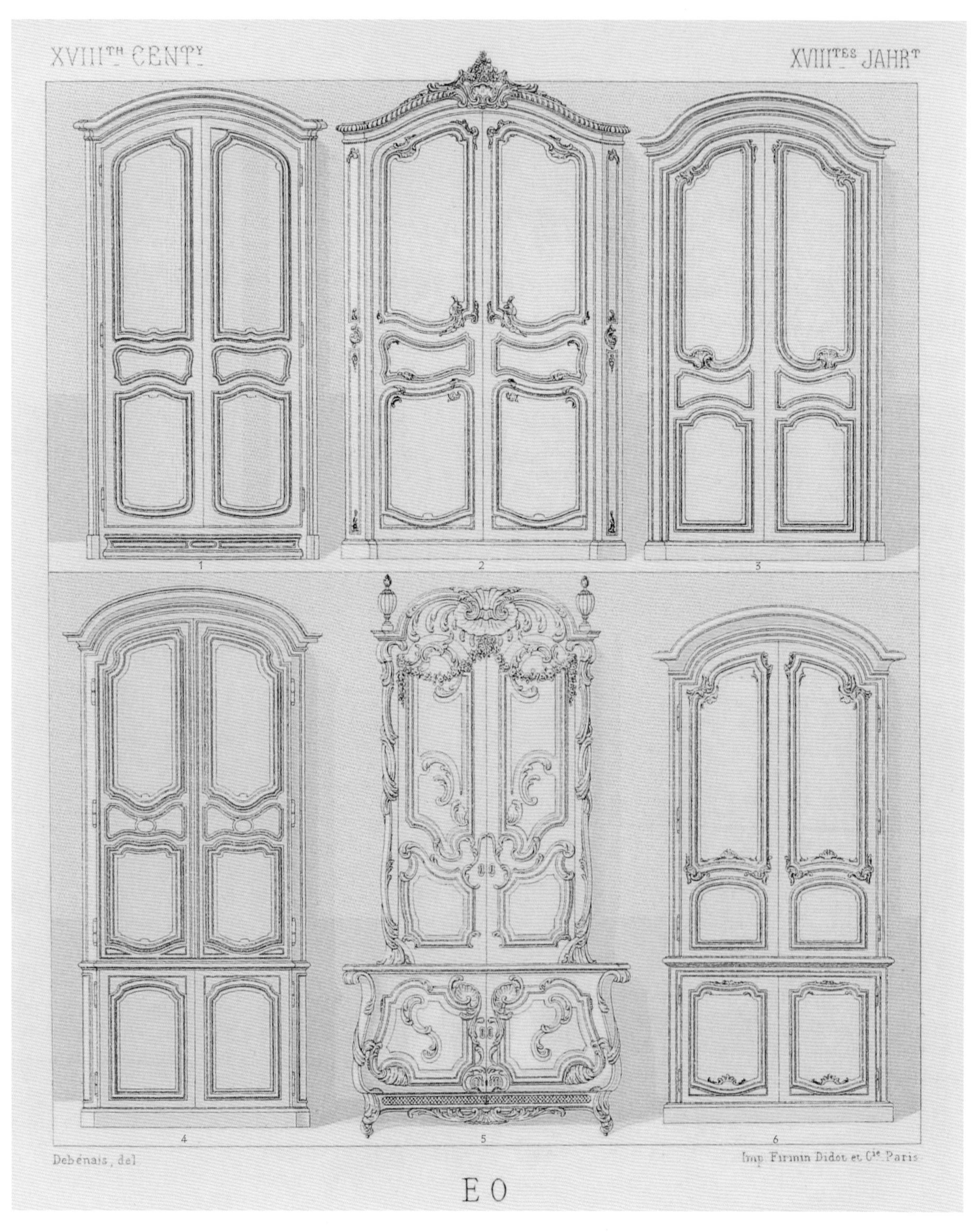

No.1—3：大衣柜。
No.4—6：分体式橱柜。

375. 欧洲——18 世纪——市民的家具

376. 欧洲——17 至 18 世纪——烛台和烛剪

No.1：18 世纪末，英格兰雕刻烛台。

No.2：银器匠弗朗索瓦 - 托马 · 热耳曼（François-Thomas Germain）的作品，1758 年。

No.3、5：八角基座烛台，1726 年。

No.4：雕刻烛台，1783 年。

No.6：金银器匠路易 · 朗亨德里克（Louis Lenhendrick）的作品，1759 年。

No.7：雅克 · 巴兰（Jacques Balin）的作品，1737 年。

No.8—11：烛剪。

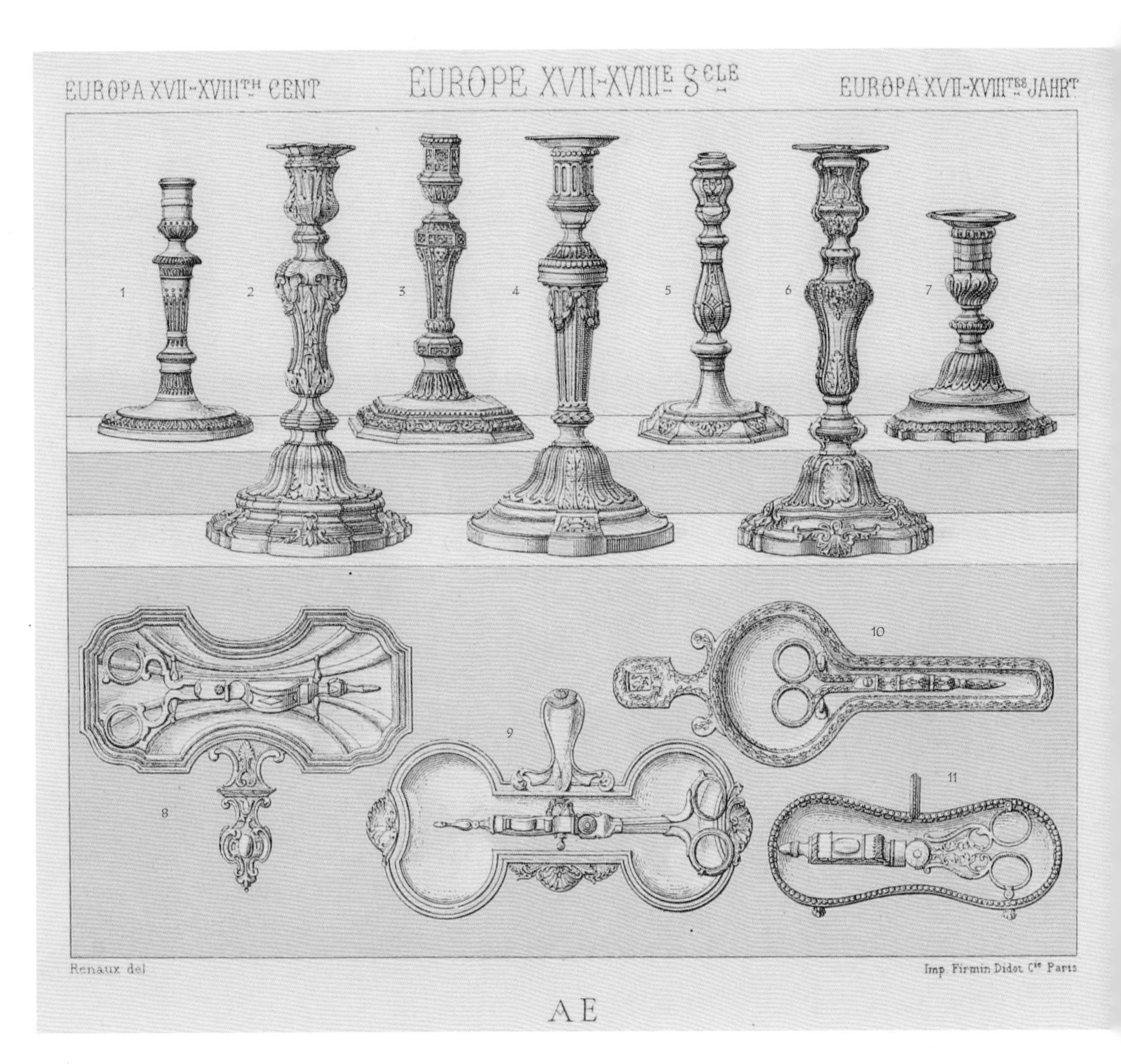

376. 欧洲——17 至 18 世纪——烛台和烛剪

377. 英格兰——18 世纪——市镇公民之家

无名氏画作，18 世纪中期的场景。

377. 英格兰——18 世纪——市镇公民之家

378. 英格兰——18 世纪——室内场景

插图取自英国画家及版画家威廉 · 贺加斯（William Hogarth，1697—1764）的系列版画《时尚婚姻》(Marriage à lamode)。此系列完成于 1745 年，由六幅画组成。

贺加斯以《时尚婚姻》命名这系列讽刺版画，本身就表明了 18 世纪前半叶在英国上流社会流行的半英格兰半法兰西风格。画中描绘了没落破产的勋爵家族与伦敦富裕商人家族联姻的故事。

这是一个出于利益的联姻。勋爵二十岁的儿子身体孱弱，性格温和，而商人的女儿身体健壮，个性强烈。通过联姻，商人未来的外孙子将会继承子爵的爵位，而勋爵能够从商人那里获得资产补偿。两位年轻人毫无感情，甚至相互憎恶。

378. 英格兰——18 世纪——室内场景

379. 英格兰——17至18世纪——室内场景——清教徒和市镇公民

379. 英格兰——17至18世纪——室内场景——清教徒和市镇公民

上面的插图同样取自英国画家及版画家贺加斯，描绘了英国内战期间，议员们得知民众开始暴力造反而随时准备逃跑的场景。

下面的插图取自米勒（Miller）1766年的版画，描绘了一个富商的家庭场景。

380. 法国——18 世纪——饰品

No.2：袖饰。

No.22：路易十五儿童肖像挂件。

No.14、19：十字挂件，署名“J. B. F. 1723”。

No.5：镶嵌珍珠和钻石的饰品。

No.44、21、39、40、45、47、50：剑柄和剑鞘上的装饰以及钮扣。

No.27、37：卫生工具盒，包含镊子、耳挖勺等。

No.1：卫生工具之一。

No.26、29：别针头。

No.15、18：镶宝石十字挂件。

No.9、12：小挂件。

No.3、4、6、7、10、13、16、17、20、24、31、32、33、36、38、41、42、43、54、55：小饰物。

No.34、46、56：胸针。

No.25、28、35：指环。

No.53、23、51、52：剑柄、护手以及剑鞘饰品。

No.8：“Châtelaine”腰带链饰。

No.11：手表背面。

No.39：蹄形手表。

No.48、49：珐琅彩浮雕盒子。

380. 法国——18 世纪——饰品

381. 法国——18 世纪——路易十五时代的军装

No.1：皇家卡宾枪团，1724 年。

No.2：皇家卡宾枪团将军，1724 年。

No.3：皇家轻骑侍卫，1745 年。

No.4：龙骑兵，1724 年。

No.5：皇家火枪手，1745 年。

No.6：皇家宪兵队军官，1724 年。

No.7：法兰西岛骑警司令的侍卫，1724 年。

No.8：骑警队卫兵，1724 年。

No.9：法兰西骑警司令，1724 年。

No.10：步兵团军官，1724 年。

No.11：掷弹兵团中士。

No.12：中士，1724 年。

No.13：法兰西元帅，1724 年。

No.14：外籍军团“林克团”（Linck）军乐队队长。

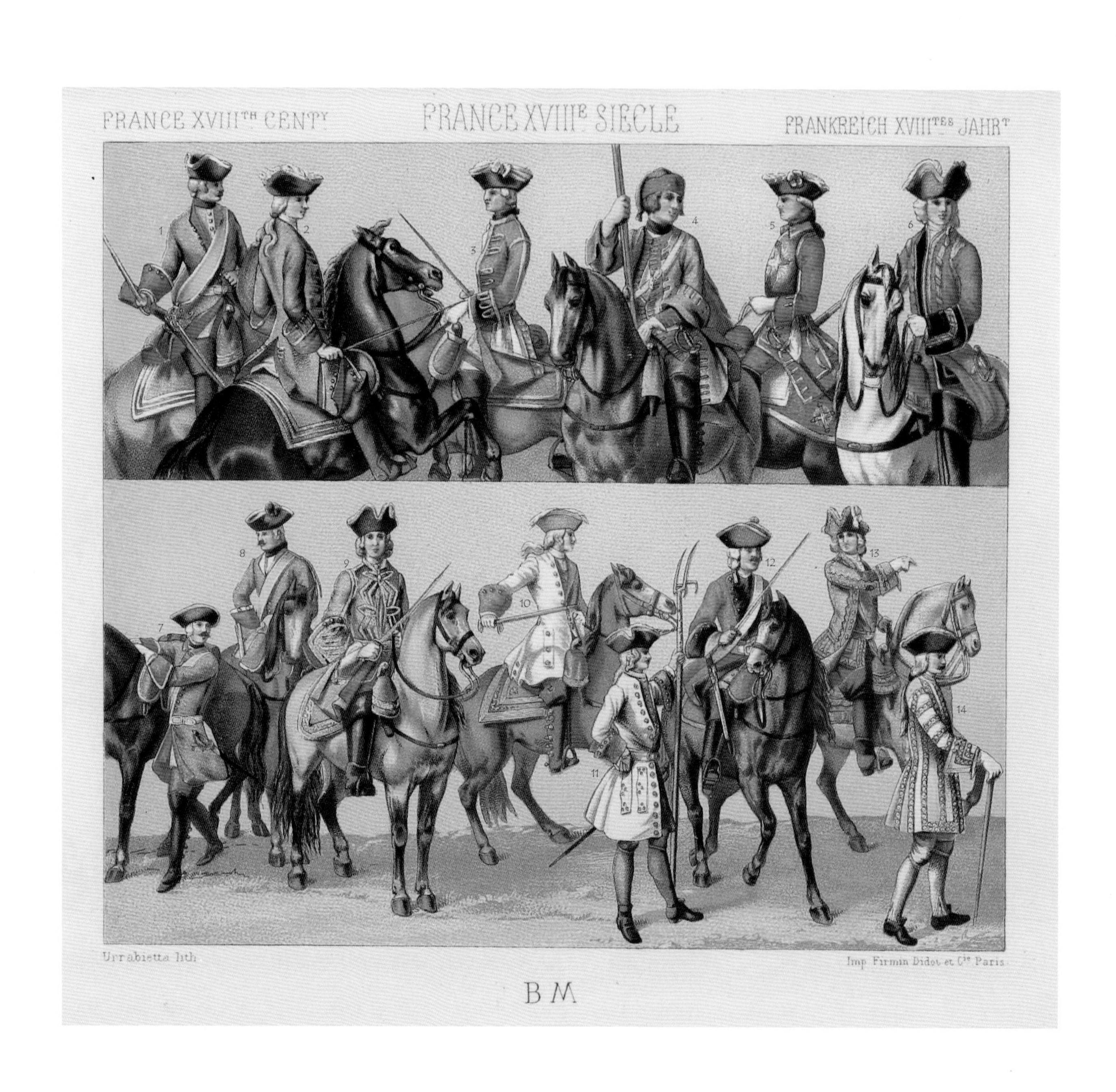

381. 法国——18 世纪——路易十五时代的军装

382. 法国——18 世纪——军装——骑兵乐队

No.1、2、3：皇家火枪卫队的双簧管手、鼓手和下士。

No.4：皇家卫队定音鼓手。

No.5：法兰西宪兵队军号手。

No.6 和 7：龙骑兵队的鼓手和双簧管手。

No.8："Villeroy"团定音鼓手。

No.9："Colonel-Général"团定音鼓手。

No.10：王太子龙骑兵团鼓手。

No.11："Royal-Pologne"团军号手。

382. 法国——18 世纪——军装——骑兵乐队

383. 法国——18 世纪——军装——皇家骑兵等

No.1：“Rattky”骠骑兵队的军官，1724 年。

No.2：“Berchény”骠骑兵队的骑兵，1724 年。

No.3：“萨克森义勇军”（Volontaires de Saxe），“乌兰”（uhlan）枪骑兵，1745 年。

No.4：“Clermont-Prince”外籍义勇军骑兵团的骑兵，1745 年。

No.7：法兰西国王路易十五世，1757 年。

No.5、8：宪兵，1757 年。

No.6：国王的苏格兰侍卫。

No.9：皇家轻骑兵侍卫。

383. 法国——18 世纪——军装——皇家骑兵等

384. 法国——18 世纪——军装——皇家侍卫

No.1：野战炮，1745 年。

No.2：皇家灰骑火枪连（Mousquetaire gris）骑兵，1757 年。

No.5：皇家黑骑火枪连（Mousquetaire Noir）骑兵，1757 年。

No.3：皇家掷弹兵连骑兵，1757 年。

No.4：王太子，路易十六世的父亲。

No.6：皇家门卫，1757 年。

384. 法国——18 世纪——军装——皇家侍卫

385. 法国——18 世纪——军装——皇家法兰西卫队和瑞士卫队

No.1：法兰西卫队鼓手，1724 年。

No.2：瑞士卫队军官套装，1757 年。

No.3：法兰西卫队士兵礼服，1757 年。

No.4：法兰西卫队军官套装，1757 年。

No.5：法兰西卫队军官礼服，1757 年。

No.6：伤残军官。

No.7：法兰西卫队击钹手，1786 年。

No.8：法兰西卫队上校，兼法兰西陆军元帅，1786 年。

No.9：法兰西卫队参谋官套装，1786 年。

No.10：法兰西卫队军官礼服，1786 年。

No.11：法兰西卫队掷弹兵礼服，1786 年。

No.12：法兰西卫队步兵下士礼服，1786 年。

No.3—12：皇家海军，1786 年。

No.11：海军元帅礼服。

No.12：海军中将套装。

No.9：海军元帅护卫。

No.10：海军护卫。

No.5：水手。

No.3 和 4：海岸警卫队军官和士兵。

No.8 和 7：海军陆战队军官和士兵。

No.6：海军军医。

No.1、2：共和国海军，1792 年。军官和水手。

386. 法国——18 世纪——军装——皇家海军

387. 德意志——18 世纪——军装——七年战争[1]

普鲁士

No.8：年迈的普鲁士国王腓特烈二世（Frédéric II，绰号“老兵”（le vieux Fritz），1712—1786，史称腓特烈大帝），身着近卫队军装。

No.5：亨利亲王（Henri de Prusse），腓特烈二世的三弟。

No.6：腓特烈·德拉曼（Frédéric de Ramin），步兵将军。

奥地利

No.2：约瑟夫二世（Joseph II，1741—1790），神圣罗马帝国皇帝，身着骑兵军装。

No.3：马克西米利安（Maximilien），奥地利大公。

No.7：莫里斯·德拉西伯爵（Maurice de Lascy），将军，约瑟夫二世的军事导师。

No.1：纳达斯蒂伯爵（Nadasty），将军。

No.4：龙骑兵。

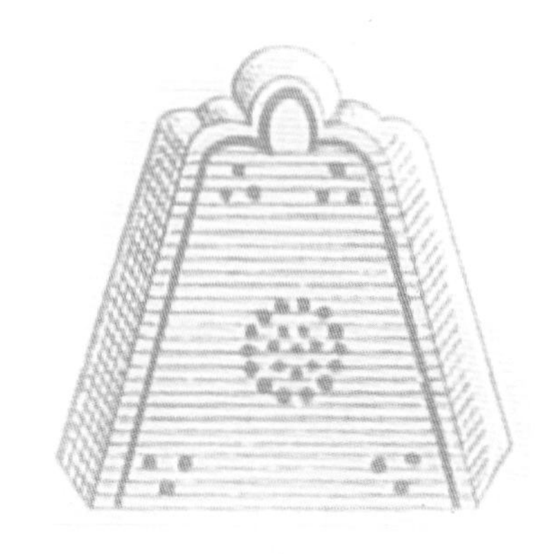

[1] 译注：七年战争最早于 1754 年爆发于北美，而主要冲突集中于 1756—1763 年间。当时世界上的主要强国都参与了这场战争，其影响覆盖了欧洲、北美、中美洲和西非海岸，以及印度和菲律宾。

387. 德意志——18 世纪——军装——七年战争

388. 法国——18 世纪——裙装素描

No.2：贵妇礼服裙，头戴“胜利女神式”花帽。

No.5：“自由女神之魅力”发饰。

No.3：美丽的叙宗（La belle Suzon）。

No.4 和 6：女装戏服。

No.1：无名版画。

388. 法国——18 世纪——裙装素描

389. 法国——18 世纪——路易十六时期的女装

No.1：头戴“La aitière”半圆帽的年轻妇女。

No.2：头戴“Demibonnet”帽饰的贵族小姐。

No.3：身穿“Polonaise”式小腰身长裙，头戴面纱的妇女。

No.4：头戴“Marmotte”绸巾包头的妇女。

No.5：头戴“Baigneuse”头饰的年轻妇女。

No.6：切尔克斯式长裙。

No.7：身穿“lévite”长礼服的小姐。

No.8：匿名肖像。

No.9：英格兰式长裙。

389. 法国——18 世纪——路易十六时期的女装

390. 法国——18 世纪——路易十六后期的头饰

No.1：沙特尔式卷发。

No.2：歌剧女主角加布丽埃勒·德韦尔吉（Gabrielle de Vergy）的“热气球式”发型。

No.3：1788 年的舞会裙装。

No.4：1788 年冬季散步装。

No.5：“La candeur”发型。

No.6：“La zodiacale”发型。

No.7：“Théodore”帽饰。

No.8：“Tarare”帽饰。

No.9：“Anglomane”帽饰。

No.10：“Tarare”帽饰。

No.11：法国画家小华托（Watteau fils，Jean Antoine Watteau，1684—1721，又译瓦托、华多）的作品，《今日妇女》（Femme du jour）。

No.12：春季发型。

No.13：新式帽饰。

No.14：“Héron”帽饰。

No.15：“Palais-Royal”帽饰。

No.16：刺猬发型。

No.17：刺猬加三卷发发型。

No.18：新式发型。

No.19：“Duchesse”帽饰。

No.20：“Chanceliere”帽饰。

No.21：斗兽场发型。

No.22：“Fusée”帽饰。

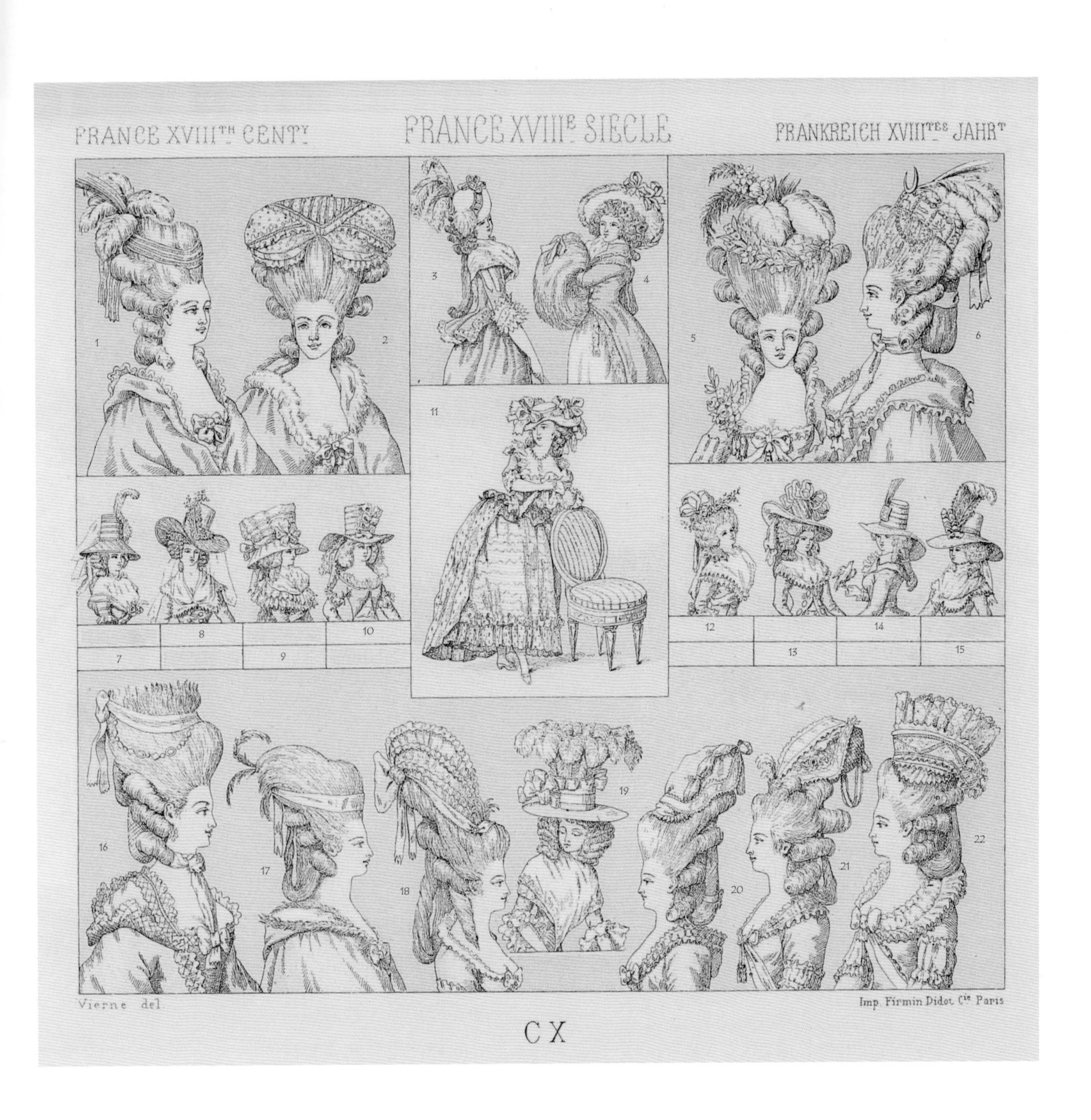

390. 法国——18 世纪——路易十六后期的头饰

391—392. 法国——18 世纪——时尚杂志百年纪念

女装（按照时间顺序）

1785 年 11 月

No.43：“Lévite”长裙装。

No.4：“Ingénue”发饰。

No.8：“Hérisson à crochets”发饰。

1785 年 12 月

No.19：“Figaro”帽饰及盛装。

No.51：“Figaro”帽饰。

No.54：“Haute forme”草帽。

No.62：“Marlborough”草帽。

No.35：“Pierrot”式女装。

No.22：英格兰式女装。

1786 年 1 月

No.55：舞会发饰。

No.28：“Turque”长裙。

1786 年 2 月

No.61：丝带帽饰。

No.63：条纹盖帽。

No.64：“Captif”软帽。

No.65：晨帽。

No.25：晨衣。

1786 年 3 月

No.42：束腰长裙。

No.41：英格兰式长裙。

No.21：“Bellone”盔帽。

1786 年 4 月

No.5：“Baigneuse”发饰。

No.11：“Maltaise”帽饰。

No.18：连衣裙。

1786 年 5 月

No.52：套帽。

No.53：另一种套帽。

No.48：土耳其式长裙。

1786 年 6 月

No.58：面纱头饰。

No.40：贴身短上衣。

1786年7月

No.9：白色面纱头饰。

No.29：土耳其式长裙。

No.33：土耳其式长裙。

1786年8月

No.26：宫廷丧服装。

No.1：草帽。

No.12：黄纱帽饰。

No.17：翻领束腰长裙。

No.27：贴身短上衣。

1786年9月

No.14：半丧期丧服装。

No.49：宫廷裙装。

No.30：骑马装。

No.20："Cauchoise"束腰长裙。

No.10："Virginie"无边帽。

1786年10月

No.3："Baigneuse"帽饰。

No.7："Virginie"头饰。

1786年11月

No.44：土耳其式裙装和帽饰。

No.39：双领束腰长裙。

No.6：框架帽饰。

男装

1785年11月

No.38：绳绒线大衣装。

1785年12月

No.32：宫廷盛装。

No.56、57、59、60：假发套发型。

1786年1月

No.31：大氅。

1786年4月

No.24：燕尾服。

1786年5月

No.15：绅士装。

1786年6月

No.47：套装。

1786年7月

No.16：骑马装。

1786年8月

No.34：丧服。

1786年9月

No.23：半丧期丧服。

No.13：秋装。

1786年10月

No.50：燕尾服。

儿童装

1786年2月

No.36：敲鼓的儿童装。

No.46：女孩装。

1786年10月

No.37和45：男孩和女孩装。

FRANCE XVIIITH CENT^Y
FRANC
Nordmann lith.

391—392. 法国——18 世纪——时尚杂志百年纪念

393. 法国——18 世纪——玛丽·安托瓦内特的小客厅

路易十六世的妻子，王后玛丽 · 安托瓦内特（Marie-Antoinette）的小客厅位于枫丹白露宫，宽 5.75 米，进深 5.45 米。由设计师卢梭（Rousseau）设计布置。

393. 法国——18 世纪——玛丽 · 安托瓦内特的小客厅

394. 法国——18 世纪——路易十六时期的家具

No.1：青铜雕镀金饰斗橱，大理石顶面，青铜狮子爪橱脚。

No.2：青铜雕座钟。

No.3 和 4：木制镀金座椅。

394. 法国——18 世纪——路易十六时期的家具

395. 法国——18 世纪——路易十六时期的家具

395. 法国——18 世纪——路易十六时期的家具

插图中的青铜座钟和枝形烛台属于贡比涅城堡（Château de Compiègne）中的大理石壁炉饰物，其风格介于路易十五和路易十六的过渡期间。

下图的座椅和隔热屏为镀金色木雕。

396. 法国——18 世纪——路易十六时期的家具

No.1 和 2：轿子。镀金木雕，高 1.63 米，宽 0.78 米，深 0.94 米。为路易十五的妻子，王后玛丽·莱辛斯卡（Marie Leczinska，又译玛丽·莱什琴斯卡）所使用的。

No.3：青铜镀金枝形烛台，绿色大理石基座，1785 年。被命名为“独立”（Indépendance），是巴黎市政厅为庆祝美国独立而为拉法耶特将军（Gilbert du Motier de La Fayette，1757—1834，参与过美国革命与法国革命，被誉为“两个世界的英雄”）定制的。高 0.62 米，直径 0.3 米。

No.4：木雕镀金，镶嵌青铜雕镀金桌子。大理石桌面，叶漩涡饰桌边。

396. 法国——18 世纪——路易十六时期的家具

397. 法国——18 世纪——浴室和假发套

直至18世纪上半叶，法国尚不存在公共浴室，富贵之家才有专门的浴室设施。到了1789年法国大革命时期，巴黎的公共浴室价格仍需要三法镑一次。

插图为“Dauphine”式坐浴盆，其半潜式设计并不是为了节水，而是为了便于使用各种不同的浴液。

自1730年开始，在女性和儿童中也开始流行佩戴假发髻，并且在头上扑发粉。发粉是一种淀粉和香料的混合物。

397. 法国——18 世纪——浴室和假发套

398. 法国——18 世纪——路易十六时期的女性时尚

No.1：身穿束腰长裙的巴黎女子。

No.2：身穿希腊式衬裙的女子。

No.3：身穿“Amadis”式长裙的巴黎女子。

No.4：身穿英格兰式长裙的巴黎女子。

No.5：身穿英格兰式罗缎衬裙的德意志女子。

No.6：身穿贴身短上衣的女子。

如果说上一页插图所展示的浴室场景描绘的是“第一次梳妆”（Première toilette），那么下部的插图展示的是“第二次梳妆”（Seconde toilette）。“第一次梳妆”是私密的，而“第二次梳妆”是面对每日准时到访的医生、音乐教师、神甫和服饰商人的。

398. 法国——18 世纪——路易十六时期的女性时尚

399. 欧洲——餐具和私人用品

餐刀

No.14：德国产银制镀金刀鞘，内含两把No.43型钢刀和一个No.17型钢锥。长20厘米，16世纪末制造。

No.19：象牙柄钢刀，长30厘米，1582年制造。

No.16：青铜镀金柄钢刀，长26厘米，18世纪制造。

No.38：镀金柄截枝钢刀，截葡萄枝蔓用刀，长21厘米。

No.46：全钢制小砍刀，长19厘米。

No.13：雕刻镀金柄宽刃钢刀，长27厘米。

No.20：镀金柄小钢刀，长14厘米。

No.23：镀金柄小钢刀，长11厘米。

No.37：雕刻镀金柄小钢刀，长20厘米，16世纪。

No.33：与No.32号叉子是成套的，银柄雕刻钢刀，长21厘米，17世纪。

No.4：镀金柄科西嘉式小钢刀，长14厘米。

No.24：镀金柄三角刃小钢刀，长10厘米。

No.42：乌木柄科西嘉式双刃钢刀，长32厘米，路易十六时代的产品。

No.35：木柄科西嘉式匕首，长30厘米。

叉子和勺

No.31：银镀金两齿叉，长16厘米，16世纪。

No.25和45：旅行用银制折叠叉和勺，18世纪意大利产。

No.34：银镀金勺，长15厘米。

No.32：与33号刀成套，银柄雕刻勺，长19厘米。

No.26：木柄镶银两齿叉，长12厘米，17世纪德国产。

No.18：银制三齿叉，长12厘米，18世纪。

剪刀

No.39：钢镀金大剪刀，长14厘米，16世纪。

No.29：铁制小剪刀，长8厘米，16世纪。

No.12：铁镶金长剪刀，长26厘米，16世纪。

No.36：铁镶金长剪刀，长21厘米，16世纪。

No.5：小剪刀，长8厘米。

No.7：钢镀金珐琅彩剪刀，长9厘米，路易十六时代风格。

No.27：剪刀套，长8厘米，17世纪。

No.28：金属套筒。

No.44：金属套筒，17世纪。

No.15：扁餐具套。

锥子

No.17：与No.14号成套。

No.30：长26厘米，可能做磨刃棒使用。

其它物件

No.8：点火器，长 6 厘米，16 世纪。

No.10：带尖锥和开瓶器的镶金打火机，18 世纪。

No.9：银制钱袋搭扣，宽 15 厘米，17 至 18 世纪。

No.6：镀金簧轮小手枪，长 11 厘米，16 世纪。

No.11：银制手表，18 世纪。

No.1：花篮式金镶宝石手表。

No.2、3 和 40：青铜钥匙。

No.21、22 和 41：象牙制、青铜制和铜制的发卡，来自非洲。

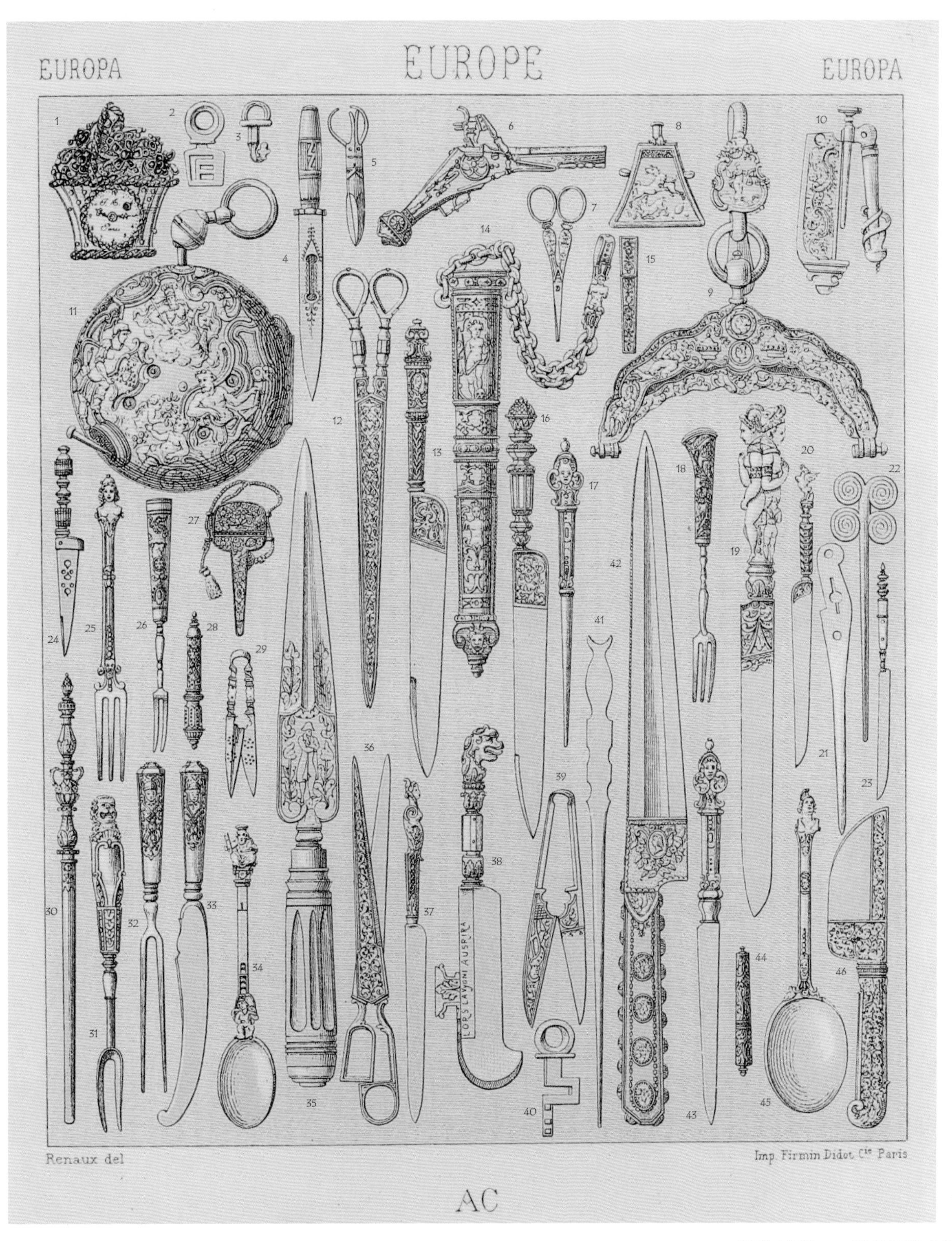

399. 欧洲——餐具和私人用品

400. 法国——18 世纪——军装

No.1、2 和 6：轻型火炮兵和军官。此部队设立于 1792 年 5 月 17 日，仿普鲁士军建制。

No.3 和 5：“De la liberté”骠骑兵团士兵和军官，1792 年。

No.4 和 7：第七骠骑兵团的军官和士兵，1792 年。

No.8—10、12—16：线列步兵团的指挥官、军乐队长、鼓手、工兵和步兵射手。

No.11：工兵，建制成立于 1793 年。

400. 法国——18 世纪——军装

与加泰罗尼亚（Catalogne）接壤地区的一户人家，1794 年。

401. 法国——18 世纪——室内装束

402. 法国——18 世纪——1794—1800 年的女装

402. 法国——18 世纪——1794—1800 年的女装

插图分别取自那个时代的时尚杂志。

时装风格向法兰西第一帝国时代的风格趋近，即古希腊风格的回归。

403. 法国——18 世纪——1794—1800 年的女性头饰

自 1785 年起，由王后玛丽·安托瓦内特引领的后垂式卷发配以帽饰开始流行，到 1794 年的时候，这种发型就相当普遍了；帽饰也没有以前那么夸张；束身衣逐渐消失，取而代之的是古希腊和古罗马风格的服装；假发也逐渐被抛弃了。

403. 法国——18 世纪——1794—1800 年的女性头饰

404. 法国——18 世纪——督政府时期的时装

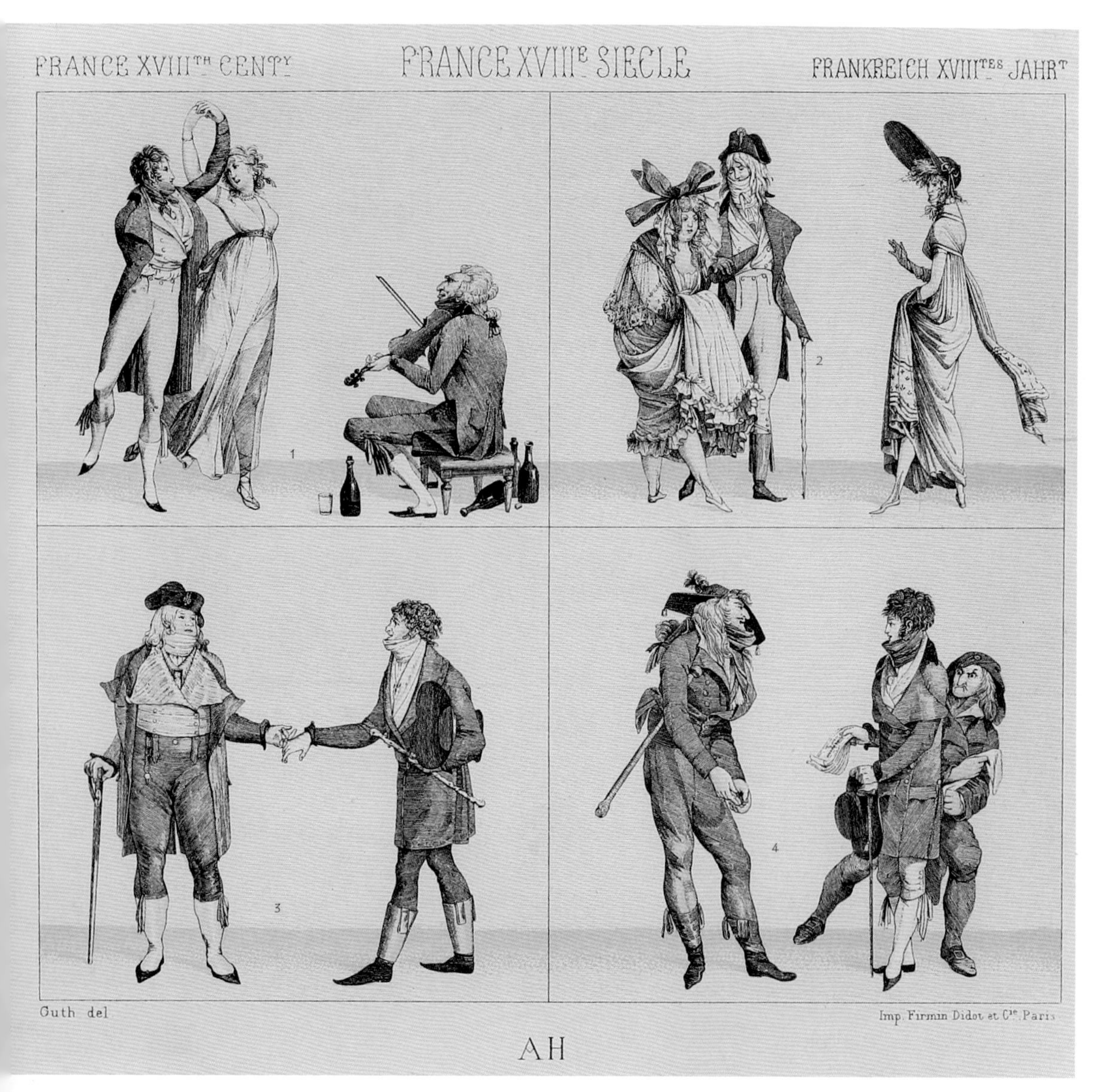

No.1：“La Folie
jour”圆舞曲。

No.2：“Merveilleuse
时髦女士。

No.3：“Incroyable
时髦绅士。

No.4：“Croyables”
票 贩。 指（Assignat）
1789 至 1796 年间，法国
民议会发行的一种货币

404. 法国——18 世纪——督政府时期的时装

405. 欧洲——18 世纪——受法国影响的德意志时装

1783—1789 年

No.21—24 和 26：法国风格的军事化装束。

1794 年

No.3、4、5、6、7、10、11、15、16、20—24、26—28、30—37：直到法国热月政变（Thermidor，1794 年 7 月 27 日）前后的德意志时装。

1795 年

No.1、2、12—14：法国督政府时期（Directoire，1795—1799 年）的德意志时装。

1800 年

No.29 和 38：法兰克福和奥格斯堡的贵妇。

1803 年

No.8、9、17—19 和 25：法国执政府时期（Consulat，1799—1804）的德意志时装。

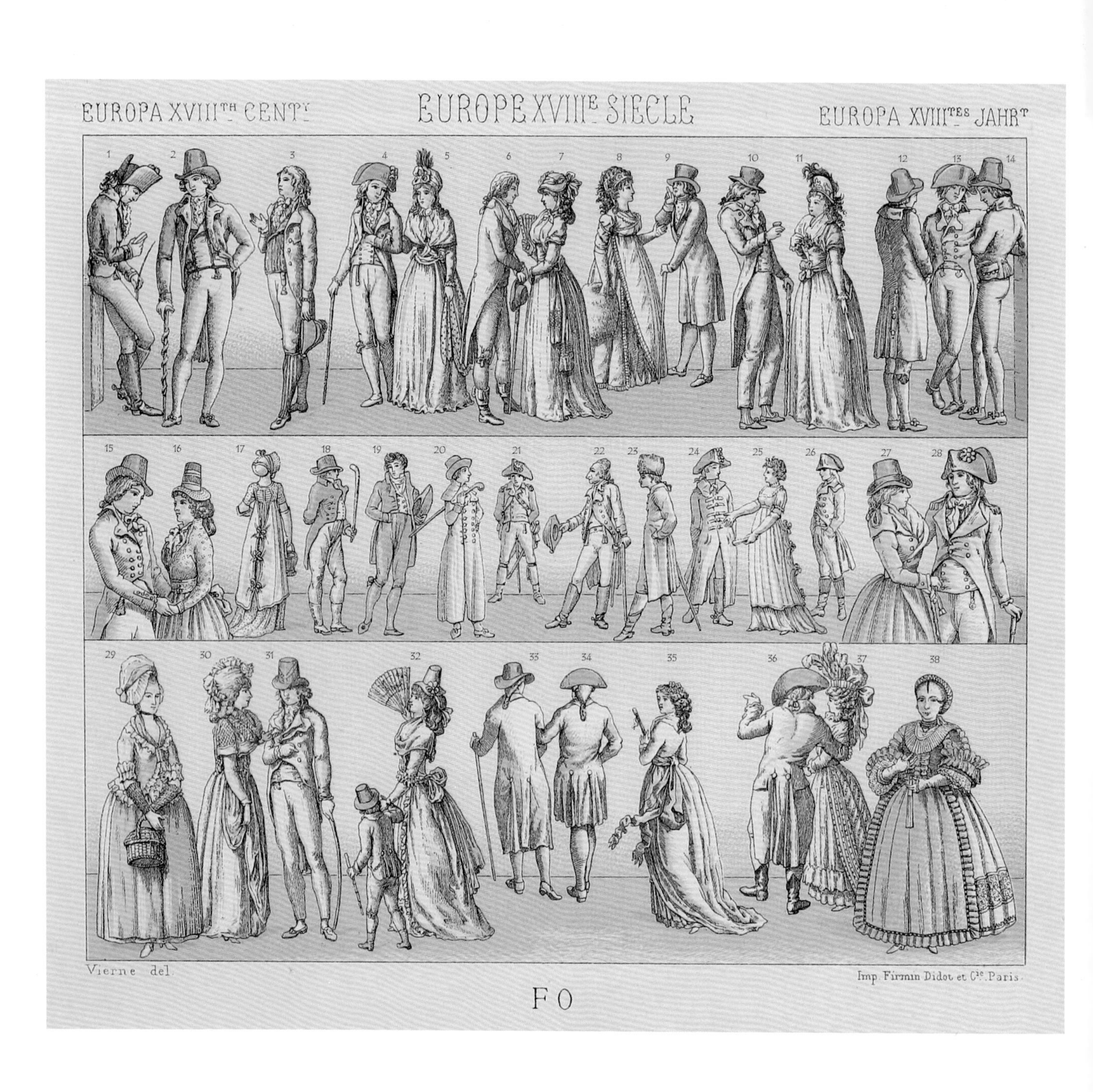

405. 欧洲——18 世纪——受法国影响的德意志时装

督政府（Directoire，1795—1799）

No.9：希腊式“女英雄”长裙。

No.11、13：时装。

执政府（Consulat，1799—1804）

1800 年

No.3、4、12：出行女装。

No.5：舞会女装。

No.6、20：居室女装。

No.7：晚会女装。

No.18：牵牛花头饰。

1801 年

No.1、2：出行女装。

No.8：“维斯塔贞女”装（Vestale）。

No.10：晚会女装。

No.14、15、16 和 19：巴黎和伦敦的希腊式囊型软帽。

No.17：独立驾车出行的女性。

406. 法国——18 世纪——督政府和执政府时期的古希腊风

407. 法国——18 至 19 世纪——女式披巾

披巾在欧洲的流行可以上溯至“克什米尔山羊绒”（Cachemire，又译开司米）被广泛认可的时代。早至 1775 年之时，欧洲人尚不知道“Cachemire”这种珍贵织物的名字。艾吉永公爵（Duc d' Aiguillon）曾经送给杜巴丽伯爵夫人（Mme du Barry）克什米尔山羊绒披肩，当时宫中所有贵妇都来试戴，而没有人觉得有什么优雅之处，也就没有流行起来。然而等到埃及战役[1]（Campagne d' Egypte）之后，克什米尔山羊绒就倏然间流行开来，以至于到 1815 年时，社会各阶层的女士，人人都想拥有它。人们甚至还专门发明了“披肩舞步”（Pas du schall），汉密尔顿伯爵夫人（Comtesse Hamilton）曾经以此舞在上流社会赢得了极高的赞誉。

[1] 译注：史称埃及-叙利亚战役，指的是 1798 年至 1801 年期间法兰西第一共和国远征奥斯曼帝国辖下的埃及的军事行动，后来战火烧至叙利亚。

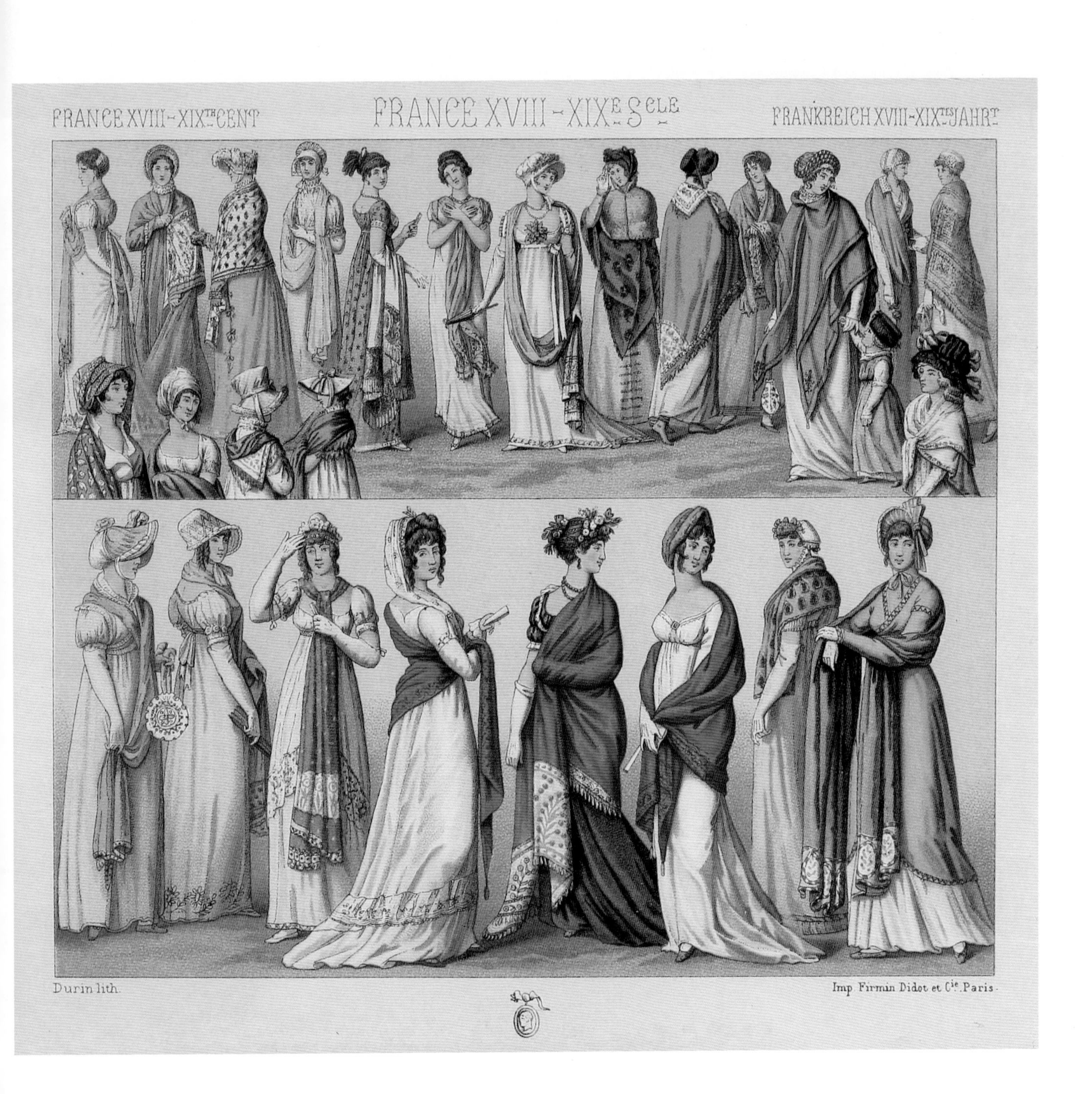

407. 法国——18 至 19 世纪——女式披巾

欧洲—19 世纪（408–410）

408—409. 法国——执政府时期的时尚——漫步隆尚

大幅插图的主题是“漫步隆尚”[1]（Promenade à Longchamp），法国素描画家和石版画家卡尔·韦尔内（Carle Vernet，1758—1836）的作品。尽管画面的构成相对笨拙，但是基本描绘了 1802 年时期的衣着时尚。

1802 年的法国处于大革命动荡后比较缓和稳定的过渡时期，与周边国家也处于和平阶段。流亡贵族开始回归，但是人们相互之间缺乏信任，因此画面整体令人感觉冷漠，没人有笑脸。

插图下方展示了不同年代流行的帽饰。

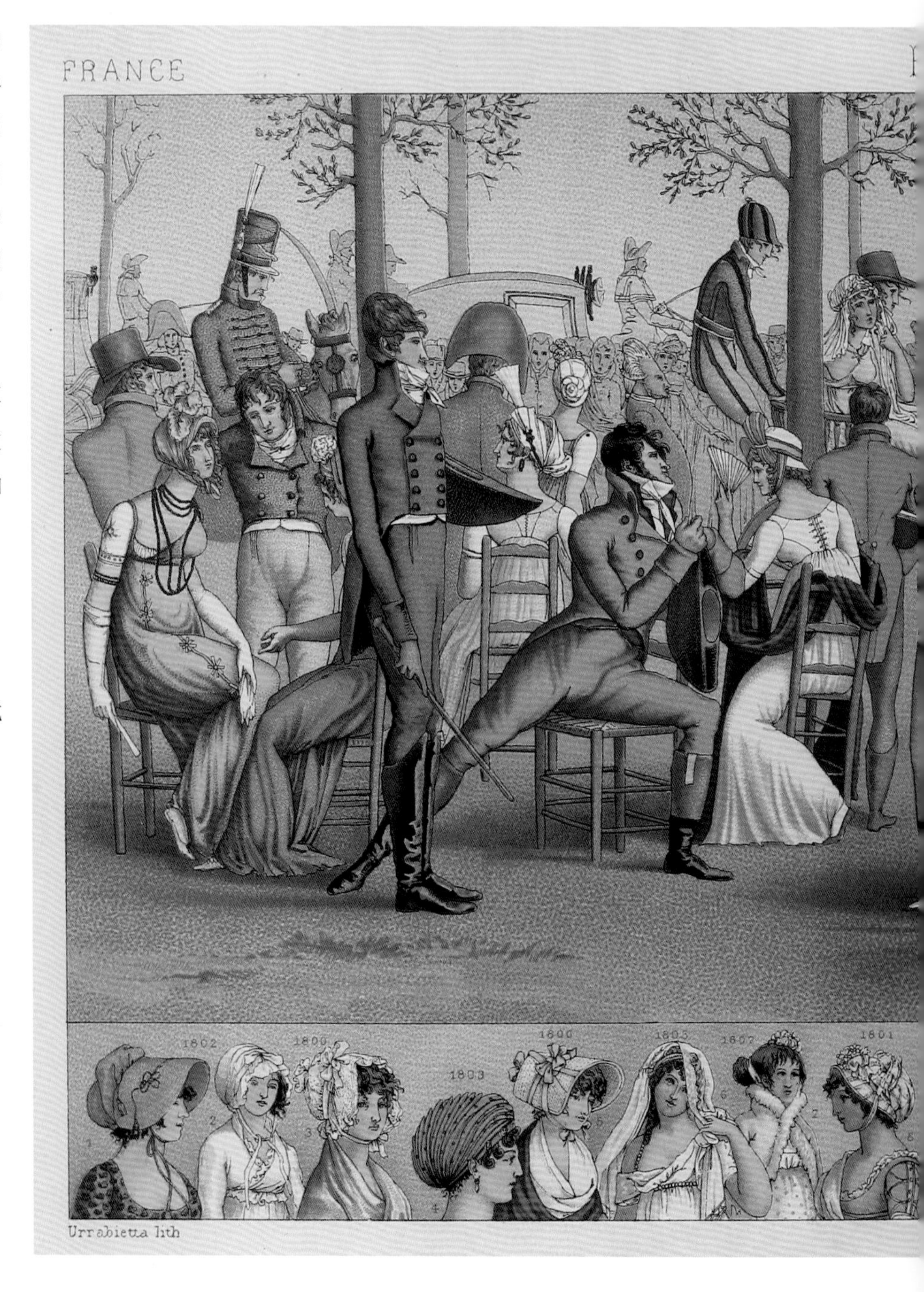

[1] 译注：隆尚（Longchamp）位于巴黎西部，法国大革命以前是皇家隆尚修道院（Abbaye royale de Longchamp）所在地，18 世纪时是巴黎人喜欢去散步的地方，大革命后修道院被摧毁，1857 年在此修建了赛马场。

408—409. 法国——执政府时期的时尚——漫步隆尚

410. 法国——1801—1805 年的男性服装

19 世纪的法国进入到了一个寻求社会平等的时代，每个人可以自由地选择衣装，而这更多取决于个人品味和职业需要。这也使我们针对服饰的研究更为复杂，因为自此不再是“衣装决定人”，而是“人决定衣装”。

大幅插图取自法国画家和版画家德比古（Philibert-Louis Debucourt，1755—1832，以风俗画著名）于 1805 年创作的版画，其主题为“富贵之门”（Laported’unriche）。画家集中表现了不同社会阶层之人，出于各自不同的理由，一早就来到某位富贵人士的门前寻求接见的场景。在排队等待的队伍中有男人、女士、诗人、画家、音乐家、乐队指挥、舞者、贵族家的仆从、理发师、裁缝、金融家等。

在这个插图上方的一系列 15 个男装小画像展示了 1801 至 1805 年间的男装变化，其中的长裤已经与当今的裤型很相近了。

FRANCE XIX

Guth & Bouvard, del

FRANCE XIX E SIECLE   FRANKREICH XIX TES JAHRT

Imp. Firmin Didot et Cie. Paris

A J

410. 法国——1801—1805 年的男性服装

第四部分 19世纪末以前的欧洲传统服饰

欧洲国家回顾。

版画名称	版画号码
瑞典、挪威、冰岛、拉普兰	411—418
荷兰	419—424
苏格兰	425—427
英格兰	428—431
德意志、蒂罗尔（Tyrol）、波西米亚	432—433
瑞士	434—436
通用物品——烟具	437
俄罗斯欧洲部分和亚洲部分	438—448
波兰	449—457
匈牙利、克罗地亚、保加利亚、罗马尼亚、摩尔多瓦、瓦拉几亚（Valachie）、希腊	458—464
意大利	465—468
西班牙	469—481
葡萄牙	482—483
法国	484—500

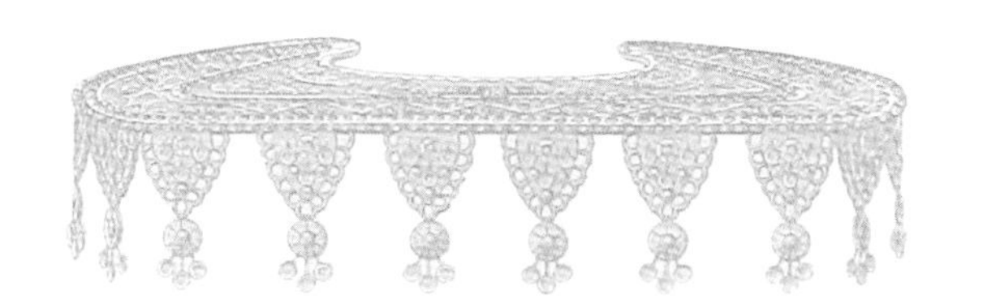

瑞典、挪威、冰岛、拉普兰（411–418）

411. 瑞典——拉普兰人——日常用品

拉普兰人（Lapons）的部落位于斯堪的纳维亚半岛最北部的地区，土地贫瘠，每年有九个月被雪覆盖。每年的七、八月份是其最热的季节，白昼长达六个星期之久，而在严寒漫长的冬季，其平均气温为零下二十度。

拉普兰人过着渔猎生活，也属于游牧民族。他们通常居住在帐篷或窝棚当中，算是欧洲仅存的近于蛮荒状态和石器时代的部族。

No.96：“njalla”，食物储藏室。

No.97 和 98：“mjolk-kagge”，承装驯鹿奶的奶桶和木勺。

No.99、101、102 和 104：驯鹿角雕刻刀柄。

No.100 和 113：“suksi”，滑雪板和滑雪杖。

No.106：小刀。

No.103：帐篷框架。

No.105：“klakka”，木铲。

No.107、110、111 和 120：“qvinNo.-balte”，女式腰带以及缝纫工具；No.120 是用来穿绳的镂空圆扣；No.110 和 111 是腰带扣。

No.108 和 123：“Skedars”，驯鹿角制勺。

No.109：头戴“kladd”的妇女。

No.112：“pulke”，冬季雪橇。

No.114：“Orslef”，耳挖勺。

No.115 和 116：“Lerpipa”和“tobaksdosa”，黏土制烟斗和木制烟袋。

No.117：“kor-kapp”，驾驶雪橇时的赶驯鹿棒。

No.118：拉普兰女孩。

No.119：“Vinter-skor”，冬靴

No.121：“Kokseafbjork”，桦木勺。

No.122：瑞典吕勒奥（Lule）的男性。

No.124：“Peningpungar”，钱袋。

No.125：“Sommarskor”，夏靴。

No.126：银镀金指环。

No.33：瑞典南曼兰省（Sudermanie）售卖羊皮和羊毛线的流动女商贩。

No.34、35 和 36：达拉纳省（Dalécarlie）农庄主一家，身穿礼拜天的服装。

No.37：布莱金厄省（Blekinge）的妇女，身穿夏装。

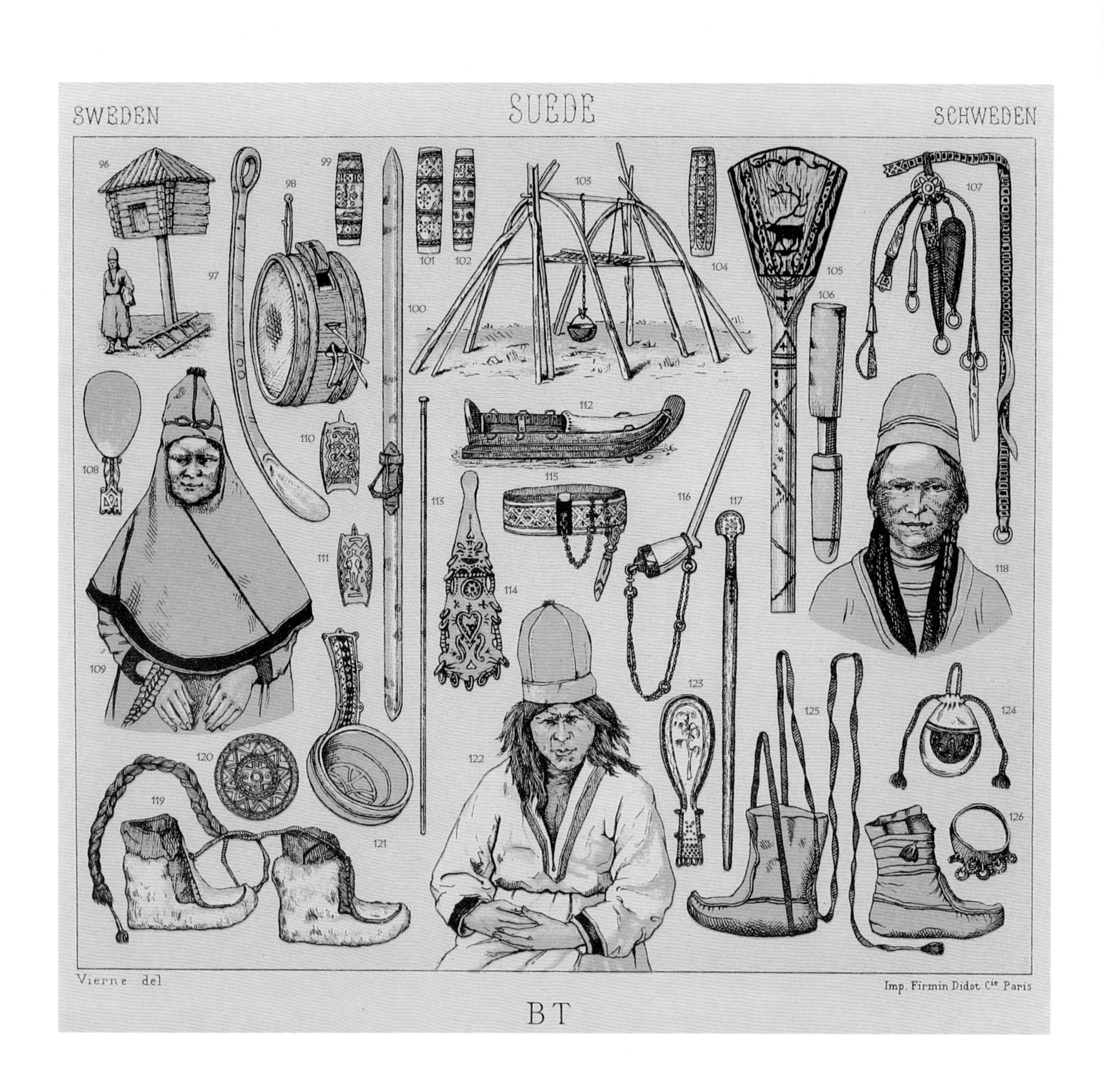

411. 瑞典——拉普兰人——日常用品

No.38 和 39：达拉纳省的农民和其女儿，身穿礼拜天的服装。

No.40：拉普兰男人。

No.41：“akkja”，驯鹿雪橇。

No.42：瑞典斯科纳省（Scanie）的新郎。

No.43 和 44：芬马克（Finnmark），卡拉绍克镇（Karasjok）的婚服。

No.45：拉普兰，照顾摇篮中孩子的母亲。

No.46：拉普兰，吕勒奥县（Lule）的山地拉普兰人。

No.47：吕勒奥县，阿尔维斯尧尔（Arvidsjaur），身背孩子的妇女。

No.48：冰岛雷克雅未克（Reykiavik），身穿节日盛装的年轻女子。

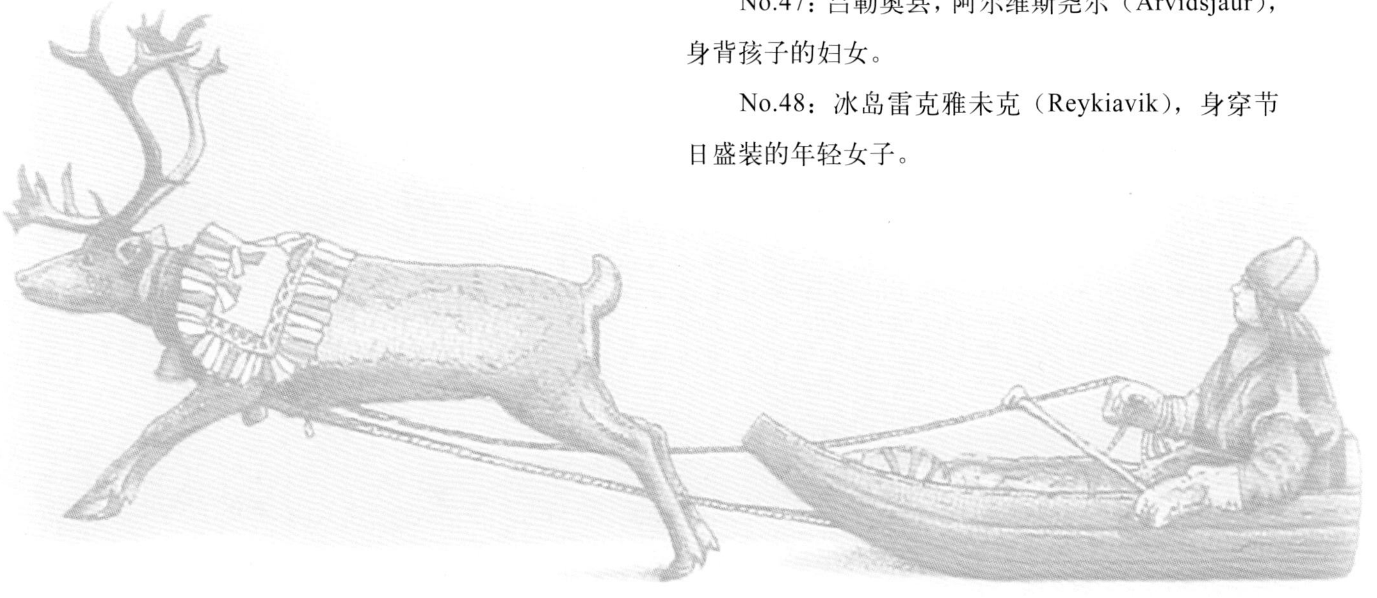

SWEDEN
SUEDE
SCHWEDEN
33
34
35
36
37
38
39
40
41
42
43
44
45
46
47
48
Schmidt lith
Imp. Firmin Didot et Cie. Paris.
BR

412. 瑞典——冰岛——拉普兰

No.62：身穿滑雪装的拉普兰人。

No.67：冰岛皮制烟袋。

No.68：金属制烟斗。

No.72：冰岛 Hnappavellir 镇的一家人。

No.74：冰岛海豹皮制渔猎装。

No.79：冰岛青铜制腰带饰物。

No.86：冰岛女用皮制马鞍。

No.83 和 87：冰岛镂空扣子。

No.80：瑞典斯科纳省，身穿“安产感谢礼”（Relevailles）礼服的妇女。

No.81：瑞典斯科纳省，身穿丧服的妇女。

No.95：瑞典南曼兰省，身穿冬装的女人和孩子。

No.49—53、55—61、63、66、70—73、75—78、82、90、91、93、94：各种帽饰。

No.54：瑞典达拉纳省奥尔纳村（Ornas）的木屋。

No.64：瑞典达拉纳省人使用的束身铜扣。

No.84：铜制烛台。

No.85：三脚铁烛台。

No.88：铜制三枝形烛台。

No.89：四枝形烛台。

No.92：三脚铁制烛台。

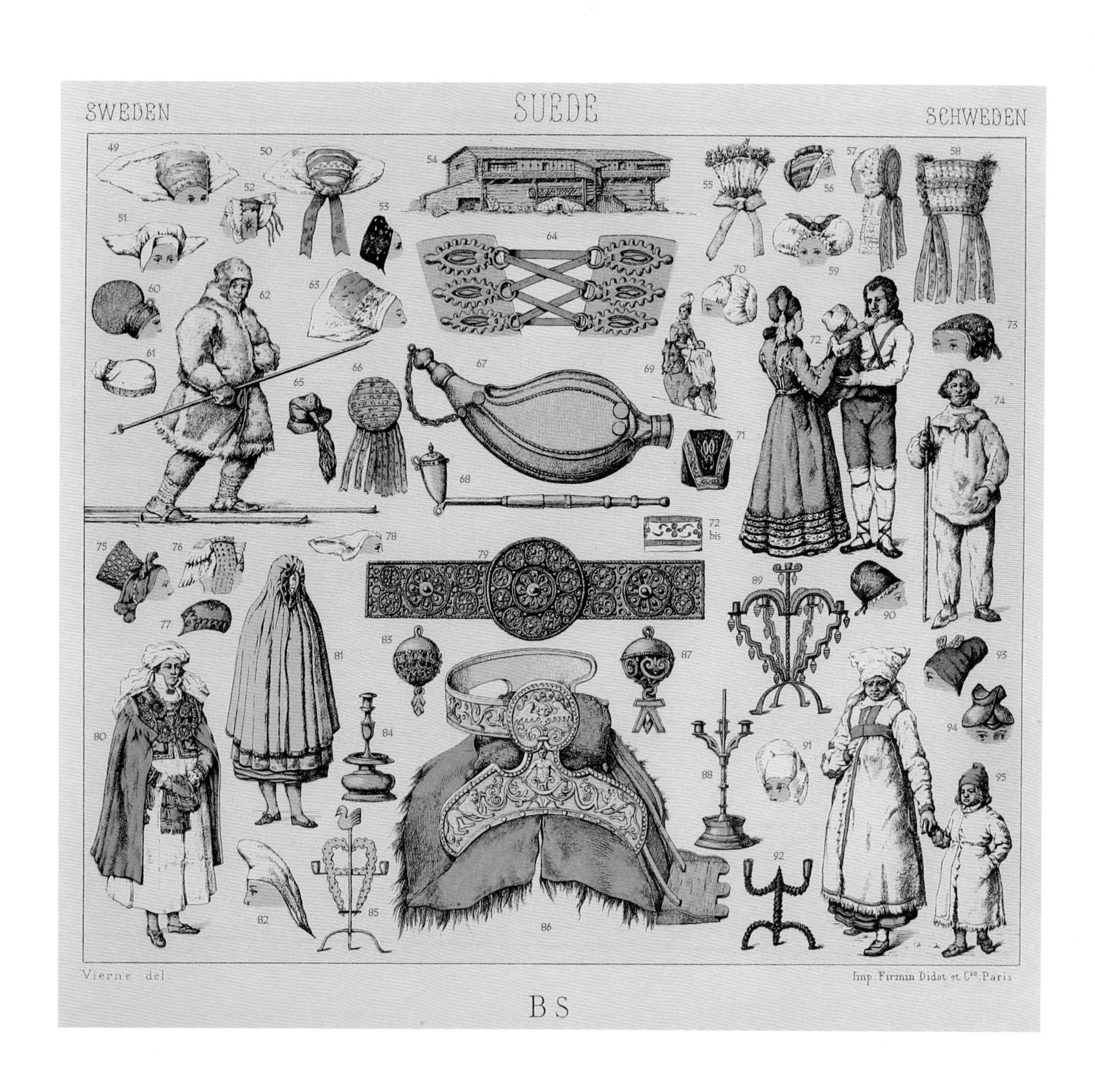

413. 瑞典——挪威——冰岛——拉普兰

No.13 和 14：挪威的拉普兰人夫妻，夏装。

No.15、16、17：瑞典的拉普兰妇女。

No.18 和 19：瑞典斯科纳省，新婚夫妇。

No.20：瑞典达拉纳省的年轻农民，冬装。

No.21 和 22：挪威卑尔根教区（Bergen）的新娘和伴娘。

414. 瑞典——挪威——拉普兰

415. 瑞典——挪威——农民

No.23：瑞典斯科纳省，收获季节的女孩。

No.24 和 25：挪威哈当厄尔（Hardanger），卑尔根教区，身穿礼拜天服装的农场主和婚礼伴娘。

No.26：瑞典达拉纳省，莱克桑德堂区（Leksand），身穿冬装背负孩子的妇女。

No.27 和 28：挪威特隆赫姆教区（Drontheim），新婚礼服。

No.29 和 30：瑞典斯科纳省，Ingelstad 镇，新婚礼服。

No.31 和 32：瑞典南曼兰省，订婚礼服。

415. 瑞典——挪威——农民

No.1 和 2：瑞典达拉纳省，莫拉镇（Mora）的钟表匠。

No.3、4 和 5：瑞典达拉纳省，莱克桑德堂区，身穿礼拜天服装的一家人。

No.6：瑞典斯科纳省，富有的农妇。

No.7 和 8：挪威 Sacherdalen 镇，新婚礼服。

No.9 和 10：挪威哈当厄尔，新娘和伴娘。

No.11 和 12：挪威 Hitterdalen 镇，身穿新婚礼服的农民。

416. 瑞典——挪威——农民

417. 瑞典和挪威农村的首饰

No.1：长方形项坠，镶银、玻璃珠和彩宝，长度大约 8 厘米，挪威产。

No.2：新娘花冠，铜银镀金，镶红宝石和绿宝石，挪威产。

No.3：银镀金别针。

No.4：女用腰带，羊毛制，镶金属片，挪威产。

No.5：长方形项坠，镶玻璃珠和彩宝，挪威产。

No.6：金指环。

No.7：镀金项坠，镶银和红绿宝石，瑞典。

No.8：银制镂空耳坠，挪威风格。

No.9：银铜镀金胸针，挪威。

No.10：心形挂坠，镶银和红宝石，挪威。

No.11：十字架形挂坠，镶银和红绿宝石，挪威风格。

No.12：徽章形挂坠，镶银，挪威。

No.13：铜制腰带，挪威拉普兰人风格。

No.14：新娘礼服挂坠，瑞典。

No.25 和 26：新娘礼服腰带饰，铜或银镀金，瑞典。

No.15：衬衫领扣，挪威。

No.16：银制胸针，挪威。

No.17：金属胸针，挪威。

No.18：铜镀金挂饰，挪威。

No.19：银镀金腰带扣，挪威风格。

No.20：银镀金胸针，镶红绿宝石，挪威风格。

No.21：铜镀金新郎头冠，挪威。

No.22：铜制新娘头冠，瑞典。

No.23 和 24：新娘头饰，挪威和瑞典。

417. 瑞典和挪威农村的首饰

418. 瑞典——木屋和木制器皿

插图中木屋的式样取自瑞典哈兰省（Halland）哈尔姆斯塔德镇（Halmstad）。

瑞典和挪威乡间所建造的木屋通常采用冷杉木，这是适合当地气候条件的最佳建筑材料。

瑞典和挪威的乡村与法国的相比有很大不同，他们的乡村都很分散，各家各户的房屋都是相对独立的，相互之间距离很远，唯一能将他们汇集在一起的是教堂。一个堂区管理着几个村落的教务，每到礼拜天，各个村落的农民才会带着他们的家人来到教堂相聚。

挪威的乡村由“围场”（gaard）组成，类似一个农庄，但是由相互独立的木屋构成，每个木屋的功用不同，有的是为了居住，有的是为了存储食物，有的是专门为了炉灶使用。这种相互独立的设计主要是为了避免火灾的严重后果。

木屋由冷杉木桩搭建而成，以黏土弥合缝隙，屋顶以桦树皮覆盖并种植上草皮。屋内通常分为两间，一间门厅，一间居室。室内只有一个朝向南方的天窗用于引入光线。

No.1：婚宴用成对木勺，长 1.2 米。木勺需用同一块木材制成。

No.2：木制咖啡壶，挪威。

No.3 和 12：木勺，瑞典。

No.4：木制啤酒罐。

No.5：木勺。

No.6 和 7：木制“玩笑杯”（Pour plaisanter）。

No.8 和 9：木制“玩笑勺”。

No.10：雕刻木盒。

No.11：木制啤酒碗。

No.13 和 16：黄油盒。

No.14：木勺。

No.15：木制汤勺。

418. 瑞典——木屋和木制器皿

荷　兰（419–424）

419—420. 荷兰——19 世纪初的大众服饰

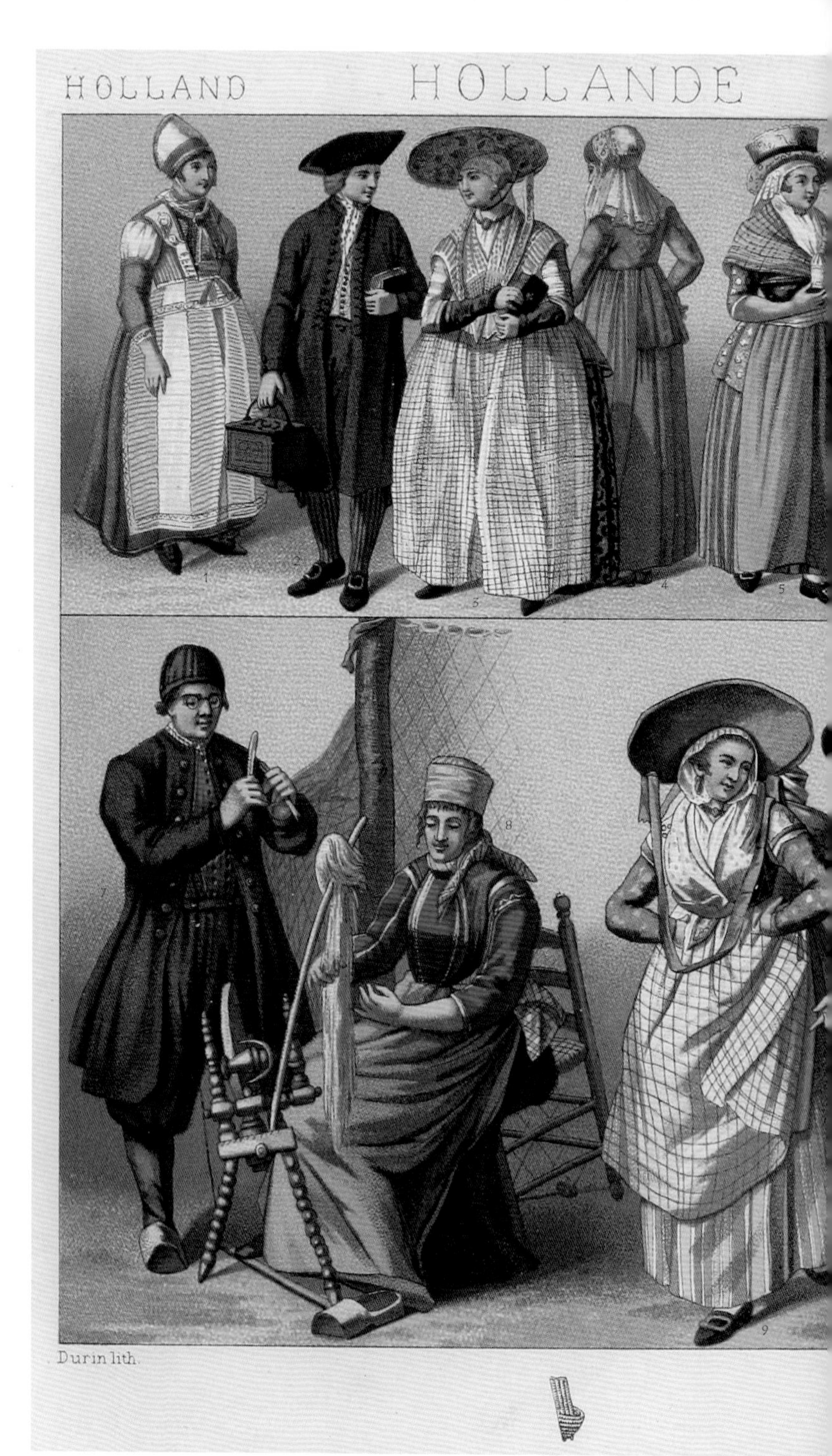

No.1：须德海（Zuiderzée），马肯岛（île de Marken），订婚女装。

No.2 和 3：弗里斯兰省（Frise），节日盛装。

No.4：阿尔克马尔（Alkmaar）的女装。

No.5 和 6：弗里斯兰省，妇人和她的女仆。

No.7 和 8：须德海，斯霍克兰岛（Schokland）的渔民。

No.9 和 10：海尔德兰省（Gueldre）的农民夫妇。

No.11 和 12：鹿特丹的牛奶商和女仆。

No.13 和 14：泽兰省（Zelande）瓦尔赫伦岛（Walcheren）的居民。

No.15：海牙斯赫弗宁恩（Scheveningen，又译席凡宁根）的女鱼贩。

No.16 和 17：泽兰省南贝弗兰岛（Zuid-Beveland）的年轻村民。

No.18 和 19：北海和须德海沿岸的渔民妻子，身穿节日盛装。

419—420. 荷兰——19 世纪初的大众服饰

421. 荷兰——19 世纪的服饰

No.1：弗里斯兰省会吕伐登（Leeuwarden）的女士。

No.2：须德海，赞丹（Zaardam）的女村民。

No.3：拜厄兰镇（Beijerland）的居民。

No.4：荷兰北部，阿默兰岛（Ameland）的女孩。

No.5：格罗宁根省（Groeningen）的女孩。

No.6：泽兰省胡斯城（Goes）的女孩。

No.7、10：克罗默尼（Kromménie）村的女孩。

No.8：拜厄兰镇的妇女。

No.9：多德雷赫特城（Dordrecht）的妇女。

421. 荷兰——19 世纪的服饰

422. 荷兰——19 世纪的服饰

No.1：须德海乌尔克岛（Urk）的渔民。

No.2：米德尔堡（Middelbourg）的送葬者。

No.3：阿姆斯特丹的新教徒送葬者。

No.4：须德海西岸福伦丹（Volendam，又译沃伦丹）的女村民。

No.5：北荷兰省赞德沃特（Zandvoort）的渔民。

No.6：乌尔克岛的主妇。

No.7：马肯岛渔民的妻子。

No.8：阿姆斯特丹的女孤。No.12 和 14 是她的头饰细节。

No.9 和 10：福伦丹的渔民夫妇。

No.11：福伦丹的渔民。

No.13：乌尔克岛的渔民。

No.15：泽兰省斯豪文（Schouwen）的农妇。

No.16：泽兰省济里克泽（Zierickzée）的草帽。

No.17：瓦尔赫伦岛的年轻男女，身穿主保瞻礼节服装。

No.18：瓦尔赫伦岛的青年。

No.19 和 21：须德海西岸的头饰。

No.22：北荷兰省的妇女。

No.23：海牙斯赫弗宁恩的女鱼贩。

No.24 和 25：弗里斯兰省的女帽饰。

No.26：北荷兰省赞德沃特女鱼贩的草帽。

No.27：弗里斯兰省欣德洛彭（Hindeloopen）的女孩。

No.29：弗里斯兰省欣德洛彭的妇女。

422. 荷兰——19 世纪的服饰

423. 荷兰——首饰和日常物品

No.1：多德雷赫特城女孩的金镶石榴石珊瑚项链。

No.2 和 4：阿姆斯特丹的胸针和额饰。

No.3：泽兰省金镶珠胸针。

No.5：金制发卡头。

No.6：阿姆斯特丹的金制发饰。

No.7：金额饰。

No.8：福伦丹的金耳坠。

No.9：多德雷赫特城女孩的银簪。

No.10：弗里斯兰省的铜铁镀金发箍。

No.11：福伦丹的珊瑚项链。

No.12：银镂空胸针。

No.13、24：铜扣。

No.14：多德雷赫特城女孩的金制螺旋丝发卡。

No.15：瓦尔赫伦岛的金制螺旋丝发卡。

No.16：瓦尔赫伦岛的金制搭扣。

No.17：金制发卡。

No.18：布雷达（Breda）的金耳坠。

No.19：须德海的银表链。

No.20：须德海农民的腰带银饰，成双佩戴。

No.21：福伦丹渔民使用的银链扣。

No.22：布雷达女孩佩戴的金胸针。

No.23：多德雷赫特城女孩的金耳坠。

No.25：瓦尔赫伦岛的金制帽带搭扣。

No.26：瓦尔赫伦岛女孩的金发簪。

No.27 和 28：农民随身佩戴的木柄刀，长28厘米。

No.29：多德雷赫特城女孩的金胸针。

No.30：瓦尔赫伦岛男人的衬衫金扣。

No.31：福伦丹男人的衬衫银徽章扣。

No.32 和 33：南荷兰省的铜烟斗套。

No.34：须德海农民的木制烟斗套。

423. 荷兰——首饰和日常物品

424. 荷兰——欣德洛彭的弗里斯兰式居室

插图展示了欣德洛彭的一间弗里斯兰式居室内部的两个视角。

424. 荷兰——欣德洛彭的弗里斯兰式居室

苏格兰（425—427）

425—426. 苏格兰——中世纪至今的民族服装

苏格兰高地人（Highlanders）继承自凯尔特人的社会组织形式就是氏族。氏族介于部族和家族之间，其中的所有人都拥有共同的姓氏，加以前缀“mac”，即“之子”的意思。

苏格兰格子纹花呢的历史久远，高地人称之为“breacan”。其颜色和格子纹不是随意的，每个氏族都不同。它遵照一条古老的律法——“色彩法”（Ilbreachta）的规范。根据这条律法，农民和士兵的衣服只能使用一种颜色；军官能用两种颜色；氏族首领三种颜色；贵族四种颜色；高等贵族五种颜色；大师或高等学者（Ollamhs）六种颜色；王族七种颜色。

除了衣装上的区别，每个氏族还有自己特别的徽章和象征植物。

No.1：洛恩的麦克杜格尔氏族（Clan MacDugal de Lorn），身穿盖尔人（Gaëls）的服装，手扶苏格兰阔刃大剑“claymore”。

No.2：弗格森氏族（Clan Ferguson）。

No.3：麦克米伦氏族（Clan MacMillan）。

No.4：麦金尼斯氏族（Clan MacInnes）。

No.5：麦克克里蒙斯氏族（Clan MacCruimin，即 MacCrimmons），以风笛著名。

No.6：麦科尔氏族（Clan MacColl）。

No.7：外岛的麦克唐纳氏族 [Clan MacDonald des Iles，即外岛勋爵（Lord of the Isles），是苏格兰的一个爵位。麦克唐纳氏族是苏格兰最大的氏族之一]。

No.8：麦克劳林氏族（Clan MacLaurin）。

No.9：罗马帝国时代的游吟诗人（Awenydd）。

No.10：爱尔兰学者（Ollamh irlandais）。

No.11：皮克特人（Picte）。

No.12：麦奎利氏族（Clan des MacQuaries）。

No.14：斯基内斯氏族（Clan des Skenes）的领主。

No.15：格雷恩氏族（Clan des Graennes）。

No.16：罗伯逊氏族（Clan Robertson）。混穿本族服装和法国路易十四时代的服装。自路易十一世时起，法国宫廷中的苏格兰卫队就一直受到很高的评价。

No.17：麦基弗氏族（Clan MacIvor）。

No.18：格伦莫里斯顿的格兰特氏族（Clan des Grant de Glenmoriston）。

No.19：麦金托什氏族（Clan des MacIntoshes）。

No.20：麦克劳德氏族（Clan MacLeod）。

No.21：福布斯氏族（Clan Forbes）。

No.22：格伦加里的麦克唐奈尔氏族（Clan MacDonell de Glengarry）。

No.23：弗雷泽氏族（Clan des Frasers）。

No.24：奇泽姆氏族（Clan des Chisholms）。

No.25：坎贝尔氏族（Clan des Campbells）。

No.26：孟席斯氏族（Clan des Menzies）。

No.27：奥吉尔维氏族（Clan des Ogilvies）。

No.28：戴维森氏族（Clan des Davidsons）。

No.29：斯图亚特氏族（Clan des Stuarts）。查尔斯·爱德华·斯图亚特（Charles-Edouard）的画像。

No.30：布坎南氏族（Clan Buchanan）。

No.31：肯尼迪氏族（Clan Kennedys）。萨瑟兰伯爵威廉（William, Comte de Sutherland）。

No.32：麦克马赫坦氏族（Clan des MacMachtans）。

No.33：麦金太尔氏族（Clan des MacIntires）。

No.34：默里氏族（Clan des Murrays）。

No.35：拉纳德氏族（Les MacDonald du Clan Ranald），唐纳德氏族的分支。

No.36：麦考利氏族（Clan MacAulays）。

No.37：麦考林氏族（Clan MacLean）。

425—426. 苏格兰——中世纪至今的民族服装

425—426. 苏格兰——中世纪至今的民族服装

427. 苏格兰——高地人服装和武器

No.2：辛克莱氏族（Clan Sinclair）的姑娘。赤足在高地人中很普遍，并不代表身份的高低。

No.4：科尔古洪氏族（Clan Colqhouns）的男性，18 世纪。

No.6：麦克尼克尔氏族（Clan des MacNicols）的奶贩。

No.11：法古尔逊氏族（Clan des Farquharsons）的老者。

No.13：厄克特氏族（Clan des Urquharts）妇女。

No.15：马西森氏族（Clan des Mathesons）的“Arisaid”格子花呢裙。

No.17：麦克尼尔氏族（Clan des MacNiels）的骑士。强健而耐寒的高地矮马是当地重要的出行工具。

服饰细节

No.5：麦基弗氏族(Clan MacIvor)的高筒麂皮靴。

No.8：奇泽姆氏族(Clan des Chisholms)的皮鞋。

No.10：奇泽姆氏族的皮制腰包。

No.12：麦考林氏族（Clan MacLean）的钱袋。

No.19：布坎南氏族 [Clan Clar Innis，“Clar Innis”是布坎南氏族（Clan Buchanan）的战斗口号] 的腰包。

武器

No.1：弗雷泽氏族（Clan des Frasers）的匕首。

No.3：冈恩氏族（Clan des Gunns），插在袜筒当中的匕首。

No.7 和 16：苏格兰圆盾，以 15 至 20 寸长的钢刺作为盾凸。

No.9：麦克拉克兰氏族（Clan MacLachlan）的圆盾。

No.14 和 18：苏格兰剑柄，17 世纪。

427. 苏格兰——高地人服装和武器

英格兰（428–431）

428. 英格兰——18 至 19 世纪——大众服饰

插图取自《伦敦的吆喝声》（*The cries of London*，1711）等书。

No.1：卖年历的女贩。

No.2：为蜡烛作坊收购废油脂的人。

No.3：卖布丁的老媪。

No.4：卖包治百病糖剂的江湖医生。

No.5：卖洋葱的小贩。

No.6 和 7：运啤酒的马车夫兼搬运工，1820 年。马车上的啤酒每桶容量 108 加仑，需要很强壮的人才能搬运。完成搬运任务后，酒馆老板通常会送给搬运工一到两杯啤酒解乏。

No.8：马车站给马喂水并开关车门的小工。

No.9：欧文 · 克兰斯（Owen Clancey），著名的爱尔兰裔水手乞丐，1820 年。

No.10：驱赶牲畜的工人，1814 年。

No.11：女鱼贩。

No.12：邮递员。

No.13：占卜师。

No.14：水手。

No.15：流动杂货贩。

No.16：擦鞋匠。

No.17：贩奶的年轻姑娘，通常是爱尔兰女孩或威尔士女孩。

No.18：消防员，1820 年。

No.19：菜农。

No.20：修锅匠。

428. 英格兰——18 至 19 世纪——大众服饰

429. 英格兰——19 世纪——大众服饰

No.21：邮递员。

No.22：贩奶女。

No.23：消防员。

No.24：卖火柴的女孩。

No.25：卖报纸的小贩。

No.26：守夜人。

No.27：卖水果的女贩,通常是爱尔兰人。

No.28：女虾贩。

No.29：比林斯门（Billingsgate）的女鱼贩。根据伦敦城的规定，所有的渔获只能在比林斯门的鱼市售卖。

No.30：面包贩。在伦敦的商贩中，面包师是唯一被依照面粉价格限制利润的。

No.31：威尔士洗衣女工。

No.32：偷小孩的吉普赛女人。

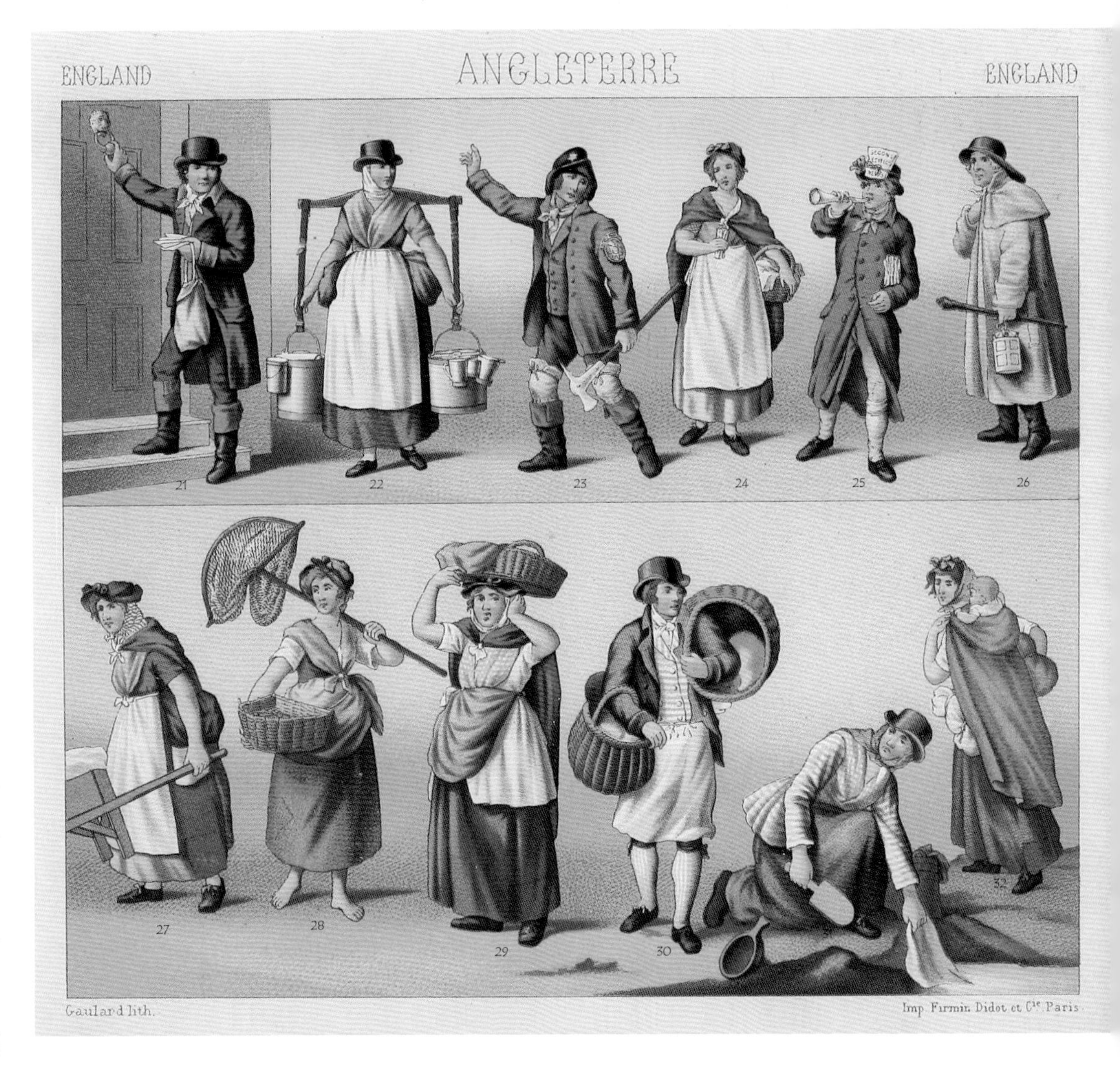

429. 英格兰——19 世纪——大众服饰

430. 英格兰——19世纪——上流社会服饰、残疾军人等

上流人士

No.1：伦敦参议员。

No.3：法官。在法庭上，法官直接代表君主，拥有超过所有人的优先权。

No.4：主教，在上议院有席位。

No.11：下议院议长。

No.12：伦敦市长勋爵（Lord-Maire）。在英格兰，只有伦敦市和约克市的市长在任职期间拥有勋爵的尊称。

残疾军人

No.5：切尔西荣军院的退伍军人。

No.6：格林威治皇家荣军院的退伍军人。

女装

No.2：正在散步的伦敦贵妇，夏装，1814年。

大众服装

No.7：垃圾清运工。

No.8：海斯廷斯（Hastings）的渔民。

No.9：教堂执事。

No.10：基督公学（Christ Church Hospital，又称蓝袍学校）的学生。

430. 英格兰——19 世纪——上流社会服饰、残疾军人等

431. 英格兰——19 世纪——交通工具

插图取自英国画家和作家威廉·亨利·佩恩（William Henry Pyne）的插图画作集《伦敦缩影》（The Microcosm of London，1808）。

18 世纪时期，每个英格兰村庄的入口处都设有栅栏门，每辆马车和马匹都要支付通行费，国王也不例外。这个规矩从 1663 年开始依法设立，所收的通行费用来维护被战争所破坏的道路。

No.1 和 8：正在付通行费的轻便双人马车和菜农的马车。

No.2：四轮驿车。

No.3：正在付通行费的骑马者。

No.4：短途郊游用四轮马车。

No.5 和 7：单人轿车，其减震器的形式是那个时代的显著特点。

No.6：运送白垩的马匹。

431. 英格兰——19 世纪——交通工具

德意志（432–433）

432. 德意志——巴伐利亚和萨克森-阿尔滕堡的大众服饰

巴伐利亚

巴伐利亚州的居民信仰两个主要宗教，即天主教和新教。这在信众所穿的服饰上可以看到明显的区别。通常，天主教徒的服饰颜色更明亮，而新教教徒的服饰颜色更暗淡；女天主教徒的帽饰头巾以黄色和绿色为主，而女新教教徒的帽饰头巾以黑色为主；天主教中的青年农民保留着穿红色上衣的传统，而新教中的男子就没有这个习俗了。

No.1、5和6：中弗兰肯区（Franconie moyenne）。

No.2、7、10、20和21：下巴伐利亚区（Basse Bavière）。

No.13、4、19和25：下弗兰肯区和阿沙芬堡（Basse Franconie et Aschaffenbourg）。

No.8、9、22、23和24：上弗兰肯区（Haute Franconie）。

No.11、12和13：上普法尔茨区（Haut Palatinat）。

No.14、15、16和17：施瓦本区（Souabe）。

萨克森 - 阿尔滕堡（Saxe-Altenbourg）

No.18：阿尔滕堡的新娘。

432. 德意志——巴伐利亚和萨克森-阿尔滕堡的大众服饰

433. 德意志——蒂罗尔——大众服饰

奥地利的蒂罗尔人（Tyrol）

No.1：齐勒谷（Zillerthal）的山民。

No.6：普斯特谷（Pusterthal）的妇女。

No.8：萨恩谷（Sarnthal）的妇女。

No.11：因河谷（Inntal）阿亨湖（Achensee）附近的农民。

No.15：奥兹谷（Oetzthal）的农民。

No.16：帕赛尔谷（Passeyertal）的农妇。

No.19：萨恩谷的年轻农夫。

波西米亚居民

No.2：比尔森（Pilsen），奥赫岑（Auherzen，今捷克 Uherce）的年轻女孩。

No.9：克拉道（Kladau）附近的年轻人。

德意志

No.3 和 4：符腾堡黑森林的妇女。

No.7：西里西亚人（Silésien），巨人山（Monts Géants，今属波兰和捷克交界，又译为“克尔科诺谢山”）的农民。

No.10 和 12：萨克森妇女，马格德堡（Magdebourg）丹斯特村（Dannstedt）的妇女和卢萨斯（Lusace）的斯拉夫女孩。

No.13：汉堡妇女，卖水果的女贩。

No.14 和 17：阿尔滕堡妇女。

No.18：科堡女孩。

No.5：海德堡大学的学生。

433. 德意志——蒂罗尔——大众服饰

瑞 士（434–436）

434. 瑞士——19 世纪初的大众服饰

434. 瑞士——19 世纪初的大众服饰

No.1：卢塞恩州（Canton de Lucerne）的妇女。

No.2、7 和 9：弗里堡州（Canton de Fribourg）的妇女。

No.3 和 4：楚格州（Canton de Zug）的年轻男女农民，身穿礼拜天的服装。

No.5 和 11：伯尔尼州（Canton de Berne）的已婚妇女。

No.6：施维茨州（Canton de Schwitz）的农民。

No.8：沙夫豪森州（Canton de Schaffouse）的姑娘。

No.10：瓦莱州（Canton de Valais）的姑娘。

435. 瑞士——女装

No.1、8 和 10：伯尔尼 州（Canton de Berne）的服装。

No.2 和 6：阿彭策尔州（Canton d' Appenzell）的放牛女。

No.3：弗里堡州（Canton de Fribourg）的新娘。

No.4：卢塞恩州（Canton de Lucerne）的妇女。

No.5：施维茨州（Canton de Schwyz）的妇女。

No.7：乌里州（Canton d' Uri）的妇女。

No.9：下瓦尔登州（Canton d' Unterwalden）的妇女。

435. 瑞士——女装

436. 瑞士——女装

No.1：下瓦尔登州（Canton d' Unterwalden）的女装。

No.2：圣加仑州（Canton de Saint-Gall）的女装。

No.3 和 7：伯尔尼州（Canton de Berne）的女装。

No.4：瓦莱州（Canton de Valais）的女装。

No.5：苏黎世州（Canton de Zurich）的女装。

No.6：楚格州（Canton de Zug）的女装。

No.8：卢塞恩州（Canton de Lucerne）的女装。

No.9：巴塞尔州（Canton de Bâle）的女子。

436. 瑞士——女装

通用物品（437）

437. 欧洲——烟具

No.1：挪威斯塔万格（Stavanger）的木制拳形芦杆烟斗。

No.2：法国钢制木杆斧形烟斗，1762 年。

No.9、17：法国银制小烟斗。弗朗什-孔泰地区产。

No.23、34：法国打火机盒及内部图。17 世纪，阿尔萨斯产。

No.5：意大利玻璃烟斗，长 1 米，12 世纪流行。

No.14：威尼斯金丝绣烟袋。

No.6：比利时木制烟斗盒。

No.13：德意志木制镶铜烟斗。

No.15：德意志木制头像烟斗。

No.22：德意志瓷制双头像烟斗。

No.28：德意志浮石制烟斗。

No.32：德意志木制烟斗。

No.8、30：蒂罗尔木制烟斗。

No.10：匈牙利根雕烟斗。

No.11、12、16：匈牙利木制烟斗。

No.20：匈牙利陶制烟斗。

No.27、29：匈牙利浮石制烟斗。

No.24：波西米亚瓷制烟斗。

No.21：希腊浮石制烟斗。

No.3、4、7：木雕烟斗盒。

No.18、19、26、33：木雕烟斗。

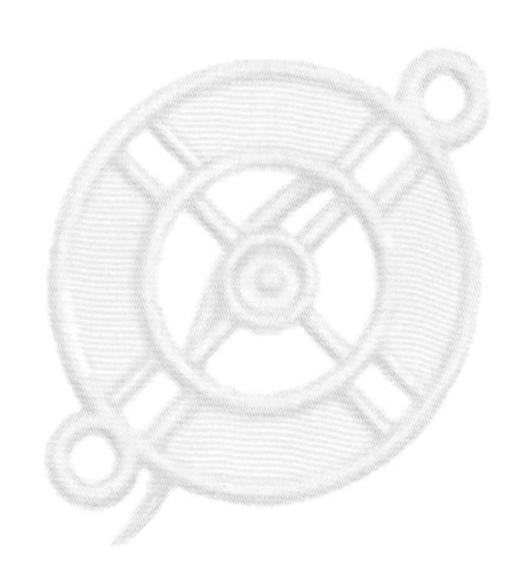

EUROPA
EUROPE
EUROPA
Schmidt lith
Imp. Firmin Didot et Cie, Paris

437. 欧洲——烟具

俄罗斯（438–448）

438—439. 俄罗斯——16 至 19 世纪——大众服装

No.1 和 6：莫斯科公国的波雅尔（Boïars，仅次于亲王的贵族头衔）服饰，1647 年。

No.2 和 5：哥萨克人巴适卡（Brechka），身穿沙皇彼得大帝（PierreleGrand，1672—1725）赠予的卡夫坦长袍。

No.3：彼得大帝时代的哥萨克军首领。

No.4：身穿晨服的波雅尔，17 世纪。

No.7、8 和 9：特维尔（Tver）的妇女装。特维尔城位于莫斯科的西北方。

No.11、12、13 和 14：托尔若克（Torjok）的妇女装。

No.15：身穿野营行装的波雅尔，鲍里斯·戈东诺夫（Boris Godounov），1598 年成为俄国沙皇，死于 1605 年。

No.16、17 和 18：托尔若克身穿冬装的妇女。

No.19、20 和 21：梁赞（Riazan）的妇女装。梁赞城位于奥卡（Oka）河畔，莫斯科的东南方。

No.22：沙皇伊凡四世，又称伊凡雷帝（Ivan IV，dit le Terrible，1530—1584），1533 年成为莫斯科大公，1547 年成为沙皇。

No.23：彼得大帝，1682 年成为沙皇，身穿水手服。

No.24：彼得大帝时代，一位波雅尔的女儿。

No.25：列普宁（Repnine）家族的亲王。

No.26：身穿“波兰式”卡夫坦长袍的彼得大帝。

No.27：皮埃尔·列普宁亲王，1647 年。

No.28：波雅尔莱昂纳里什金，17 世纪。

438—439. 俄罗斯——16 至 19 世纪——大众服装

438—439. 俄罗斯——16 至 19 世纪——大众服装

440. 俄罗斯——斯拉夫人、莫尔多维亚人、卡尔梅克人和鞑靼人

No.4、5 和 6：坦波夫（Tambov）的斯拉夫-俄罗斯人。

No.7、8、9、10 和 11：托尔若克的斯拉夫-俄罗斯人。

No.1：莫尔多维亚人（Mordvien）。

No.2：鞑靼妇女。

No.3：顿河草原的卡尔梅克人（Kalmouk），蒙古人的一支。

440. 俄罗斯——斯拉夫人、莫尔多维亚人、卡尔梅克人和鞑靼人

441. 俄罗斯——头饰

大诺夫哥罗德（Novgorod）的居民

No.1：Ostoujna 的姑娘。

No.3 和 5：季赫温（Tikhvin）的妇女。

No.7：季赫温居民。

No.4：别洛焦尔斯克（Bielozersk）的妇女。

No.2：库尔斯克（Koursk）的姑娘。

No.8：库尔斯克的已婚妇女。

No.6：卡卢加（Kalouga）的妇女。

442. 俄罗斯——大众头饰

插图所展示的金丝绣帽饰分别来自于大诺夫哥罗德、卡卢加、特维尔和库尔斯克。它们都属于“tschepatz”帽饰的变型。

442. 俄罗斯——大众头饰

443. 俄罗斯——“Izba”大木屋内部

插图展示的是俄罗斯乡间大木屋的主要房间“svetlitza”，是日常吃饭、睡觉和做饭的房间，通常位于二层，而底层是豢养牲畜的地方。这种木屋一般都是农民自己修建的。

443. 俄罗斯——“Izba”大木屋内部

444. 俄罗斯——斯拉夫婚礼、俄罗斯舞

俄罗斯舞就像是一种娱乐性的爱情哑剧，一对男女青年配合着模拟温情、拒绝、微笑和轻蔑等姿态，舞蹈以巴拉莱卡二弦琴（balalailca）伴奏。

婚礼仪式以祈祷和唱诗开始。神甫将银冠戴在新人头上。当新人交换婚戒之后，主祭会为新人送上酒杯，每人交替喝酒三次；随后围绕摆放圣像的祭桌走三圈；最终接受神甫的祝福。

444. 俄罗斯——斯拉夫婚礼、俄罗斯舞

小俄罗斯人（Petite Russie，小俄罗斯是旧地理名，今属乌克兰境内的一部分）

No.8：奥廖尔（Orel）的农妇。

大俄罗斯人（Grande Russie，大俄罗斯是旧地理名，主要指俄罗斯公国）

No.1：赫尔松（Kherson）的牧羊人。

No.3：头戴科科什尼克头饰（Kokoshnik）的赫尔松妇女。

No.5：同一名妇女，身穿夏装。

No.7：下诺夫哥罗德（Nijny-Novgorod），身穿传统服装的妇女们。

切列米斯人（Tchérémisse，旧称，今称为马里人）

No.6：辛比尔斯克［Simbirsk，旧称，今称为乌里扬诺夫斯克（Oulianovsk）］，身穿礼服的妇女。

保加利亚人

No.2：赫尔松，头戴卡尔帕克毡帽（Kalpak）的男人。

No.4：赫尔松，保加利亚女子。

445. 俄罗斯——大众服饰

446. 俄罗斯——卡尔梅克人的帐篷

446. 俄罗斯——卡尔梅克人的帐篷

卡尔梅克人（Kalmouks）是起源于阿尔泰山的蒙古族人，依靠渔猎生活。他们于1630年第一次出现在欧洲的恩巴河（Emba）西部，至1636年，他们在里海周边就有五万顶帐篷了。

他们的圆顶帐篷“Kibitka”以两米高的柳木条架子支撑，直径五米左右，帐篷以毛毡覆盖并用绳索固定。

447. 俄罗斯——奥斯加克人、通古斯人、科洛什人、克里米亚人

No.1 和 2：奥多斯克［Obdorsk，旧称，今称萨列哈尔德（Salekhard）］的奥斯加克人［Ostiaks，旧称，今称汉特人（Khantes）］。

No.3 和 4：涅尔琴斯克（Nertchinsk，即尼布楚）的通古斯人。

No.5：科洛什人（Koloche），即阿拉斯加的印第安人。

No.6—11：克里米亚（Crimée）的男性帽饰。

447. 俄罗斯——奥斯加克人、通古斯人、科洛什人、克里米亚人

448. 俄罗斯——大众服饰

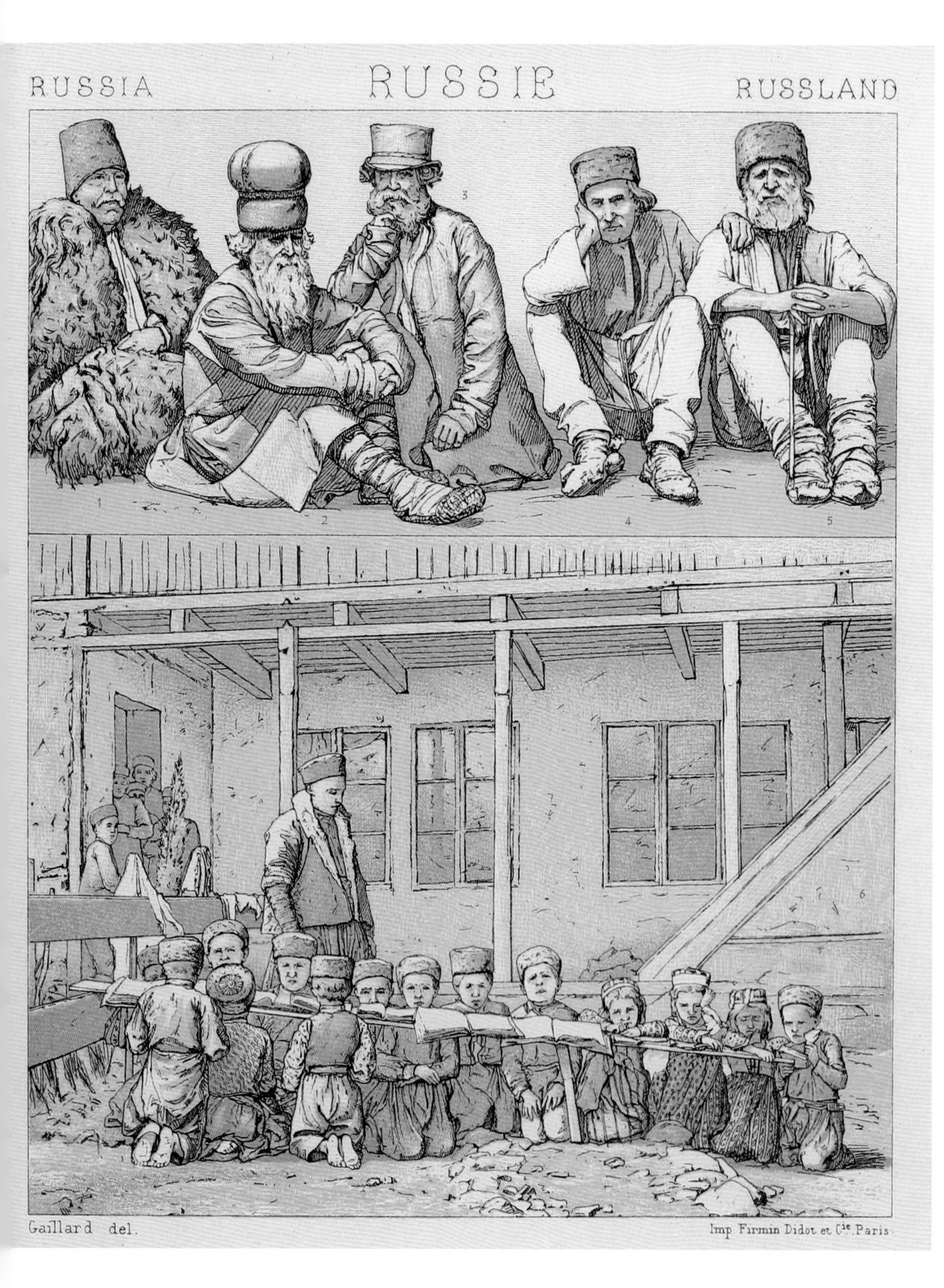

No.1：波多里亚(Podolie)的哥萨克牧民。

No.2 和 3：奥廖尔的俄罗斯人。

No.4 和 5：罗马尼亚人。

No.6：克里米亚的鞑靼人小学校。孩子们头戴卡尔帕克羊皮帽。

448. 俄罗斯——大众服饰

波兰（449–457）

449. 波兰——13至14世纪

No.1：亨里克四世（Henri IV le Juste），皮亚斯特王朝（Piasts）的西里西亚公爵（Duc de Silésie），死于1290年，安葬于布雷斯劳（Breslau，此为德语译名；波兰语译名弗罗茨瓦夫 Wroclaw）。

No.2：切布尼察（Trebniça）熙笃会（Cisterciennes，又译"西多会"或"西都会"）修道院的修女。

No.3：高等贵族的年轻姑娘。

No.4：市绅。

No.5和6：波兰国王"正义王"卡齐米日二世（Casimir II，le Juste）的儿子，马佐夫舍公爵（Duc de Mazovie）康拉德一世（Conrad），以及他的妻子阿加菲娅（Agafia de Rus）。

No.7：丹泽市（Dantzig）奥利瓦修道院（Abbaye d' Oliva）的修士。

No.8：主教。

No.9：波兰国王"贞洁的"波列斯瓦夫五世（Boleslas V，le Chaste），死于1279年，安葬于克拉科夫大教堂［Cathédrale de Cracovie，又名瓦维尔主教堂（Cathédrale du Wawel）］。

No.10：波兰最伟大的国王之一，"矮子"瓦迪斯瓦夫一世（Vladislas le Bref，1260—1333）。

No.11：波兰大公"黑公爵"莱谢克二世（Leszek le Noir），瓦迪斯瓦夫一世的长兄。

No.12：奥波莱公爵（Duc d' Opole）普热梅斯瓦夫（Przemyslas，即 Przemyslaw de Racibórz）。

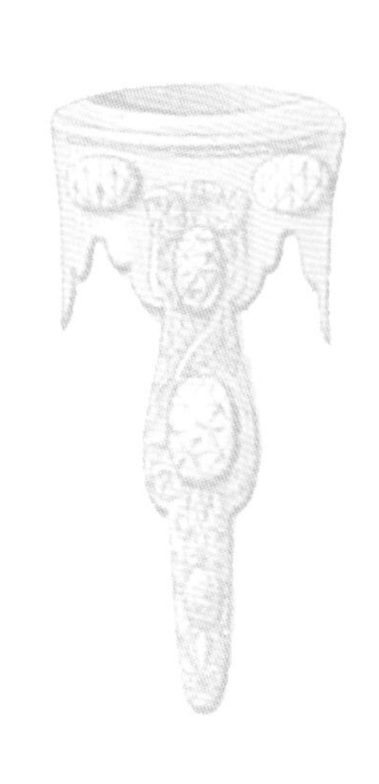

449. 波兰——13 至 14 世纪

450. 波兰——14 至 15 世纪

No.1 和 2：克拉科夫附近的农民。

No.3 和 4：15 世纪后半期的贵族。

No.5 和 6：市绅和贵族。

No.7：马佐夫舍伯爵领地的农民。

No.8：条顿骑士团(Ordre Teutonique) 的总团长。

No.9：波兰国王“大帝”卡奇米日三世（Kasimir le Grand），死于 1370 年。皮亚斯特王朝最后的一位国王。

No.10：波兰女王雅德维加（Hedvige d’Anjou，1370—1399），出身于安茹家族，是匈牙利与波兰国王卢德维克（Louis d’Anjou，即拉约什一世）的女儿。

No.11：立陶宛大公和波兰国王（Grand-duc de Lithuanie et Roi de Pologne）瓦迪斯瓦夫二世 · 雅盖沃（Vladislas Jagellon），1386 年与波兰女王雅德维加结婚，死于 1434 年。

No.12：奥波莱公爵（Duc d’Opole）瓦迪斯瓦夫二世（Vladislas II d’Opole，1332—1401），波兰国王卢德维克的侄子。

450. 波兰——14 至 15 世纪

451. 波兰——14至15世纪

No.1：齐莫维特（Ziémowit），威斯纳亲王（Prince de Wiszna），14世纪。

No.2：科斯图提斯，特拉凯亲王，立陶宛大公（Grand-duc de Lithuanie）。

No.3：弓弩手，14世纪。

No.4：市绅，14世纪。

No.5：贵妇，14世纪。

No.6：刽子手，14世纪。

No.7：市绅，14世纪。

No.8：领主，14世纪。

No.9：贵族，14世纪。

No.10：法官，14世纪。

No.11：富有的市绅，14世纪后半期。

451. 波兰——14至15世纪

452. 波兰——16 世纪

452. 波兰——16 世纪

No.1 和 2：立陶宛的农民。

No.3、4 和 5：贵族，16 世纪后期。佩戴波兰式“卡拉贝拉弯刀”（karabela）是贵族的特权。

No.6：卡利什（Kalisz）附近的农民。

No.7：贵族，16 世纪末。

No.8：波兰国王斯特凡·巴托里（Etienne Batory，即 Stefan Batory，1533—1586）。

No.9：卡奇米日城（Kazimierz）的市政官。

No.10：斯坦尼斯瓦夫·若乌凯夫斯基（Stanislas Zolkiewski，1547—1620），波兰盖特曼（Hetman），即元帅。

No.11：贵族女孩。

No.12：罗曼·桑古兹科（Roman Sanguszko），立陶宛将军。

No.1：立陶宛农妇。

No.2、3、4 和 6：贵族。

No.5：克拉科夫附近的农民。

No.7：喀尔巴阡山脉的山民。

No.8：卢布林伯爵领地（Lublin）的农民。

No.9：贵妇。

No.10：波兰元帅。

“Kontusz” 开袖长袍是典型的波兰民族服装，其型制来自于土耳其。

453. 波兰——18 至 19 世纪

454. 波兰——军装

454. 波兰——军装

波兰立国之初并没有常备军，由贵族所组成的骑兵团就是国家防御的主要力量。到了齐格蒙特·奥古斯特（Sigismond Auguste，1520—1572）时代的1562年才建立了真正的常备军。

No.1：国王卫队队长。

No.2：波兰将军。

No.3：国王近卫军副队长。

No.4和5：近卫军下士。

No.6：近卫军护旗手。

No.7：王宫侍卫。

No.8：近卫军掌旗官。

455. 波兰——17 至 18 世纪——战马装饰

对于这个“马背上的王国”来说，富有的波兰领主总会为他们的马匹配备奢华的鞍具。

No.1、5 和 6：银镀金珐琅彩镶宝石圆形鞍饰。

No.2：银镀金镶宝石别针。

No.3：马尾制金镶宝石军旗“Boutschouk”。

No.4：银镀金镶宝石马胸挂件。

No.7：银镀金镶绿松石别针。

No.8：镂空雕镶金银马项链。

455. 波兰——17 至 18 世纪——战马装饰

456. 波兰——19 世纪——大众服饰

456. 波兰——19 世纪——大众服饰

No.1：从犹太教堂归来的犹太人。

No.2 和 3：犹太妇女和儿童。

No.4：犹太车夫。

No.5：卢布林附近的农民。

No.6：立陶宛的农民。

No.7：萨莫吉希亚（Samogitie）的农妇。

No.8：家禽商贩。

No.9 和 10：伐木工。

No.11：洋葱贩子。

No.12：律师。

No.13：女奶贩。

No.1：克拉科夫附近的农民。

No.2：克拉科夫附近的姑娘。

No.3：克拉科夫附近农庄的孩子。

No.4：克拉科夫的女佣。

No.5：农民。

No.6：萨莫吉希亚的农民。

No.7：立陶宛的农妇。

No.8 和 9：乌克兰的农民和姑娘。

No.10 和 11：乌克兰的哥萨克人。

457. 波兰——19 世纪——大众服饰

匈牙利、克罗地亚、保加利亚、罗马尼亚、摩尔多瓦、瓦拉几亚、希腊（458–464）

458—459. 匈牙利和克罗地亚——罗塞尼亚人

No.1、5和7：罗塞尼亚人（Ruthènes，罗塞尼亚为地区名旧称，今分属白俄罗斯、乌克兰、俄罗斯、斯洛伐克和波兰）。

No.2：加利西亚（Galicie，地区名旧称，今分属乌克兰和波兰）的波兰妇女。

No.3：比斯特里察（Bistritz）的萨克逊妇女。

No.4和8：克罗地亚人。

No.6：瓦拉几亚妇女（Valachie，又译为弗拉赫人。瓦拉几亚为地区旧称，今属罗马尼亚境内）。

No.9：斯洛伐克人。

No.10—16：马扎尔人（Magyars，匈牙利的主体民族，因此又称匈牙利人）。

No.10：考波什堡（Kaposvar）的马扎尔人，身着节日服装。

No.11：巴纳特（Banat，旧地区名，今分属罗马尼亚、塞尔维亚和匈牙利）的妇女。

No.12：尼特拉县（Neutraer）的姑娘。

No.13：贝凯什县（Békéser）的姑娘。

No.14：大贵族的服饰。

No.15：身穿盛装的贵妇。

No.16：塔特拉（Tatra）的山民。

第459号插图页展示了罗塞尼亚人的传统刺绣花纹，与波斯毛毯的花纹十分相似。

458—459. 匈牙利和克罗地亚——罗塞尼亚人

460. 匈牙利——首饰

460. 匈牙利——首饰

No.1：软帽别针。

No.2 和 3：腰刀带扣及侧影图。

No.4、5 和 6：一套金制珐琅彩匈牙利礼服饰扣。

No.7—11：另一套金制珐琅彩匈牙利礼服饰扣。

No.12—26：银丝细工首饰，包括头饰、胸饰和腰带饰等。

匈牙利首饰的特点是融合了西方风格中对于自然花卉的表达和东方风格中的金银镶嵌工艺，这与它的地理位置应该有关系。

461. 土耳其欧洲部分和希腊——大众服饰

No.1：比托拉（Monastir，此为旧名，今名Bitola，属马其顿）的希腊农民，头戴“Astrakan”卷毛羊皮帽。

No.2：比托拉的希腊农妇。

No.3：于斯屈达尔（Scutari，此为旧名，今名Üsküdar，属土耳其伊斯坦布尔）的农妇。

No.4：瑟勒比（Ali Tchélébi，又名Çelebi，属土耳其）的保加利亚妇女。

No.5：哈斯柯伊（Hasskeuï，又名Hasköy，属土耳其）的希腊妇女。

No.6：百贾斯（Baïdjas）的农妇。

No.7：索菲亚（Sofia）的居民。

No.8：鲁塞（Roustchouk，今名Ruse，属保加利亚）的保加利亚妇女。

No.9：维丁（Widdin，今属保加利亚）的保加利亚天主教徒。

461. 土耳其欧洲部分和希腊——大众服饰

462.土耳其欧洲部分——日常服饰

插图来自于普里兹伦（Prisrend，即 Prizren，今属科索沃）和斯库台（Scutari d' Albanie，又名 Shkodër，今属阿尔巴尼亚）。

No.1：穆斯林学者。

No.2 和 8：天主教女信徒，冬装。

No.3：天主教教士。

No.6 和 9：穆斯林妇女。

No.4 和 7：普里兹伦的牧羊人和农妇。

No.5：普里兹伦的天主教信徒农妇。

462. 土耳其欧洲部分——日常服饰

463. 东方——突厥斯坦[1]、埃及和保加利亚的首饰

No.1：突厥斯坦银耳环。

No.2：埃及银项坠。

No.3 和 4：埃及农民的银踝环。

No.5：保加利亚银项链。

No.6：突厥斯坦女用软帽。

No.7 和 8：埃及金耳环。

No.9：阿拉伯式银项链。

No.10：银指环。

No.11：银项链局部。

No.12、13、15、19：突厥斯坦银耳环。

No.14：埃及金耳环。

No.16：银丝手镯。

No.17：突厥斯坦金镶绿松石手镯。

No.18：埃及银项坠。

No.20：保加利亚银额饰。

No.21：保加利亚银制项坠。

No.22：突厥斯坦头饰。

463. 东方——突厥斯坦、埃及和保加利亚的首饰

[1] 译注：突厥斯坦（Turkestan），历史名称，意为“突厥之地”，涵盖中亚大部分地区。

464.土耳其欧洲部分——伊庇鲁斯、色萨利和马其顿 [1]

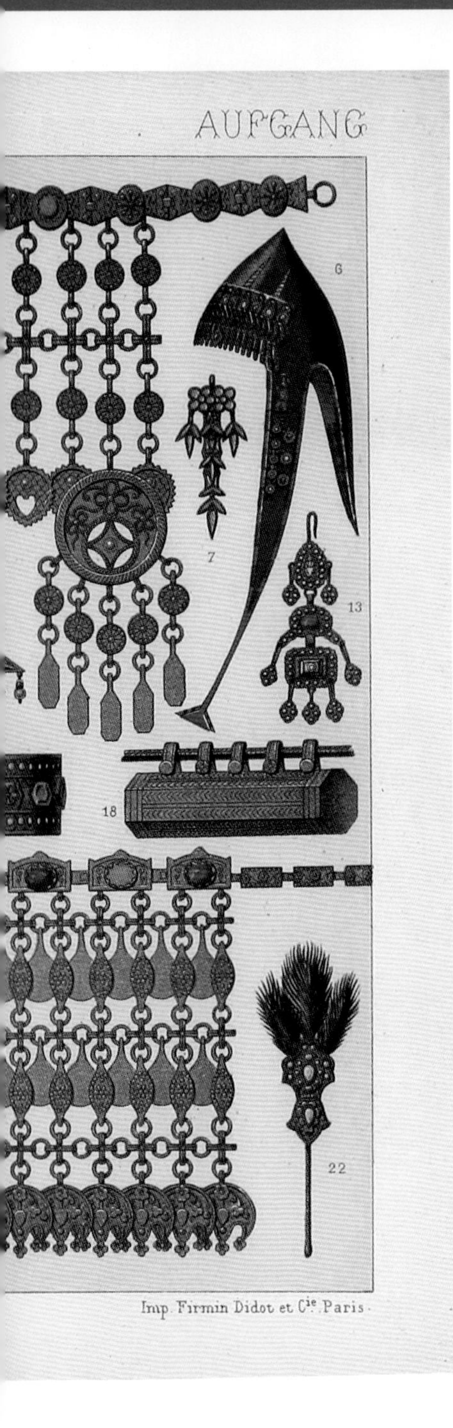

雅尼亚州（Vilayet de Yania）涵盖伊庇鲁斯（Epire）和色萨利，而萨洛尼卡州（Vilayet de Sélanik）就等于是以前的马其顿。

No.7：雅尼亚的阿尔巴尼亚人，身着盛装。
No.8：雅尼亚的阿尔巴尼亚贵妇。
No.9：中等阶 层的阿尔巴尼亚人。
No.6：贫穷的的阿尔巴尼亚人。
No.3：雅尼亚附近的农民。
No.2：萨洛尼卡的犹太教学者。
No.5：萨洛尼卡的穆斯林学者。
No.1：比托拉的乡绅。
No.4：萨洛尼卡的穆斯林妇女。

[1] 译注：此处所使用的地区名称相对的是奥斯曼土耳其帝国时期的行政区划含义，与今日有区别。

464. 土耳其欧洲部分——伊庇鲁斯、色萨利和马其顿

意大利（465–468）

465. 意大利——19 世纪——大众女装

No.1：罗马分区特拉斯提弗列（Transtévère，罗马城的第十三区，位于台伯河西岸）妇女。

No.2：罗马妇女。

No.3：莫利塞区（Molisse）弗罗索洛内（Fronsolone）妇女。

No.4：那不勒斯王国，帕加尼的诺切拉（Nocera de Pagani）妇女。

No.5 和 6：那不勒斯王国，莫拉（Mola）妇女。

No.7 和 8：那不勒斯王国，丰迪（Fondi）妇女。

No.9：帕多瓦的妇女。

No.10：威尼斯妇女。

No.11：米兰妇女。

465. 意大利——19 世纪——大众女装

466. 意大利——19 世纪——罗马的大众服装

插图复制了意大利画家巴托罗密欧 · 皮内利（Bartolommeo Pinelli）带有讽刺意味的系列市井画作品，展示了那个时代市井人物的服装。

466. 意大利——19 世纪——罗马的大众服装

467. 意大利——19 世纪——罗马省和安科纳省的大众服装

罗马省(Province de Rome)

No.2：奥斯提亚安提卡（Ostie，意大利语：Ostia Antica）妇女。

No.3 和 7：松尼诺（Sonnino）妇女。

No.4 和 6：切尔瓦拉（Cervara）妇女。

No.8 和 10：山民。

No.9：阿纳尼（Agnani）妇女。

安科纳省

No.1 和 5：洛雷托（Loreto）居民。

467. 意大利——19 世纪——罗马省和安科纳省的大众服装

468. 意大利——19 世纪——农村服装

468. 意大利——19 世纪——农村服装

插图取景于“耕作之地”卡西诺山（Monte Cassino）山民。在罗马，随处可见到来自卡西诺山的风笛手。

“耕作之地”为旧地区名，今位于意大利拉齐奥区（Lazio）和坎帕尼亚区（Campania）。

西班牙（469–481）

469. 西班牙——18 世纪末的服装

踩高跷赛跑游戏图和捉迷藏游戏图取自西班牙宫廷画家弗朗西斯科·戈雅（Francisco Goya，1746—1828）为宫廷装饰用挂毯准备的画稿。

469. 西班牙——18 世纪末的服装

470—471. 西班牙——斗牛士的服装

弗朗西斯科 · 罗梅罗（Francisco Romero，1700—1763）是最早发明西班牙斗牛方式的人，而他的孙子佩德罗 · 罗梅罗（Pedro Romero，1754—1839）不仅是西班牙最著名的斗牛士之一，还在1830年的时候成为了塞维利亚第一所斗牛士学院的院长。

No.1：佩德罗 · 罗梅罗，1778年。

No.4：约阿希姆 · 罗德里格斯（Joaquin Rodriguez），1778年。他发明了现代斗牛的流程和一些“了结技巧”（Suertes）。

No.2：1804年的斗牛士。

No.3：18世纪末的斗牛士。

No.6：斗牛场主持，也负责警察的任务，骑马出入场地。

No.5：第一剑手。

No.7：刺杀牛之前的仪式。

No.11、13和15：骑马斗牛士，负责以长矛刺牛。

No.12、14：短枪斗牛士，负责将有倒钩的短枪扎在牛背上。

No.8、9、10和16：大众服饰。

470—471. 西班牙——斗牛士的服装

472. 西班牙——大众服装

472. 西班牙——大众服装

No.1：塞哥维亚省（Ségovie）的乡村村长。

No.2 和 6：塞哥维亚省，圣马里亚拉雷亚尔德涅瓦（Santa María la Real de Nieva）妇女，身穿节日装。

No.3：塞哥维亚省的农夫。

No.4 和 5：布尔戈斯省（Burgos），桑坦德（Santander）妇女。

No.7：萨拉曼卡省（Salamanque）富裕农妇。

No.8 和 9：阿维拉省（Avila）农妇。

No.10：阿斯图里亚斯省（Asturies）女市民。

No.1 和 10：莱昂省（Léon）的马拉加台利亚人（Maragateria）。

No.2、3、8 和 9：奥伦塞省（Orense）和卢戈省（Lugo）的加利西亚人（ Galiciens）。

No.4 和 7：阿斯图里亚斯妇女。

No.5：阿拉贡的宣告人。

No.6：巴利亚多利德（Valladolid）的卡斯蒂利亚农民（Castillan）。

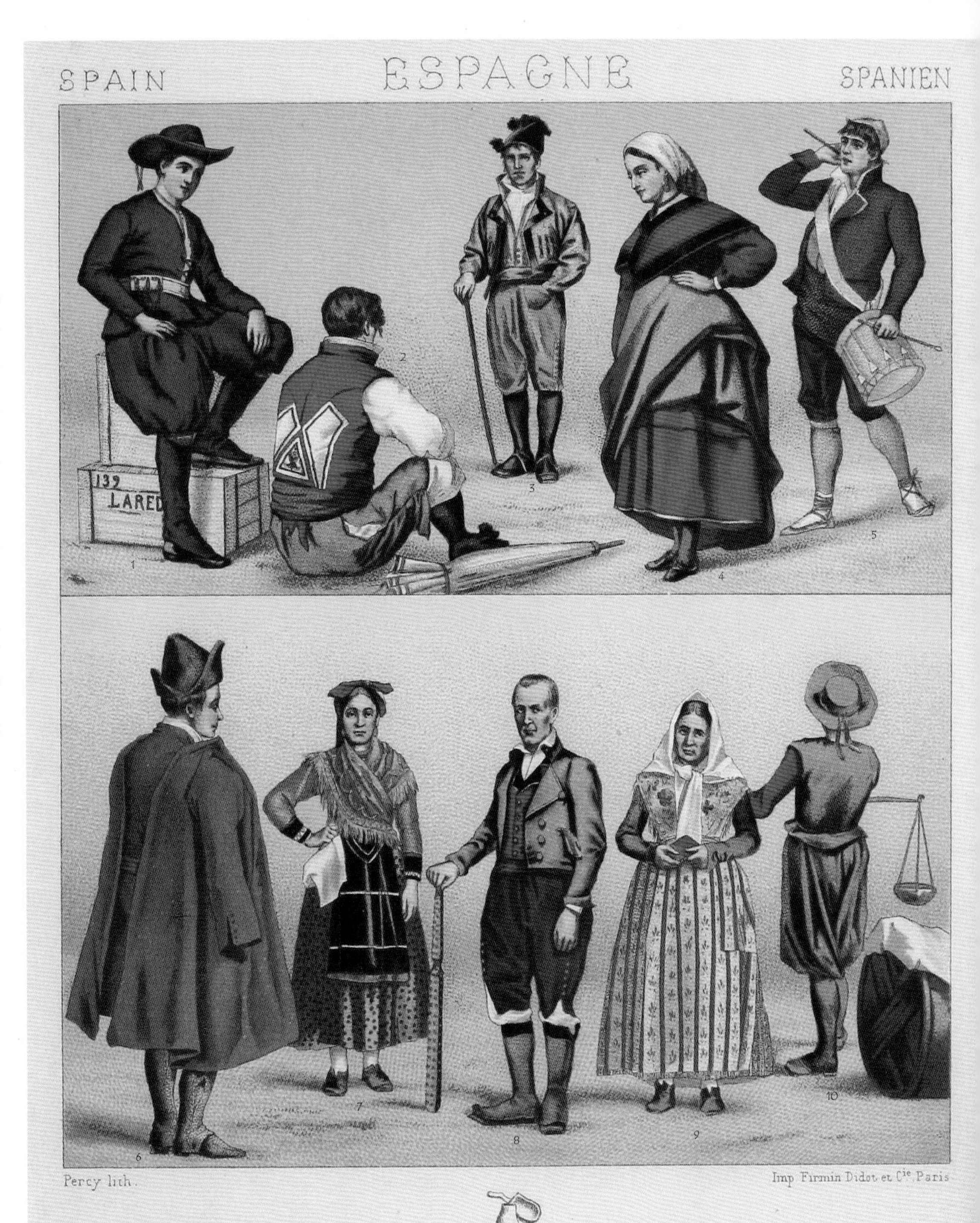

473. 西班牙——大众服装

474. 西班牙——大众服装——加泰罗尼亚和阿拉贡

SPAIN ESPAGNE SPANIEN

Urrabieta lith

Imp. Firmin Didot et Cie Paris

474. 西班牙——大众服装——加泰罗尼亚和阿拉贡

加泰罗尼亚（Catalogne）

No.1和9：山区农妇。

No.4：山区的村长。

No.2：莱里达省（Lérida）附近的富裕农庄主。

No.6：阿格拉蒙特（Agramunt）的妇女。

No.8：巴塞罗那省（Barcelone），比克（Vic）附近的富裕农庄主。

No.10、11和12：塔拉戈纳省（Tarragone）的农民。

No.7：圣血兄弟会（Confrérie du Sang de Jésus-Christ）的执事。

阿拉贡（Aragon）

No.3：阿拉贡年轻女子。

No.5：阿拉贡农民。

475. 西班牙——大众服装——老卡斯蒂利亚

老卡斯蒂利亚（Vieille-Castille）

No.1 和 2：卡斯蒂利亚人。

阿拉贡

No.3 和 4：收割者。

No.5：村庄里的神甫。

No.12：阿特卡村（Ateca）女孩。

No.13 和 14：新婚夫妇。

穆尔西亚（Murcie）

No.6 和 7：阿尔瓦塞特（Albacete）的富裕农民。

巴斯贡加达斯（Vascongadas，旧地区名，今属巴斯克自治区）

No.8、9、10、11 和 15：巴斯克人。

475. 西班牙——大众服装——老卡斯蒂利亚

476. 西班牙——加利西亚服装

No.1—6：加利西亚（Galice）奥伦塞省农民。

No.7：蓬特韦德拉省（Pontevedra），比戈（Vigo）妇女。

No.8 和 11：拉科鲁尼亚省（Corogne）农民。

No.9 和 10：加利西亚奥伦塞省的年轻人。

476. 西班牙——加利西亚服装

477—478. 西班牙——安达鲁西亚式房屋和大众服饰

西班牙式庭院总是呈矩形，四周由柱廊围绕而中间敞开通天，庭院中心通常设置一个池塘以承接雨水。

插图中的房屋位于安达鲁西亚（Andalousie）的格拉纳达，类似一种公寓。

No.1：托莱多（Tolède）附近的农民。

No.2 和 3：拉曼查省（La Manche，旧地名，位于西班牙中部）的骡子商贩和其仆人。

No.4：巴伦西亚省（Valence），卡斯特利翁（Castillon）女孩。

No.5：巴伦西亚省赶车人。

No.6：巴伦西亚省，库列拉（Cullera）的种稻农民。

No.7：布尔戈斯省的赶骡人。

No.8：罗姆人（Gitana，旧称吉普赛人）。

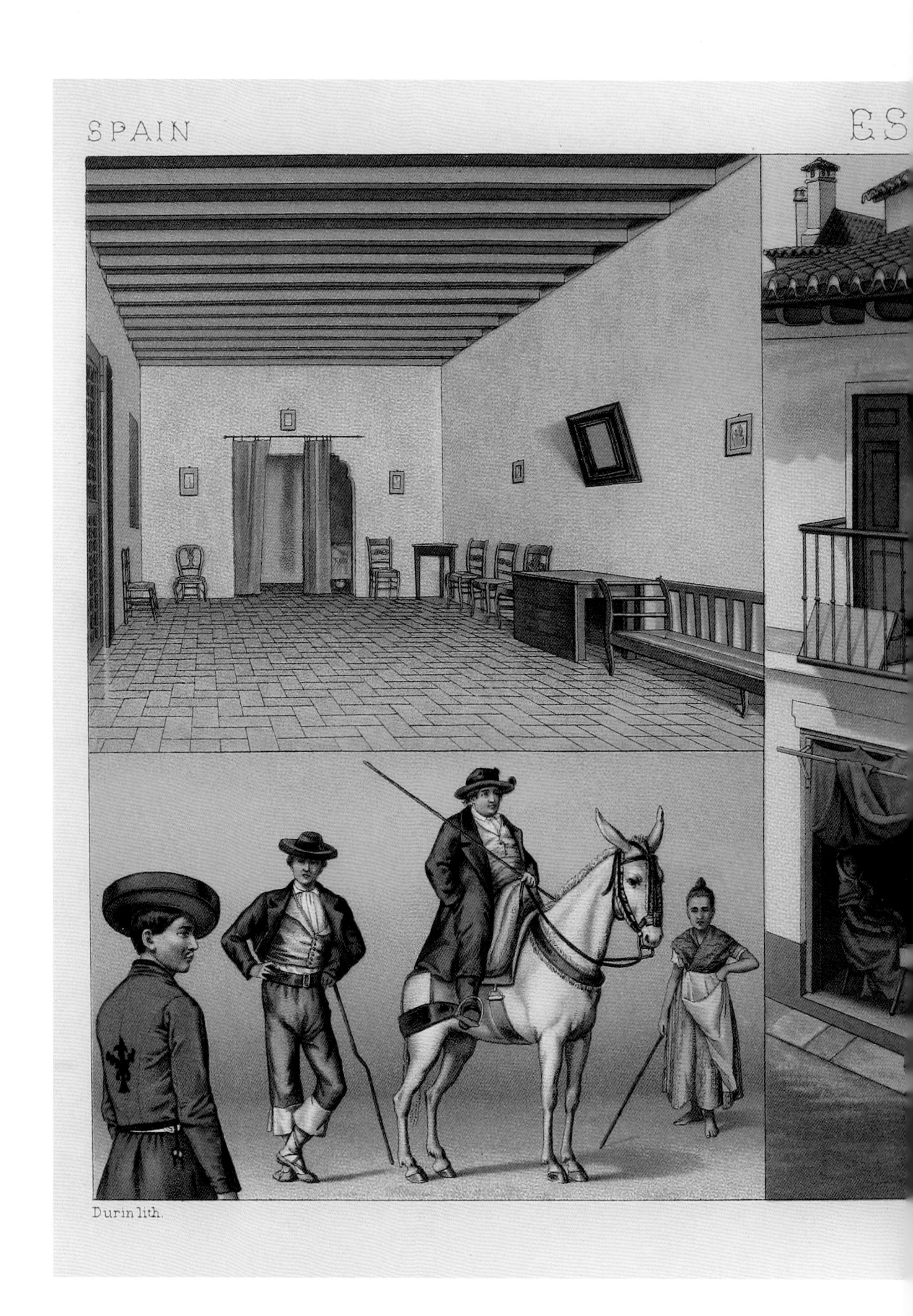

477—478. 西班牙——安达鲁西亚式房屋和大众服饰

NE
SPANIEN
Imp. Firmin Didot et Cie. Paris

479. 西班牙——马德里善隐宫中的瓷厅

479. 西班牙——马德里善隐宫中的瓷厅

自传教士所描绘的南京瓷塔[1]被认为是世界第八大奇迹之后，以瓷片装饰墙面就开始在宫廷流行。法国国王路易十四首先命人在凡尔赛的皇家林苑当中建造了特里亚农瓷宫（Trianon de porcelaine），随后欧洲皇室竞相效仿。

西班牙国王卡洛斯三世（Charles III，1716—1788）在1759年成为西班牙国王之前是两西西里国王（Roi des Deux-Siciles，1734—1759），他于1736年在那不勒斯创建了著名的卡波迪蒙蒂（Capo di Monte）瓷器厂；成为西班牙国王之后，他就将这个瓷器厂和意大利技工一起搬迁到了马德里的善隐宫皇家花园（Buen Retiro Palace）当中。

善隐宫中的瓷厅就是用皇家瓷器厂生产的瓷片装饰的。

[1] 译注：即金陵大报恩寺塔，是明成祖永乐皇帝朱棣为纪念其生母硕妃而于1412年兴建，历时19年而建成。琉璃塔呈八角形，上下共九层，外壁以白瓷砖合甃而成。1856年毁于太平天国时期的天京事变之中。

480. 西班牙——巴利阿里群岛——大众服饰

本页插图主要展示巴利阿里群岛（îles Baléares）以及伊维萨岛（Iviça，今名Ibiza）的居民服饰。

No.1、3 和 4：村民和农民。

No.2 和 5：女市民。

No.6：船夫。

No.7：贵妇。

No.8：园丁。

No.9：牧人。

No.10、11 和 14：马略卡岛（Majorque）女市民。

No.12 和 13：巴伦西亚妇女。

480. 西班牙——巴利阿里群岛——大众服饰

481. 西班牙——巴利阿里群岛——大众服饰

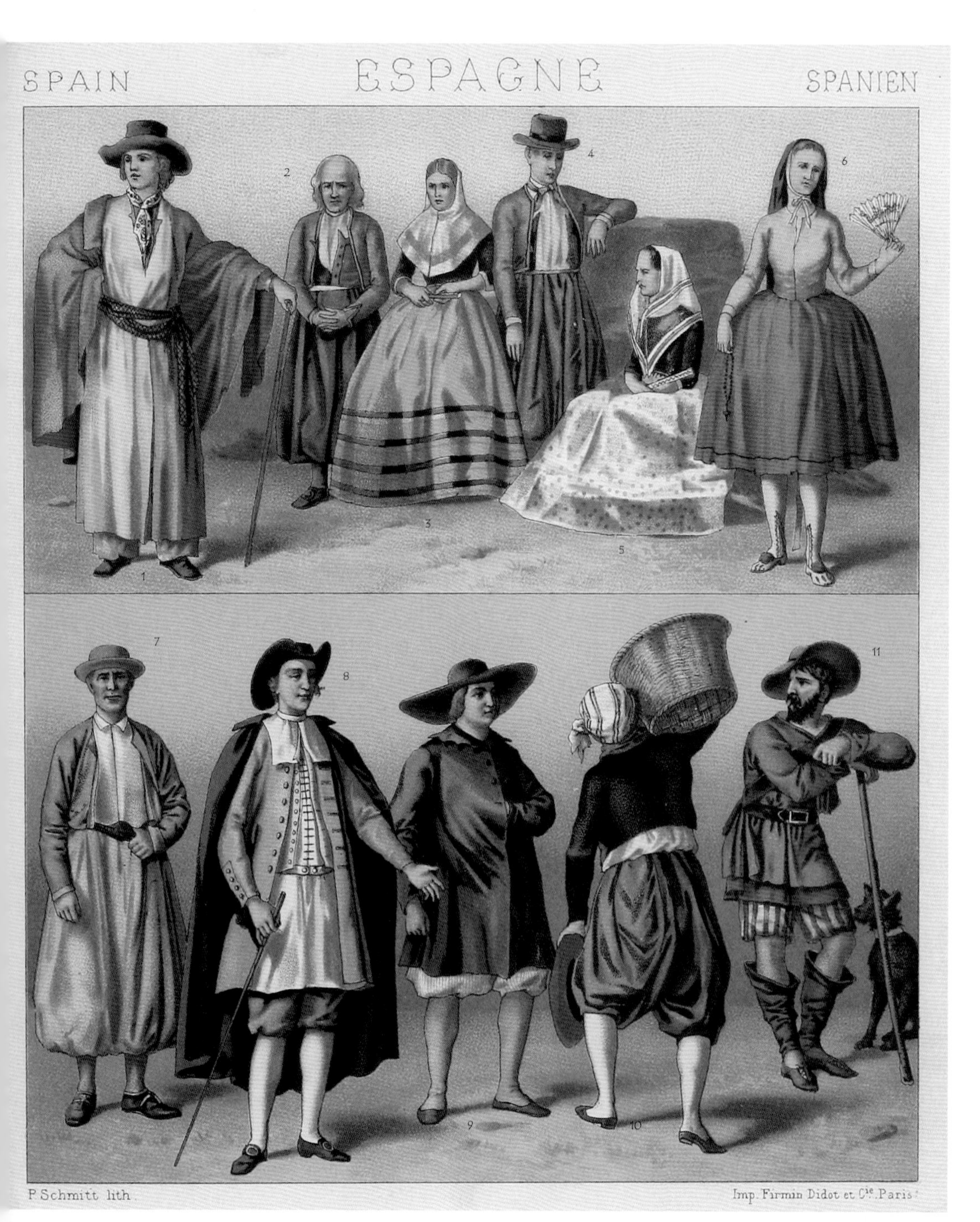

梅诺卡岛

No.1：身穿礼拜日服装的农民，18 世纪末。

No.6：农妇。

马略卡岛

No.2—5 和 7：耕农及农妇。

No.8：身穿礼拜日服装的农民，1778 年。

No.9：帕尔玛（Palma）农庄主，1835 年。

No.10：农庄男孩，1835 年。

No.11：牧羊人，1818 年。

481. 西班牙——巴利阿里群岛——大众服饰

葡萄牙（482–483）

482. 葡萄牙——大众及僧侣服饰

米纽省（Minho）山民

No.1、3 和 6：身穿节日装的农妇。

No.2：农妇。

No.4：牧牛人。

No.5：禽贩。

No.7：牧羊人。

No.11：乳猪贩。

No.16：牲畜贩。

沿海居民

No.8 和 12：鱼贩。

No.9 和 10：贻贝贩。

No.13：虾贩。

No.14：渔民。

僧侣服装

No.15：教区神甫。

No.17：圣安东尼兄弟会修士。

No.18：道明会修士。

No.19：加尔默罗会修士。

No.20：本笃会修士。

482. 葡萄牙——大众及僧侣服饰

483. 葡萄牙——大众首饰

金饰

No.1：项链局部。

No.2：别针。

No.5 和 15：心形徽章。

No.6：耳坠。

No.7 和 24：挂坠。

No.11 和 19：耳坠和别针。

No.12 和 27：十字星形挂坠。

No.17 和 20：耳坠。

No.25：别针。

银饰

No.3 和 4：洋蓟形项链和手环。

No.8、9、10、18、21 和 26：项坠。

No.13、14 和 16：耳坠和别针。

No.22 和 23：耳坠。

483. 葡萄牙——大众首饰

法国（484—500）

484. 法国——19 世纪——奥弗涅大众服饰

奥弗涅（Auvergne）

No.1 和 7：穆兰（Moulin）妇女，头戴波旁内式（Bourbonnais）花帽。

No.2—6：山民。

No.8 和 9：多姆山省（Puy de Dôme）伊苏瓦尔（Issoire）妇女。

No.10：上卢瓦尔省（Haute-Loire）朗雅克（Langeac）农民。

No.11：多姆山省圣日尔曼朗布龙（Saint-Germain-Lembron）妇女。

No.12：多姆山省里永（Riom）妇女。

No.13：上奥弗涅（Haute Auvergne）农民。

No.14：下奥弗涅（Basse Auvergne）沙马利耶尔（Chamalière）农民。

No.15：蒙多尔（Mont-Dore-les-Bains）农妇。

No.16：蒂耶尔（Thiers，又译蒂也尔）妇女。

No.17：欧里亚克（Aurillac，又译奥里亚克）农妇。

No.18：多姆山省拉图尔（Latour）妇女。

No.19 和 20：克莱蒙费朗（Clermont-Ferrand）居民。

484. 法国——19 世纪——奥弗涅大众服饰

波尔多(Bordeaux)

No.1：格拉迪尼昂(Gradignan)女奶贩。

No.2：科代朗（Cauderan）女商贩。

No.3、6：波尔多女工。

No.4：禽类商贩。

No.5、13、15：女鱼贩。

No.7：拉罗克（Laroque）女孩。

No.8、9：勤杂工。

No.10：布莱(Blaye)妇女。

No.11：科代朗女奶贩。

No.12：卖苹果的女贩。

No.14：科代朗女孩。

No.16：老妇。

No.17：佩萨克（Pessac）女奶贩。

485. 法国——19 世纪——波尔多大众服饰

486. 法国——19 世纪——朗德省和西比利牛斯大众服饰

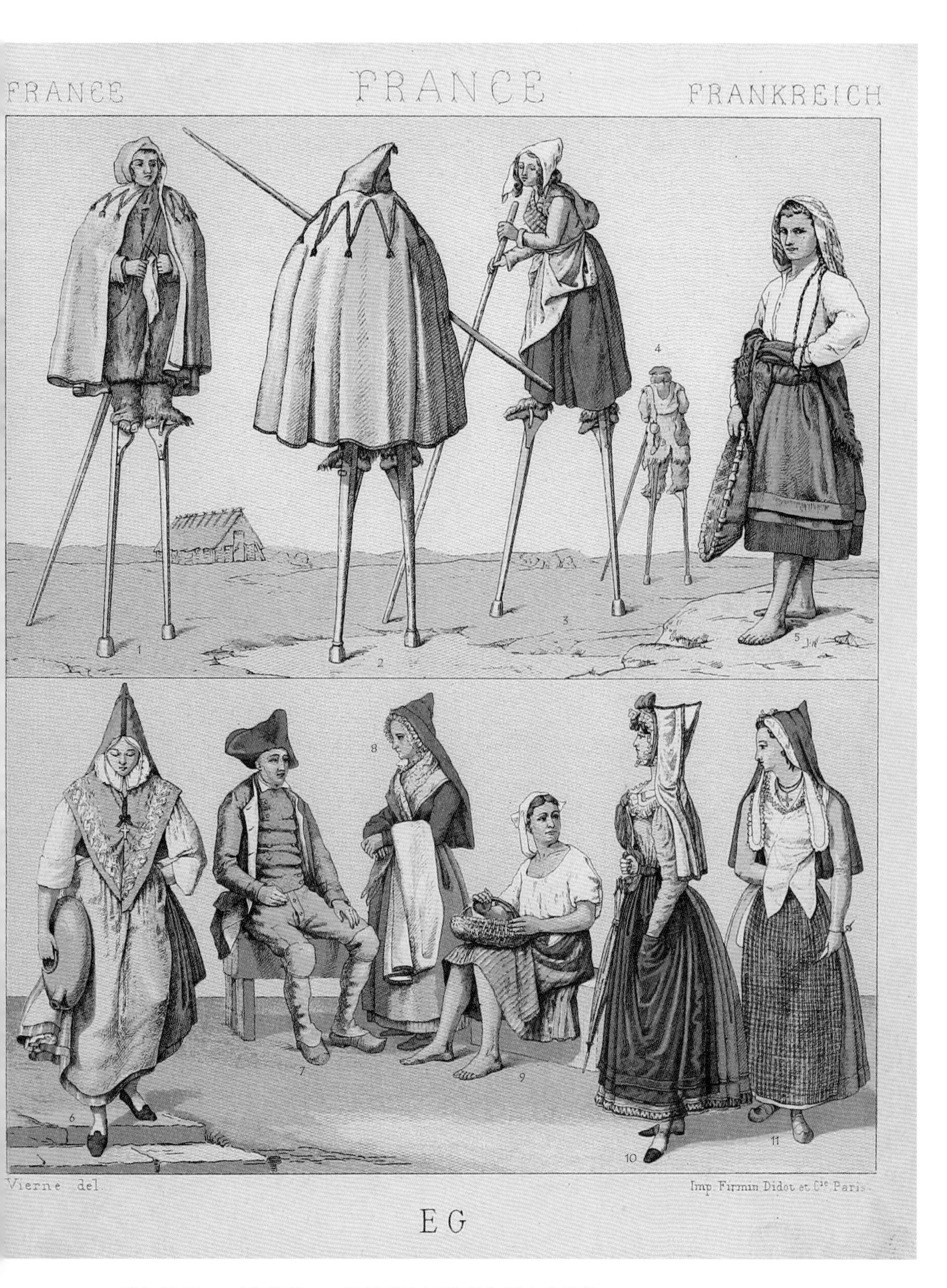

486. 法国——19 世纪——朗德省和西比利牛斯大众服饰

朗德省（Landes）

No.1—4：朗德省，踩高跷的牧羊人是当地特色。

西比利牛斯(Pyrénées occidentales）

No.7：上加龙省农民。

No.6、8、10 和 11：上比利牛斯省（Hautes-Pyrénées）妇女。

No.5 和 9：下比利牛斯省（Basses Pyrénées，旧名，即今比利牛斯 - 大西洋省 Pyrénées-Atlantiques），比亚里茨（Biarritz）渔民之妇。

487. 法国——19 世纪——尼韦奈、多菲内和马孔等地区大众服饰

尼韦奈（Nivernais，旧省名，今为涅夫勒省 Nièvre）

No.1：莫尔旺（Morvan）农妇。

多菲内（Dauphiné，旧地区名，位于法国东南部）

No.2：维埃纳（Vienne）农妇。

No.4：圣阿尔班（Saint-Albin）妇女。

No.6：圣洛朗（Saint-Laurent）农妇。

旧尼斯伯爵领地（Anciencomté de Nice，旧地名，1860 年被纳入法国领土）

No.3：布里加村（Briga）农妇。

萨沃依（Savoie，又译萨瓦）

No.5：圣让德莫里耶讷（Saint Jean de Maurienne）附近的山民。

马孔（Mâcon）

No.7：蓝带管状褶皱女帽。

No.8：带纱巾的宽边女帽。

No.10：节日盛装。

No.12：礼服。

No.14：家居服。

布雷斯（Bresse）

No.11 和 13：布尔格（Bourg）传统服装。

波旁内（Bourbonnais）

No.9：波旁内妇女。

487. 法国——19 世纪——尼韦奈、多菲内和马孔等地区大众服饰

488. 法国——阿尔萨斯大众服饰

阿尔萨斯（Alsace）

No.4、6、7、10、11、13、20和21：17世纪的头饰。

No.9、12、14、15、10、17、18和19：头饰细节。

No.1、2、3和5：19世纪初期的女装。

No.8：19世纪末期的女装。

488. 法国——阿尔萨斯大众服饰

489. 法国——18 至 19 世纪——拉芒什海峡沿岸的大众服饰

拉芒什海峡（La Manche）

No.2、3 和 5：迪耶普（Dieppe）波莱镇（Pollet）农妇、小贩和渔民，18 世纪后期。

No.7—12：波莱镇居民，19 世纪初期。

No.1、4 和 6：19 世纪后期的渔民。

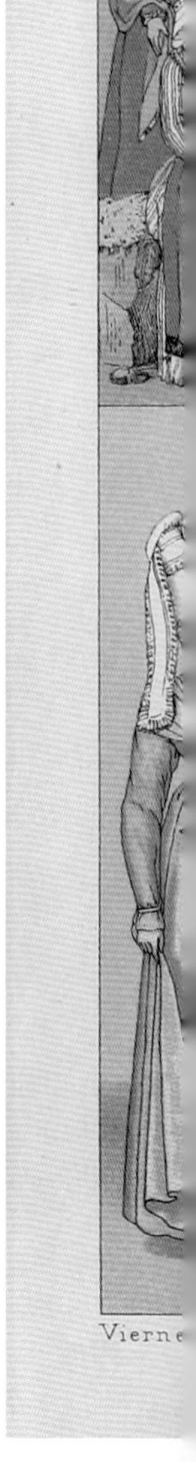

489. 法国——18 至 19 世纪——拉芒什海峡沿岸的大众服饰

490. 法国——19 世纪——诺曼底女装

490. 法国——19 世纪——诺曼底女装

No.1 和 4：鲁昂（Rouen）的妇女，身穿礼拜日的服装。

No.2 和 7：布瓦当堡（Bois d' Embourg）服饰。

No.3：瓦尔德拉艾（Val-de-la-Haye）妇女。

No.5：蓬莱韦克（Pont-l' Évêque）服饰。

No.6：勒阿弗尔（Le Havre）少女。

No.8 和 16：圣戈尔贡（Saint-Gorgon）集市服装。

No.9：林姆皮维尔（Limpiville）女信徒。

No.10：巴约（Bayeux）妇女。

No.11：卡昂（Caen）妇女。

No.12：罗勒维尔农妇。

No.13：圣瓦莱里昂科（Saint-Valery-en-Caux）妇女。

No.14：科镇妇女。

No.15：瓦朗热维尔女装。

491. 法国——19 世纪——布列塔尼服装

布列塔尼（Bretagne）

No.1：坎佩尔莱镇（Quimperlé）新娘。

No.2 和 3：巴纳莱克镇（Bannalec）男女。

No.4、5 和 6：蓬拉贝（Pont-l'Abbé）妇女。

No.7：梅尔格旺（Melgven）妇女。

No.8：杜阿尔纳纳（Douarnenez）妇女。

No.9：圣戈阿泽克（Saint-Goazec）男人。

No.10：普卢达涅勒（Ploudaniel）妇女。

No.11：巴茨岛（Ile de Batz）女孩。

No.12：洛克马里亚凯尔（Locmariaquer）妇女。

491. 法国——19 世纪——布列塔尼服装

492. 法国——19 世纪——布列塔尼服装

No.1：蓬蒂维（Pontivy）居民。

No.2：杜阿尔纳纳（Douarnenez）男人。

No.3：坎佩尔（Quimper）年轻人。

No.4：孔布里（Combrit）居民。

No.5：蓬拉贝（Pont-l’ Abbé）妇女。

No.6：坎佩尔莱镇（Quimperlé）身穿礼拜日服装的妇女。

No.7：沙托兰妇女。

No.8：蓬克鲁瓦妇女。

No.9：卡赖妇女。

No.10：拉弗耶（La Feuillée）妇女。

No.11：圣泰戈内克（Saint-Thégonnec）妇女。

No.12：巴茨岛（Ile de Batz）妇女。

492. 法国——19 世纪——布列塔尼服装

493. 法国——19 世纪——布列塔尼服装

No.1：布雷斯特（Brest）男装。

No.2：布雷斯特男性工作装。

No.3：坎佩尔（Quimper）近郊的老人。

No.4：沙托兰（Châteaulin）居民。

No.5：蓬克鲁瓦（Pont-Croix）男人。

No.6：普莱邦（Pleyben）男装。

No.7：圣戈阿泽克（Saint-Goazec）男装。

No.8：拉弗耶（La Feuillée）山民。

No.9： 巴纳莱克 （Bannalec） 居民。

No.10： 巴纳莱克男性夏装。

No.11 和 12： 普卢加斯泰勒-达乌拉斯 （Plougastel-Daoulas） 工作装。

493. 法国——19 世纪——布列塔尼服装

494. 法国——19 世纪——布列塔尼和菲尼斯泰尔服装

No.1：普卢加斯泰勒-达乌拉斯（Plougastel-Daoulas）农妇。

No.2：沙托兰（Châteaulin）妇女。

No.3：杜阿尔纳纳妇女。

No.4：卡赖（Carhaix）妇女。

No.5：凯卢昂（Kerlouan）妇女。

No.6：罗斯波尔当（Rosporden）女仆。

No.7：古埃泽克(Gouezec)妇女。

No.8：普洛阿雷（Ploaré）农妇。

No.9：圣伊维（Saint-Yvi）农民。

No.10 和 11：凯尔凡坦(Kerfeunteun)的新婚夫妇。

No.12：普洛内韦波尔泽（Plonevez-Porzay）妇女。

494. 法国——19 世纪——布列塔尼和菲尼斯泰尔服装

495. 法国——19 世纪——布列塔尼和菲尼斯泰尔服装

No.1 和 6：沙托纳迪福（Châteauneuf-du-Faou）农民。

No.2：卡朗泰克（Carantec）农民。

No.3：朗迪维西奥（Landivisiau）农民。

No.4：杜阿尔纳纳（Douarnenez）农民。

No.5 和 7：坎佩尔莱镇（Quimperlé）白色衣装。

No.8：坎佩尔（Quimper）男装。

No.9：普洛内韦波尔泽（Plonevez-Porzay）男装。

No.10：斯卡埃尔（Scaer）附近的山民。

No.11：普洛戈内克（Plogonnec）男装。

No.12：朗戈朗（Langolen）农民。

495. 法国——19 世纪——布列塔尼和菲尼斯泰尔服装

496. 布列塔尼——头饰和服装

No.1、2、7 和 8：女孩款“卡贝卢”（Cabellous）软帽。

No.3、10 和 11：男孩款“卡贝卢”软帽。

No.4：麻布制“毕固当”（Bigoudens）帽。

No.5：棉布制“毕固当”帽。

No.6：棉质软帽。

No.9：包头式软帽。

No.12：莱萨布勒多洛讷（Les Sables-d' Olonne）菜农。

No.16：莱萨布勒多洛讷鱼贩。

No.13：巴茨镇（Bourgde Batz）身穿安产感谢礼礼服的妇女。

No.14 和 15：萨耶镇（Saillé）的新婚夫妇。

No.17：作为对比，萨伏依省（Savoie）的山民女装。

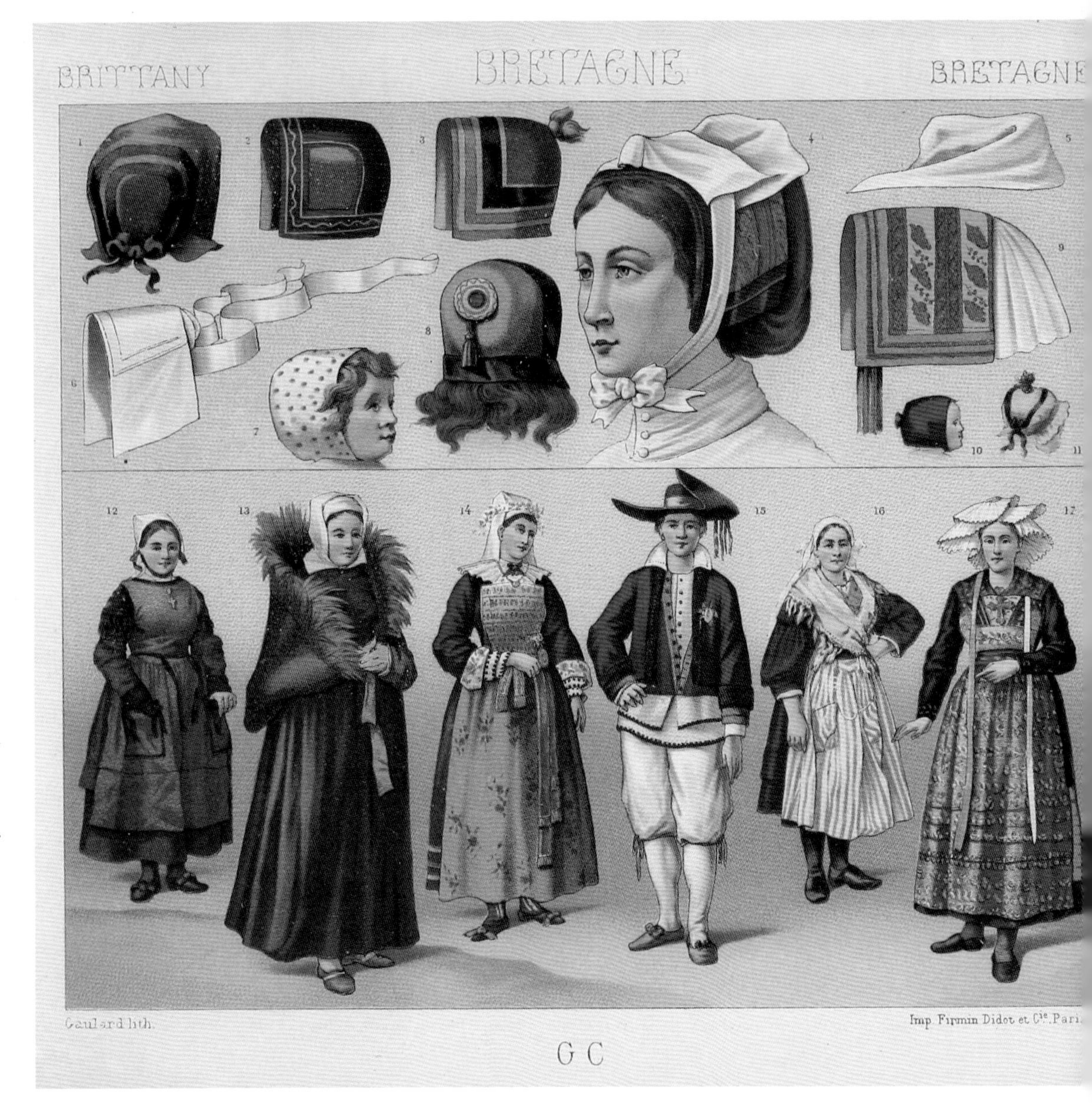

496. 布列塔尼——头饰和服装

497. 布列塔尼——农村的刺绣和首饰

No.1 和 3：杜阿尔纳纳男性穿的背心刺绣。

No.2：盖朗德妇女佩戴的搭扣饰。

No.4、5、9、12：衬衫别针。

No.6：金制挂饰。

No.7：指环。

No.13 和 15：圣安娜多雷（Sainte-Anne d’ Auray）徽章，用于朝圣圣安娜教堂的纪念品。

No.8、10、11、14、16、17、18、19、20、24、25、26：别针和扣针。

No.22：普洛内韦迪福（Plonevez-du-Faou）的白色牛皮带。

No.23：拖鞋花边。

No.27、28、30 和 31：刺绣。

No.29：洛克马里亚（Locmaria）的银十字架。

497. 布列塔尼——农村的刺绣和首饰

插图中所展示的两个碗柜介于16世纪末和17世纪初之间，其上的绠带饰显示出凯尔特风格，而花卉纹饰与布列塔尼的刺绣花纹十分相近。

498. 法国——布列塔尼乡村家具

499—500. 布列塔尼——农宅内部

布列塔尼式农宅通常包含一个底层房间和一个阁楼，紧靠墙外一般还建有几间石砌或木制的小屋存放杂物。

农宅的大门有高于地面30~40厘米的门槛。农人们在夏天会坐在门槛上吃饭和聊天。农宅内的壁炉很宽大且建有巨大的炉台。

插图展示了一个正在准备出嫁仪式的场景。一名蓬拉贝（Pont-l’Abbé）装束的农妇正在为制作布列塔尼薄饼而用木棍和铜盆和面；壁炉前的一人正在烙饼；一对受邀请的客人手持时祷书刚刚进门；新郎身穿红色衣装坐在桌旁，正在与一名吹布列塔尼风笛的乡村乐师交谈；一位身着普卢加斯泰勒-达乌拉斯（Plougastel-Daoulas）装束的农妇正在帮助新娘整理婚服。

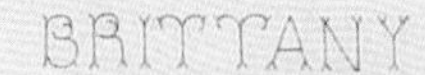

499—500. 布列塔尼——农宅内部